통계를 위한 · 파이썬 프로그래밍

PYTHON PROGRAMMING FOR STATISTICS

김진성 지음

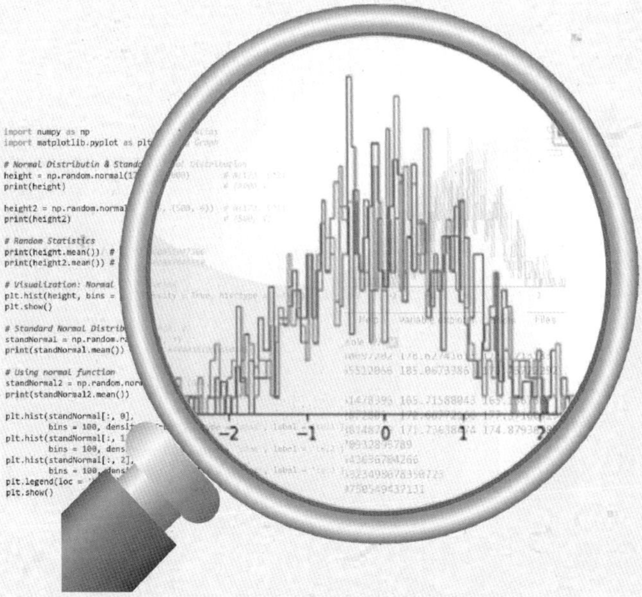

▶ 프로그래밍의 시작 : 파이썬

▶ 데이터 분석의 시작 : 확률과 통계

▶ 빅 데이터 분석 기사 과목 중 "빅 데이터 탐색" 내용 반영

- 좋은 책 · 알찬 내용 -
KM 가메출판사

통계를 위한 · 파이썬 프로그래밍

PYTHON PROGRAMMING FOR STATISTICS

지은이 김진성
펴낸이 이병렬
펴낸곳 도서출판 가메 https://www.kame.co.kr
주소 서울시 마포구 양화로 56, 504호 (서교동, 동양한강트레벨)
전화 02-322-8317
팩스 02-323-8311
이메일 km@kame.co.kr

등록 제313-2006-264호
발행 2021년 9월 15일 초판 1쇄 발행
정가 25,000원

ISBN 978-89-8078-309-0

디자인 편집팀

잘못된 책은 구입하신 서점에서 교환해 드립니다.

머리말

오늘날 인공 지능, 사물 인터넷, 빅데이터, 모바일 등 첨단 정보통신 기술이 경제·사회 전반에 융합되어 혁신적인 변화가 나타나는 4차 산업 혁명 시대를 맞고 있습니다. 이러한 환경에 걸맞게 **파이썬은 누구나 쉽게 그리고 유연하게 프로그램을 개발할 수 있는 도구**로 급부상하고 있습니다. 또한 파이썬은 고수준의 자료구조를 제공하여 일반적인 자료처리와 수치 데이터 처리에 매우 효율적입니다. 이러한 파이썬의 이점을 바탕으로 빅 데이터 분석 관점에서 확률과 통계의 기본 및 응용을 다루는 데 노력을 기울였습니다.

이 책은 **파이썬 프로그래밍을 이용하여 통계분석에 필요한 내용**을 담고자 다음과 같은 순서로 구성하였습니다. 특히 "통계분석"편 에서는 빅데이터분석 기사 필기 과목 중 하나인『빅데이터 탐색』영역을 반영하였습니다.

Part I **파이썬 프로그래밍**에서는 파이썬 프로그래밍을 위한 환경을 만들고, 통계분석에서 필요한 파이썬의 기본문법과 라이브러리를 사용하는 방법으로 구성하였습니다. Chapter 01 **파이썬 개발 환경 만들기**에서는 데이터 분석과 관련된 패키지와 파이썬 등을 묶어서 오픈 소스로 배포하는 아나콘다를 설치하는 방법과 스파이더 개발도구의 사용법을 소개하고 있습니다. Chapter 02 **파이썬 연산자와 제어문**에서는 변수와 연산자 그리고 프로그래밍에서 로직을 작성할 수 있는 조건문과 반복문으로 구성하였습니다. Chapter 03 **파이썬 자료구조**에서는 순서 자료구조와 비순서 자료구조의 특징 및 기능을 담고 있습니다. Chapter 04 **파이썬 모듈과 함수**에서는 파이썬의 라이브러리 유형과 사용법 그리고 주요 내장함수와 사용자정의함수로 구성하였습니다. Chapter 05 **파일과 수치 데이터 처리**에서는 파일의 자료를 읽어오는 방법과 수치 자료를 처리하는 방법으로 구성하였습니다.

Part II **통계분석**에서는 수집된 자료를 정리 및 요약하는 기술 통계를 시작으로 모집단에서 추출한 표본의 자료를 이용하여 모집단의 특성을 추론하는 추론 통계학 영역으로 구성하였습니다. Chapter 06 **통계분석의 이해**에서는 통계분석에서 필요한 통계학의 이론적 배경과 기본 용어들에 관하여 소개합니다. Chapter 07 **통계자료 시각화**에서는 통계

자료들을 유형별로 시각화는 방법들을 설명하고 있습니다. Chapter 08 **확률분포**에서는 확률실험을 통해서 결정된 값을 갖는 확률변수에 대한 이산확률분포와 연속확률분포의 특징을 담고 있습니다. Chapter 09 **표본분포와 검정**에서는 모집단에서 임의 추출된 표본 집단을 대상으로 모집단의 다양한 특성을 과학적으로 추론하고 검정하는 방법을 소개합니다. Chapter 10 **연관성 분석**에서는 변수들의 상관성을 바탕으로 변수 간의 연관성을 분석하고, 설명변수를 통해서 반응변수를 예측하는 모형을 소개합니다.

끝으로 항상 곁을 지켜주는 가족들에게 사랑을 전하며, 출판을 위해서 아낌없이 배려해 주신 가메출판사 관계자 여러분께 진심으로 감사드립니다.

2021년 가을 문턱에서

저자 **김진성 拜上**

■ 예제 파일 사용

이 책의 실습환경은 Anaconda3 2020.11 버전에 탑재된 Python 3.8 버전과 Spyder 통합개발도구 IDE; Integrated Development Environment를 이용합니다. 이 책에서 사용하는 실습 파일은 다음과 같은 URL을 사용하여 **가메출판사** 사이트에서 다운로드 받을 수 있습니다.

예제 파일 다운로드	https://www.kame.co.kr

웹브라우저를 이용하여 출판사 홈페이지에 연결하고, 다음 그림에서의 순서대로 클릭하여 예제 파일을 다운로드합니다.

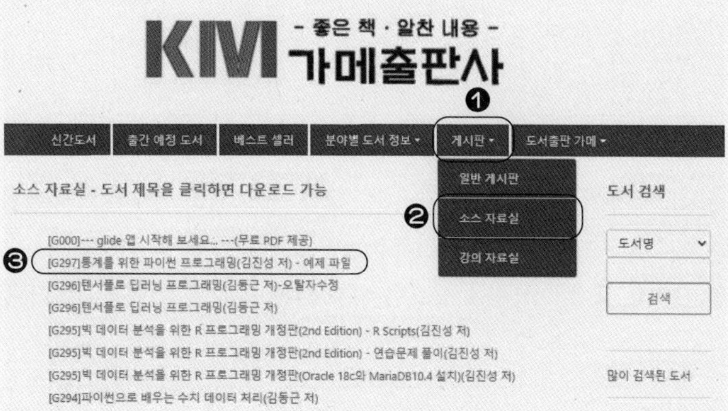

다운로드 받은 파일을 윈도우 운영체제에서 제공하는 기본 기능을 이용 알집; AlZip 등을 이용하는 경우 해당 도구의 기능 참조하여 하여 압축을 해제합니다. 다운로드 받은 파일을 더블클릭하면 다음 그림과 같이 압축 파일을 구성하는 파일 목록을 확인할 수 있습니다. [압축 풀기] 도구 버튼을 클릭합니다.

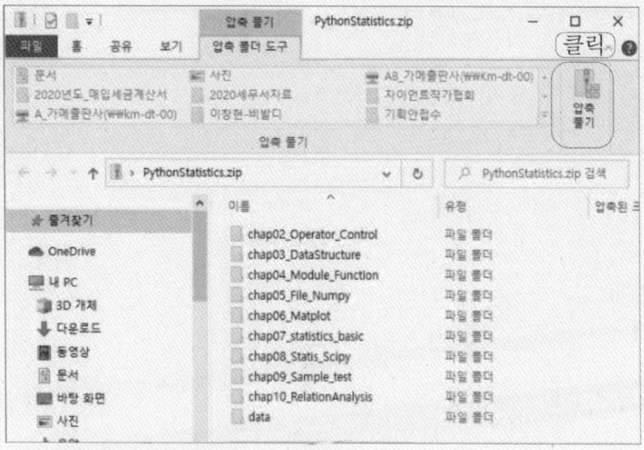

다음 그림과 같이 파일의 압축을 풀어서 어디에 저장할 것인지를 묻는 대화상자에서 경로를 "C:\PythonStatistics"로 입력하거나 [찾아보기] 버튼을 클릭하여 같은 경로를 선택하고 [압축 풀기] 버튼을 클릭합니다.

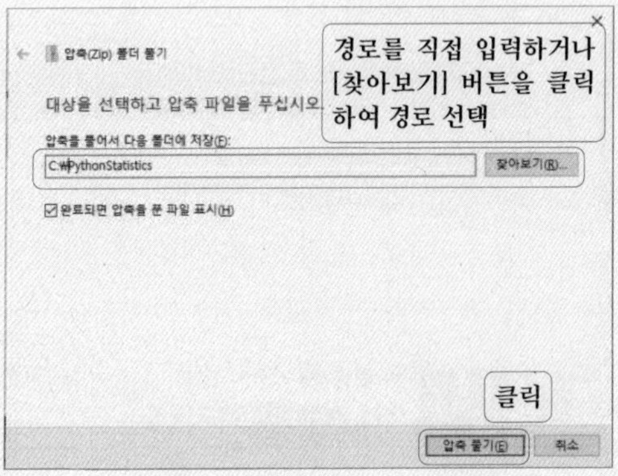

"C:\PythonStatistics"에 압축을 풀면 다음과 같은 프로젝트 폴더를 확인할 수 있습니다. "C:\PythonStatistics" 프로젝트 폴더는 Chapter 별로 실습 예문과 연습문제를 포함하고 있는 "chapter*xx*_*" 폴더와 각 장에서 실습에 필요한 자료 파일이 보관된 "data" 폴더로 구성됩니다.

■ 실습 예문과 해설

이 책은 문법에 대한 기본 설명을 토대로 관련 예문을 코딩하면서 실습을 진행합니다. **실습** 은 실습 주제와 작성할 파일명(*.py)을 표기합니다. ❶❷❸… 블록번호는 프로그램이 작성 순서와 해당 예제 코드의 행 번호 그리고 파이썬 코딩 내용을 표시합니다. **실행결과**는 스파이더 콘솔 Console에 표시되는 파이썬 코드의 실행 결과를 나타냅니다. **해설** 은 실습 예문의 주석문 순서에 의해서 단계별로 설명합니다.

실습 문자열 처리 함수 예 — 실습 주제와 파일 이름

step04_string.py

실습 예제의 블록 번호와 코드 행 번호 → ❶

```
01 # 1) 특정 글자 수 반환
02 oneLine = "this is one line string"
03 print('t 글자 수 : ', oneLine.count('t'))
```

파이썬 코드

실행결과

t 글자 수 : 2 — 스파이더 콘솔에 표시되는 실행 결과

해설

1) 특정 글자 수 반환 — 실습 코드에 대한 단계적 설명

oneLine 문자열에서 count() 함수는 't' 문자가 출현된 수를 반환하는 함수이다.

❷

```
04 # 2) 접두어 문자 비교 판단
05 print(oneLine.startswith('this'))
06 print(oneLine.startswith('that'))
```

파이썬 코드

실행결과

True
False

스파이더 콘솔에 표시되는 실행 결과

해설

2) 접두어 문자 비교 판단 — 실습 코드에 대한 단계적 설명

oneLine 문자열에서 startswith() 함수는 접두어가 'this'이면 True를 반환하고, 다른 접두어이면 False를 반환한다.

목 차

Part I 파이썬 프로그래밍

Chapter 01 파이썬 개발 환경 만들기

Chapter 02 파이썬 연산자와 제어문

Chapter 03 파이썬 자료구조

Chapter 04 파이썬 모듈과 함수

Part II 통계분석

Chapter 06 통계분석의 이해

Chapter 07 통계 자료 시각화

Chapter 10 연관성 분석

Part I
파이썬 프로그래밍

Chapter 01 **파이썬 개발 환경 만들기**
Chapter 02 **파이썬 연산자와 제어문**
Chapter 03 **파이썬 자료구조**
Chapter 04 **파이썬 모듈과 함수**
Chapter 05 **파일과 수치 자료 처리**

학습 내용

파이썬을 사용하여 프로그램을 개발할 수 있는 환경을 만들고, 통계분석에서 필요한 파이썬의 기본문법과 라이브러리를 살펴본다.

Chapter 01에서는 파이썬과 통계분석에 필요한 라이브러리를 제공하는 아나콘다를 설치하고, 통합개발도구의 사용법을 알아본다. Chapter 02에서는 변수와 연산자 그리고 프로그래밍에서 로직을 작성할 수 있는 조건문과 반복문에 대해서 알아본다. Chapter 03에서는 가장 대표적인 순서 자료구조와 비순서 자료구조의 특징과 기능에 대해서 살펴본다. Chapter 04에서는 파이썬의 라이브러리 유형과 사용법 그리고 주요 내장함수와 사용자정의함수에 대해서 알아본다. 끝으로 Chapter 05에서는 파일의 자료를 읽어오는 방법과 수치 자료를 처리하는 방법에 대해서 알아본다.

Chapter 01

파이썬 개발 환경 만들기

학습 내용

오늘날 인공 지능, 사물 인터넷, 빅데이터, 모바일 등 첨단 정보통신 기술이 경제·사회 전반에 융합되어 혁신적인 변화가 나타나는 4차 산업 혁명 시대를 맞고 있다. 이러한 환경에 걸맞게 **파이썬** Python은 빠르고, 유연하게 프로그램을 개발할 수 있는 도구로 급부상하고 있다. 이장에서는 파이썬 프로그래밍 언어의 특징에 관해서 소개하고, 파이썬 언어를 이용하여 프로그래밍할 수 있는 작업환경을 구축하는 방법에 대해서 알아본다.

학습 목표

- 파이썬 언어의 주요 특징을 이해할 수 있다.
- 시스템 환경에 맞게 파이썬 배포판을 설치할 수 있다.
- 파이썬 통합개발도구 IDE: Integrated Development Environment의 작업환경을 설정할 수 있다.

이 장의 구성

1 파이썬 프로그래밍 언어

파이썬 Python은 1991년도 귀도 반 로섬 Guido van Rossum에 의해서 개발되었다. 파이썬은 배우기 쉽고, 짧은 시간에 원하는 프로그래밍 구현이 가능하며 효율적인 자료구조를 제공하여 자료 처리가 매우 쉽다는 특징이 있다. 이러한 배경을 바탕으로 파이썬은 빠르고 유연한 프로그램 개발이 가능한 프로그래밍 언어가 되었다.

파이썬 언어의 주요 특징을 정리하면 다음과 같다.

- **하이브리드 언어**: Java 언어의 객체지향 특징과 C 언어의 함수지향 특징을 동시에 갖는 대화형 인터프리터 언어이다.
- **동적 자료형**: 동적으로 자료형을 결정하기 때문에 자료형 선언이 없다.
- **플랫폼 독립적 언어**: 대부분의 운영체제 윈도우, 리눅스, 유닉스, MacOS 등 에서 동작한다.
- **간결하고 쉬운 문법**: 비교적 간결하고 쉬운 문법으로 프로그래밍 구현이 가능하다.
- **풍부한 라이브러리와 오픈 소스** Open Source: 지속적으로 업그레이드되면서 게임, 자료 분석, 인터넷 프로그래밍 등 다양한 분야에서 사용할 수 있는 수많은 라이브러리를 대부분 오픈 소스 형태로 제공한다.
- **메모리 자동 관리**: 쓰레기 수집 Garbage Collection 기능을 이용하여 사용이 종료된 자료가 차지하는 메모리를 자동으로 정리하여 메모리 관리의 효율성을 높여준다.

2 아나콘다 설치

아나콘다 Anaconda는 패키지 관리와 개발된 프로그램의 배포를 단순화하기 위해서 데이터 분석과 관련된 패키지와 파이썬 그리고 R 등을 묶어 놓은 오픈 소스 Open Source 배포판으로, 파이썬 Python 프로그램을 기본으로 탑재하고 있으며 통계 및 자료 분석에 필요한 라이브러리를 함께 제공하는 통합 패키지이다.

아나콘다는 데이터 과학, 기계학습, 빅 데이터 Big Data 처리 그리고 통계분석 등을 목적으로 다음과 같은 주요 패키지들을 제공한다.

- Pandas: 데이터프레임 자료구조를 생성하고 조작할 수 있는 도구들을 제공한다.
- Numpy: 대규모 다차원 배열을 처리할 수 있는 도구들을 제공한다.
- Matplotlib: 자료를 시각화하는 도구들을 제공한다.
- Statistics/Scipy: 통계분석에 필요한 도구들을 제공한다.

2.1 아나콘다 다운로드

아나콘다는 공식 사이트인 https://www.anaconda.com/products/individual에서 다운로드 할 수 있다. 해당 페이지에서 "Anaconda Individual Editon"의 Download 버튼을 클릭하여 아나콘다 설치 파일 "Anaconda3-2021.05-Windows-x86_64.exe"를 다운로드한다. 윈도우즈가 아닌 경우 운영체제별 설치 파일을 다운로드할 수도 있다.

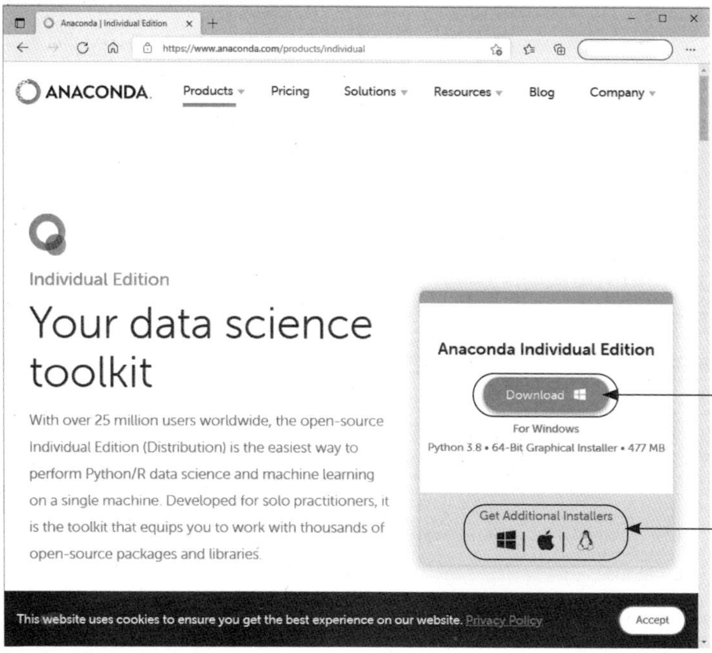

참고: 아나콘다 설치 파일을 다운로드하는 시점에 따라 웹 페이지의 구성과 설치 파일의 이름은 다를 수 있다.

Windows 64bit 설치 파일 다운로드 버튼

운영체제별 설치 파일 다운로드를 위한 링크

[그림 1.1] 아나콘다 다운로드 페이지

윈도우즈 32bit 설치 파일을 필요로 하거나 MacOS 또는 리눅스 운영체제의 설치 파일이 필요한 경우 [그림 1.1]에서 를 클릭하여 현재 웹 페이지의 아래로 이동하면 [그림 1.2]와 같이 운영체제별 설치 파일을 다운로드할 수 있다.

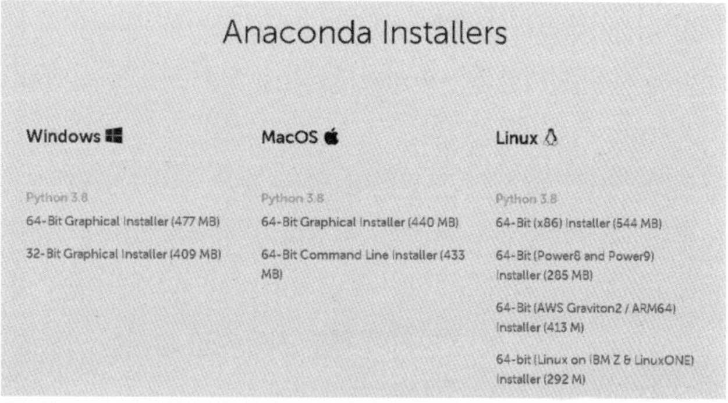

[그림 1.2] 운영체제별 아나콘다 설치 파일 다운로드 링크

2.2 아나콘다 설치

다운로드한 아나콘다 설치 파일을 실행하면 아나콘다의 설치가 시작된다.

아나콘다 설치 시작 및 라이선스 동의

첫 번째 아나콘다 소개 화면에서 [Next] 버튼을 클릭 후, 두 번째 라이선스 동의 화면에서 [I Agree] 버튼을 클릭한다.

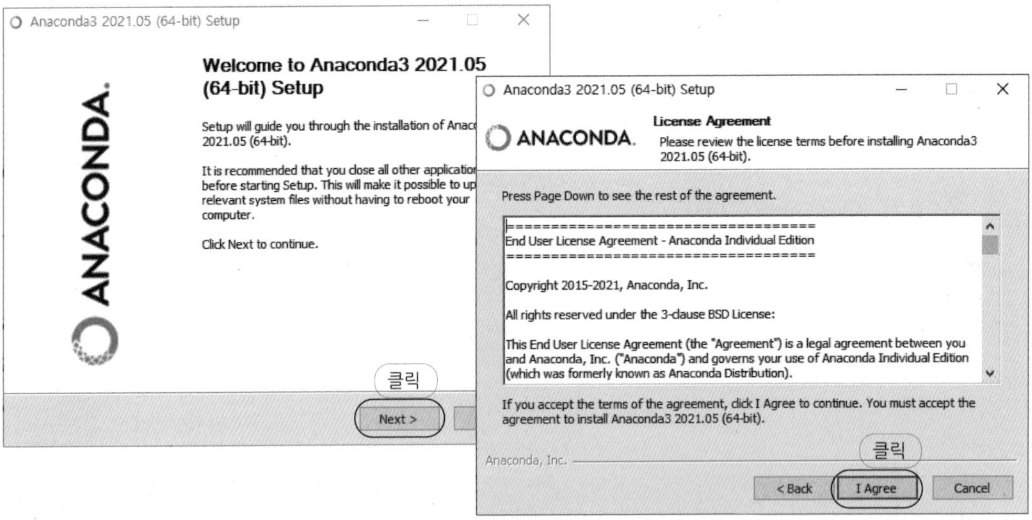

[그림 1.3] 아나콘다 설치 시작 및 라이선스 동의

아나콘다 설치 유형 선택

아나콘다 설치 유형 Installation Type은 "Just Me" 또는 "All Users (requires admin privileges)" 중 선택한다. "Just Me" 모드는 윈도우즈에 로그인한 사용자 본인만이 아나콘다를 사용할 수 있도록 아나콘다의 사용을 제한하는 환경이다. "Just Me" 모드를 선택하고 [Next] 버튼을 클릭한다.

관리자 Administrator 접근 권한이 있는 경우 "All Users" 모드를 선택할 수 있다. 이는 사용하는 윈도우즈 시스템에 등록된 모든 사용자가 설치된 아나콘다를 사용할 수 있도록 기본 설치 위치 "C:\ProgramData\Anaconda3"에 설치되는 반면, "Just Me"의 경우 기본 설치 위치 "C:\Users*사용자 이름*\anaconda3"에 설치되어 해당 사용자만 설치된 아나콘다를 사용할 수 있게 된다.

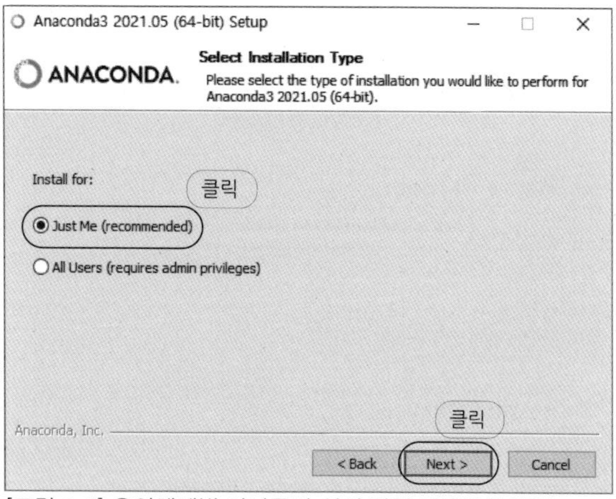

[그림 1.4] 운영체제별 아나콘다 설치 파일 다운로드 링크

■ 아나콘다 설치 경로 설정

이전 단계인 설치 유형 선택에서 "Just Me" 모드를 선택한 것으로 가정하고, 설치 경로 Destination Folder는 아나콘다에서 제시하는 기본 경로 "C:\Users*사용자이름*\anaconda3"를 그대로 사용하여 설치한다. 주의할 것은 "*사용자이름*"이 한글로 되어 있는 경우 아나콘다에서 경로 인식에 오류가 발생할 수 있다. "*사용자이름*"을 영문으로 작성할 것을 권장한다.

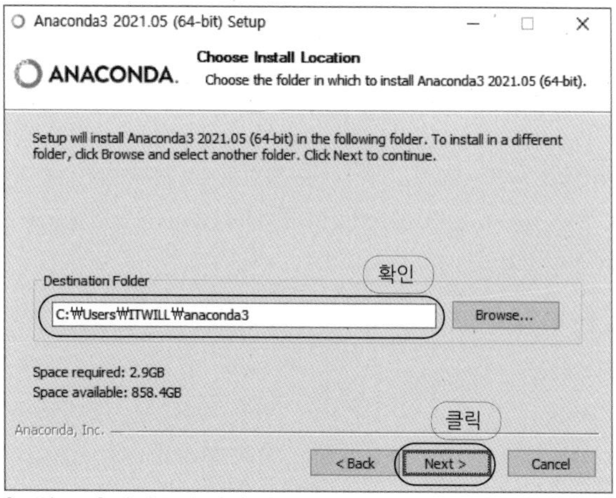

[그림 1.5] 아나콘다 설치 경로 설정

■ 고급 설치 옵션 설정 Advanced Installation Options

윈도우즈의 PATH 환경 변수에 아나콘다 설치 경로를 추가할지 여부를 선택하는 옵션과 설치하는

아나콘다에서 함께 설치되는 파이썬 3.8을 기본으로 할 것인지를 선택하는 부분이다. 기본 설정을 사용할 것을 권장한다. [Install] 버튼을 클릭하여 다음 설치 단계로 진행한다.

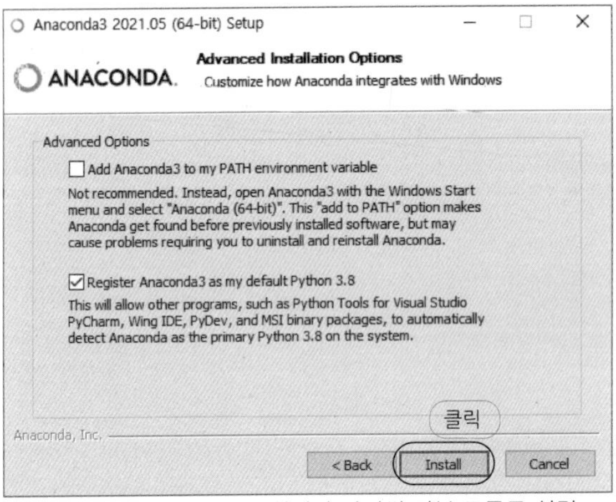

[그림 1.6] PATH 환경 변수 설정과 파이썬 기본 도구로 설정

- Add Anaconda3 to my PATH environment variable

  윈도우즈의 PATH 환경 변수에 아나콘다 설치 경로를 추가할지 선택하는 옵션이다. 아나콘다 외에 다른 파이썬 인터프리터를 환경 변수에 등록해서 사용한다면 이 옵션을 선택하지 않는 것이 좋고, 파이썬 개발 환경으로 아나콘다만을 사용하면 이 옵션을 선택하여 PATH 환경 변수에 등록하도록 한다. 기본은 선택하지 않는 것이다.

- Register Anaconda as my default Python 3.8

  아나콘다를 설치할 때 함께 설치되는 파이썬 인터프리터를 기본으로 등록할지를 선택하는 옵션이다. 이 옵션은 기본으로 선택되어 있다. Pycharm, PyDev 등의 통합개발도구에서 아나콘다에 탑재된 파이썬 인터프리터가 인식된다.

설치 Installing

아나콘다의 설치가 진행되는 것을 확인한다. [그림 1.7]의 창에서 [Show details] 버튼을 클릭하면 설치되는 상세 내용을 확인할 수 있다.

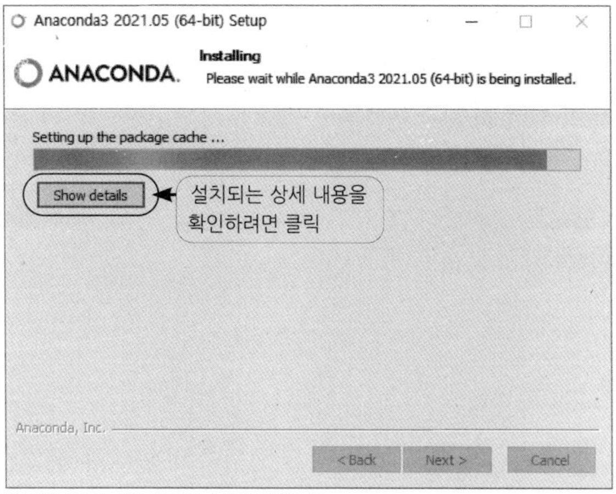

[그림 1.7] 아나콘다 설치 진행 중

■ 설치 완료

Ananconda와 함께 사용하도록 설계된 PyCharm Pro Python 프로그래밍 개발 도구를 다운로드할 수 있는 화면에서 [Next] 버튼을 클릭하고, 다음 화면에서 [Finish] 버튼을 누르면 설치가 완료한다.

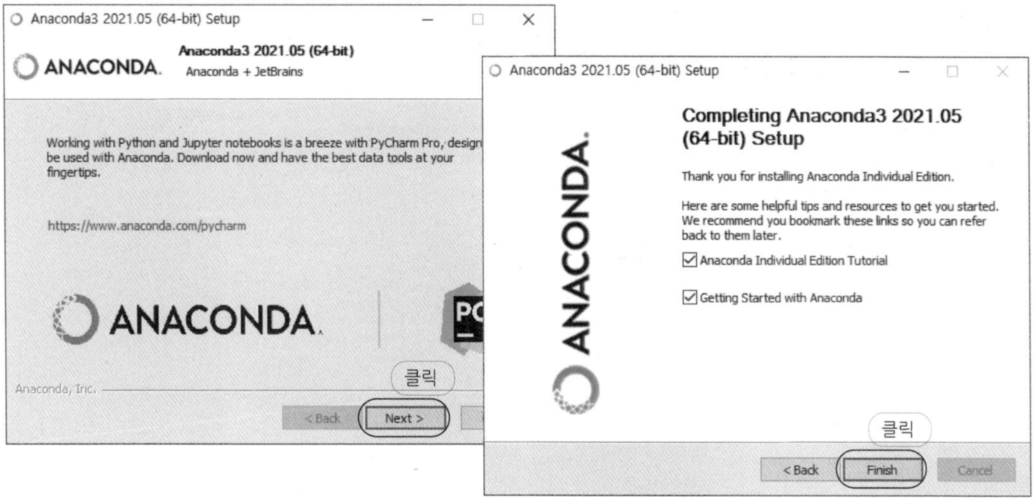

[그림 1.8] PyCharm Pro 다운로드 안내와 아나콘다 설치 완료

■ 아나콘다 설치 확인

아나콘다를 "Just Me" 모드로 기본 경로에 설치한 경우 탐색기를 이용하여 "C:\Users*사용자이름*\anaconda3" 경로에 찾아가면, 'python.exe' 실행 파일과 라이브러리가 설치된 하위 폴더를

확인할 수 있다. 이때 'python.exe'는 파이썬 코드를 읽고 실행하는 인터프리터이다. 또한 "C:\Users*사용자이름*\anaconda3\Scrips\" 폴더에는 외부 파이썬 라이브러리를 설치 Install할 수 있는 'pip.exe', 'pip3.exe' 등의 실행 파일을 포함하고 있다.

아나콘다를 "All Users" 모드로 설치했다면, "C:\ProgramData\Anaconda3" 경로에서 관련된 실행 파일과 라이브러리가 설치된 하위 폴더를 확인할 수 있다.

환경 변수 PATH 설정

아나콘다에서 제공하는 실행 파일을 특정 위치에서 실행하기 위해서 환경변수 PATH를 설정한다. PATH 설정은 윈도우10을 기준으로 한다. 바탕화면의 "내 PC" 아이콘 또는 윈도우 탐색기에서 "내 PC" 항목을 마우스 오른쪽 버튼으로 클릭하여 표시되는 단축 메뉴에서 [속성] 메뉴를 클릭하여 「설정」 창을 연다. 「설정」 창의 오른쪽 부분에서 [고급 시스템 설정]을 클릭하여 「시스템 속성」 창을 연다.

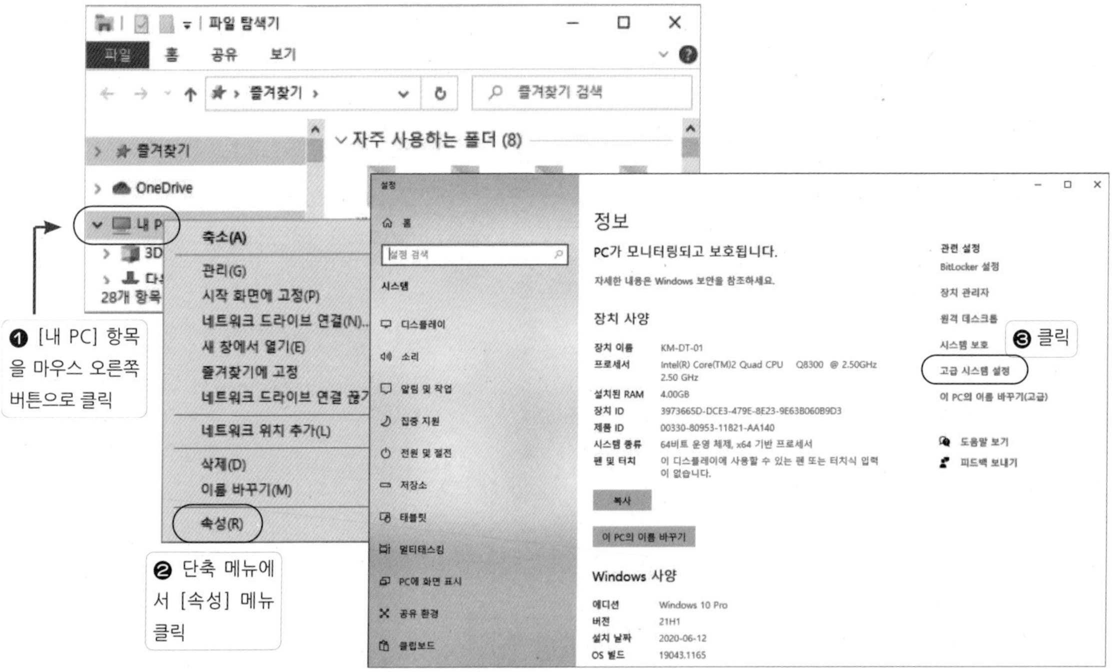

[그림 1.9] 윈도우 설정 변경

위의 방법으로 「설정」 창이 아닌 「시스템」 창이 열리면, 「시스템」 창의 오른쪽에 아래에 표시되는 [설정 변경]을 클릭하여 「시스템 속성」 창을 연다.

「시스템 속성」 창의 5개 탭 중 [고급] 탭을 클릭하고, [환경 변수] 버튼을 클릭하여 「환경 변수」 창을 연다. 「환경 변수」 창에서 '시스템 변수' 영역의 항목 중 'Path' 항목을 찾아 선택하고 [편집] 버튼을 클릭한다.

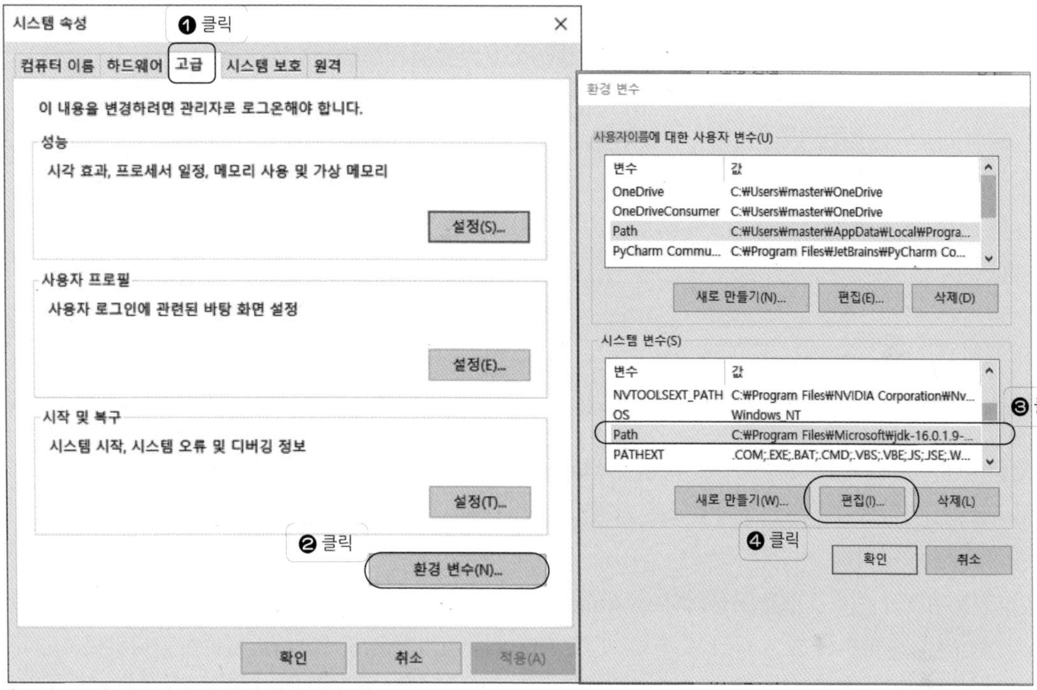

[그림 1.10] 시스템 속성 창과 환경 변수 창

오른쪽 그림과 같은 「환경 변수 편집」창에서 [새로 만들기] 버튼을 클릭하여 파이썬 실행파일 Python.exe이 위치한 "C:\Users*사용자이름*\Anaconda3" 경로와 아나콘다의 주요 실행파일이 위치한 "C:\Users*사용자이름*\Anaconda3\Scrips" 경로를 입력하여 추가하고 [확인] 버튼을 클릭한다.

[그림 1.11] 환경 변수 Path에 Anaconda3 경로 추가

파이썬 실행해 보기

윈도우즈의 명령 프롬프트 cmd 창을 열어 'python' 명령어를 실행하면 아나콘다에 탑재된 파이썬 버전과 '>>>' 프롬프트가 나타나는 것을 확인할 수 있다.

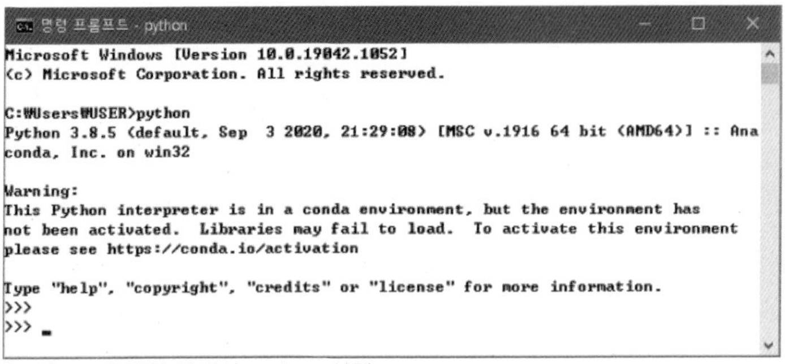

[그림 1.12] 명령 창에서 python 실행

윈도우즈의 명령 프롬프트에서 'python' 명령어를 실행할 때 경고 메시지가 나타난다. 아나콘다 환경의 파이썬 인터프리터가 실행되었다는 의미이다. 이는 아나콘다 외부에서 파이썬이 실행되었기 때문에 표시되는 것이다. 이같은 문제를 해결하기 위해 아나콘다에서는 'Anaconda Prompt'를 제공한다. 윈도우즈의 ⊞ 시작 버튼을 클릭하여 'Anaconda3 (64-bit)' 항목을 찾아 보면 [그림 1.13]에서와 같은 아나콘다 Anaconda3 그룹 항목을 볼 수 있다. 'Anaconda Prompt (Anaconda3)'를 클릭하여 실행하면 아나콘다 전용의 명령 창이 실행된다.

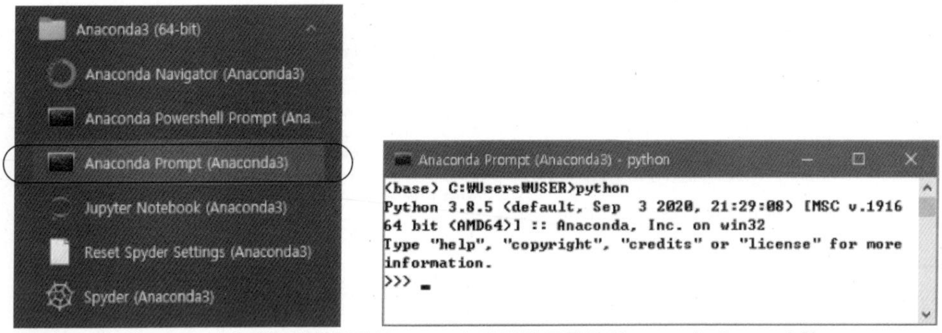

[그림 1.13] 윈도우즈 시작 메뉴에 등록된 'Anaconda3' 명령 그룹과 'Anaconda Prompt' 창

3 스파이더 환경 설정

아나콘다에서는 파이썬 프로그램 개발을 위한 통합개발도구 IDE: Integrated Development Environment로 스파이더 Spyder 프로그램을 제공한다. 이 절에서는 스파이더의 주요 화면구성과 환경설정에 대해서 살펴본다.

3.1 스파이더 실행

윈도우즈의 시작 버튼을 클릭하여 'Anaconda3 (64-bit)' 항목을 찾아 보면 [그림 1.14]에서와 같은 아나콘다 Anaconda3 그룹 항목을 볼 수 있다. 표시된 그룹 항목 중 "Spyder (Anaconda3)" 항목을 선택하면 스파이더가 실행된다.

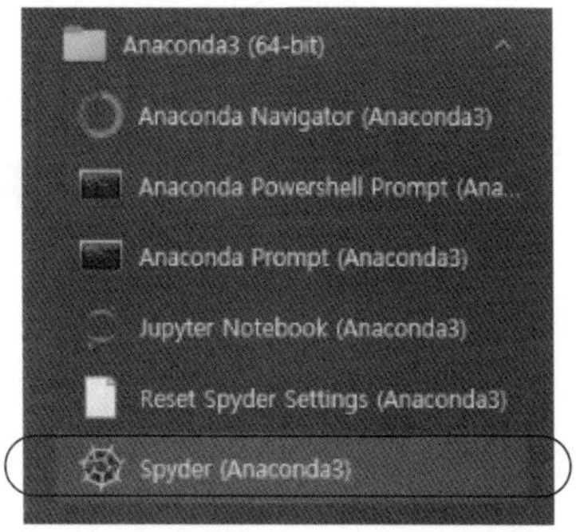

[그림 1.14] 윈도우즈 시작 메뉴에 등록된 '아나콘다' 명령 그룹의 Spyder

3.2 스파이더 화면 구성

스파이더의 기본 화면은 3개의 영역으로 구분된다. [그림 1.15]와 같은 스파이더 화면 왼쪽의 코드 영역(❶) 에서는 파이썬 프로그램 코드를 작성한다. 파일 이름 'test.py'로 간단한 파이썬 프로그램을 입력해 두었다. 오른쪽 상단(❷)은 Help 도움말, Variable explorer 변수 탐색기, Plots 시각화, Files 파일 탐색 탭을 제공한다. 오른쪽 하단(❸)의 Console 콘솔은 왼쪽의 파이썬 코드 영역에서 작성한 프로그램 코드를 실행할 때 실행 결과를 표시하는 영역이다.

스파이더의 메뉴에서 [View] ▷ [Windows layouts] 메뉴를 선택하여 스파이더의 화면구성을 변경할 수 있다. 5가지 레이아웃을 테스트해보고 자신에게 알맞는 레이아웃을 선택하여 사용하도록 한다. 이 책에서는 'Spyder Default Layout'을 사용할 것이다.

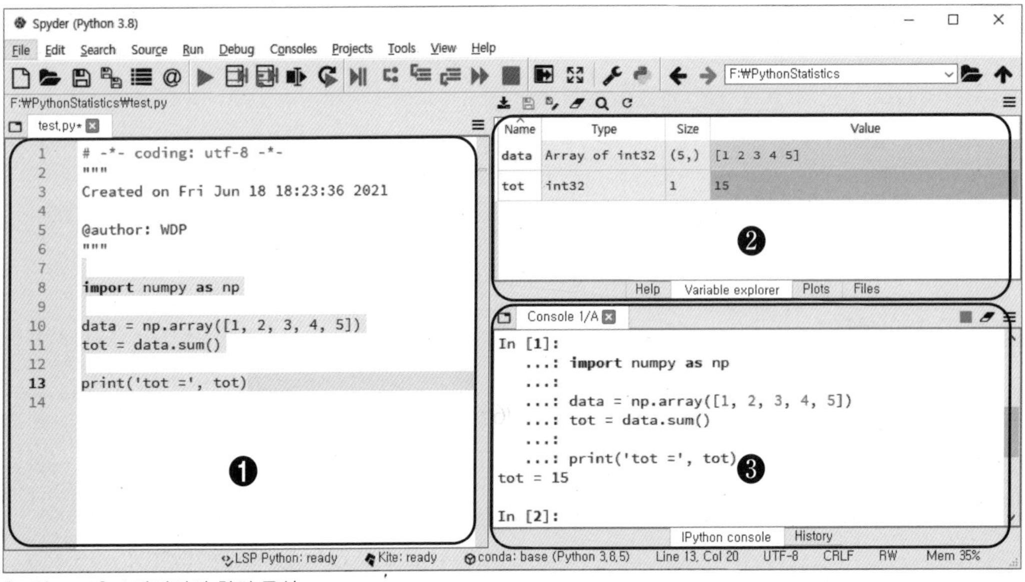

[그림 1.15] 스파이더의 화면 구성

3.3 코드 실행

스파이더의 프로그램 코드 작성 영역에서 작성 중인 파이썬 파일(*.py)을 실행하기 위해서는 스파이더 도구 상자에서 실행 ▶ 버튼을 클릭하거나 단축키 F5를 눌러 실행한다. 파이썬 프로그램을 작성하는 코드 영역에서 커서가 있는 행만을 실행하거나, 또는 마우스를 드래그하여 선택된 코드 영역만을 부분적으로 실행하기 위해서는 단축키 F9를 이용한다.

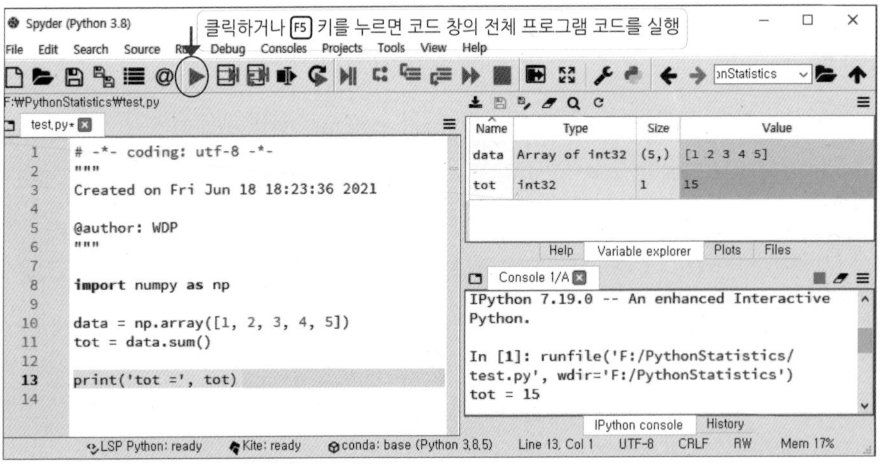

[그림 1.16] 파이썬 프로그램 전체 코드 실행

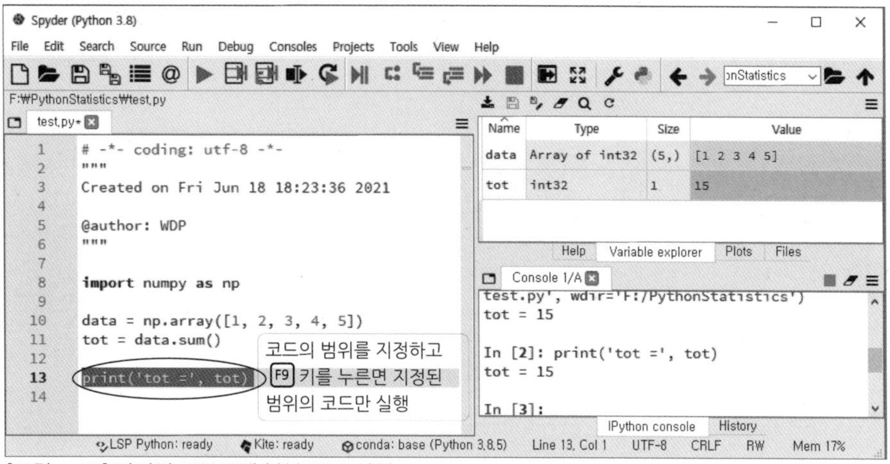

[그림 1.17] 파이썬 프로그램 부분 코드 실행

3.4 스파이더 환경 설정

스파이더의 환경 설정을 위해서는 도구 상자에서 Preferences 아이콘을 누르거나, 메뉴에서 [Tools] ▷ [Preferences] 메뉴를 선택하면 「Preferences」 창이 열린다.

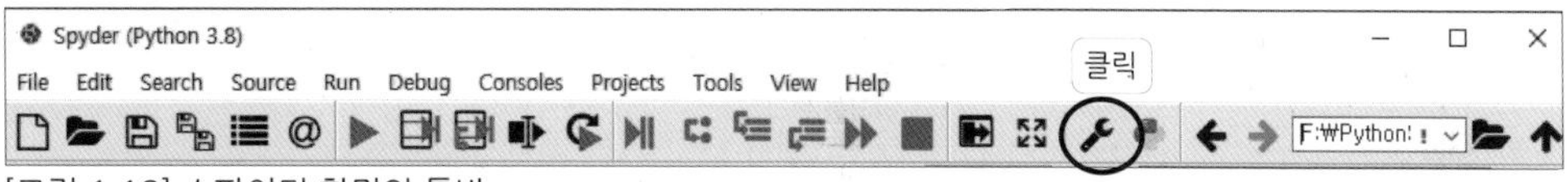

[그림 1.18] 스파이더 화면의 툴바

「Preferences」 창에서 스파이더의 다양한 작업환경을 설정할 수 있다. [그림 1.19]에서와 같이 [Appearance] 항목을 선택하여 스파이더의 프로그램 코드 작성 영역에서 사용되는 색상과 글꼴의 종류 및 크기 등을 설정할 수 있다.

[그림 1.20]에서와 같이 [Python interpreter] 항목은 선택하여 스파이더의 코드 영역에서 작성된 파이썬 프로그램을 해석하고 실행하는 파이썬 인터프리터를 선택할 수 있다. 사용하는 컴퓨터에 여러 가지 버전의 파이썬 인터프리터가 설치되어 있을 때 "Use the following Python interpreter" 항목을 선택하고 원하는 버전의 "python.exe" 파일 경로를 선택한다. 아나콘다만 설치한 경우에는 기본으로 선택되어 있는 "Default(i.e. the same as Spyder's)" 항목이 선택되어 있음을 확인한다.

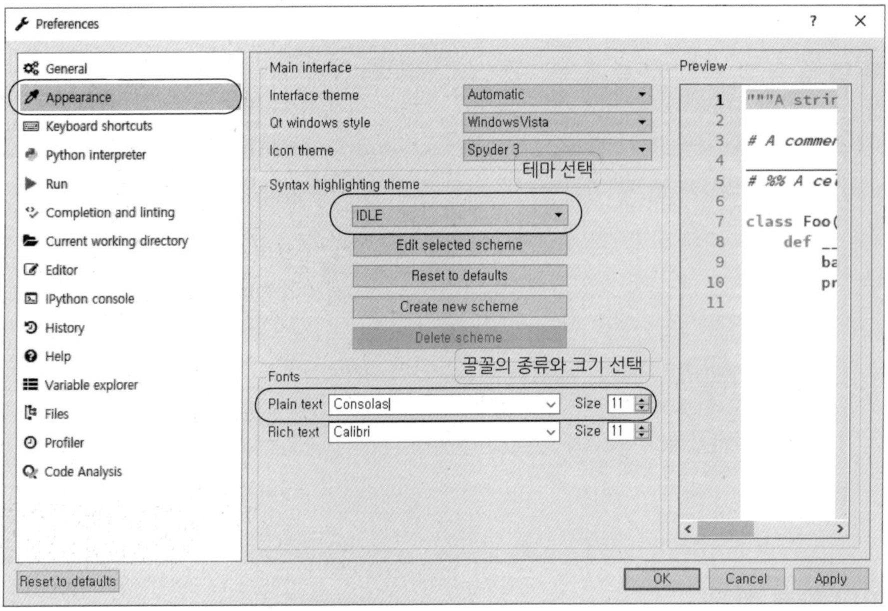

[그림 1.19] 스파이더 환경 설정: 테마와 글꼴 선택

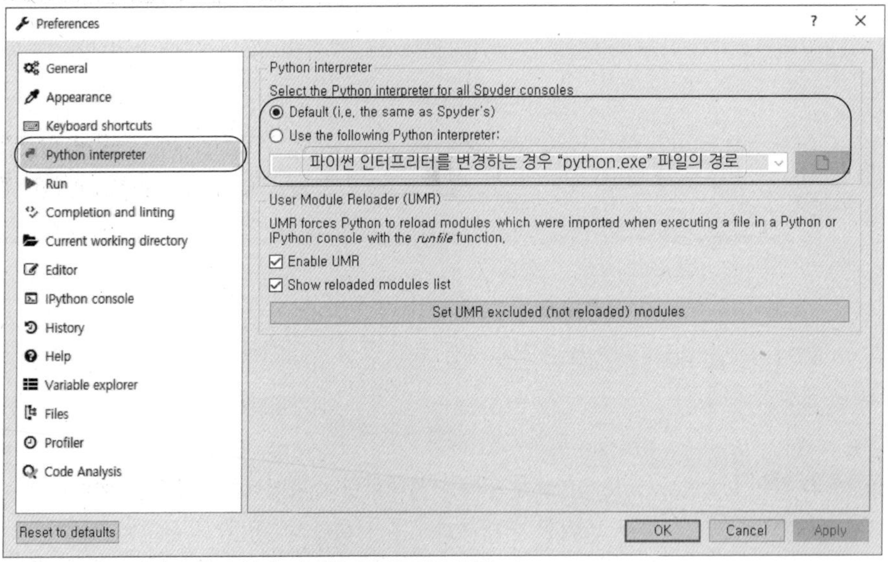

[그림 1.20] 스파이더 환경 설정: 파이썬 인터프리터 설정

[그림 1.21]에서와 같이 [Current working directory] 항목은 스파이더에서 작성되는 파이썬 프로그램 파일을 저장할 경로를 설정한다. 또한 이는 스파이더에서 프로그램 파일을 읽어올 기본 경로가 된다.

"The following directory" 항목에서 ▣ 아이콘을 클릭하여 이 책의 예에서 사용하는 프로젝트 폴더 "C:\PythonStatistics"를 선택한다. [OK] 버튼을 클릭하여 환경 설정을 마친다.

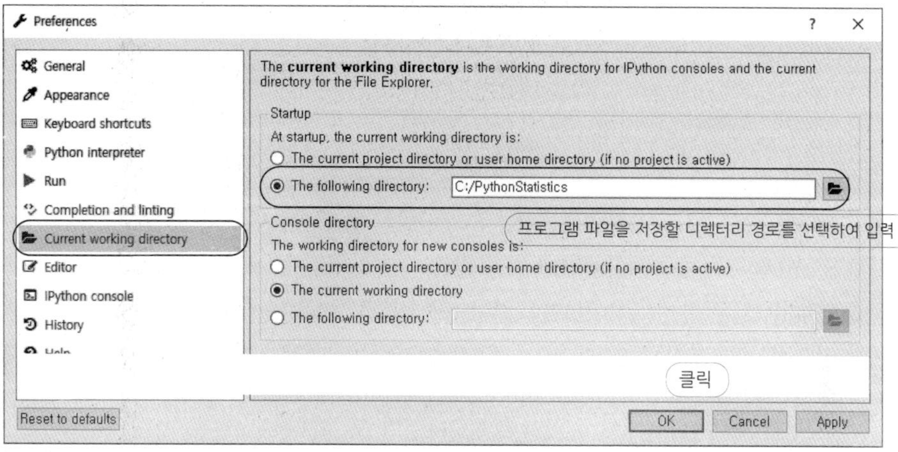

[그림 1.21] 스파이더 환경 설정: 작업 디렉터리 설정

[Current working directory] 항목의 설정을 마치고 스파이더의 오른쪽 위 영역에서 [Files] 탭을 선택하면 [그림 1.22]와 같이 설정된 작업 디렉토리의 파일 목록을 확인할 수 있다.

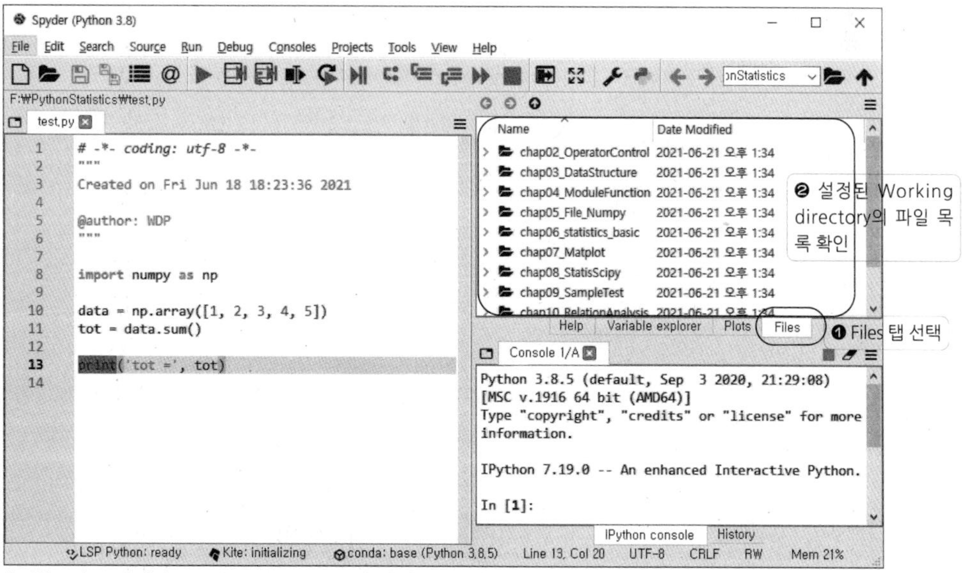

[그림 22] 스파이더 Working directory의 파일 목록 확인

Chapter

02 파이썬 연산자와 제어문

학습 내용

프로그래밍 언어에서는 **변수**와 **자료형** 그리고 연산을 수행하는데 필요한 다양한 연산자와 프로그램의 처리 순서를 바꿔주는 제어문 등을 기본으로 제공한다. 프로그래밍에서 사용되는 변수는 자료를 저장하는 역할을 한다. 변수에 저장된 자료는 일정한 자료형을 가지고 있으며, 연산자를 이용하여 자료를 변경할 수 있다. 또한 조건문을 이용하여 선택적으로 자료를 처리할 수 있고, 반복문을 통해서 특정 명령문을 반복적으로 처리할 수 있다. 특히 이러한 제어문은 프로그래밍의 논리적인 절차Loogic를 구현하는 데 유용하게 이용된다.

학습 목표

- 변수와 자료형의 개념을 정확히 이해하고 작성할 수 있다.
- 연산자의 종류와 기능을 설명할 수 있다.
- 문자열의 특징과 기능에 대해서 설명할 수 있다.
- if 문을 이용하여 논리적인 True와 False 값을 구분할 수 있다.
- for/while 문을 이용하여 지정된 문장을 반복적으로 수행할 수 있다

이 장의 구성

1. 변수와 자료형
2. 연산자
3. 제어문

1 변수와 자료형

파이썬 프로그래밍에서 사용되는 대부분의 자료는 변수와 자료형이라는 용어와 관련이 있다. 변수는 자료를 일시적으로 보관하는 역할을 하며, 자료형은 숫자 또는 문자와 같은 자료의 형식 또는 성격을 의미한다.

1.1 변수

프로그래밍에서 변수는 필요한 자료를 일시적으로 보관하거나 처리 결과를 담을 수 있는 기억장소 역할을 한다. 다시 말해서 변수는 실제 값을 저장하는 메모리 Memory 영역의 이름으로 할당된다. 따라서 메모리에 값이 저장된다는 것은 변수에 값이 저장된다는 의미이다. 하지만, 파이썬 변수는 일반적인 변수와는 다소 차이가 있다. 파이썬에서는 변수에 저장될 값이 먼저 메모리에 객체 Object 형태로 저장된 이후, 객체의 주소가 변수에 저장된다. 즉 파이썬에서 변수는 실제값을 저장하지 않고, 실제값이 저장된 메모리의 주소를 기억하는 참조형 변수이다.

[그림 2.1]에서 Pi 변수에 값 3.14159를 저장하는 경우 메모리에 값 3.14159가 객체로 저장된 후 값이 저장된 위치의 메모리 주소 5124398가 Pi 변수에 저장된다. 이러한 참조형 변수는 객체의 자료형에 의해서 변수의 자료형이 결정되기 때문에 파이썬에서는 변수를 선언할 때 별도의 자료형을 선언하지 않는다.

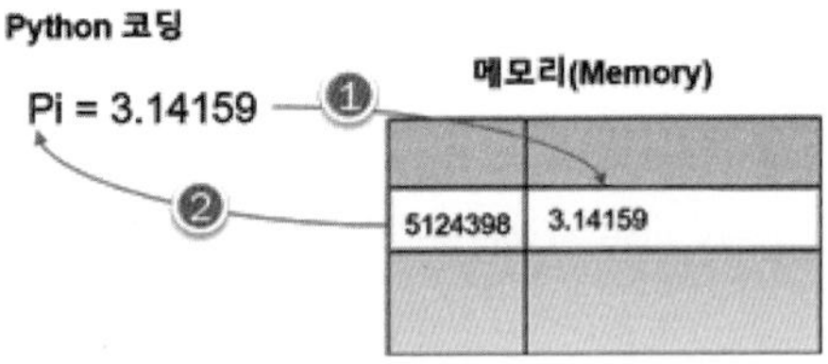

[그림 2.1] 파이썬 변수와 메모리 주소의 관계

실습 **변수와 메모리 주소** Address **예**

step01_01_variable_address.py

```
var1 = "Hello python"
print(var1)
print( id(var1) )   ❶

var1 = 100
```

❶
```
06 print(var1)
07 print( id(var1) )
```

실행결과

```
Hello python
85439512      ← 문자열 “Hello python”이 저장된 메모리 주소: 03행의 결과
100
1940632928    ← 정수 100이 저장된 메모리 주소: 07행의 결과
```

해설

var1 변수는 처음 01행 “Hello python” 문자열이 저장된 메모리 주소가 저장된 이후 새로운 값 100으로 수정 05행하면 100이 저장된 메모리 주소로 수정된다.

print() 함수는 함수에 주어진 변수가 참조하는 메모리에 저장된 객체의 값을 콘솔에 출력한 후 줄바꿈을 제공하는 내장함수이다. id() 함수는 변수가 참조하는 객체의 주소 메모리 위치를 콘솔에 출력하는 내장함수이다.

id() 함수의 출력 결과를 보면 var1 변수는 문자형 객체에서 숫자형 객체로 변경되면서 메모리의 주소도 변경되는 것을 알 수 있다.

메모리 주소는 시스템에서 제공되기 때문에 사용자마다 그리고 프로그램을 실행할 때 마다 다를 수 있다.

❷
```
08 var2 = 12.45
09 print(var2)
10 print( id(var2) )
```

실행결과

```
12.45
85484064      ← 실수 12.45가 저장된 메모리 주소
```

해설

var2 변수는 12.45 실수값이 저장된 메모리의 주소를 저장한다. 따라서 해당 변수를 출력하면 12.45가 출력되고, 할당된 메모리 주소는 id() 함수에 의해서 출력된다.

❸
```
11 var3 = True
12 print(var3)
13 print( id(var3) )
```

실행결과

```
True
1940414288    ← 논리값 True가 저장된 메모리 주소
```

해설

var3 변수는 논리형 상수 True가 저장된 메모리 주소를 저장한다. 해당 변수를 출력 12행하면 True가 출력되고, 할당된 메모리 주소는 id() 함수에 의해서 출력 13행된다.

1.2 자료형

파이썬은 변수를 선언할 때 별도의 자료형 Type을 선언하지 않는다. 객체의 자료형에 의해서 변수의 자료형이 결정되기 때문이다. [표 2.1]은 파이썬의 기본 자료형이다.

[표 2.1] 파이썬에서 제공하는 기본 자료형

유형 Type	값 Value	예 Sample
숫자형 Numeric	정수, 실수	125, 125.123
문자형 Character	문자, 문자열	'홍길동', "홍길동", '''홍길동'''
논리형 Logical	참, 거짓	True, False

자료형 확인

객체의 자료형에 따라서 객체의 용도와 객체를 처리하는 방법이 달라진다. 예를 들면 숫자형은 통계 처리나 차트에서 사용되고, 문자형은 자연어 처리에서 사용되며, 논리형은 조건식 등에서 사용된다. 따라서 객체의 자료를 용도에 맞게 사용하고 처리하기 위해서는 해당 객체의 자료형 확인이 필요하다.

실습 변수와 자료형 예

step01_02_variable_type.py

```python
var1 = "Hello python"
print(var1)
print(type(var1))

var1 = 100
print(var1)
print(type(var1))
```

실행결과

```
Hello python
<class 'str'>
100
<class 'int'>
```

해설

type() 클래스는 변수의 자료형을 확인할 때 이용하는 내장함수로 문자열은 <class 'str'>, 정수형은 <class 'int'>, 실수형은 <class 'float'>, 논리형은 <class 'bool'> 형식으로 콘솔에 출력된다. 기본 자료형뿐만 아니라 다양한 객체의 자료형도 type() 클래스를 사용하여 확인할 수 있다.

❷
```
var2 = 123.45
print(type(var2))
```

실행결과

<class ‘float’>

해설

실수 자료형은 <class ‘float’>로 출력된다.

❸
```
var3 = True
print(type(var3))
```

실행결과

<class ‘bool’>

해설

논리 자료형은 <class ‘bool’>로 출력된다.

자료형 변환

객체의 자료형에 따라 객체의 용도와 처리 방법이 다르기 때문에 필요에 따라 객체의 자료형을 다른 자료형으로 변환하여 사용해야 하는 경우가 있다. 자료형을 변환하는 방법에 대해서 알아본다.

실습 자료형 변환 예

step01_03_variable_casting.py

❶
```
# 실수 -> 정수
a = int(10.5)
b = int(20.42)
add = a + b
print('add = ', add)
```

실행결과

add = 30

해설 실수형 자료를 정수형으로 변환

int() 클래스는 실수 인자를 정수형으로 변환하는 역할을 한다. 따라서 10.5는 10으로, 20.42는 20으로 즉, 정수형으로 자료형이 바뀐다.

❷
```
# 정수 -> 실수
a = float(10)
```

❷
```
08 b = float(20)
09 add2 = a + b
10 print('add2 = ', add2)
```

실행결과

```
add2 = 30.0
```

해설 정수형 자료를 실수형으로 변환

float() 클래스는 정수 인자를 실수형으로 변환하는 역할을 한다.

❸
```
11 # 논리형 -> 정수
12 print( int(True) )        # 1
13 print( int(False) )       # 0
```

실행결과

```
1
0
```

해설 논리형 자료를 정수형으로 변환

int() 클래스에 논리형의 인자를 넣어주면 1 또는 0으로 변환된다.

❹
```
14 # 문자형 -> 정수
15 st = '10'
16 print( int(st) ** 2 ) # 제곱 연산
```

실행결과

```
100
```

해설 문자형 자료를 정수형으로 변환

문자형 자료를 int() 클래스의 인수로 넣으면 숫자형으로 변환된다. 현재 st 변수 17행는 문자형 객체를 갖고 있기 때문에 int() 클래스에 의해서 정수형 숫자로 변환 18행된다. 숫자형으로 변환되었기 때문에 제곱 ** 연산자에 의해서 100으로 계산이 가능하다. 하지만, 모든 문자열이 정수형으로 변환되지는 않는다. 예를 들면 '10abc'와 같은 문자열을 정수형으로 변환을 시도할 경우 문자열에 포함된 'abc' 문자 때문에 정수형으로 변환이 불가능하다.

1.3 문자열

문자열 String은 문자들의 집합으로 단일 따옴표(' '), 이중 따옴표(" "), 삼중 따옴표(''' ''' 또는 """ """)를 사용하여 문자들을 감싼 형태로 표현한다. 여기서 삼중 따옴표는 여러 줄로 이루어진 문자열을 표현할 때 사용한다.

실습 **문자열 사용 예**

step01_04_string.py

❶
```
# 한 줄 문자열
oneLine = "this is one line string"
print(oneLine)
```

실행결과

```
this is one line string
```

해설 한 줄 문자열

oneLine 변수는 한 줄로 이루어진 문자열 객체를 할당받는 변수이다. 이중 따옴표를 사용하는 문자열은 단일 따옴표를 이용하여 'this is one line string' 형식으로 표기할 수도 있다.

❷
```
# 여러 줄 문자열
multiLine = """this is             # 삼중 따옴표로 문자열 시작
multi line
string"""                          # 삼중 따옴표에 의한 문자열 끝
print(multiLine)

multiLine2 = "this is\nmulti line\nstring"
print(multiLine2)
```

실행결과

```
this is
multi line
string
this is
multi line
string
```

해설 여러 줄 문자열

multiLine과 multiLine2 변수는 여러 줄로 이루어진 문자열 객체를 할당받는 변수이다. 두 변수는 모두 3줄의 문자열을 갖는 변수로, 변수 multiLine는 삼중 따옴표 안에서 강제로 줄바꿈을 하고, 변수 multiLine2는 줄바꿈의 기능을 갖는 이스케이프 문자('\n')를 이용하여 줄바꿈한 것이다.

문자열 특징

문자열은 문자들의 집합으로 구성되며 문자열을 구성하는 문자들은 일정한 순서를 가지고 있다. 이때 순서는 색인 Index이라는 용어로 불려진다. 색인을 이용하면 문자열을 구성하는 특정 문자를 참조할 수 있다. 참조할 수 있다는 의미는 특정 문자를 추출하거나 부분 문자열 객체를 만들 수도 있다는 포괄적 의미가 내포되어 있다. 문자열의 색인은 [그림 2.2]와 같다. "PYTHON"이라는 문자열은 6개의 문자로 구성된다. 문자열의 왼쪽을 기준으로 첫 번째 'P'는 색인 0을 갖고, 6번째 마지막 'N'은 색인 5를 갖는다. 또한 문자열의 오른쪽을 기준으로 첫 번째 'N'은 색인 -1을 갖는다.

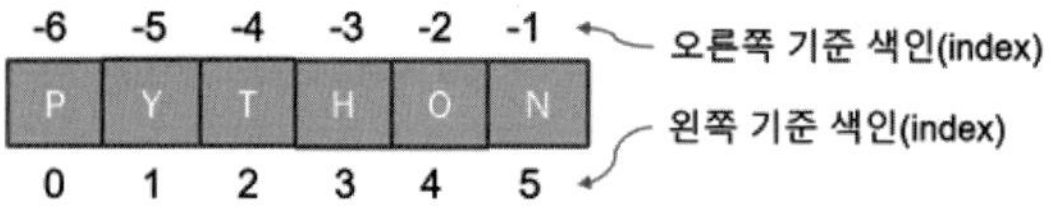

[그림 2.2] 문자열 색인

문자열 연산

"'문자열' + '문자열'" 형식으로 덧셈 연산하면 두 개의 문자열을 하나의 문자열로 결합하는 결합연산을 수행한다. 또한 "'문자열' * 숫자" 형식으로 곱셈 연산하면 지정한 숫자만큼 반복하여 문자열을 만든다.

실습 **문자열 색인과 연산 예**

step01_04_variable_type.py

❶
```
01 # 문자열 색인
02 string = "PYTHON"
03 print(string[0])
04 print(string[5])
05 print(string[-1])
06 print(string[-6])
```

실행결과

```
P
N
N
P
```

해설 문자열 색인

string[0] 03행은 string 객체의 첫 번째 문자를 가리키는 색인이고, string[-1] 05행은 string 객체의 마지막 문자를 가리키는 색인이다.

❷
```
07 # 문자열 연산
08 print("python" + " program")          # 문자열 결합연산
09 # print("python-" + 3.8 + ".exe")     # 오류 Error 발생
10 print("python-" + str(3.8) + ".exe")  # "python-3.8.exe"
11
12 print("*"*20)                         # 문자열 반복 연산
```

실행결과

```
python program
python-3.8.exe
********************
```

해설 문자열 연산

문자열과 문자열을 대상으로 덧셈 + 연산자를 사용하는 경우 두 개의 문자열을 결합하는 결합연산의 역할을 한다. 문자열과 숫자를 결합하는 경우 09행에는 오류가 발생한다. 이러한 오류를 해결하기 위해서는 str() 클래스 10행에 숫자를 인자로 넣어 문자형으로 변환한 뒤에 문자열 결합 연산을 하면 된다.

문자열과 숫자 사이에 곱셈 * 연산자를 사용 12행하는 경우 숫자의 크기만큼 문자열을 반복하는 반복연산자로 역할을 한다.

2 연산자

파이썬에서는 산술연산자, 관계연산자, 논리연산자, 대입연산자 등을 제공한다. [표 2.2]는 각 연산자의 기호와 기능에 대한 설명이다.

[표 2.2] 파이썬의 연산자 기호

구분	연산자 기호	기능 설명
산술연산자	+, -, *, /, %, //, **	사칙연산과 나머지(%), 몫(//), 지수 승
관계연산자	==, !=, >, >=, <, <=	동등 비교, 크기 비교
논리연산자	and, or, not	논리곱, 논리합, 부정
대입연산자	=, (a, b), *	할당, a와 b교환, 패킹 묶어서 할당

2.1 산술연산자

파이썬의 산술연산자는 일반적인 사칙연산자와 나머지 또는 몫을 계산하는 연산자 그리고 지수 거듭제곱를 계산하는 연산자로 구성되어 있다.

실습 산술연산자 예

step02_operator.py

```
num1 = 100                # 피연산자1
num2 = 20                 # 피연산자2

add = num1 + num2         # 덧셈
print('add=', add)
sub = num1 - num2         # 뺄셈
print('sub=', sub)
mul = num1 * num2         # 곱셈
print('mul=', mul)
```

❶
```
10 div = num1 / num2      # 나눗셈
11 print('div=', div)
```

실행결과

```
add= 120
sub= 80
mul= 2000
div= 5.0
```

해설

피연산자에 해당하는 num1과 num2 변수를 이용하여 덧셈, 뺄셈, 곱셈, 나눗셈의 사칙연산을 수행하는 결과를 확인하는 예이다. num1과 num2가 정수값이어도 나눗셈연산 '/'의 결과는 실수로 표시된다.

❷
```
12 div2 = num1 % num2        # 나머지 계산
13 print('나머지=', div2)
14 div3 = num1 // num2       # 몫 계산
15 print('몫=', div3)
16 square = num1 ** 2        # 제곱 계산
17 print('square=', square)
```

실행결과

```
나머지= 0
몫= 5
square= 10000
```

해설

변수 num1의 값 100을 num2의 값 20으로 나누어서 나머지 0을 반환하는 나머지 % 연산자와 몫을 반환하는 // 연산자 그리고 변수 num1의 값 100에 제곱을 취하여 10,000을 반환하는 제곱 ** 연산자의 계산 결과이다. 제곱 ** 연산자의 결과로 아주 큰 값이나 아주 작은 값을 표현할 경우에는 지수형식으로 출력되는 경우도 있다. 예 10의 40승 지수형식 → 1e+40

일반 나눗셈과는 다르게 몫 14행과 나머지 12행를 계산할 때 num1과 num2가 정수이기 때문에 결과도 정수이다. 실수값으로 몫과 나머지를 계산하면 결과는 실수가 된다.

2.2 관계연산자

관계식의 결과가 참이면 True, 거짓이면 False 값을 반환하는 연산자이다. 관계연산자는 동등 비교와 크기 비교로 분류된다.

실습 **관계연산자 예**

❸
```
18 # 동등 비교
19 bool_result = num1 == num2      # 두 변수의 값이 같은지 비교
20 print(bool_result)
```

❸
```
21 bool_result = num1 != num2        # 두 변수의 값이 다른지 비교
22 print(bool_result)
```

실행결과

```
False
True
```

해설

피연산자1인 num1의 값과 피연산자2인 num2의 값이 같은지 19행 또는 다른지 21행를 확인하기 위한 동등비교 관계식의 연산 결과이다. 관계연산자의 결과는 참인 경우에는 True, 거짓인 경우에는 False가 된다.

❹
```
23 # 크기 비교
24 bool_result = num1 > num2         # num1값이 큰 경우
25 print(bool_result)
26 bool_result = num1 >= num2        # num1값이 크거나 같은 경우
27 print(bool_result)
28 bool_result = num1 < num2         # num2 값이 큰 경우
29 print(bool_result)
30 bool_result = num1 <= num2        # num2 값이 크거나 같은 경우
31 print(bool_result)
```

실행결과

```
True
True
False
False
```

해설

피연산자1인 num1의 값과 피연산자2인 num2의 값을 대상으로 서로 크고 작음을 비교 24, 26, 28, 30행하는 관계연산이다. 관계연산의 결과는 조건문이나 반복문에서 많이 사용된다.

2.3 논리연산자

두 개 이상의 관계연산의 결과를 묶어 참인지 거짓인지를 판단하여 참이면 True, 거짓이면 False를 반환하는 연산자이다.

실습 **논리연산자 예**

❺
```
32 # 두 관계식이 모두 참인지 판단
33 log_result = num1 >= 50 and num2 <=10
34 print(log_result)
```

실행결과

```
False
```

해설

논리연산자는 and, or, not 연산이 제공된다. and와 or는 양변 연산자의 앞과 뒤에 관계식을 가지고 있다. and 연산자는 앞뒤의 두 관계식이 모두 참이면 True를 반환한다.

❻

```
# 두 관계식 중 하나라도 참인지 판단
log_result = num1 >= 50 or num2 <=10
print(log_result)
```

실행결과

```
True
```

해설

논리연산자 중 or 연산자는 연산자 앞뒤의 관계식 중 적어도 한쪽의 관계식이 참이면 True를 반환한다.

❼

```
log_result = num1 >= 50    # 관계식 판단
print(log_result)

# 괄호 안의 관계식 판단 결과에 대한 부정
log_result = not(num1 >= 50)
print(log_result)
```

실행결과

```
True
False
```

해설

not 연산자는 논리형 자료를 대상으로 부정을 적용한 값을 반환한다. 예를 들어 논리형 자료가 True이면 False를 반환하고, False이면 True를 반환한다.

2.4 대입연산자

대입연산자는 대입연산자 오른쪽의 값을 메모리를 할당하여 저장하고 값이 저장된 메모리의 주소를 대입연산자 왼쪽의 변수에 할당하는 대입 = 연산자와 두 변수의 값을 교체하는 연산자 그리고 여러 개의 값을 묶어서 변수에 할당하는 패킹 * 연산자로 구성되어 있다.

실습 **대입연산자 예**

❽

```
# 변수에 값 할당 연산자 '='
i = tot = 10            # i=10; tot = 10
i += 1                  # i = i + 1
tot += i                # tot = tot + i
```

❽

```
48 print(i, tot)
49 
50 # 같은 줄에 중복 출력
51 print('출력1', end = ',' )          # end = '구분자'
52 print('출력2')
```

실행결과

```
11 21
출력1,출력2
```

해설 변수에 값 할당하는 대입 = 연산자

변수 i와 tot에 동시에 10을 할당 45행하고, i에 1을 더하고 46행, tot에 i를 더하여 47행 11과 21이 출력된다. print() 함수에 두 개의 변수를 인자로 넣으면 같은 줄에 중복하여 출력된다. 또한 현재 출력값과 다음에 출력되는 값을 같은 줄에 중복 출력하고, 두 값을 콤마 ','로 구분하기 위해서 print() 함수에 "end = ','" 형식으로 인자를 넣는다.

❾

```
53 # 두 변수의 값을 교체하는 연산자
54 v1, v2 = 100, 200
55 
56 v2, v1 = v1, v2
57 print(v1, v2)
```

실행결과

```
200 100
```

해설 변수의 값을 교체

임시 변수 없이 변수 v1과 v2의 값을 서로 교체하는 기능 56행으로 '=' 연산자를 기준으로 오른쪽에는 교체할 변수 또는 값, 왼쪽에는 교체될 변수를 작성한다. 주의할 점은 '=' 연산자 왼쪽은 반드시 변수이어야 하고, 왼쪽의 변수 개수 만큼 오른쪽에 변수 또는 값이 있어야 한다.

❿

```
58 # 패킹(Packing) 할당 연산자
59 lst = [1, 2, 3, 4, 5]
60 v1, *v2 = lst
61 print(v1, v2)
62 
63 *v1, v2 = lst
64 print(v1, v2)
```

실행결과

```
1 [2, 3, 4, 5]
[1, 2, 3, 4] 5
```

해설 패킹 Packing 할당 연산자

여러 개의 값을 묶어서 변수에 할당할 경우 묶음을 할당할 변수명 앞에 패킹 연산자 '*'를 이용한다. lst 변수는 5개의 원소를 갖는 리스트 형식의 변수 58행이다. 이 변수를 대상으로 v1에는 첫 번째 원소가 할당되고, 패킹 연산자로 지정한 v2 변수에는 나머지 4개 원소가 묶여서 할당 59행된다. 반대로 v1 변수에 * 기호를 붙이면 63행 앞부분 4개 원소가 묶여서 리스트 형식으로 v1 변수에 할당되고, 마지막 5번째 원소만 v2 변수에 할당 63행된다.

3 제어문

제어문은 프로그램의 흐름을 변경해 주는 **조건문**과 특정 명령문들을 반복해서 수행하는 **반복문**으로 구성된다. 특히 제어문은 프로그래밍의 논리적인 순서를 정의할 때 이용되며, 그 사용범위는 무궁무진하다. 따라서 어떤 문제를 해결하기 위해서 논리적인 절차를 기술할 때 반드시 필요한 프로그래밍 문법이다.

3.1 조건문

조건문은 특정 조건식에 따라서 실행문의 실행 여부를 결정하는 명령문으로 파이썬에서는 if, elif, else 등의 명령어를 제공한다. [그림 2.3]은 조건식을 대상으로 비교 판단하는 조건문의 순서도이다. 명령문의 형식에 따라서 조금씩 다르지만, 제어문은 조건식의 결과에 의해서 수행되는 것을 알 수 있다.

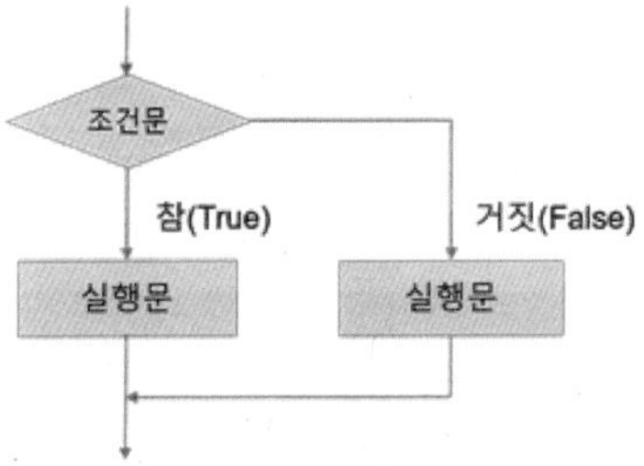

[그림 2.3] 조건문 수행 과정 예

단일 조건문

단일 조건문은 조건식의 결과에 따라 실행문을 처리하는 형식을 갖는다. if 명령어 다음에 조건식을 지정하고, 콜론 ':' 기호를 이용하여 수행할 하나 이상의 실행문을 블록으로 처리한다. C 또는 Java에서는 실행문들의 블록을 중괄호 '{}' 기호를 이용하지만, 파이썬은 처리할 블록을 콜론 ':'과 들여쓰기 Indentation로 정의한다. 들여쓰기는 Tab 키 를 이용하거나 Space Bar를 이용하여 일정한 크기의 빈칸을 띄워 이용한다.

단일 비교 판단문의 기본 형식은 다음과 같다. 형식에서 '␣'는 빈칸을 의미한다.

형식	단일 조건문 1

```
if 조건식 :
␣␣␣␣실행문
```

실습 **단일 조건문 예**

step03_01_if.py

❶
```
01 var = 10                # if 블럭에서 사용될 변수
02 if var >= 5 :           # 조건식
03     print('var=', var)
04     print('var는 5보다 크다.')
05     print('조건이 참인 경우 실행')
06 
07 print('항상 실행')
```

실행결과

```
var= 10
var는 5보다 크다.
조건이 참인 경우 실행
항상 실행
```

해설

변수 var 01행은 if 문에서 조건식으로 사용되는 변수이다. 현재 조건이 'var >= 5'이고 변수 var은 10이기 때문에 if 문 02행에서 조건의 결과는 참 True이다. 따라서 콜론 02행의 끝; 주석문 제외과 들여쓰기 03~05행 4칸 들여쓰기로 지정된 블록에서 3개의 실행문 03~05행이 순서대로 실행되어 print() 함수의 결과가 출력된다. if문의 블록 03~05행이 모두 실행되면 프로그램의 순서에 의해서 if 문 블록의 다음 문장 07행이 실행된다.

단일 조건문의 두 번째 형식은 다음과 같다. if 문의 조건식이 참이면 if 문 블록이 수행되고, 조건식이 거짓이면 else 문 블록이 수행된다.

형식 단일 조건문 2

```
if 조건식 :
    실행문
    실행문
else :
    실행문
    실행문
```

❷
```
# 100~85 : '우수', 84~70: '보통', 69이하 : '저조'
score = int(input('점수 입력 : '))
if score >= 85 and score <=100 :
    print('우수')
else :
    if score >= 70 :
        print('보통')
    else :
        print('저조')    # 69이하
```

실행결과

```
점수 입력 : 92      ← 92는 사용자 입력
우수
점수 입력 : 80      ← 80은 사용자 입력
보통
점수 입력 : 55      ← 55는 사용자 입력
저조
```

해설

키보드로 점수를 입력 09행의 input() 함수, 입력되는 내용은 문자이기 때문에 int() 함수를 이용하여 숫자로 변환 받아서 100~85점이면 10행의 if 문 조건 '우수', 84~70점이면 13행의 if 문 조건 '보통', 69점 이하이면 15행의 else에 해당 '저조'라고 평가 문구를 출력하는 단일 비교 판단문을 중첩하여 사용한 예이다. 첫 번째 프로그램을 실행한 후 92점을 키보드로 입력하면 '우수'가 콘솔에 출력된다. 두 번째 실행하여 80점을 입력하고, 세 번째 실행해서는 55점을 입력하여 평가 결과를 확인한다.

프로그램을 실행하고, 스파이더의 콘솔 Console 영역에서 입력 프롬프트("점수 입력 : ") 뒤를 클릭하고 데이터를 입력한뒤에 Enter 키를 누르면 결과가 표시된다.

중첩 조건문

중첩 조건문은 if 문 블록 내에 또 다른 if 문 블록이 포함된 구조를 갖는다. 주로 여러 개의 조건식을 비교 판단하여 로직을 구현할 때 이용된다. 중첩 조건문의 형식은 다음과 같다.

형식 중첩 조건문

```
if 조건식1 :
    실행문1
elif 조건식2 :
    실행문2
else :
    실행문n
```

형식을 기준으로 실행과정을 살펴보면 첫 번째 '조건식1'이 '참'이면 '실행문1'이 실행되고, 첫 번째 '조건식1'이 '거짓'이면 elif 명령어 뒤에 오는 두 번째 '조건식2'를 확인한다. 두 번째 '조건식2'가 '참'이면 '실행문2'가 실행되고, 두 번째 '조건식2'가 '거짓'이면 마지막 else 문 블록의 '실행문n'이 실행된다.

실습 **중첩 조건문 예**

❸

```
score = int(input('점수 입력 : '))
grade = ''    # 등급을 나타내는 문자열 변수 초기화

if score >= 85 and score <=100 :
    grade = '우수'
```

❸

```
elif score >= 70 :
   grade = '보통'
else :
   grade = '저조'

print('당신의 점수는 %d이고, 등급은 %s'%(score, grade))
```

실행결과

```
점수 입력 : 89          ← 89는 사용자 입력
당신의 점수는 89이고, 등급은 우수입니다.
점수 입력 : 75          ← 75는 사용자 입력
당신의 점수는 75이고, 등급은 보통입니다.
점수 입력 : 60          ← 60은 사용자 입력
당신의 점수는 60이고, 등급은 저조
```

해설

키보드로 점수를 입력받아서 100~85점이면 '우수', 84~70점이면 '보통', 69점 이하이면 '저조'라고 평가 문구를 출력하는 중첩 조건문의 예이다. 두 번째 단일 비교 판단문의 예와 결과는 같지만, 중첩 조건문을 이용하면 프로그램의 가독성이 좋아진다.

print() 함수는 형식을 지정하여 출력하는 예이다. "'형식문자열'%(변수목록)"으로 print() 함수의 인수를 지정하면 형식 문자열에 포함된 '%d'와 '%s'에 변수 목록에서 하나씩 대응하여 출력한다. '%d'는 정수값을 대응하여 출력하고, '%s'는 문자열을 대응하여 출력한다. 형식 문자는 [표 2.3]을 참조한다.

[표 2.3] print() 함수에서 사용하는 형식 문자

형식 문자	출력 형식
%d	10진수 정수
%f	실수(%f전체자리수.소수점자리)
%s	문자열
%c	문자

한 줄 조건문

한 줄 조건문은 조건식이 참인 경우와 거짓인 경우의 처리할 문장을 모두 한 줄로 작성하여, 조건식의 비교 판단 결과에 따라서 참일 때는 '실행문1'을 실행하고 거짓일 때는 '실행문2'를 실행한다. 한 줄 조건문의 형식은 다음과 같다. '실행문1'과 '실행문2'의 위치에는 오직 하나의 연산문만 가능하다.

형식 한 줄 조건문

```
변수 = 실행문1 if (조건식) else 실행문2
```

실습 한 줄 조건문 예

❹

```
# 일반 조건문
num = 9    # 초기화
```

❹
```
30 result = 0
31
32 if num >= 5 :
33     result = num * 2
34 else :
35     result = num + 2
36 print('result =', result)
```

실행결과

```
result = 18
```

해설 일반 조건문

변수 num의 값이 5보다 크거나 같으면 32행 2를 곱하고 33행, 그렇지 않으면 2를 더하는 35행 명령문이다. 예에서 변수 num은 5보다 크기 때문에 num에 2가 곱해져서 변수 result에는 18이 계산되고 결과를 출력한다.

❺
```
37 # 한 줄 조건문
38 # [형식] 변수 =  참  if (조건문)  else 거짓
39 result2 = num * 2  if  num >= 5 else  num + 2
40 print('result2 =', result2)      # 18
```

실행결과

```
result = 18
```

해설 한 줄 조건문

❹의 일반 조건문 ❹의 32~35행을 한 줄 조건문으로 코딩하면 39행 if 명령어 다음에 조건식을 지정하고, if 명령어 앞 부분에 참일 경우 실행되는 문장, if 명령어의 조건식 뒤에는 거짓일 경우 실행되는 문장을 쓴다. num은 5보다 크기 때문에 num에 2가 곱해져서 변수 result2에는 18이 계산되고 결과를 출력한다.

3.2 반복문

반복문이란 특정 부분을 반복해서 실행하는 명령문을 의미한다. 지정된 블록의 문장을 반복적으로 수행하는 명령문으로 파이썬에서는 while 반복과 for 반복 명령어가 제공된다. [그림 2.4]는 반복문 수행과정을 나타내는 흐름도이다.

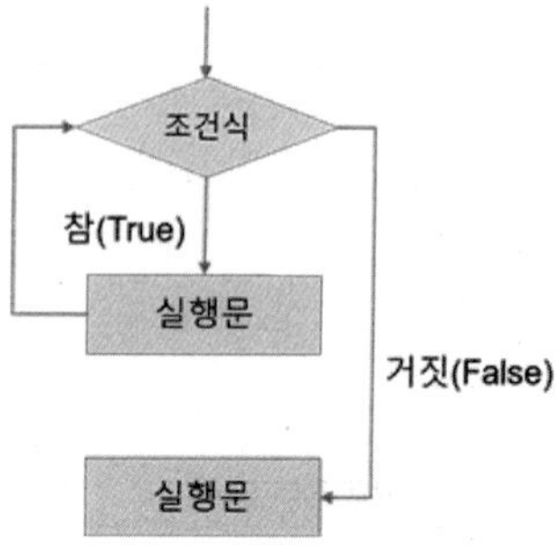

[그림 2.4] 반복문 수행 과정 예

while 문

while은 조건식과 반복할 실행문의 블록을 구성한다. while 반복문은 조건부터 먼저 검사하기 때문에 반복의 대상인 실행문의 블록이 한 번도 수행하지 않는 경우도 있다. 이러한 while 문의 블록 구조를 '사전-시험 루프 pre-test loop'라고 한다. '사전-시험 루프'는 반복문의 조건을 먼저 검사한 후 반복 여부를 결정하는 제어 구조이다.

형식 while 문 형식

```
while 조건식 :
    실행문1
      :
    실행문n
```

형식을 기준으로 실행과정을 살펴보면 '조건식'을 검사하여 결과가 참이면 '실행문1'부터 '실행문n'까지를 실행하고 다시 '조건식'을 검사하며 while 블록을 반복 실행한다. while 블록의 범위는 들여쓰기에 따라 결정된다. 들여쓰기가 한 칸이라도 틀리면 **들여쓰기 레벨 에러** Indentation Level Error가 발생한다.

실습 while 반복문 예

step03_02_while.py

❶
```
01 # 카운터와 누적 변수
02 cnt = tot = 0        # 변수 초기화
03 while cnt < 5 :      # True: 반복 수행
04     cnt += 1         # 카운터 변수(cnt = cnt + 1)
05     tot += cnt       # 누적변수(tot = tot + cnt )
06     print(cnt, tot)
```

실행결과

```
1 1
2 3
3 6
4 10
5 15
```

해설 카운터와 누적 변수

반복문에서 '카운터 변수'와 '누적 변수'는 자주 언급되는 용어이다. 반복을 수행하는 과정에서 '카운터 변수'는 정해진 상수값에 의해서 일정하게 값이 증가하는 변수를 말하고, '누적 변수'는 카운터 변수의 값을 차곡차곡 저장하는 역할을 한다.

예에서 변수 cnt는 조건식에 사용되는 카운터 변수로 초기값을 0으로 02행한다. 변수 cnt의 값이 5보다 작으면 03행 루프(loop; 반복)가 실행된다. cnt는 1씩 증가하고 04행, tot는 cnt 값을 누적 05행한다. 여기서 카운터 변수인 cnt는 무한정 1씩 증가하지 않는다. cnt 변수를 while 문의 조건식에서 사용하기 때문에 cnt값이 5가 되는 순간 조건식의 결과는 False가 되어 반복을 종료 Exit하게 된다.

❷

```
07 # 1 ~ 100 사이 3의 배수를 추출하고 합계출력하기
08 cnt = tot = 0
09 dataset = []                # 빈 리스트
10
11 while cnt < 100:            # 100회 반복
12     cnt += 1                # 카운터
13     if cnt % 3 == 0:
14         tot += cnt          # 누적변수
15         dataset.append(cnt) # 리스트에 cnt 추가
16
17 print('1 ~ 100 사이 3의 배수 합 = %d' % tot)
18 print('dataset =', dataset)
```

실행결과

```
1 ~ 100 사이 3의 배수 합 = 1683
dataset = [3, 6, 9, 12, 15, 18, 21, 24, 27, 30, 33, 36, 39, 42, 45, 48, 51, 54, 57, 60, 63, 66, 69, 72, 75, 78, 81,
84, 87, 90, 93, 96, 99]
```

해설 1~100 사이의 수에서 3의 배수의 합과 원소 추출하기

카운터 변수 cnt에 의해서 while 반복문 11~15행은 100회 반복 수행된다. 이 과정에서 cnt 변수의 값을 3으로 나누어서 나머지 값이 0이면 13행 cnt의 값이 3의 배수이므로 리스트로 선언한 dataset에 cnt 값을 추가 Append; 15행한다. 100회 반복이 모두 완료되면 3의 배수의 합을 출력하고, dataset 변수를 출력하여 3의 배수에 대한 원소를 출력한다.

리스트 list는 여러 개의 자료를 순서대로 적재하는 객체이고, 표현은 대괄호 "[ ]" 기호를 이용한다. 특정한 값을 리스트에 추가할 경우에는 append() 함수를 이용한다. 추가된 값은 순서가 보장되기 때문에 먼저 추가된 원소는 리스트의 맨 처음에 저장되고, 마지막에 추가된 원소는 리스트의 맨 마지막에 저장된다. 즉, 리스트에 데이터를 추가하는 순서대로 저장된다.

실습 무한 루프 예

❸

```
# 무한 루프 Infinite Loop
numData = []                  # 빈 list

while True :
    num = int(input("숫자 입력 : "))

    if num % 10 == 0 :        # Exit 조건식
        print("프로그램 종료")
        print("numData :", numData)
        break                 # 무한 반복 탈출 Exit
    else :
        print(num)
        numData.append(num)   # 입력된 데이터를 리스트 List에 추가
```

실행결과

```
숫자 입력 : 1        ←── 1은 사용자 입력
1
숫자 입력 : 3        ←── 3은 사용자 입력
```

```
3
숫자 입력 : 5          ← 5는 사용자 입력
5
숫자 입력 : 10         ← 10은 사용자 입력
프로그램 종료
numData : [1, 3, 5]
```

해설 무한 루프 Infinite Loop

무한 루프 Infinite Loop는 반복문에서 사용되는 조건식이 항상 True인 경우를 말한다. 조건식이 항상 True이기 때문에 반드시 루프 내에서 탈출 Exit 조건을 지정해야 한다. 만약 탈출 조건이 없는 경우에는 반복이 멈추지 않는다. 예에서는 키보드로 임의의 숫자를 입력받아서 10이 아니면 리스트로 선언된 numData에 입력한 값이 원소로 추가 31행되고, 루프가 반복된다. 한편 10이 입력되면 "프로그램 종료"라는 문자열과 numData의 리스트 내용이 출력 26행과 27행되고 break 문 28행에 의해서 루프를 탈출한다.

break와 continue 문

break와 continue 문은 반복문에서 이용되는 명령문이다. break 명령문은 반복을 탈출 Exit하는 역할을 하고, continue 명령문은 다음에 오는 실행문을 실행하지 않고 Skip 반복을 계속하는 역할을 한다. [그림 2.5]는 while 문에서 break와 continue 명령어의 수행과정을 나타내고 있다.

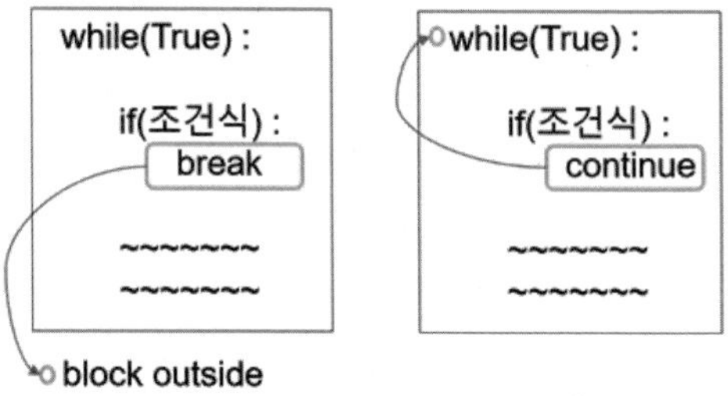

[그림 2.5] break와 continue 명령 수행과정

실습 break와 continue 사용 예

```
# break와 continue 명령문 사용
i = 0
while i < 10:
    i += 1              # 카운터
    if i == 3:
        continue        # 다음 문장 실행을 Skip 건너뜀
    if i == 6:          # 탈출 조건
        break           # Exit 반복 범위 탈출
    print(i, end = ' ') # end 인자의 값에 의해 빈 칸으로 출력 항목 구분
```

실행결과

```
1 2 4 5
```

해설 break와 continue 사용 예

카운트 변수 i를 이용하여 조건식을 갖는 while 반복문은 정상적으로 10회 반복될 수 있다. 하지만 출력 결과를 보면 5까지 출력되고, i의 값이 6이 될 때 반복이 종료되는 것을 볼 수 있다. 이유는 'i == 6' 조건식 38행에 의해서 break 명령어 39행가 실행되기 때문이다. 한편 3이 출력되지 않은 이유는 'i == 3'의 조건식 36행에 의해서 continue 명령어 37행가 실행되기 때문이다. continue 다음에 오는 모든 실행문 39행은 실행되지 않으므로 3은 출력되지 않고 계속 반복된다.

for 문

for 명령어를 이용한 반복문은 반복 종료를 위한 별도의 조건식이 없는 대신에 열거형 객체를 이용한다. 열거형 객체란 하나의 객체 안에 여러 개의 자료가 나열된 객체를 의미한다. 다시 말해서 하나의 참조변수를 이용해서 여러 개의 자료를 참조할 수 있는 객체이다. 문자열 객체를 예로 들면 문자열은 일정한 순서를 갖는 여러 개의 문자로 나열되어 있으며, 참조변수의 색인을 이용해서 문자열을 구성하는 각 문자에 접근할 수 있다.

다음과 같은 for 문의 형식에서 for 문의 in 명령어 뒷부분에 열거형 객체를 지정하고, in 앞부분에는 열거형 객체의 값을 하나씩 넘겨받을 수 있는 변수를 지정한다. for 문에서 반복 횟수는 열거형 객체에 포함된 원소 길이 즉, 원소의 개수로 결정된다.

형식 for 문 형식

```
for 변수 in 열거형객체 :
    실행문1
      :
    실행문n
```

실습 for 반복문 예

step03_03_for.py

```
# 문자열 열거형 객체 이용
string = "홍길동"
print('문자열길이 =', len(string))      # 문자 길이 : 3     ❶
for s in string :                       # 문자 -> 변수 s에 넘김 : 3회
    print(s)
```

실행결과

```
문자열 길이 = 3
홍
길
동
```

해설

string 변수 02행는 3개의 문자로 구성된 열거형 객체이다. for 문 04행에서 string을 열거형 객체로 사용하면 s 변수에 단일 문자가 1개씩 할당되면서 3회 반복된다. 반복문의 수행 결과는 print() 함수 05행에 의해 단일 문자가 줄 단위로 출력된다.

❷

```
06  # list 열거형 객체 이용
07  lst = [1, 2, 3, 4, 5]              # 5개 원소를 갖는 열거형 객체
08
09  for e in lst :
10      print('원소 : ', e)
```

실행결과

```
원소 : 1
원소 : 2
원소 : 3
원소 : 4
원소 : 5
```

해설

변수 lst 07행는 1에서 5까지 5개의 원소를 갖는 열거형 객체이다. for 문 09행에서 5개의 원소가 순서대로 e 변수에 넘어오면서 5회 반복하여 print() 함수 10행에 의해각 원소가 출력된다.

for 문에서 range 객체 사용

파이썬의 모듈 파일 *.py은 여러 가지 함수와 다양한 클래스를 제공한다. 함수와 클래스에 관한 자세한 설명은 4장 "파이썬 모듈과 함수"에서 다룬다. 여기서는 range 클래스를 사용하는 방법에 초점을 두고 실습을 진행한다.

특정 모듈에서 제공하는 함수나 클래스는 모양이 비슷하기 때문에 구분이 어렵고, 사용법 역시 다양한 형식으로 제공한다. 따라서 클래스 또는 함수의 사용법은 help() 함수를 통해서 도움말 기능을 제공받을 수 있다. help() 함수의 형식은 다음과 같다.

형식 help() 함수의 형식

```
help(클래스이름) 또는 help(함수이름)
```

range 클래스의 도움말을 확인하기 위해서 다음과 같이 help(range) 명령문을 실행하면 range 클래스를 제공하는 모듈의 이름과 객체를 생성하는 방법을 확인할 수 있다.

```
In [18]: help(range)
Help on class range in module builtins:

class range(object)
 |  range(stop) -> range object
 |  range(start, stop[, step]) -> range object
 |
 |  Return an object that produces a sequence of integers from start (inclusive)
 |  to stop (exclusive) by step.  range(i, j) produces i, i+1, i+2, ..., j-1.
 |  start defaults to 0, and stop is omitted!  range(4) produces 0, 1, 2, 3.
 |  These are exactly the valid indices for a list of 4 elements.
 |  When step is given, it specifies the increment (or decrement).
 |
 |  Methods defined here:
 |
```

help() 함수 실행

range 클래스는 builtins 즉, 내장된 기본 모듈에서 제공하는 클래스임을 확인

range 클래스를 이용하여 range 객체를 생성하는 방법 확인

가장 첫 번째 'Help on class range in module builtins' 문장에서 range 클래스는 builtins 모듈에 포함된 클래스임을 나타내고 있다. 다음 문장부터는 클래스의 인수에 대한 설명이다. 인수가 한 개인 경우, 인수가 두 개 또는 세 개인 경우의 range 객체가 만들어지는 예를 설명하고 있다.

❸

```
11 # range 객체 생성
12 num1 = range(10)            # range(start)
13 print('num1 :', num1)
14 num2 = range(1, 10)         # range(start, stop)
15 print('num2 :', num2)
16 num3 = range(1, 10, 2)      # range(start, stop, step)
17 print('num3 :', num3)
```

실행결과

```
num1 : range(0, 10)
num2 : range(1, 10)
num3 : range(1, 10, 2)
```

해설 range 객체 생성

range 클래스를 이용하여 3가지 유형 12, 14, 16행의 range 객체를 생성하고 있다. num1 변수는 start 인수를 이용하여 0~9까지의 숫자를 포함하는 range 객체가 만들어지고, num2 변수는 start, stop 인수를 이용하여 1~9까지 숫자를 포함하는 range 객체가 만들어진다. 끝으로 3개의 인수를 갖는 num3 변수는 마지막 step의 인수에 의해서 1부터 9까지 2씩 증가하는 숫자를 포함하는 range 객체가 만들어진다.

❹

```
# range 객체 활용
for n in num1 :
    print(n, end = ' ')
print()

```

❹
```
for n in num2 :
   print(n, end = ' ')
print()

for n in num3 :
   print(n, end = ' ')
```

실행결과

```
0 1 2 3 4 5 6 7 8 9
1 2 3 4 5 6 7 8 9
1 3 5 7 9
```

해설 range 객체 활용

range 클래스에 의해서 생성된 객체는 열거형 객체이다. 따라서 for 문의 in 명령어 뒷부분에서 열거형 객체로 이용할 수 있다. for 문에서 사용되는 print 실행문에 의해서 num1, num2, num3 객체들의 값을 확인할 수 있다.

for 문의 in과 if 문의 in

for 문의 in은 열거형 객체의 원소를 순서대로 in 앞의 변수에 하나씩 넘기면서 반복을 수행하지만, if 문의 in은 다음 형식과 같이 in 앞의 값이 열거형 객체의 원소에 포함된 경우 True가 되고, 포함되지 않으면 False가 된다.

형식 if 문에서 in 사용

```
if 값 in 열거형객체 :
    실행문1
      :
    실행문n
```

❺
```
29 words = ["이순신", "홍길동", "유관순"]
30 if "홍길동" in words
31    print("있음")
32 else
33    print("없음")
```

실행결과

```
있음
```

해설

열거형 객체 words는 전체 3개의 원소로 구성 29행되어 있으며, 그 중 두 번째 원소로 단어 "홍길동"이 포함되어 있기 때문에 if 문의 조건 결과는 True가 된다. 따라서 결과는 "있음"이 출력 31행된다.

연습문제

문제 1 다음과 같은 2차 방정식을 파이썬 수식으로 코딩하고, y의 결과를 확인하시오.

[처리조건]

2차 방정식: $y = 2.5 \times x^2 + 3.3 \times x + 6$ (단, $x = 2$ 일 때)

[출력 결과 예시]

2차 방정식 결과 = 22.6

문제 2 지방 fat, 탄수화물 carbohydrate, 단백질 protein 칼로리의 합계를 계산하는 프로그램을 작성하시오.

[처리조건]

조건 1: 지방, 탄수화물, 단백질의 그램을 키보드로 입력 받는다.
조건 2: 총 칼로리 = 지방 * 9 + 단백질 * 4 + 탄수화물 * 4

[출력 결과 예시]

지방의 그램을 입력하세요 : 25
탄수화물의 그램을 입력하세요 : 520
단백질의 그램을 입력 : 45

문제 3 항공사에서는 수화물을 보낼 때, 무게 10kg 이상부터는 수수료를 내야 한다. 수수료는 10kg을 초과하는 무게의 10의 배수 단위로 10,000원씩 증가한다. 만약 10kg 미만이면 수수료는 없다. 사용자의 수화물 무게를 키보드로 입력하여 사용자가 지급해야 할 금액을 계산하는 프로그램을 작성하시오.

[출력 결과 예시]

수하물의 무게는 얼마입니까? 8 ← 8은 사용자 입력 내용
수수료는 없습니다.

수하물의 무게는 얼마입니까? 15 ← 15는 사용자 입력 내용
수수료는 10,000원 입니다.

수하물의 무게는 얼마입니까? 21 ← 21은 사용자 입력 내용
수수료는 20,000원입니다.

문제 4 for 반복문을 이용하여 1~100 사이의 수 중에서 3의 배수이면서 2의 배수가 아닌 수를 한 줄에 출력하고, 누적 합계를 출력하시오.

[출력 결과 예시]

수열 = 3 9 15 21 27 33 39 45 51 57 63 69 75 81 87 93 99
누적합 = 867

Chapter 03

파이썬 자료구조

학습 내용

자료구조는 프로그래밍에 의해서 만들어진 객체가 메모리에 배정될 때 기억공간에 적재되는 구조를 말한다. 자료구조는 적재되는 모양에 따라서 크게 순서 자료구조와 비순서 자료구조로 구분할 수 있다. 순서 자료구조는 색인을 통해서 자료를 순차적으로 접근하여 참조할 수 있고, 비순서 자료구조는 키를 통해서 해당 자료가 있는 위치로 직접 접근하여 자료를 참조할 수 있다. 이장에서는 자료구조를 유형별로 살펴보며 해당 자료구조를 만들고, 적재된 자료를 이용하는 방법에 대해서 알아본다. 통계 자료 분석을 위해서는 반드시 자료구조의 특징과 구조를 정확히 인지할 필요가 있다.

학습 목표

- 자료구조를 순서 자료구조와 비순서 자료구조로 구분하여 설명할 수 있다.
- 리스트 객체를 생성하고, 색인을 이용하여 자료를 참조할 수 있다.
- 리스트 내포를 이용하여 자료를 처리할 수 있다.
- 사전 dictionary 자료구조를 이용하여 자료를 키와 값 형식으로 작성할 수 있다.

이 장의 구성

1. 자료구조
2. 리스트 list
3. 리스트 내포 Nested list
4. 사전 dictionary

1 자료구조

자료구조 Data Structure는 프로그래밍에 의해서 만들어진 객체가 메모리에 배정될 때 기억공간에 적재되는 구조를 말한다. 자료구조는 적재되는 모양에 따라서 크게 순서 자료구조와 비순서 자료구조로 구분할 수 있다. 다음 [그림 3.1]은 순서 자료구조와 비순서 자료구조를 나타내고 있다. 순서 자료구조는 칸막이 Partition로 구분된 영역에 원소들이 순서대로 적재된다. 하지만, 비순서 자료구조는 큰 메모리 영역에 원소들이 적재되기 때문에 순서가 보장되지 않는다.

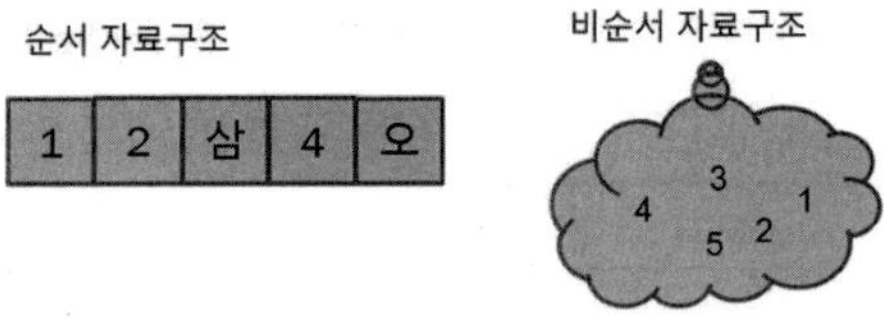

[그림 3.1] 순서 자료구조와 비순서 자료구조 예

이 장에서는 파이썬에서 순서 자료구조 중 대표적으로 사용되는 list 리스트와 비순서 자료구조 중 대표적인 dict 사전; dictionary 자료구조에 대해서 살펴본다.

2 리스트 list

list 리스트는 여러 개의 자료를 순서대로 적재하는 가변 길이 순차 자료구조를 생성하는 클래스이다. 다음은 list 리스트 클래스의 도움말을 확인한 결과이다.

```
In [20]: help(list)
Help on class list in module builtins:

class list(object)
 |  list(iterable=(), /)
 |
 |  Built-in mutable sequence.
 |
 |  If no argument is given, the constructor creates a new empty list.
 |  The argument must be an iterable if specified.
 |
```

help() 함수의 첫 번째 행인 'class list in module builtins' 문장에서 list 클래스는 builtins 모듈에 포함된 클래스임을 나타내고 있다. list 클래스는 '인수가 주어지지 않으면 생성자는 새로운 빈 목록을 만들고, 인수가 있는 경우에는 반복 가능한 객체를 인수로 사용해야 한다.'라고 리스트 클래스를 설명하고 있다.

2.1 list 객체의 특징

list 객체는 다음과 같은 특징을 갖는다.

- 순서 자료구조를 갖는 열거형 객체를 생성한다.
- 대괄호 '[ ]' 안에 콤마 ','를 이용하여 순서대로 값을 나열한다.

형식	list 객체 생성 형식
변수 = [값$_1$, 값$_2$, ..., 값$_n$]	

- 값의 자료형은 숫자형, 문자형, 논리형 등을 함께 사용할 수 있다.
- 색인 Index을 이용하여 자료를 참조할 수 있고, 자르기 슬라이싱; Slicing, 연결, 반복, 요소 검사 등이 가능하다.
- 값을 추가, 삽입, 수정, 삭제할 수 있다.

2.2 list 객체의 색인

리스트는 순서 자료구조이기 때문에 색인을 이용해서 리스트의 원소를 참조할 수 있다. 즉, 색인은 리스트 객체 내부에서 자료가 저장된 위치 또는 순서를 의미한다. [그림 3.2]에서 lst 객체의 첫 번째 색인은 lst[0]으로 표현하며, 이후 나머지 원소의 색인은 1씩 증가하는 형식으로 표현한다.

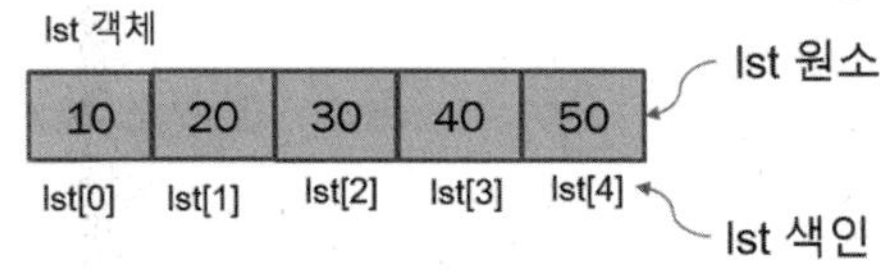

[그림 3.2] list 객체의 색인

실습 단일 리스트 사용 예

step01_list.py

```
  01 # 단일 list 객체 사용 예
  02 lst = [1, 2, 3, 4, 5]
  03 print(lst)
❶ 04 print( type(lst) )
  05
  06 for i in lst :
  07     print(lst[:i])           # 색인 i 전까지의 부분 리스트 출력
```

실행결과

```
[1, 2, 3, 4, 5]      ◀—— 03행의 출력 결과
<class 'list'>       ◀—— 04행의 출력 결과
```

```
[1]                       ← 06~07행의 반복문에 의한 출력 결과
[1, 2]
[1, 2, 3]
[1, 2, 3, 4]
[1, 2, 3, 4, 5]
```

해설

1~5까지 5개의 원소를 갖는 lst 객체를 생성 02행하고, lst의 전체 원소와 자료형을 출력 03행과 04행하고 있다. lst를 for 문에서 열거형 객체로 이용 06행하면서 원소의 길이 원소의 갯수 만큼 5회 반복된다. 5회 반복과정에서 변수 i는 리스트 객체 lst의 색인으로 이용된다. 색인[:i]은 처음부터 i번째 이전까지의 원소를 슬라이싱 slicing 하기 때문에 lst 원소를 처음부터 하나씩 꺼내서 출력된다.

단일 리스트란 하나의 리스트로만 구성된 리스트 형식을 의미한다. 리스트 내에 다른 리스트가 포함된 경우는 중첩 리스트라고 한다.

❷

```
08 # 단일 list 객체의 색인
09 x = list(range(1, 11))
10 print(x)                # 리스트의 전체 원소 출력
11 print(x[:5])            # 리스트의 0번째 원소부터 4번째 원소까지 출력
12 print(x[-5:])           # 리스트의 -5번째 원소부터 끝까지 출력
13 print('index 2씩 증가')
14 print(x[::2])           # 홀수 번째 색인의 원소 출력
15 print(x[1::2])          # 1부터 시작 하는 짝수 번째 색인의 원소 출력
```

실행결과

```
[1, 2, 3, 4, 5, 6, 7, 8, 9, 10]
[1, 2, 3, 4, 5]
[6, 7, 8, 9, 10]
index 2씩 증가
[1, 3, 5, 7, 9]
[2, 4, 6, 8, 10]
```

해설 단일 list 색인

list(range(1, 11)) 명령어 09행는 range 클래스에 의해서 열거형 객체를 생성한 후 리스트 객체로 변환하는 명령문이다. 참조 변수 x를 출력 10행하면 리스트 객체를 뜻하는 대괄호 안에 1~10의 원소를 갖는 열거형 객체가 출력된다. 색인 x[:5] 11행에 의해서 첫 번째 원소 인덱스 번호 0부터 5번째 원소 인덱스 번호 4가 출력된다. 색인 x[-5:] 12행에 의해서 오른쪽 끝을 기준으로 5번째부터 마지막 원소까지 출력된다. 끝으로 색인 x[::2] 14행는 'start:stop:step' 형식으로 전체 원소를 대상으로 2씩 증가하는 색인에 의해서 홀수 번째 원소 인덱스 번호는 짝수가 출력되고, 색인 x[1::2] 15행는 두 번째 색인값이 1 원소부터 끝까지 2씩 증가하는 색인으로 짝수 번째 원소 인덱스 번호는 홀수가 출력된다.

2.3 중첩 리스트

리스트 내에 또 다른 리스트가 포함된 형식을 중첩 리스트라고 한다. 중첩 리스트는 바깥쪽 리스트의 색인을 통해서 안쪽 리스트의 원소를 참조할 수 있다.

실습 **중첩 리스트 사용 예**

❸
```
16 # 중첩 리스트 객체 생성을 위한 단일 리스트 객체 생성
17 a = ['a', 'b', 'c']
18 print(a)
```

실행결과

```
['a', 'b', 'c']
```

해설 중첩 list 객체 생성을 위한 단일 리스트 객체 생성

변수 a [17행]는 세 개의 영문자를 갖는 단일 리스트 객체가 만들어진다.

❹
```
19 # 중첩 리스트 객체 생성
20 b = [10, 20, a, 5, True, '문자열']     # 서로 다른 자료형
21 print(b[0])                            # 10
22 print(b[2])                            # ['a', 'b', 'c'] -> 중첩 list
23 print(b[2][0])                         # 'a'  -> 중첩 list 01번 원소
24 print(b[2][1:])                        # ['b', 'c'] -> 중첩 list 12번 이후 원소
```

실행결과

```
10
['a', 'b', 'c']
a
['b', 'c']
```

해설 중첩 list 객체 생성

list 객체 변수 b는 변수 또다른 list 객체 a를 포함하고 있는 중첩 리스트 객체 [20행]이다. 변수 b에 포함된 원소 중에서 세 번째 원소가 중첩 리스트인 변수 a에 해당하기 때문에 중첩 리스트로 접근하기 위해서는 b 변수의 색인 b[2]로 접근한다. 그리고 중첩 리스트의 특정 원소를 참조하기 위해서는 변수 b의 색인과 변수 a의 색인을 순서대로 나열한다. 예를 들면 중첩 리스트인 a의 첫 번째 원소를 참조하기 위해서는 b[2][0] 형식으로 색인을 작성한다.

2.4 리스트 수정

list [리스트]는 새로운 값을 추가할 수 있고, 기존 값을 삭제할 수도 있다. 또한 색인을 이용해서 특정 위치의 값을 수정하거나 삽입할 수 있다.

실습 **리스트에 항목·추가·삭제·수정·삽입 예**

❺
```
25 # 리스트 수정을 위한 단일 리스트 객체 생성
26 num = ['one', 'two', 'three', 'four']
27 print(num)             # ['one', 'two', 'three', 'four']
28 print(len(num))        # 4
```

실행결과

['one', 'two', 'three', 'four']
4

해설

변수 num은 네 개의 문자열을 갖는 단일 리스트 객체 26행를 갖는다.

❻
```
29 # 리스트 원소 추가
30 num.append('five')          # 리스트에 데이터 추가
31 print(num)
```

실행결과

['one', 'two', 'three', 'four', 'five']

해설

리스트 객체에서 제공하는 리스트 객체가 제공하는 append() 함수를 이용 30행해서 새로운 값 'five'를 추가한다. append() 함수는 리스트 객체의 끝에 새로운 값을 추가한다.

❼
```
32 # 리스트 원소 삭제
33 num.remove('five')          # 리스트에서 데이터 삭제
34 print(num)
```

실행결과

['one', 'two', 'three', 'four']

해설

리스트 객체에서 제공하는 remove() 함수를 이용 33행해서 인자로 주어진 데이터를 삭제한다.

❽
```
35 # 리스트 원소 수정
36 num[3] = '4'                # 리스트에서 지정된 색인 위치의 데이터 수정
37 print(num)
```

실행결과

['one', 'two', 'three', '4']

해설 list에서 원소 수정

리스트의 색인을 이용 36행하여 지정된 색인 위치의 데이터를 수정한다. 예에서는 색인 3을 지정하여 네 번째 위치의 값 'four'가 '4'로 수정 36행된다.

❾
```
38 # 리스트 원소 삽입
39 num.insert(0, 'zero')       # 리스트에서 지정된 색인 위치에 주어진 데이터를 삽입 Insert
40 print(num)
```

실행결과

['zero', 'one', 'two', 'three', '4']

해설 list에서 원소 삽입

리스트의 색인을 이용 39행하여 지정된 색인 위치에 데이터를 삽입한다. 예에서는 색인 0을 지정하여 첫 번째 위치에 데이터 'zero'를 삽입 39행한다. 기존 데이터의 색인은 자동으로 조정된다.

2.5 리스트 연산

리스트는 연산 기호 '+'를 이용하여 리스트를 결합 연산과 '*'를 이용하여 리스트 확장 연산이 가능하다.

실습 리스트의 결합 · 확장 · 추가 예

❿
```
41 # 리스트 결합
42 x =  [1, 2, 3, 4]
43 y = [1.5, 2.5]
44 z = x + y              # 두 개의 리스트 객체를 결합하여 새로운 리스트 객체 생성
45 print(z)
```

실행결과

[1, 2, 3, 4, 1.5, 2.5]

해설 list 결합

변수 x의 리스트 객체와 변수 y의 리스트 객체를 결합하여 새로운 변수 z의 리스트 객체를 생성 44행한다.

⓫
```
46 # 리스트 확장
47 x.extend(y)            # x를 확장
48 print(x)
```

실행결과

[1, 2, 3, 4, 1.5, 2.5]

해설 list 확장

변수 x의 리스트 객체에 변수 y의 리스트 객체를 추가하여 x의 리스트 객체를 확장 47행한다. 리스트 결합 '+' 연산과 같은 결과가 된다.

⓬
```
49 # 리스트 추가
50 x.append(y)            # x에 추가
51 print(x)
```

실행결과

[1, 2, 3, 4, 1.5, 2.5, [1.5, 2.5]]

해설 list 추가

리스트 객체의 apend() 함수를 사용하여 변수 x의 리스트 객체에 변수 y의 리스트 객체를 추가 Append; 50행하여 단일 리스트 객체인 x를 중첩 리스트 객체로 만든다.

⑬
```
52 # 리스트 확장
53 lst = [1, 2, 3, 4]      # list 생성
54 result = lst * 2        # 리스트의 각 원소에 연산되는 것이 아닌, 리스트를 반복하여 확장
55 print(result)
```

실행결과

```
[1, 2, 3, 4, 1, 2, 3, 4]
```

해설 list 확장

변수 lst의 객체에 곱셈 '*' 연산기호를 이용 54행하면, lst 객체의 원소가 곱하는 숫자만큼 반복하면서 확장되어 새로운 리스트 객체가 생성된다. 리스트에 대한 '*' 연산은 주어진 리스트의 각 원소에 곱셈 연산이 되는 것이 아니다.

3 리스트 내포

리스트 내포 List Comprehension란 for 문과 if 문을 사용하여 리스트를 생성하는 문법을 의미한다. 리스트 내포 기능을 이용하면 매우 직관적인 코딩이 가능하다.

다음은 리스트 내포의 첫 번째 형식으로 열거형 객체와 for 문을 동시에 이용하여 열거형 객체의 원소 개수만큼 주어진 실행문을 반복하여 리스트 객체를 생성한다.

형식 리스트 내포 형식 1

```
변수 = [ 실행문 for 변수 in 열거형객체 ]
```

위 형식의 프로그래밍 처리 과정은 ① for 문에서 in 뒤에 있는 열거형 객체의 원소 하나를 변수로 넘겨받는다. ② for 문의 변수에 할당된 값을 이용하여 실행문으로 처리한다. ③ 처리된 결과를 문장 왼쪽의 변수에 순차적으로 추가 Append하여 리스트 객체를 생성한다.

다음은 리스트 내포의 두 번째 형식으로 리스트 안에 for 문과 if 문을 함께 사용하여 주어진 열거형 객체의 원소 중 조건을 만족하는 값만으로 주어진 실행문을 반복하여 리스트 객체를 생성한다. 만약 실행문 자리에 조건식을 이용할 경우에는 if ~ else와 같은 블록형 if문은 사용할 수 없고, 한 줄 조건문을 사용한다. 한 줄 조건문은 2장의 "3.1 조건문" 절을 참고한다.

형식 리스트 내포 형식 2

변수 = [실행문 for 변수 in 열거형객체 if 조건식]

위 형식의 프로그래밍 처리 과정은 ① for 문에서 in 뒤에 있는 열거형 객체의 원소 하나를 변수로 넘겨받는다. ② for 문의 변수에 할당된 값을 조건식으로 사용하여 비교 판단한다. ③ 조건식의 결과가 참 True이면 변수에 할당된 값을 이용하여 실행문으로 처리하고, 조건식의 결과가 거짓 False이면 실행문을 실행하지 않고 ①의 과정을 반복한다. ④ 처리된 결과를 문장 왼쪽의 변수에 순차적으로 추가 Append하여 리스트 객체를 생성한다.

실습 **리스트 내포 예**

step02_list_for.py

❶
```
01 # [형식 1]      변수 = [ 실행문  for  ]
02 x = [2, 4, 1, 5, 7]
03 # print(x ** 2)              # 에러 발생
04 lst = [ i ** 2  for i in x ]   # x 변량에 제곱 계산
05 print(lst)
06 
07 # 실행문에서 한 줄 if 문 사용 예
08 lst2 = ["짝수" if i%2 == 0 else "홀수" for i in x ]
09 print(lst2)
```

실행결과

```
[4, 16, 1, 25, 49]
['짝수', '짝수', '홀수', '홀수', '홀수']
```

해설 리스트 내포의 [형식 1] 사용 예: 변수 = [실행문 for 변수 in 열거형객체]

변수 x의 각 원소에 제곱을 계산하기 위해서 변수 x에 직접 제곱 '**'연산자를 적용 03행하면 오류 Error가 발생한다. 리스트는 객체 자체를 대상으로 연산이 불가능하기 때문이다. 따라서 for 문을 이용해서 리스트 x의 원소를 하나씩 꺼내서 실행문 i ** 2 04행의 for 앞 부분으로 처리하고 처리된 결과를 lst 변수에 순차적으로 추가한다.

리스트 내포 List Comprehension기능을 사용하지 않고 다음과 같이 for 문을 이용할 수도 있다.

```
for i in x:
    lst.append(i ** 2)
```

실행문에서 한 줄 if 문 사용 예 08행는 '리스트 내포 형식 1'에서 실행문의 위치에 if 문을 사용한 예이다. 리스트 객체 x의 원소가 홀수이면 '홀수', 짝수이면 '짝수'로 문자열 리스트 객체를 생성한 것이다.

❷
```
10 # [형식 2]      변수 = [ 실행문  for  if ]
11 # 1~10 범위의 수에서 2의 배수 추출하고 추출된 값에 2를 곱한 결과를 리스트 객체에 추가한다.
12 num = list(range(1,11))                  # 1~10 범위의 숫자 목록을 리스트로 생성
13 
14 lst3 = [ i * 2  for i in num  if i % 2 == 0 ]   # 짝수만 사용하여 2를 곱한다.
15 print(lst3)
```

실행결과

[4, 8, 12, 16, 20]

해설 리스트 내포의 [형식 2] 사용 예: 변수 = [실행문 for 변수 in 열거형객체 if 조건식]

변수 num는 range 클래스에 의해서 생성된 1에서 10까지 10개의 숫자를 갖는 리스트 객체 12행이다. for 문을 이용해서 리스트 객체 num의 원소를 1부터 하나씩 변수 i로 할당한 뒤에 조건식에 의해서 i가 짝수이면 실행문(i * 2)에 의해서 2가 곱해지고 연산된 결과는 리스트 객체 lst3에 추가된다. 마지막으로 lst3 변수에는 1~10 범위의 수 중에서 짝수에 2가 곱해진 5개 원소가 채워지는 리스트가 생성된 것을 확인할 수 있다.

4 사전 dict; dictionary

사전 dictionary 자료구조를 나타내는 dict 클래스는 여러 개의 자료를 비 순서로 적재하는 가변 길이 비순차 자료구조를 생성하는 클래스이다. 사전을 연상해 볼 때 특정 단어를 찾기 위해서는 첫 자를 색인으로 빠르게 단어를 찾을 수 있게 되어있다. 이와 같은 사전형의 자료구조가 dict이다. [그림 3.3]은 비순서 자료구조의 예를 나타내고 있다.

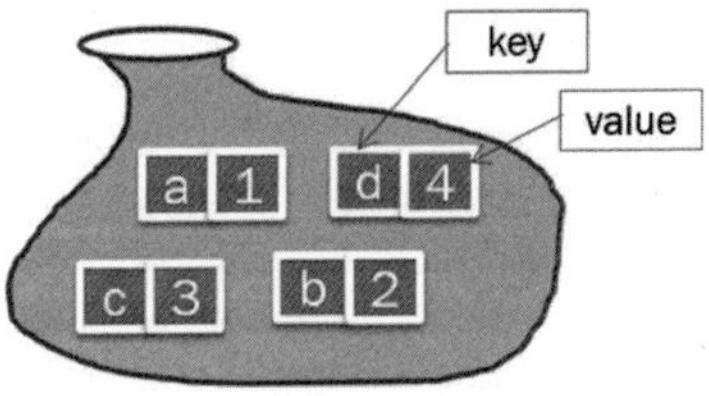

[그림 3.3] dict의 비순서 자료구조 예

dict 사전 자료형은 키를 색인으로 하여 값을 찾는데 최고의 성능을 낼 수 있도록 최적화되어 있다. 다음은 dict 클래스의 도움말을 확인한 결과이다.

```
In [27]: help(dict)
Help on class dict in module builtins:

class dict(object)
 |  dict() -> new empty dictionary
 |  dict(mapping) -> new dictionary initialized from a mapping object's
 |      (key, value) pairs
 |  dict(iterable) -> new dictionary initialized as if via:
```

help() 함수의 결과에서 첫 번째 'Help on class dict in module builtins' 문장에서 dict 클래스는 builtins 모듈에 포함된 클래스임을 나타내고 있다. "인수가 없이 사용하면 빈 Empty dict 객체를 만든다. dict 객체는 '키'와, '값'의 쌍으로 새로운 사전형 객체를 만든다. 반복가능 인수로 dict 객체를 만든다."라고 dict 클래스를 설명하고 있다.

4.1 dict 객체의 특징

dict 객체는 다음과 같은 특징을 갖는다.

- 사전 Dictionary 형식으로 비순서 자료구조를 갖는 열거형 객체를 생성할 수 있다.
- 중괄호 {} 안에 {'키' : '값'}의 쌍으로 원소를 입력하고, 콤마 ','를 이용하여 각 원소를 구분한다.

형식	dict 객체 생성 형식
변수 = { 키 : 값, 키 : 값', ..., 키 : 값 }	

- '키'는 중복이 허용되지 않고, '값'은 중복이 허용된다.
- 색인 index이 아닌 키 key를 이용하여 '값'을 참조한다.
- 키를 이용하여 dict 객체에 포함된 원소의 수정, 삭제, 추가 등이 가능하다.

실습 dict 객체 예

step03_dict.py

❶
```
# dict 객체 생성 방법 1: 생성자를 이용하는 방법
dic = dict(key1 = 100, key2 = 200, key3 = 300)
print(dic)
```

실행결과

```
{'key1': 100, 'key2': 200, 'key3': 300}
```

해설

dict 클래스를 이용하여 '키 = 값' 형식의 인수를 전달하면서 dict 객체를 생성할 수 있다.

❷
```
# dict 생성 방법 2: '키 : 값'의 목록을 이용하는 방법
person = {'name' : '홍길동', 'age' : 35, 'address' : '서울시'}
print(person)
print( person['name'] )              # 키를 이용하여 값을 참조
print( type(dic), type(person) )  # ❶의 dic와 ❷의 person에 대한 type 확인
```

실행결과

```
{'name': '홍길동', 'age': 35, 'address': '서울시'}
홍길동
<class 'dict'> <class 'dict'>
```

해설

중괄호 기호 안에 '{키 : 값}' 형식의 자료 목록으로 dict 객체를 생성할 수 있다. person 변수는 3개의 원소를 갖는 dict 객체이다. person['name']는 'name' 키를 이용하여 '홍길동' 값을 참조하는 형식이다. dict 객체의 자료형은 〈class 'dict'〉이다.

❸

```
09 # dict 객체의 원소 수정, 삭제, 추가
10 # dict 원소 수정
11 person['age'] = 45
12 print(person)          # dict 원소 수정후 객체의 내용 확인
13
14 # dict 원소 삭제
15 del person['address']
16 print(person)          # dict 원소 삭제후 객체의 내용 확인
17
18
19 # dict 원소 추가
20 person['pay'] = 350
21 print(person)          # dict 원소 추가후 객체의 내용 확인
```

실행결과

```
{'name': '홍길동', 'age': 45, 'address': '서울시'}
{'name': '홍길동', 'age': 45}
{'name': '홍길동', 'age': 45, 'pay': 350}
```

해설

dict 객체는 키를 색인으로 이용하여 원소의 수정, 삭제, 추가가 가능하다. person['age'] = 45 명령문 12행은 'age' 키에 해당하는 값을 35에서 45로 수정한다. del person['address'] 명령문 15행은 'address' 키와 해당하는 값을 삭제한다. person['pay'] = 350 명령문 20행은 'pay' 키에 350 값을 할당하여 dict 객체인 person에 새로운 원소를 추가한다.

4.2 dict 객체의 원소 검사와 반복

dict는 비순서 자료구조이지만 열거형 객체이기 때문에 원소 검사와 반복 기능을 지원한다.

실습 dict 객체의 요소 검사와 반복 예

❹

```
# 요소 검사
print(person['age'])
print('age' in person)
```

실행결과

```
45
True
```

해설

dict 객체의 원소를 검사하기 위해서 '원소 in 딕트객체' 형식으로 in 앞부분에 검사할 원소의 키를 넣는다. '딕스객체'에 해당 '요소'가 있으면 True를 반환하고, 그렇지 않으면 False를 반환한다.

❺

```
25  # 요소 반복
26  for key in person.keys() :        # key 넘김
27      print(key)                    # key 출력
28
29  for v in person.values() :        # value 넘김
30      print(v)                      # value 출력
31
32  for i in person.items() :         # (key, value) 넘김
33      print(i)                      # (키, 값)의 형식으로 출력
```

실행결과

```
name
age
pay
홍길동
45
350
('name', '홍길동')
```

해설

dict 객체는 for 문에서 요소 반복으로 사용할 수 있다. dict 객체에서 제공하는 keys() 함수를 이용 26행하면 딕트 객체에서 키의 목록을 반환하고, values() 함수를 이용 29행하면 딕트 객체에서 값의 목록을 반환한다. 만약 '키'와 '값'의 쌍의 목록에 필요하면 items() 함수를 사용 32행한다. for 문에서는 각 함수의 결과를 반환받아 반복한다.

4.3 dict를 이용하는 예: 단어 출현 빈도수 구하기

딕트 객체의 특징과 객체에서 제공하는 get() 함수를 이용하여 단어 빈도수 Word Count를 계산할 수 있다. 단어 빈도수 계산은 문서에서 출현 빈도가 높은 단어를 분석하는 텍스트마이닝 Text Mining 기법의 하나이다.

실습 **dict 객체를 이용하는 단어 출현 빈도수 구하기 예**

❻

```
34  # 단어 출현 빈도수 구하기
35  # 단어 데이터 셋: 단어 출현 빈도구를 구하기 위한 기본 데이터
36  charset = ['abc', 'code', 'band', 'band', 'abc']
37  wc = {}                 # 빈(empty) 딕트 객체
```

해설

charset 리스트 객체 36행는 중복된 5개의 단어를 원소로 갖는다. 단어 출현 빈도구를 구하기 위한 기본 데이터이다.

❼

```
38  # get() 함수 이용 단어 카운트
39  for key in charset :
40      wc[key] = wc.get(key, 0) + 1            # get() 이용
41  print(wc)
```

실행결과

```
{'abc': 2, 'code': 1, 'band': 2}
```

해설

charset 리스트 객체를 for 문 39행의 반복 요소로 사용하여 순차적으로 단어를 하나씩 key 변수로 넘겨받는다. 넘겨받은 단어를 dict 객체 wc의 '키'로 지정하고, get() 함수를 이용 40행하여 '키'에 해당하는 '값'을 꺼내온다.

get(key, 0) 함수는 key에 대응하는 값이 있으면 해당 값을 반환하고, 없으면 0을 반환한다. 따라서 처음 발견된 단어인 경우 인수로 주어진 key에 대응하는 값이 없어 default로 값 0으로 초기화하고 1을 더해서 '값'을 만든다. 2회 이상 발견된 단어의 경우에는 key에 대응하는 값을 꺼내와 '꺼내온 값' + 1을 수행하여 단어를 카운트 한다. 결국 빈 Eempty dict 객체로 시작했지만 {'단어' : '빈도수'} 형태의 dict 객체로 만들어진 것을 확인할 수 있다.

연습문제

문제 1 리스트 객체인 lst 변수를 대상으로 출력 결과와 같이 단계별로 연산하시오.

[처리조건]

lst = [10, 1, 5, 2] # list 생성
단계 1: lst 원소를 2회 반복하도록 확장하여 result 변수에 저장/출력
단계 2: lst의 첫 번째 원소에 2를 곱하여 result 변수에 추가/출력
단계 3: result의 홀수 번째 원소만 result2 변수에 추가/출력

[출력 결과 예시]

```
단계 1: [10, 1, 5, 2, 10, 1, 5, 2]
단계 2: [10, 1, 5, 2, 10, 1, 5, 2, 20]
단계 3: [1, 2, 1, 2]
```

문제 2 리스트 객체 list 크기를 키보드로 입력받은 후, 입력받은 크기만큼 임의 숫자를 list에 추가하고, list의 크기를 출력하시오.

[출력 결과 예시]

```
vector 수: 3
4
2
5
vector 크기: 3
```

문제 3 리스트 객체 list 크기를 키보드로 입력받은 후, 입력받은 크기만큼 임의 숫자를 list에 추가하고, 이후 list에서 찾을 값을 키보드로 입력한 후 해당 값이 list에 있으면 "YES", 없으면 "NO"를 출력하시오.

[출력 결과 예시]

vector 수 : 5
1
2
3
4
5
3
YES

문제 4 리스트 내포 List Comprehension를 이용하여 리스트 객체인 message 변수를 대상으로 'spam' 원소만 추출하여 리스트 객체 spam_list에 추가하고, spam_list의 값을 출력하시오.

[처리조건]

message = ['spam', 'ham', 'spam', 'ham', 'spam']

[출력 결과 예시]

['spam', 'spam', 'spam']

문제 5 리스트 내포 List Comprehension를 이용하여 리스트 객체인 message 변수를 대상으로 'spam' 원소는 1, 'han' 원소는 0으로 dummy 값을 만들어 출력하시오.

[처리조건]

message = ['spam', 'ham', 'spam', 'ham', 'spam']

[출력 결과 예시]

[1, 0, 1, 0, 1]

문제 6 리스트 객체인 position 변수를 대상으로 중복되지 않은 직위와 직위별 빈도수를 출력하시오.

[처리조건]

position = ['과장', '부장', '대리', '사장', '대리', '과장']

[출력 결과 예시]

중복되지 않은 직위 : ['사장', '과장', '대리', '부장']

각 직위별 빈도수 : {'과장': 2, '부장': 1, '대리': 2, '사장': 1}

Chapter 04

파이썬 모듈과 함수

학습 내용

대부분의 프로그래밍 언어는 소프트웨어 개발에 필요한 유용한 프로그램들을 라이브러리 형태로 배포한다. 파이썬은 **패키지와 모듈 형태로 라이브러리를 제공하는데, 모듈은 함수** Function**나 클래스** Class**를 파일 형식으로 제공하고, 패키지는 모듈을 폴더 형식으로 묶어서 제공한다.** 모듈에서 제공하는 함수는 외부에서 값을 인수로 받아서 처리한 후 처리 결과를 반환하는 코드들의 집합으로 구성된다. 이 장에서는 파이썬의 패키지와 모듈에서 제공하는 함수의 사용법과 사용자가 함수를 정의하는 방법에 대해서 알아본다.

학습 목표

- 패키지와 모듈에 포함된 함수를 import하는 방법을 설명할 수 있다.
- 내장함수와 사용자정의함수를 구분하여 설명할 수 있다.
- 주어진 자료를 대상으로 산포도를 계산할 수 있는 함수를 정의할 수 있다.
- 일반 함수를 람다 함수로 변경하여 작성할 수 있다.
- 획득자와 지정자 함수를 구분하여 설명할 수 있다.
- 재귀함수를 이용하여 1에서 n까지 수열의 누적 합을 구할 수 있다.

이 장의 구성

1. 패키지와 모듈
2. 함수의 유형
3. 사용자정의함수
4. 특별한 형식의 함수
5. 재귀함수
6. 클래스와 객체

1 패키지와 모듈

아나콘다를 설치하면 사용자 컴퓨터에 기본 라이브러리 Library가 설치된다."C:\Users*사용자이름*\anaconda3\Lib"에 설치되는 라이브러리는 폴더의 모양을 갖는 패키지 Package와 파일 *.py 형식으로 제공하는 모듈 Module로 분류된다.

패키지는 관련 있는 모듈들을 하나의 꾸러미 형태로 묶어주는 역할이고, 모듈은 함수나 클래스를 파일로 작성해서 제공된다. 다음 [그림 4.1]은 패키지와 모듈의 예를 나타내고 있다. 폴더 모양의 패키지 안에는 '__init__.py' 라는 모듈을 포함하고 있어서 윈도우의 일반 폴더와 구분할 수 있다. 또한 모듈은 사용자가 작성한 파이썬 파일이나 아나콘다에서 제공하는 파이썬 파일을 의미한다. 모듈 안에는 관련 있는 함수와 클래스들로 구성된다. 예를 들면 '수학_통계.py'라는 모듈에는 수학과 통계를 처리하는 함수와 클래스들로 구성된다고 볼 수 있다.

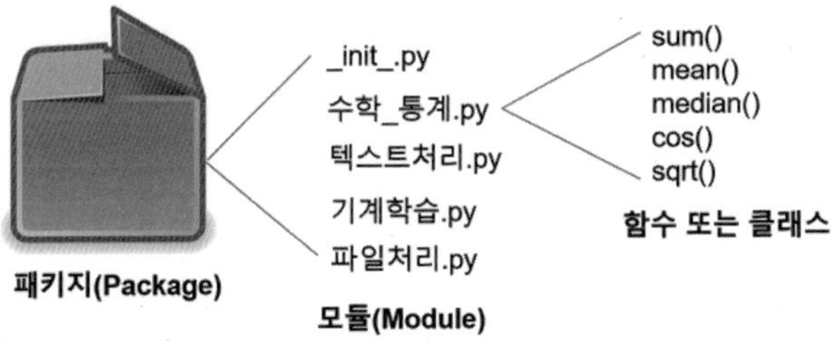

[그림 4.1] 패키지와 모듈의 예

2 함수의 유형

일반적으로 함수는 외부에서 값을 매개변수로 전달받아 함수 내의 실행문을 통해 매개변수를 처리하고 처리 결과를 반환하는 형태를 갖는다.

[그림] 4.2]는 수학에서 $f(x)$ 함수를 프로그램의 함수로 표현하는 예이다. 여기서 x는 외부에서 값을 전달받는 매개변수이고, $f(x)$ 함수의 수식은 함수 내부에서 실행문으로 이용된다. 실행문은 매개변수 x를 처리하는 역할을 하며, 실행문의 처리 결과는 외부로 반환된다.

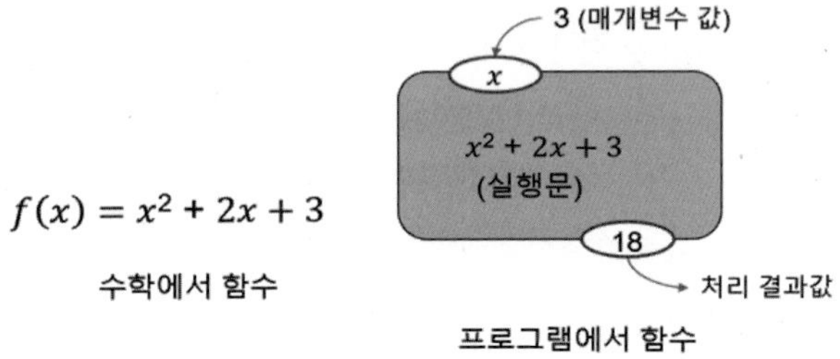

[그림 4.2] 수학에서 함수와 프로그램에서 함수 예

파이썬에서 함수는 라이브러리 형식으로 제공되는 내장함수와 사용자가 직접 함수 내에 필요한 코드를 작성하여 사용하는 사용자정의함수로 분류된다.

파이썬에서는 풍부한 라이브러리를 통해서 수많은 함수를 제공하고, 이를 이용하여 프로그래머는 자신이 원하는 애플리케이션을 구현할 수 있다. 하지만 솔루션을 개발하는 데 있어서 자신에게 딱 맞는 함수가 없는 경우는 빈번하게 발생한다. 이런 경우에는 개발자가 직접 함수를 구현하여 문제를 해결해야 한다.

이 절에서는 라이브러리에서 제공하는 함수를 사용하는 방법과 사용자정의함수를 작성하고 사용하는 방법에 대해서 알아본다.

2.1 내장함수 Built-in Function

모듈이나 패키지에서 제공되는 함수를 이용하기 위해서는 먼저 'import' 명령어를 이용하여 해당 모듈이나 패키지를 작성 중인 프로그램 파일에 포함해야 한다. 하지만 사용자의 편의를 위해서 import 없이 사용할 수 있는 내장함수도 있다. 이러한 함수들은 'builtins' 모듈에 의해서 제공된다.

'builtins' 모듈이 아닌 다른 모듈의 함수를 이용하기 위해서는 반드시 다음과 같은 형식의 'import' 명령으로 필요한 모듈을 작성 중인 프로그램 파일에 포함해야 한다.

형식 import 명령 형식

```
import 모듈명
from 모듈명 import 함수명1, 함수명2, ...
```

import 명령 형식에서 첫 번째 형식은 import 문에서 지정하는 모듈에서 제공하는 모든 함수 또는 클래스를 현재 작성 중인 프로그램에서 사용할 수 있도록 가져온다. 두 번째 형식은 from에서 지정하는 모듈로부터 import에서 지정하는 함수만 현재 작성 중인 프로그램에서 사용할 수 있도록 가져온다.

두 가지 형식의 차이점은 다음과 같다.

- import 방식: 해당 패키지 또는 모듈이 포함하고 있는 모든 구성요소를 포함하는 방식이다. 명령문의 형식은 간결하지만, 모듈의 구성요소가 많은 경우에는 모듈의 모든 구성요소가 메모리에 올라가기 때문에 처리 속도가 느려지고, 메모리 소모가 많아진다.
- from 방식: 해당 패키지 또는 모듈이 포함하고 있는 구성요소 중에서 특정 요소만 포함하는 방식이다. 명령문의 형식은 다소 복잡하지만, 필요한 특정 요소만 메모리에 올라가기 때문에 속도가 빠르고, 메모리 효율성이 높다.

실습 **builtin 함수와 import 사용 예**

step01_func_basic.py

❶

```
01 # builtins 함수
02 help(len)
03 dataset = list(range(1, 6))
04 print(dataset)
05 print('\nbuiltins 함수')
06 print('len=', len(dataset))
07 print('sum=', sum(dataset))
08 print('max=', max(dataset))
09 print('min=', min(dataset))
```

실행결과

```
Help on built-in function len in module builtins:        ← 02행의 출력 결과

len(obj, /)
  Return the number of items in a container.

[1, 2, 3, 4, 5]                                          ← 04행의 출력 결과

builtins 함수                                             ← 05행 부터의 출력 결과
len= 5
sum= 15
max= 5
min= 1
```

해설 builtin 함수

builtins 모듈에서 제공되는 함수는 별도의 import 명령 없이 바로 사용할 수 있는 내장함수이다. help(len) 명령문으로 len() 함수의 도움말을 확인해보면, 'Help on built-in function len in module builtins:' 문장에서 len() 함수는 builtins 모듈에 의해서 제공되는 함수임을 알 수 있다.

변수 dataset 03행은 5개의 원소를 갖는 리스트 객체를 참조하는 변수로 정의했다. len(), sum(), max(), min()의 4개 함수 06~09행에 각각 변수 dataset을 인수로 전달하여 실행하면, 리스트 객체인 dataset에 대한 원소의 길이, 원소의 합계, 원소 중 최대값, 원소 중 최소값의 기초 통계량을 계산할 수 있다. 이와 같은 함수들은 모두 builtins 모듈에 포함된 함수들이다.

❷

```
10 # import 함수
11 import statistics                                 # import 명령 형식 1: import 방식
12 from statistics import variance, stdev            # import 명령 형식 2: from 방식
13
14 print('평균=', statistics.mean(dataset))           # import 방식:함수명 앞에 모듈명을 붙여 사용
15 print('중위수=', statistics.median(dataset))        # import 방식
16 print("표본 분산=", variance(dataset))              # from 방식
17 print("표본 표준편차=", stdev(dataset))             # from 방식
```

실행결과

평균= 3
중위수= 3
표본 분산= 2.5
표본 표준편차= 1.58113883

해설 import 함수

import 함수는 import 명령어를 이용하여 외부 모듈을 포함해야 사용할 수 있는 함수를 말한다. 주어진 데이터의 기초 통계량 중 대표값으로 sum() 함수를 사용하여 합계는 구했지만, 평균을 구하는 함수는 내장함수가 아니다.

따라서 수학/통계 관련 함수를 제공하는 'statistics' 모듈을 import해야 평균을 구하는 함수를 사용할 수 있다. import 방식 11행은 statistics 모듈에서 제공하는 모든 멤버들을 가져온다는 의미이고, from 방식 12행은 statistics 모듈의 멤버 중에서 분산과 표준편차를 계산하는 variance()와 stdev() 함수만 가져온다는 의미이다.

dataset을 대상으로 평균과 중위수 14~15행는 import 방식에 의해서 '모듈명.함수명()' 형식으로 함수를 호출했으며, 분산과 표준편차 16~17행는 from 방식에 의해서 '함수명()' 형식으로 호출한다.

더 알아보기 **파이썬 소스 보기**

파이썬은 오픈소스를 목적으로 개발된 언어이다. 따라서 파이썬에서 제공되는 라이브러리는 소스 코드 Source Code를 제공한다. 예를 들면 statistics 모듈에서 제공되는 멤버들과 관련 내용의 소스 코드를 확인하기 위해서는 스파이더 코드 입력 창에 "import statistics" 명령을 입력하고, 입력된 모듈명을 Ctrl + 마우스클릭 하면 해당 모듈의 소스 코드를 확인할 수 있다. 다음은 statistics 모듈의 소스 코드 중 일부를 나타낸 것이다.

```
"""
Basic statistics module.

This module provides functions for calculating statistics of data, including
averages, variance, and standard deviation.

Calculating averages
--------------------

==================  ==================================================
Function            Description
==================  ==================================================
mean                Arithmetic mean (average) of data.
fmean               Fast, floating point arithmetic mean.
geometric_mean      Geometric mean of data.
harmonic_mean       Harmonic mean of data.
median              Median (middle value) of data.
median_low          Low median of data.
median_high         High median of data.
median_grouped      Median, or 50th percentile, of grouped data.
mode                Mode (most common value) of data.
multimode           List of modes (most common values of data).
quantiles           Divide data into intervals with equal probability.
==================  ==================================================
```

2.2 builtins 모듈

builtins 모듈에서 제공하는 주요 내장함수와 내장 클래스의 목록은 다음과 같이 내장함수인 dir() 함수를 실행해서 목록을 확인할 수 있다.

```
import builtins
dir(builtins)          # builtins 모듈의 내장클래스와 내장함수의 목록 보기
```

[표 4.1]은 builtins 모듈에서 제공하는 주요 내장함수의 기능을 정리한 것이다.

[표 4.1] builtins 모듈의 내장함수

함수명/클래스명	구분
abs(x)	x의 절대값을 반환한다.
all(iterable)	모든 요소가 True 일 때 True를 반환한다.
any(iterable)	하나 이상의 요소가 True 일 때 True를 반환한다.
bin(number)	10진수 정수를 2진수로 반환한다.
dir(x)	변수, 내장함수, 내장클래스의 목록을 반환한다.
eval(expr)	문자열 수식을 계산 가능한 수식으로 반환한다.
format(value)	value에 양식을 적용한다.
help(x)	함수 또는 클래스의 도움말을 반환한다.
hex(number)	10진수 정수를 16진수 값으로 반환한다.
id(obj)	객체의 주소를 반환한다.
input([prompt])	키보드로 입력받은 문자열를 반환한다.
len(obj)	전체 원소의 길이를 반환한다.
max(iterable)	최대값을 반환한다.
min(iterable)	최소값을 반환한다.
oct(number)	10진수 정수를 8진수 값으로 반환한다.
open(file, mode)	파일을 읽기 또는 쓰기 모드로 연다.
ord(character)	character를 아스키 값으로 반환한다.
pow(x, y)	x에 대한 y의 제곱을 계산하여 반환한다.
print(value)	value를 콘솔에 출력한다.
round(number)	실수 number를 대상으로 반올림을 수행한다.
sorted(iterable)	반복 가능한 원소들을 대상으로 정렬한다.
sum(iterable)	숫자들의 합을 구한다.
zip(iterable*)	iterable의 원소를 묶어서 반환한다

[표 4.2]는 builtins 모듈에서 제공하는 주요 내장 클래스의 기능을 정리한 것이다.

[표 4.2] builtins 모듈의 내장 클래스

함수명/클래스명	구분
bool(x)	x를 논리형으로 반환한다.
complex(x)	인수 x를 복소수형으로 반환한다.
dict(iterable)	사전형 자료구조 형으로 반환한다.
enumerate(iterable)	열거형 자료를 순회하여 색인과 값을 반환한다.

int(x)	인수 x를 정수형으로 반환한다.
float(x)	인수 x를 실수형으로 변환하여 반환한다.
list((iterable)	list 자료구조로 형 변환한다.
range(n)	0에서 (n-1) 사이의 정수 목록을 반환한다.
set(iterable)	셋 자료구조로 형 변환한다,
str(object)	문자형 자료형으로 변환한다.
tuple(iterable)	튜플 자료구조로 형 변환한다.
type(x)	x의 객체 자료형을 반환한다.

2.3 builtins 내장함수

builtins 모듈에서 제공하는 주요 내장함수들의 기능을 간단한 예로 알아본다. 이 절의 간단한 예는 스파이더보다는 파이썬 IDLE를 이용하여 테스트하는 것이 효율적이다. 아나콘다를 설치한 디렉터리 위치에서 "python.exe"를 직접 실행하면 파이썬 IDLE가 실행된다. 파이썬 IDLE의 "〉〉〉" 프롬프트에서 파이썬 명령을 입력하고 Enter 키를 누르면 바로 결과를 볼수 있다.

abs()

abs(x) 함수는 인수 x를 대상으로 절대값을 반환하는 함수이다.

```
>>> print( abs(10) )          ← 프롬프트에서 파이썬 명령 입력 후 Enter 키를 누르고,
10                            ← 명령 실행 결과 확인
>>> print( abs(-10) )
10
>>> print( abs(-123.45) )
123.45
```

all(iterable)

모든 요소가 True일 때 True를 반환한다. 영(0)이 아닌 숫자는 True로 해석하고, 영(0)은 False로 해석한다.

```
>>> print( all([1, True, 10, -15.2]) )
True
>>> print( all([1, True, 0, -15.2]) )
False
>>> print( all([1, False, 0, -15.2]) )
False
```

any(iterable)

하나 이상의 요소가 True일 때 True를 반환한다. 영(0)이 아닌 숫자는 True로 해석하고, 영(0)은 False로 해석한다.

```
>>> print( any([1, False, 0, -15.2]) )
True
>>> print( any([False, 0, 0]) )
False
```

bin(number)

인수로 10진수 정수를 전달하면 2진수로 변환하여 반환한다. 2진수는 '0b'로 시작한다.

```
>>> print( bin(10) )
0b1010
>>> print( bin(15) )
0b1111
```

dir(x)

객체 x에서 제공하는 변수, 내장함수, 내장 클래스의 목록을 반환한다. 다음 예는 리스트 객체 x에서 호출할 수 있는 멤버 변수, 클래스, 함수들의 목록을 리스트 형식으로 제공하고 있다.

리스트 객체 x의 멤버들은 'x.멤버' 형식으로 호출한다. 예를 들면 append() 함수를 호출하기 위해서는 x.append(object) 형식으로 명령문을 작성한다.

```
>>> x = [1, 2, 3, 4, 5]
>>> print( dir(x) )
['__add__', '__class__', '__contains__', '__delattr__', '__delitem__', '__dir__', '__doc__', '__
eq__', '__format__', '__ge__', '__getattribute__', '__getitem__', '__gt__', '__hash__', '__
iadd__', '__imul__', '__init__', '__init_subclass__', '__iter__', '__le__', '__len__', '__lt__', '__
mul__', '__ne__', '__new__', '__reduce__', '__reduce_ex__', '__repr__', '__reversed__', '__
rmul__', '__setattr__', '__setitem__', '__sizeof__', '__str__', '__subclasshook__', 'append',
'clear', 'copy', 'count', 'extend', 'index', 'insert', 'pop', 'remove', 'reverse', 'sort']
>>> x.append(6)              # 원소 추가
>>> print( x )
[1, 2, 3, 4, 5, 6]
```

eval(expr)

수식으로 이루어진 문자열을 인수로 받아서 계산 가능한 파이썬 수식으로 변환하여 계산 결과를 반환한다.

```
>>> print( eval("10 + 20") )
30
>>> print( eval(10 + "20 * 30") )
Traceback (most recent call last):
  File "<input>", line 1, in <module>
TypeError: unsupported operand type(s) for +: 'int' and 'str'
>>> print( eval("20 * 30") + 10 )
610
```

eval() 함수의 인수가 숫자와 문자열로 구성된 경우 연산할 수 없어 오류가 발생한다.

hex(number)

인수로 10진수 정수를 전달하면 16진수로 변환하여 반환한다. 16진수는 '0x'로 시작한다.

```
>>> print( hex(10) )
0xa
>>> print( hex(15) )
0xf
>>> print( hex(64) )
0x40
```

oct(number)

인수로 10진수 정수를 전달하면 8진수로 변환하여 반환한다. 8진수는 '0o'로 시작한다.

```
>>> print( oct(10) )
0o12
>>> print( oct(7) )
0o7
>>> print( oct(8) )
0o10
```

ord(character)

인수로 전달되는 character의 아스키 값을 반환한다. 숫자 영('0')은 48, 영문자 대문자 'A'는 65, 영문자 소문자 'a'는 97이다.

```
>>> print( ord('0') )
48
>>> print( ord('9') )
57
>>> print( ord('A') )
65
>>> print( ord('Z') )
90
>>> print( ord('a') )
97
>>> print( ord('z') )
122
```

pow(x, y)

x에 대한 y의 제곱, 즉 x^y을 계산하여 반환한다

```
>>> print( pow(10, 2) )
100
>>> print( pow(10, -1) )
0.1
>>> print( pow(10, -2) )
0.01
```

round(number)

실수를 인수로 하여 반올림을 수행한 결과를 반환한다.

```
>>> print( round(3.14159) )
3
>>> print( round(3.14159, 3) )
3.142
```

← 한 개의 인수만 전달하면 소수 이하 첫 번째 자리에서 반올림하여 정수로 결과 반환한다.

← 두 번째 인수는 반환될 결과의 소수 이하 자리수를 지정하여, 예는 소수 3자리까지 반환한다. 결과적으로 소수이하 4번째 자리에서 반올림 한다.

sorted(iterable)

반복 가능한 원소들을 대상으로 오름차순 또는 내림차순 정렬한 결과를 반환한다.

```
>>> print( sorted([3, 2, 1, 5]) )
[1, 2, 3, 5]
>>> print( sorted([3, 2, 1, 5], reverse = True) )
[5, 3, 2, 1]
```

zip(iterable)

반복 가능한 객체와 객체 간의 원소들을 묶어서 튜플 tuple로 반환한다. zip() 함수에서 반환된 결과를 확인하기 위해서는 list 클래스를 이용하여 리스트 자료구조로 변환해야 한다.

```
>>> print( zip([1, 3, 5], [2, 4, 6]) )
<zip object at 0x04030B70>
>>> print( list(zip([1, 3, 5], [2, 4, 6])) )
[(1, 2), (3, 4), (5, 6)]
```

출력 결과로 zip 객체 임을 나타내고, zip 객체가 있는 메모리의 주소를 나타낸다.

zip() 함수의 인자로 주어진 두 개의 리스트 객체의 원소를 각각 하나씩 결합하여 3개의 원소를 갖는 튜플 객체를 출력한다.

튜플 tuple은 순차 자료구조라는 점에서 리스트 list 자료 구조와 많은 부분에서 유사하다. 차이점으로 튜플은 읽기 전용으로 원소를 수정하거나 삭제할 수 없고, 리스트에 비해서 처리속도가 빠르다는 점이다. 튜플 객체의 표현은 소괄호 () 안에 원소들을 콤마 ','로 구분하여 나열한다.

3 사용자정의함수

사용자정의함수 User Defined Funciton 사용자가 직접 함수 내에 필요한 코드를 작성해 놓고, 외부의 값을 인수로 받아서 처리한 후 처리 결과를 반환하도록 하는 함수이다. 사용자정의함수는 일련의 실행문이 자주 사용되는 경우 이를 함수로 정의해 놓고, 필요할 때 함수 호출을 통해서 코드를 실행하여 코드를 간결하게 작성할 수 있도록 하는 이점이 있다. 파이썬의 사용자정의함수의 형식은 다음과 같다.

형식 사용자정의함수 형식

```
def 함수명(매개변수) :
    실행문
    실행문
    return 값
```

def 명령어 다음에 함수명을 지정하고, 자료를 전달받을 매개변수를 괄호 안에 넣는다. 함수의 블록은 콜론과 들여쓰기로 구분한다. 함수 내에서 필요한 실행문을 작성하고 마지막 줄에 함수를 호출한 외부로 값을 반환하는 return 명령문을 작성한다.

실습 사용자정의함수 예

❸

```
# 인수와 결과 반환이 없는 사용자정의함수
def userFunc1():
    print('인수가 없는 함수')
    print('userFunc1')
```

❸

```
22
23 userFunc1()                # 함수 호출
```

실행결과

```
인수가 없는 함수
userFunc1
```

해설 인수와 결과 반환이 없는 사용자정의함수

userFunc1() 함수 19~21행는 괄호 안에 매개변수가 없기 때문에 userFunc1() 함수를 호출할 때는 인수 없이 빈괄호를 이용하여 'userFunc1()' 형식으로 호출 23행한다.

❹

```
24 # 인수가 있고 반환이 없는 함수
25 def userFunc2(x, y):
26     print('userFunc2')
27     z = x + y
28     print('z=', z)
29
30 userFunc2(10, 20)          # 함수 호출
```

실행결과

```
userFunc2
z= 30
```

해설 인수가 있고 결과 반환이 없는 사용자정의함수

userFunc2(x, y) 함수 25~28행는 괄호 안에 2개의 매개변수가 있기 때문에 userFunc2(x, y) 함수를 호출할 때는 2개의 실인수를 이용하여 'userFunc2(10, 20)' 형식으로 호출 30행한다.

❺

```
31 # 인수와 반환 return이 있는 함수
32 def userFunc3(x, y):
33     print('userFunc3')
34     tot = x + y
35     sub = x - y
36     mul = x * y
37     div = x / y
38
39     return tot, sub, mul, div
40
41 # 실인수 : 키보드 입력
42 x = int(input('x 입력 : '))
43 y = int(input('y 입력 : '))
44
45 t, s, m, d = userFunc3(x, y)        # 함수 호출: 함수로 부터 반환되는 값 4개
46 print('tot =', t)
47 print('sub =', s)
```

❺
```
48 print('mul =', m)
49 print('div =', d)
```

실행결과 인수와 결과 반환이 있는 사용자정의함수

```
x 입력 : 10        ← 10은 사용자 입력 데이터
y 입력 : 20        ← 20은 사용자 입력 데이터

userFunc3
tot = 30
sub = -10
mul = 200
div = 0.5
```

해설 인수와 반환값 return이 있는 함수

사용자정의함수 userFunc3()는 외부에서 두 개의 인수를 받아 42행과 43행서 4개의 실행문 34~37행으로 사칙연산을 수행하고, 계산 결과를 return 명령문 39행으로 4개의 값을 반환하는 함수이다. 실인수 호출하는 함수에 전달하는 실제 값을 의미 두 개는 키보드로 입력 42행과 43행 받아서 함수를 호출할 때 함수의 매개변수 x, y에 순서대로 전달 45행한다.

함수에서 반환 값이 있으면 함수를 호출하는 곳으로 반환되기 때문에 함수 호출 문장 45행앞에 대입연산자 '='를 이용하여 4개의 변수 t, s, m, d에 사칙연산의 결과를 순서대로 받아준다. 끝으로 받은 결과를 출력하여 사칙연산 결과를 확인한다.

3.1 스코프 Scope; 범위

파이썬 변수는 사용범위에 따라 특정 지역에서만 사용되는 지역변수와 지역에 상관없이 프로그램 전체에서 사용되는 전역변수로 분류된다. 이처럼 변수가 사용되는 범위를 스코프 Scope; 범위라고 한다.

함수 내에서 선언된 변수는 함수 내에서만 사용 가능한 지역변수가 된다. 함수 외부에서 선언된 변수는 프로그램 전체에서 사용 가능한 전역변수가 된다. 이때 함수 내부에서 전역변수를 사용하기 위해서는 다음 형식과 같이 global 명령문을 이용하여 전역변수 사용을 선언해 주어야 한다.

형식 전역변수 사용 선언 형식

```
def 함수명(매개변수) :
    global 전역변수
```

실습 함수 스코프 예

step02_func_scope.py

❶
```
# 지역변수 예
x = 50                # 전역변수
def local_func(x):
    x += 50           # 지역변수 -> 함수 종료 시점에서 소멸

```

❶
```
06 local_func(x)
07 print('x=', x)
```

실행결과

```
x= 50
```

해설 지역변수 예

함수 바깥쪽에서 선언된 전역변수 x 02행를 실인수로 사용하여 함수를 호출 06행하는 경우 함수 내부에서 x에 50을 더해서 x는 100이 된다 04행. 함수가 종료된 이후 변수 x의 값을 출력하면 100이 아닌 50이 출력된다. 함수 내부에서 사용한 x는 함수 내부에서만 사용되는 지역변수이기 때문이다. 지역변수는 해당 지역 함수 내부을 벗어나면 자동으로 소멸한다.

❷
```
# 전역변수 예
def global_func():
    global x          # 함수 내부에서 전역변수 x 사용
    x += 50           # x + 50 = 100

global_func()
print('x=', x)
```

실행결과

```
x= 100
```

해설 전역변수 예

global_func() 함수에서 'global x' 명령문은 함수 바깥쪽에서 선언된 전역변수 x를 사용한다는 의미이다. 따라서 함수 내부에서 x에 50을 더해진 값 100은 함수가 종료되어도 그대로 유지된다.

3.2 사용자정의함수 작성 예: 피타고라스 정리

직각삼각형에 관한 피타고라스 정리 Pythagorean Theorem는 [그림 4.3]과 같은 직각삼각형의 세 변의 길이에서 $a^2 + b^2 = c^2$ 관계가 성립한다는 이론이다.

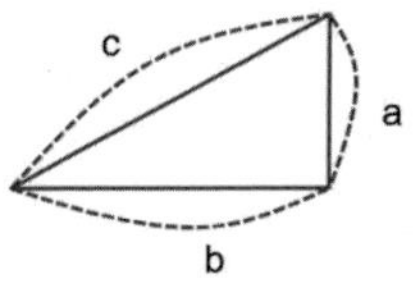

[그림 4.3] 피타고라스 정리

다음의 실습 예는 피타고라스 식을 사용하는 사용자정의함수를 정의하는 예이다.

실습 **피타고라스 정리 함수 예**

step03_func_app.py

❶
```
01 # 피타고라스 정리
02 def pytha(s, t) :
03     a = s ** 2
04     b = t ** 2
05     c = a  + b
06     print("3변의 길이 : ", a, b, c)
07 
08 pytha(3, 4)              # s, t의 인수는 양의 정수를 갖는다.
```

실행결과

```
3변의 길이 :  9 16 25
```

해설

피타고라스의 식 "빗변의 제곱 = 밑변의 제곱 + 높이의 제곱"을 사용자정의함수 pytha()로 정의 02~06행하고, 실인수 3과 4를 이용하여 pytha() 함수를 호출하면 $a^2 = 9$, $b^2 = 16$, $c^2 = 25$로 각 변에 대한 길이의 제곱값이 계산된다.

3.3 사용자정의함수 작성 예: 몬테카를로 시뮬레이션

몬테카를로 시뮬레이션은 현실적으로 불가능한 문제의 해답을 얻기 위해서 난수의 확률분포를 이용하여 모의실험으로 근사적 해를 구하는 기법을 의미한다. 예를 들면 동전을 1,000번 던져서 앞면이 나올 확률이나 뒷면이 나올 확률을 구하기 위해서 실제 동전을 1,000번 던질 수는 없다. 이러한 문제를 해결하기 위해서 컴퓨터를 이용한 가상 모의실험을 몬테카를로 시뮬레이션 Monte-carlo Simulation이라고 한다.

다음 예은 동전 앞면과 뒷면의 난수 확률분포의 기대확률에 대한 모의실험을 사용자정의함수로 작성한 예이다.

실습 **몬테카를로 시뮬레이션 함수 예**

❷
```
# 몬테카를로 시뮬레이션
import random                 # random 모듈 import
# 단계 1: 동전 앞면과 뒷면의 난수 확률분포 함수 정의
def coin(n) :
    result = []               # 빈(empty) 리스트 객체
    for i in range(n) :
        r = random.randint(0, 1)
        if (r == 1) :
            result.append(1)     # 앞면
```

❷
```
18         else :
19             result.append(0)      # 뒷면
20     return result
21
22 print(coin(10))
```

실행결과

```
[1, 0, 0, 1, 0, 1, 0, 1, 0, 0]
```

해설 동전 앞면과 뒷면의 난수 확률분포 함수 정의

randint 클래스 15행에 의해서 생성된 난수 정수 0 또는 1을 대상으로 1이면 동전의 앞면, 0이면 동전의 뒷면으로 가정하여 시행 횟수 n만큼 반복하여 난수의 확률분포를 리스트 객체인 result 변수에 추가 16~19행하고 반복이 종료되면 리스트객체 result를 반환 22행한다.

❸
```
23 # 단계 2: 몬테카를로 시뮬레이션 함수 정의
24 def montaCoin(n) :
25     cnt = 0
26     for i in range(n) :
27         cnt += coin(1)[0]       # coin 함수 호출
28
29     result = cnt / n            # 누적 결과를 시행 횟수(n)로 나눈다.
30     return result
```

해설 몬테카를로 시뮬레이션 함수 정의

시행 횟수 n만큼 coin 함수를 각 1회 호출하여 반환된 값을 cnt 변수에 누적 27행하고, 누적 결과를 시행 횟수 n으로 나누어서 29행 결과를 result 변수에 할당하고, 이를 반환 30행하는 함수이다.

❹
```
31 # 단계 3: 몬테카를로 시뮬레이션 함수 호출
32 print(montaCoin(10))
33 print(montaCoin(30))
34 print(montaCoin(100))
35 print(montaCoin(1000))
36 print(montaCoin(10000))
```

실행결과

```
0.4
0.5666666666666667
0.36
0.501
0.5019
```

해설 몬테카를로 시뮬레이션 함수 호출

동전을 던지는 경우 나올 수 있는 기대확률은 앞면과 뒷면 각각 0.5(1/2)에 해당한다. 하지만 일정한 시행 횟수 이하인 경우는 기대확률이 나타나지 않지만, 시행 횟수를 무수히 반복하는 경우는 동전의 앞면과 뒷면이 나올 기대확률은 0.5에 가까워진다. 즉 시행 횟수(표본 수)가 무한히 클수록 동전의 앞면과 뒷면이 나올 기대확률(0.5)에 근사적 해가 구해지는 것을 몬테카를로 시뮬레이션 함수를 통해서 확인할 수 있다.

4 특별한 형식의 함수

특수함수는 특정한 문제의 해결 과정에서 필요로 하는 함수를 의미하는데, 일반적인 프로그래밍 언어의 함수와는 다르게 파이썬에서 특별하게 제공되는 함수들에 대해서 알아본다.

4.1 람다함수

람다 함수 Lambda Function는 함수의 정의와 호출을 한 줄로 축약해서 작성하는 익명함수 Anonymouse Function이다. 익명함수는 이름이 없는 함수를 말한다. 복잡한 함수 호출 과정을 생략해서 처리 시간을 단축하고 코드의 가독성을 제공하는 이점을 갖는다.

람다 함수의 형식은 다음과 같다. 별도의 함수 이름이나 인수를 나타내는 괄호 그리고 값을 반환하는 return 명령어는 사용하지 않는다.

형식 람다 함수 형식

```
lambda 매개변수 : 실행문
```

람다 함수의 실행과정은 lambda 명령어 다음에 오는 매개변수에 의해서 외부의 값을 받고, 콜론 ':' 다음에 있는 실행문을 수행한다. 이때 실행문의 결과는 함수의 반환값이 된다. 람다 함수를 인라인 함수 Inline Function라고도 부른다. 인라인 함수는 한 줄 문장으로 자연스럽게 프로그램 코드에 삽입될 수 있는 함수를 말한다.

실습 람다 함수 예

step04_special_func.py

❶
```python
# 일반 함수 정의와 호출
def Adder(x, y):
    add = x + y
    return add

print('add=', Adder(10, 20))
```

실행결과

```
add= 30
```

해설 ❶ 일반 함수 정의와 호출

매개변수 x, y를 갖는 Adder() 함수는 두 인수를 덧셈하여 결과를 반환하는 일반 함수이다.

❷
```
07 # 람다 함수 정의와 호출
08 adder = lambda x, y : x + y          # 람다 함수 정의
09 print('adder =', adder(10, 20))      # 람다 함수 호출
10
11 # 함수 정의와 호출
12 print('adder=', (lambda x, y: x + y)(10, 20))    # 람다 함수 정의와 호출을 동시에 처리
```

실행결과

```
adder = 30
adder = 30
```

해설 일반 함수 정의와 호출

람다 함수는 lambda 명령어 다음에 매개변수 x, y를 넣고, 콜론 다음에 덧셈 명령문을 넣어서 덧셈 결과를 반환하는 한 줄 함수 08행이다. 이때 람다 함수는 adder 객체로 생성된다. 따라서 람다 함수의 호출 09행은 adder 객체를 이용하여 실인수를 넘겨주면, 람다 함수의 매개변수가 받아서 콜론 뒤에 있는 실행문으로 넘겨지고 실행 결과가 반환된다.

람다 함수는 정의와 호출을 동시에 12행 가능하기 때문에 람다 함수 다음에 (10, 20) 형식으로 괄호 안에 실인수를 넣어서 호출할 수 있다.

4.2 함수 장식자

함수 장식자 Function Decoration는 기존 함수의 시작 부분과 종료 부분에 기능을 장식해서 추가해 주는 특수한 함수를 의미한다. 즉, 실행해야 할 함수를 인수로 받아서 앞뒤에 꾸며줄 내용으로 해당 함수를 감싸주는 함수 Wrapping Function이다.

[그림 4.4]는 hello() 함수를 @wrap 함수 장식자에 의해서 래핑 Wrapping하는 과정을 나타내고 있다.

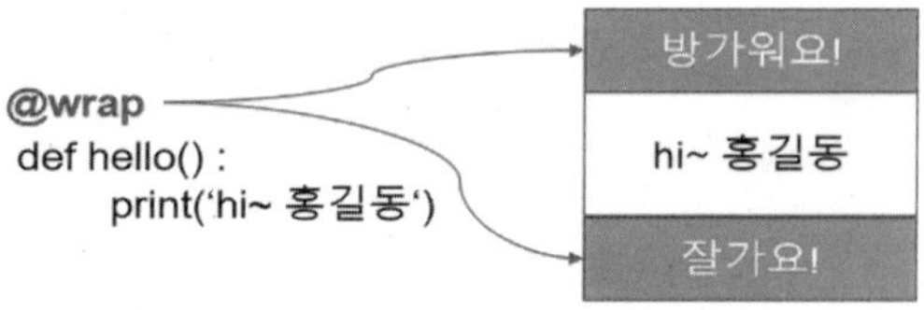

[그림 4.4] 함수 장식자 예

함수 장식자는 **"@함수명"** 형태로 함수 앞에 '@' 기호를 붙인다. 함수 장식자 역시 별도의 함수로 존재하며 함수 장식자를 적용할 일반 함수 앞부분에 작성하면 해당 함수를 인수로 받아서 처리하는 역할을 한다.

형식 함수 장식자 형식

```
@함수장식자
def 함수명() :
    실행문
```

실습 함수장식자 예

step05_func_deco.py

```
   01 # 래퍼(wrapper) 함수
   02 def wrap(func) :              # 외부 함수
   03     def decorated() :           # 내부 함수
❶ 04         print('방가워요!')          # 시작 부분에 삽입될 내용
   05         func()                      # 인수로 넘어온 함수
   06         print('잘가요!')            # 종료 부분에 삽입될 내용
   07     return decorated            # 내부 함수의 결과 반환
```

해설 래퍼 Wrapper 함수

함수 장식자로 사용할 함수를 선언한다. 외부함수 wrap()의 매개변수 func 02행는 장식할 대상 함수이고, 내부함수 decorated() 03~06행는 인수로 받은 함수의 시작 부분 04행과 종료 부분 06행에 삽입할 명령문을 작성하고 있다. 장식할 대상 함수의 호출은 인수로 넘어오는 매개변수의 이름을 사용하여 func() 형태로 호출 05행한다. wrap() 함수는 마지막으로 내부함수의 이름인 decorated를 반환 07행하여 실행을 종료한다.

```
   08 # 함수장식자 적용
   09 @wrap
❷ 10 def hello() :
   11     print('hi ~ ', "홍길동")
```

해설 래퍼 Wrapper 함수

hello() 함수를 대상으로 래퍼 함수를 적용하기 위해서 함수 장식자 @wrap를 hello() 함수 앞부분에 붙인다. 이때 @wrap 장식자를 뒤따르는 hello() 함수가 wrap() 함수의 매개변수로 전달된다.

```
❸ 12 # 함수 호출
   13 hello()    # hello() 함수가 호출되는 것이 아닌 실제 wrap() 함수 호출
```

실행결과

```
방가워요!
hi ~  홍길동
잘가요!
```

해설 래퍼 Wrapper가 적용된 함수

함수 장식자가 적용된 hello() 함수를 호출하면, 함수 장식자인 wrap() 함수가 호출되면서 hello() 함수의 실행문 ❷의 11행을 중심으로 시작 부분 ❶의 4행에 '방가워요!', 종료 부분 ❶의 6행에 '잘가요!'가 장식으로 추가된다.

5 재귀함수

재귀함수 Recursive Function는 함수 내부에서 자신을 호출하는 함수를 의미한다. 재귀함수는 자신을 호출하기 때문에 함수 실행을 반복하는 결과가 발생한다. 따라서 반드시 재귀함수 내에는 반복을 탈출 Exit하는 조건이 필수이다.

재귀함수에서 재귀호출이 발생할 때 생성된 자료는 스택 Stack 메모리 영역에 저장된다. [그림4.5]는 스택 영역에 자료가 입력 Push되고 출력 Pop되는 과정을 나타낸다.

5.1 재귀함수 사용 예: 카운트

1에서 n까지 정수를 카운트 Count하는 과정을 살펴보면 변수의 값을 반복적으로 1씩 증가하고 이를 출력한다. 이러한 연산 과정은 재귀함수를 적용하여 해결할 수 있다.

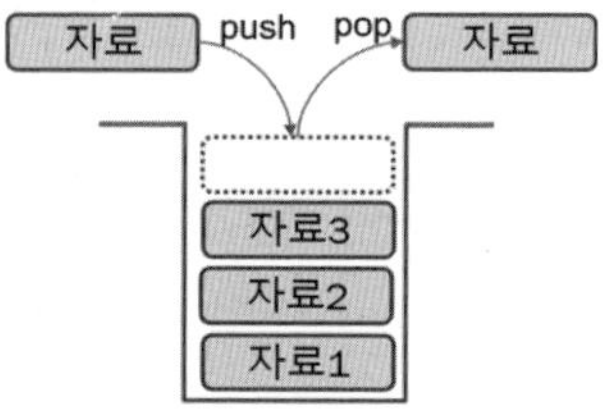

[그림 4.5] 스택 Stack 메모리 구조

실습 재귀함수를 사용한 숫자 카운트 예

step06_recursive.py

```
01 # 재귀함수 정의: 1~n 카운트
02 def Counter(n):
03   if n == 0 :
04     return 0            # 종료 조건
05   else :
06     Counter(n-1)        # 재귀호출
07     print(n, end = ' ')
```

해설 재귀함수 정의: 1~n 카운트

매개변수 n을 갖는 Counter() 함수는 종료 조건으로 'n == 0'을 포함 03행하고 있다. 실인수 0으로 함수를 호출하면 재귀호출 없이 곧바로 종료 조건에 의해서 함수는 종료되지만, 실인수가 1 이상이면 재귀호출이 발생한다.

❷
```
# 재귀함수 호출 1
print('n=0 : ', Counter(0))
```

실행결과

```
n=0 : 0
```

해설 재귀함수 호출 1

실인수 0으로 재귀함수를 호출하면 종료 조건에 의해서 0이 반환된다.

❸
```
# 재귀함수 호출 2
Counter(5)
```

실행결과

```
1 2 3 4 5
```

해설 재귀함수 호출 2

실인수 5로 재귀함수를 호출하는 과정을 단계별로 구분해 본다.

단계1 : 실인수 5로 재귀함수를 호출 하면 종료 조건이 거짓이므로 else 영역의 재귀호출이 발생한다. 이때 최초로 넘어온 실인수 n = 5는 스택 Stack 영역에 저장 Push된다.

단계2 : 재귀호출은 (n -1) 수식에 의해서 Counter(4) 형식으로 자신의 함수를 호출한다. 이때 n = 4가 스택에 저장된다.

단계3 : 두 번째 재귀호출은 (n - 1) 수식에 의해서 Counter(3) 형식으로 자신의 함수를 호출한다. 이때 n = 3이 스택에 저장된다.

단계4 : 세 번째 재귀호출은 (n - 1) 수식에 의해서 Counter(2) 형식으로 자신의 함수를 호출한다. 이때 n = 2가 스택에 저장된다.

단계5 : 네 번째 재귀호출은 (n - 1) 수식에 의해서 Counter(1) 형식으로 자신의 함수를 호출한다. 이때 n = 1이 스택에 저장된다.

단계6 : 다섯 번째 재귀호출은 (n - 1) 수식에 의해서 n = 0이 되기 때문에 종료 조건(n == 0)이 참 True이 된다. 재귀호출 과정에서 종료 조건이 참이면 지금까지 스택에 누적된 값을 역순으로 꺼내서 Pop 함수 호출 부분으로 반환한다.

위의 6단계가 수행되는 과정에서 스택 영역에 저장되는 값은 [그림 4.6]과 같다.

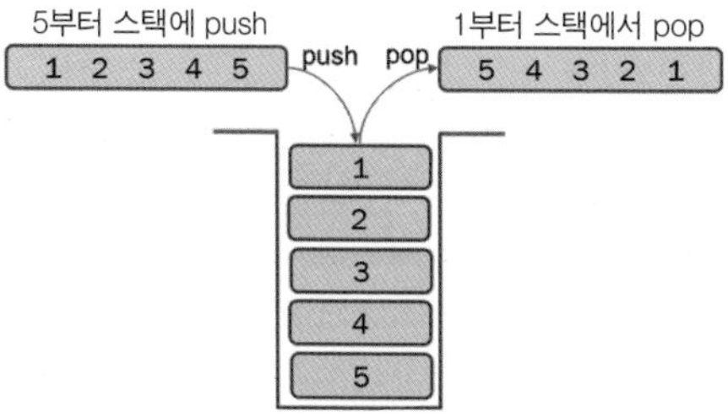

[그림 4.6] 실인수가 5일 때 재귀호출에 따른 스택 영역

5.2 재귀함수 사용 예: 누적합

1에서 n까지 정수를 카운트 하는 과정을 앞에서 살펴보았다. 이렇게 카운트한 값을 누적하여 반환하는 경우에도 재귀함수를 적용하여 해결할 수 있다.

실습 재귀함수를 사용한 누적 합계 계산 예

❹
```
12 # 재귀함수 정의 : 1~n 누적합(1 + 2 + 3 + 4 + 5 = 15)
13 def Adder(n):
14   if n == 1 :                    # 종료 조건
15     return 1
16   else :
17     result = n + Adder(n-1)      # 재귀호출
18     print(n, end = ' ')          # 스택 영역
19     return result
```

해설 재귀함수 정의 1~n 누적합(1 + 2 + 3 + 4 + 5 = 15)

매개변수 n을 갖는 Adder() 함수는 종료 조건 14행 'n == 1'을 포함하고 있다.

❺
```
20 # 재귀함수 호출 1
21 print('n=1 :', Adder(1))
```

실행결과

```
n=1 : 1
```

해설 재귀함수 호출 1

실인수 1로 함수를 호출 21행하면 재귀호출 없이 곧바로 종료 ❹의 14행조건 에 의해서 함수는 종료된다. 만약 실인수가 2 이상인 정수이면 재귀호출 ❹의 17행이 발생한다.

❻
```
22 # 함수 호출 2
23 print('\nn=5 :', Adder(5))
```

실행결과

```
2 3 4 5
n=5 : 15
```

해설 재귀함수 호출 2

실인수 5로 재귀함수를 호출하는 과정을 단계별로 살펴본다.

단계1 : 실인수 5로 재귀함수를 호출하면 종료 조건이 거짓이므로 else 영역의 재귀호출이 발생한다. 이때 최초로 넘어온 실인수 n=5는 스택(stack) 영역에 저장된다.

단계2 : 재귀호출은 (n - 1) 수식으로 Counter(4) 형식으로 자신의 함수를 호출한다. 이때 n = 4가 스택에 저장된다.

단계3 : 두 번째 재귀호출은 (n - 1) 수식으로 Counter(3) 형식으로 자신의 함수를 호출한다. 이때 n = 3이 스택에 저장된다.

단계4 : 세 번째 재귀호출은 (n - 1) 수식으로 Counter(2) 형식으로 자신의 함수를 호출한다. 이때 n = 2가 스택에 저장된다.

단계5 : 네 번째 재귀호출은 (n - 1) 수식으로 n = 1이 되기 때문에 종료 조건(n == 1)이 참 True이 된다. 재귀호출 과정에서 종료 조건이 참이면 return 1의 값이 재귀호출 부분으로 반환되고, 스택 영역의 값을 역순으로 꺼내서 Pop 'result = n + Adder(n - 1)' 문장으로 누적 합이 계산된다.

6 클래스와 객체

클래스와 객체는 객체지향프로그래밍에서 나오는 용어이다. 현실 세계는 사람, 동물, 자동차, 건물 등의 수많은 객체로 구성되어 있고 객체와 객체들은 서로 메시지를 통해서 일정한 관련성을 갖고 있다. 이러한 현실 세계의 구조를 소프트웨어로 구현할 수 있는 방식이 객체지향프로그래밍이다.

클래스 Class는 프로그램을 이용해서 객체를 만들어주는 역할을 하고, 객체 Object는 클래스에 의해서 만들어지는 결과물 Instance을 말한다. 클래스를 흔히 설계도라고 비유한다. 일반적으로 하나의 설계도를 가지고 수많은 건물을 건축할 수도 있고, 자동차를 생산해 낼 수도 있기 때문이다. [그림 4.7]은 클래스와 객체의 관계를 설계도와 건물로 비유한 예이다.

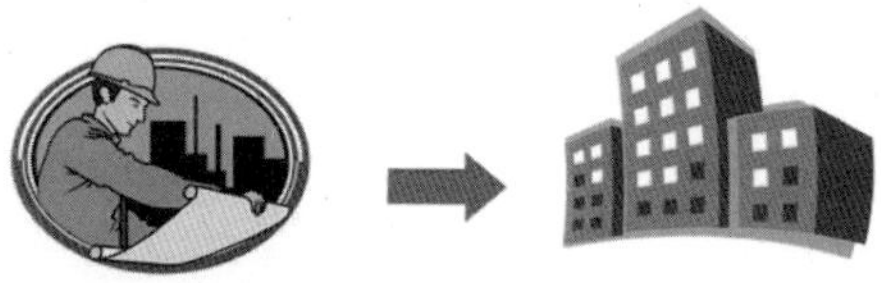

[그림 4.7] 클래스와 객체의 관계

6.1 클래스

클래스는 속성 Attribute과 행위 Action로 구성된다. [그림 4.8]은 자동차 클래스의 구성요소를 UML Unified Modeling Language 표기법으로 도식화한 클래스 다이어그램 Class Diagram이다. UML은 객체지향언어를 이용하여 프로그램을 설계할 때 약속된 표기법으로 모델링하는 언어이다.

클래스의 속성은 자료 Data를 나타내며 명사 형태로 기술한다. 속성 앞부분의 '-'와 , '+'는 외부에서의 접근 여부를 나타내는 기호이다. '-' 기호는 외부로부터 접근을 차단하여 해당 자료를 은닉 Private화하고, '+' 기호는 외부에서 접근을 허용하도록 공용 Pubic화 한다. 또한 클래스의 행위는 자료를 연산하거나 조작하는 역할을 하며, 동사 형태로 기술하고 프로그램에서는 기능을 정의하는 함수로 표현한다.

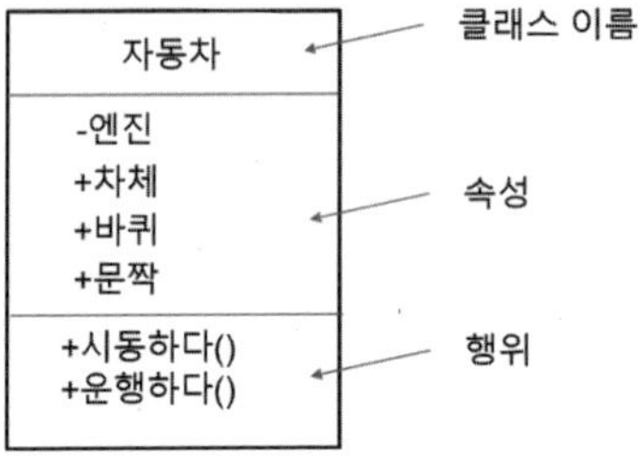

[그림 4.8] 자동차 클래스 다이어그램 옔

6.2 객체

객체는 클래스에 의해서 만들어지는 결과물이다. 클래스의 속성에 실제 자료 Data가 들어가고, 실제 자료를 동작시키는 함수 Method; 메서드가 하나로 묶인 단위를 말한다. 즉 자료 Data와 메서드 Method가 하나로 묶여 만들어진 결과물이 객체이다. [그림 4.9]는 클래스와 객체 간의 관계를 나타내고 있다.

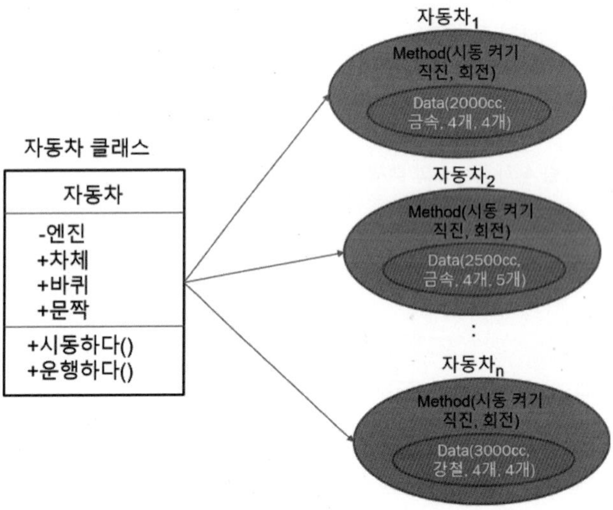

[그림 4.9] 클래스와 객체의 관계

클래스와 객체는 1 : N의 관계를 갖는다. [그림 4.9]와 같이 잘 설계된 자동차 클래스 한 개를 이용하여 서로 다른 엔진, 차체, 바퀴, 문짝을 가지고 있는 N개의 자동차를 생산한다. 이렇게 생산된 N의 자동차 객체는 4개의 속성에 의해서 만들어진 데이터와 2개의 행위에 의해서 만들어진 메서드를 하나의 묶음으로 가지고 있다. 따라서 각 객체는 메서드를 통해서 데이터를 조작할 수 있다. 객체들은 서로 독립적인 메모리 주소를 가지고 있으며, 메시지 Message를 이용해서 상호작용도 가능하다.

더 알아보기	함수 Function vs. 메서드 Method

- 함수 Function: 독립된 기능을 수행하는 코드 명령문들의 집합
- 메서드 Method: 클래스에 포함되어 있는 함수

6-3 클래스 구성요소

파이썬에서 제공하는 클래스는 일반 변수나 함수와 구분하기 위해서 [그림 4.10]과 같이 클래스 선언부 Class Header에서 선언한 변수는 멤버 변수 자료를 저장하는 속성: Attribute, 클래스 본체 Class Body에서 정의하는 함수는 메서드 Method: 자료의 처리 기능 담당라고 한다. 멤버 변수와 메서드를 간편하게 클래스의 멤버 Member라고 부른다.

클래스는 멤버 변수와 메서드를 포함하고 그리고 함수 형태로 선언하지만 '__init__'라는 이름을 갖는 생성자 Constructor 메서드로 구성된다.

- 클래스: 멤버 Member + 생성자 Constructor
- 멤버: 속성 자료 + 메서드 기능

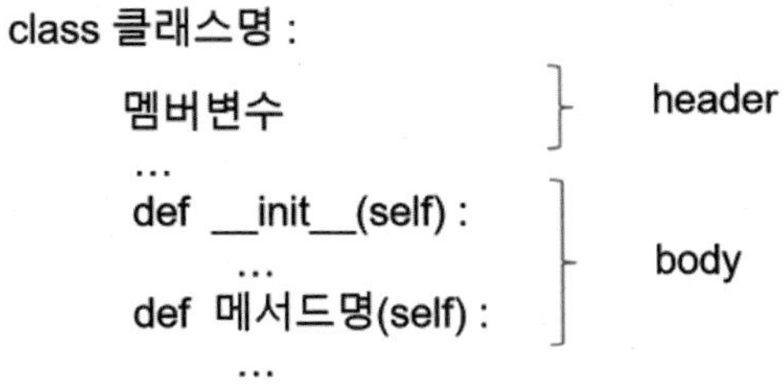

[그림 4.10] 클래스 구성요소

결국 클래스는 객체를 생성하는 역할이기 때문에 객체 내에서 공유할 수 있는 자료와 이러한 자료를 처리하는 함수들을 묶어서 객체가 만들어질 수 있도록 정의해 놓은 것을 말하는 것이다.

실습 **클래스 구성요소 예**

step07_class.py

❶
```
01 class Car:
02   # (1) 속성
03   cc = 0                      # 엔진 cc
04   door = 0                    # 문짝 개수
05   carType = None              # null
06 
07   # (2) 생성자
08   def __init__(self, cc, door, carType):
09     # 멤버 변수 초기화
10     self.cc = cc
11     self.door = door
12     self.carType = carType    # 승용차, SUV
13 
14   # (3) 메서드
15   def display(self):
16     print("자동차는 %d cc이고, 문짝은 %d개, 타입은 %s"
17       % (self.cc, self.door, self.carType))
```

해설

\# (1) 속성

Car 클래스의 선언부에 3개의 속성 cc, door, carType을 선언한다. cc 속성과 door 속성의 초기값은 0이고 carType 속성의 초기값은 None(= null)이다.

\# (2) 생성자

생성자는 함수 선언과 유사하지만, 이름이 정해져 있고 self라는 인수를 사용한다는 차이점이 있다. 예에서 생성자는 def 명령어 다음에 '__init__'라는 이름과 'self' 인수를 이용하여 선언된다. 'self' 인수는 생성자 내에서 클래스의 멤버를 호출하는 데 이용된다. 'self' 인수 다음에 오는 3개의 매개변수는 3개의 멤버 변수 cc, door, carType에 값을 초기화하기 위한 인수이다.

생성자의 매개변수는 객체가 생성되는 시점에서 외부의 실인수를 받아서 멤버 변수를 초기화하는 데 사용된다. self.cc는 클래스이 멤버 변수를 가리키는 것이고, cc는 생성자의 매개변수를 가리키는 것이다.

\# (3) 메서드

메서드는 함수 선언과 동일하지만, 생성자와 마찬가지로 'self' 인수를 포함하고 있다는 차이점이 있다. 예에서 display() 메서드는 self 인수를 이용하여 3개의 멤버 변수 내용을 출력하는 역할을 한다.

❷
```
18 # (4) 객체 생성
19 car1 = Car(2000, 4, "승용차")    # 객체 생성 + 초기화
20 car2 = Car(3000, 5, "SUV")
```

해설

\# (4) 객체 생성

클래스의 생성자를 이용하여 객체를 생성 19행과 20행한다. 한 개의 클래스를 사용하여 다수의 객체를 만들어 낼 수가 있다. Car 클래스의 생성자를 이용하여 객체를 생성하는 방법은 다음과 같다.

객체참조변수 = Car(실인수)

Car()는 Car 클래스의 생성자를 호출하고 실인수는 생성자의 매개변수에 전달할 실제값이다. 따라서 Car(2000, 4, "승용차") 형식의 명령문은 3개의 멤버 변수에 각각 cc = 2000, door = 4, carType = "승용차"가 할당되어 car1 객체가 생성된다.

❸

```
# (5) 멤버 호출 : 객체.멤버
car1.display()       # 객체참조변수 car1의 display() 멤버 호출
car2.display()       # 객체참조변수 car2의 display() 멤버 호출
```

실행결과

```
자동차는 2000 cc이고, 문짝은 4개, 타입은 승용차
자동차는 3000 cc이고, 문짝은 5개, 타입은 SUV
```

해설

(5) 멤버 호출

생성된 객체의 참조변수를 이용하여 객체의 멤버를 호출할 수 있다. 이때 참조변수를 객체라고도 부른다. 참조변수를 이용하여 객체의 멤버를 호출하는 방법은 다음과 같다.

참조변수.멤버변수
참조변수.메서드(실인수)

car1.display()는 참조변수 car1을 이용하여 display() 메서드를 호출하는 명령문이다. 따라서 car1의 객체에 포함된 메서드 호출에 의해서 car1 객체의 자동차 정보가 출력된다. car2 객체의 정보를 출력하기 위해서는 참조변수를 바꾸어 car2.display() 명령문을 이용한다.

정리해 보면, [그림 4.9]와 같이 클래스에 의해서 서로 독립적인 객체가 만들어지고 참조변수에 의해서 객체를 참조하는 것이 객체지향프로그래밍의 기본 구조이다.

4.6 생성자

생성자 Constructor는 "__init__()"라는 이름으로 제공되고, 클래스를 이용하여 객체를 생성할 때 자동으로 실행된다. 생성자의 역할은 객체를 생성할 때 멤버 변수에 값을 초기화하는 역할을 한다. 초기화 작업이 필요 없는 경우에는 클래스를 설계할 때 생성자를 생략한다.

모든 클래스는 객체를 생성하는 것이 목적이므로 반드시 생성자를 가지고 있어야 한다. 그렇다면 생성자를 생략하면 어떻게 될까? 정답은 파이썬에서 기본 생성자라는 것을 만들어주고, 기본 생성자를 통해서 객체가 생성된다.

다음은 클래스를 이용하여 객체를 생성하는 형식이다. 파이썬에서 모든 클래스의 생성자 이름은 항상 "__init__()"이다. 객체를 생성할 때는 생성자가 포함된 클래스 이름 뒤에 괄호 ()를 붙이고, 매개변수에 전달될 실인수를 괄호 안에 넣어서 함수를 호출하듯이 객체를 생성한다. 이렇게 생성된 객체의 주소는 참조변수에 할당되고, 참조변수를 이용해서 객체의 멤버를 호출하는 방법으로 생성된 객체를 사용한다.

형식 클래스를 이용한 객체 생성 형식

```
참조변수 = 클래스이름(실인수)
```

실습 **생성자 사용 예**

step08_constructor.py

❶

```
# (1) 생성자 이용 멤버 변수 초기화
class multiply :
    # 속성
    x = y = 0

    # 생성자 : 객체 생성 + 초기화
    def __init__(self, x, y):        # 매개변수 : x, y
        self.x = x
        self.y = y

    # 메서드
    def mul(self):
        return self.x * self.y

obj = multiply(10, 20)              # 객체 생성: 생성자 자동 실행
print('곱셈 =', obj.mul())          # obj 객체의 mul() 메소드 실행
```

실행결과

```
곱셈 = 200
```

해설

\# (1) 생성자 이용 멤버 변수 초기화

multiply 클래스는 두 개의 멤버 변수 x, y에 값을 초기화하기 위해서 두 개의 매개변수를 갖는 생성자 "__init__(self, x, y)"를 정의한다. 생성자는 객체가 생성되는 시점에서 실인수 2개가 매개변수로 할당되어 멤버 변수 x, y self.x, self.y를 초기화하는 데 사용된다. 그리고 mul() 메서드는 멤버 변수 x와 y를 곱해서 반환하는 함수이다.

❷

```
# (2) 메서드 이용 멤버변수 초기화
class multiply2 :
    # 속성
    x = y = 0               # 멤버 변수

```

❷

```
    # 생성자 없음 : 기본 생성자 제공
    def __init__(self):
        pass

    # 메서드 : 멤버변수 초기화
    def data(self, x, y):
        self.x = x
        self.y = y

    # 메서드 : 곱셈
    def mul(self):
        return self.x * self.y

obj = multiply2()           # 기본 생성자 자동 실행
obj.data(10, 20)            # 멤버 변수 초기화를 위한 메서드 호출
print('곱셈 =', obj.mul())
```

실행결과

곱셈 = 200

해설

(2) 메서드 이용 멤버 변수 초기화

multiply2 클래스는 생성자를 이용하여 속성값을 초기화하지 않고, data() 메서드에 의해서 초기화한다. 생성자를 생략하면 다음과 같은 형식의 기본 생성자 묵시적 생성자가 자동으로 만들어진다.

```
def __init__(self):
    pass
```

여기서 pass 명령어는 블록의 내용이 없는 경우 사용하는 명령어이다. 따라서 기본 생성자는 실행문이 없는 단지 객체만을 생성하는 용도로 사용된다. 기본 생성자는 코드가 보이지 않아도 암시적으로 클래스에 만들어지기 때문에 **'묵시적 생성자'**라고도 한다.

6.5 self

클래스의 생성자와 메서드는 기본적으로 인수 'self'를 갖는다. 만약 'self' 인수를 생략하면 오류가 발생한다. 그렇다면 'self' 인수는 어떤 역할을 하는가? 'self' 인수는 클래스를 구성하는 멤버들, 즉 속성과 메서드를 호출하는 역할을 한다.

실습 **self 사용 예**

❸

```
class multiply3 :
    # 속성 없음
    # 생성자 없음
```

❸

```
41
42      # 메서드: 동적 속성 생성/초기화
43      def data(self, x, y):
44          self.x = x
45          self.y = y
46
47      # 메서드: 곱셈 연산
48      def mul(self):
49          result = self.x * self.y
50          self.display(result)        # 메서드 호출
51
52      # 메서드: 결과 출력
53      def display(self, result):
54          print("곱셈 = %d" %(result) )
55
56  obj = multiply3()                   # 기본 생성자 자동 실행
57  obj.data(10, 20)
58  obj.mul()
```

실행결과

```
곱셈 = 200
```

해설

multiply3 클래스는 속성과 생성자를 모두 정의하지 않았다. 생성자는 기본 생성자가 자동으로 만들어질 것이다. 한편 곱셈 연산을 위해서는 두 개의 자료가 만들어져야 한다. 하지만 클래스 선언부에 멤버 변수가 정의되지 않았기 때문에 data() 메서드가 호출되는 시점에서 self.x, self.y 명령문 44~45행에 의해서 동적으로 속성이 만들어지고 매개변수를 이용하여 값을 초기화한다.

self.속성 = 매개변수

이렇게 동적으로 만들어진 속성은 mul() 메서드에서 'self.속성' 형태로 참조한다. 또한 mul() 메서드에서는 곱셈 결과를 출력하기 위해서 display() 메서드를 'self.메서드' 형태로 호출 50행하고 있다.

연습문제

문제 1 다음의 출력 결과 예시에서와 같이 height 변수에 별 [star]의 층수를 입력하면 층마다 별의 개수가 한 개씩 증가하여 출력하고, 마지막 줄에 별의 개수를 출력하도록 함수의 빈칸을 채우시오.

[출력 결과 예시]

```
height : 3      ← 3은 키보드 입력
*
**
***
start 개수 : 6
```

[코딩 시작]

```
def StarCount(height)



# 키보드 입력
height = int(input('height : '))

# start 개수 출력
print('star 개수 : %d'%StarCount(height))
```

문제 2 중첩함수를 적용하여 다음 조건에 맞게 은행계좌 함수의 빈 칸을 채우시오.

[처리조건]

조건 1: 외부 함수: bank_account() : 잔액(balance) outer변수

조건 2: 내부 함수: getBalance() : 잔액확인

deposit(money) : 입금하기

withdraw(money) : 출금하기

조건 3: 출금액이 잔액보다 많은 경우 '잔액이 부족합니다.' 메시지 출력

조건 4: 기타 나머지는 출력 예시 참조

[출력 결과 예시]

최초 계좌의 잔액을 입력하세요 : 1000 ← 1000은 키보드 입력
현재 계좌 잔액은 1000원 입니다.
입금액을 입력하세요 : 15000
15000원 입금 후 잔액은 16000원 입니다.
출금액을 입력하세요 : 3000
3000원 출금 후 잔액은 13000원 입니다.

[코딩 시작]

```
def bank_account(bal) :
    balance = bal                # 잔액 초기화(1000)

    def getBalance():            # 잔액 확인(getter)
        return balance

    def deposit(money) :         # 입금하기(setter)



    def withdraw(money) :        # 출금하기(setter)



    return getBalance, deposit, withdraw       # 내부함수 리턴
```

문제 3 패토리얼 Factorial을 계산하는 재귀함수의 빈 칸을 채우시오.

예 5!(5*4*3*2*1) = 120

[코딩 시작]

```
# 재귀 함수 정의
def Factorial(n):
    if n == 1 : 종료 조건
        return 1
    else :



# 함수 호출
result_fact = Factorial(5)
print('패토리얼 결과:', result_fact)
```

문제 4 다음과 같은 조건에 맞게 Rectangle 클래스를 작성하시오.

[처리조건]

조건 1: 멤버변수 : 가로(width), 세로(height)

조건 2: 생성자 : 가로(width), 세로(height) 멤버 변수 초기화

조건 3: 메서드(area_calc) : 사각형의 넓이를 구하는 함수
사각형 넓이 = 가로 * 세로

조건 4: 메서드(circum_calc) : 사각형의 둘레를 구하는 함수
사각형 둘레 = (가로 + 세로) * 2

조건 5: 기타 세부 내용은 [출력 결과 예시] 참조

[출력 결과 예시]

```
사각형의 넓이와 둘레를 계산합니다.
사각형의 가로 입력 : 10        ← 10은 키보드 입력
사각형의 세로 입력 : 5         ← 5는 키보드 입력
----------------------------------------
사각형의 넓이 : 50
사각형의 둘레 : 30
----------------------------------------
```

[코딩 시작]

```
class Rectangle :



print("사각형의 넓이와 둘레를 계산합니다.")
w = int(input('사각형의 가로 입력 : '))
h = int(input('사각형의 세로 입력 : '))

print('-' * 30)
rec = Rectangle(w, h)          # x 초기화
area = rec.area_calc()         # 분산 함수 호출
print('사각형의 넓이 :', area)

circum = rec.circum_calc()
print('사각형의 둘레 :', circum)
print('-' * 30)
```

Chapter

05 파일과 수치 데이터 처리

학습 내용

자료를 분석하기 위해서 파일 자료와 수치를 처리하는 작업은 필수적이다. 먼저 파일의 자료를 처리하기 위해서는 운영체제에서 지원하는 파일 시스템을 통해서 파일이 저장된 위치와 경로를 지정하고, 텍스트 파일이나 셀 단위로 작성된 엑셀 및 CSV 파일 등을 불러올 수 있다. 파이썬에서는 수치를 처리하는 작업을 위해서 Numpy 패키지를 이용한다. Numpy는 과학적 계산을 위한 고성능 다차원 배열 객체와 분석 도구를 제공한다. 특히 다차원 배열은 대규모 데이터 집합을 저장할 수 있는 고속의 유연한 자료구조이다. 또한 수치 과학용 데이터 처리를 목적으로 수학 및 통계 관련한 함수와 벡터 그리고 행렬과 같은 선형적 자료를 처리하기 위한 선형대수 함수를 제공한다.

학습 목표

- 파일 자료를 처리하기 위해서 파일의 경로를 지정하고 변경할 수 있다.
- 엑셀 파일 유형의 자료를 읽어서 칼럼 단위로 처리할 수 있다.
- 수치 자료를 대상으로 2차원 이상의 배열 객체를 만들 수 있다.
- 박스형 자료를 참조할 수 있는 색인을 지정할 수 있다.
- 지정한 범위에서 실수형 난수를 생성할 수 있다.

이 장의 구성

1. 파일 시스템
2. CSV와 Excel 파일 입출력
3. 수치 처리 배열
4. 난수

1 파일 시스템

프로그램을 이용해서 파일로부터 자료를 읽고, 쓰기 위해서는 운영체제에서 지원하는 파일 시스템의 도움을 받아야 한다. 예를 들면 특정 파일의 자료를 읽기 위해서는 파일이 저장된 디렉터리 Directory; 폴더 위치인 경로를 지정하거나, 자료를 파일에 쓰기 위해서는 해당 파일이 저장될 디렉터리를 만들고 이동하는 작업 등이 필요하다.

이 절에서는 파일과 디렉터리를 조작하고 경로를 설정할 수 있는 os와 glob 모듈에 대해서 알아본다.

1.1 파일과 디렉터리 관련 함수

파일과 디렉터리를 조작하고 처리하는 관련 함수들은 os 모듈에서 제공한다. [표 5.1]은 os 모듈에서 제공하는 파일과 디렉터리 관련 함수와 기능에 대한 설명이다.

[표 5.1] os 모듈의 파일과 디렉터리 관련 함수

함수(파라미터)	기능 설명 / 사용 예
os.getcwd()	현재 작업 디렉터리의 위치를 반환한다.
	os.getcwd()　　# 현재 디렉터리의 경로 반환
os.chdir(path)	작업 디렉터리의 위치를 변경한다. 지정한 경로의 디렉터리가 없으면 오류가 발생한다.
	chdir('test')　　# 현재 디렉터리 아래의 'test' 디렉터리로 이동
os.listdir(path)	인수 path에서 지정한 경로에 존재하는 파일과 디렉터리의 목록을 반환한다. 지정한 경로의 디렉터리가 없으면 오류가 발생한다.
	os.listdir('.')
os.remove(path)	현재 작업 디렉터리에서 해당 파일을 삭제한다. 지정된 디렉터리가 없으면 오류가 발생한다.
	os.remove('test.txt')　　# 현재 디렉터리에서 'test.txt' 파일 삭제
os.mkdir(path)	인수 path에 지정된 경로를 따라 인수 path에 지정된 마지막 이름의 디렉터리를 생성한다. 지정된 path의 중간 경로의 디렉터리가 없거나, path에 기술된 마지막 디렉터리가 이미 존재하면 오류가 발생한다.
	os.mkdir('test2/test3')　# 현재 디렉터리 아래인 'test2' 아래에 'test3' 디렉터리 생성, # 'test2'가 이미 존재하고 있어야 가능
os.rmdir(path)	인수 path에 지정된 경로의 디렉터리를 삭제한다. 삭제하려는 디렉터리가 비어있지 않으면 오류가 발생한다.
	os.rmdir('test2')　　# 현재 디렉터리에서 'test2' 디렉터리 삭제
os.makedirs(path)	인수 path에 지정된 경로를 순차적으로 생성한다. 지정한 경로 중 마지막 디렉터리까지 모두 존재하는 경우 오류 발생한다.
	os.makedirs('test3/test4/test5') # 'test3', 'test4', 'test5' 의 순서로 생성

os.removedirs(path)	인수 path에 지정된 경로의 끝에서 부터 역순으로 삭제한다. 지정된 경로 중 디렉터리가 없으면 오류가 발생한다. os.removedirs('test3/test4/test5') # 'test5', 'test4', 'test3'의 순서로 삭제
os.rename(src, dst)	현재 작업 디렉터리에서 지정된 파일 또는 디렉터리의 이름을 변경한다. 인수 src에 지정된 이름의 파일 또는 디렉터리가 없으면 오류가 발생한다. os.rename('test.txt', 'example.txt') # 파일이름 변경

다음은 os 모듈에서 제공하는 파일과 디렉터리 관련 함수의 예이다.

실습 **os 모듈의 파일과 디렉터리 관련 함수 사용 예**

step01_file_system.py

❶
```
01 # 1. os 모듈의 파일과 디렉터리 관련 함수
02 import os
03 
04 # 기본 디렉터리 지정
05 os.chdir('C:/PythonStatistics')
06 # 현재 작업 디렉터리 경로
07 print(os.getcwd())
08 # 작업 디렉터리 변경
09 os.chdir('./chap05_File_Numpy')
10 print(os.getcwd())
11 # 현재 작업 디렉터리 목록
12 print(os.listdir('.'))
```

실행결과

```
C:\PythonStatistics
C:\PythonStatistics\chap05_File_Numpy
['step01_file_system.py', 'step02_csv_excel_FileIO.py', 'step03_array_zeros_arange.py', 'step04_indexing.py', 'step05_axis.py', 'step05_random.py', 'step06_linear_algebra1.py', 'step06_linear_algebra2.py']
```

해설

os 모듈에서 제공하는 chdir() 함수를 이용하여 기본 디렉터리('C:\PythonStatistics')를 지정 05행한다. getcwd() 함수를 이용 하여 현재 작업 디렉터리의 경로 07행를 확인한다. chdir()함수를 이용하여 현재 디렉터리의 하위 디렉터리인 'chap05_Numpy'로 이동 09행한다. listdir() 함수를 이용하여 현재 작업 디렉터리의 목록 12행을 확인한다. 파이썬 프로그래밍에서 경로를 구분하는 구분자는 '/' 또는 '\\' 이용한다.

❷
```
13 # 디렉터리 생성
14 os.mkdir('test')
15 print(os.listdir('.'))      # 현재 작업 디렉터리 목록
16 # 디렉터리 이동
17 os.chdir('test')            # 현재 디렉터리 아래 'test' 디렉터리로 이동
18 print(os.getcwd())          # 현재 디렉터리 확인
19 # 상위 디렉터리 이동
20 os.chdir('../')
```

❷
```
21 # 디렉터리 삭제
22 os.rmdir('test')              # 현재 디렉터리 아래 'test' 디렉털 삭제
23 print(os.listdir('.'))        # 현재 작업 디렉터리 목록
```

실행결과

['step01_file_system.py', 'step02_csv_excel_FileIO.py', 'step03_array_zeros_arange.py', 'step04_indexing.py', 'step05_axis.py', 'step05_random.py', 'step06_linear_algebra1.py', 'step06_linear_algebra2.py', 'test']
C:\PythonStatistics\chap05_Numpy\test
['step01_file_system.py', 'step02_csv_excel_FileIO.py', 'step03_array_zeros_arange.py', 'step04_indexing.py', 'step05_axis.py', 'step05_random.py', 'step06_linear_algebra1.py', 'step06_linear_algebra2.py']

해설

os 모듈에서 제공하는 mkdir() 함수를 이용하여 'test' 디렉터리를 만든다. 14행 listdir() 함수를 이용하여 현재 작업 디렉터리의 목록을 확인 15행하면 'test' 디렉터리가 목록으로 나타난다. chdir() 함수를 이용하여 'test' 디렉터리로 이동 17행한다. getcwd() 함수를 이용하여 현재 작업 디렉터리의 경로 18행를 확인한다. chdir('../') 함수를 이용하여 상위 디렉터리로 이동 20행한다. rmdir() 함수를 이용하여 'test' 디렉터리를 제거 22행한다. 디렉터리 삭제는 반드시 삭제하려는 디렉터리의 상위 디렉터리에서 해야한다. listdir() 함수로 현재 작업 디렉터리의 목록을 확인 23행하면 'test' 디렉터리는 목록에서 보이지 않는다.

❸
```
24 # 여러 디렉터리 생성
25 os.makedirs('test2/test3')   # 현재 디렉터리에 test2를 생성하고, 그 아래 test3 생성
26 # 디렉터리 이동
27 os.chdir('test2')
28 print(os.listdir('.'))       # ['test3']
29 # 상위 디렉터리 이동
30 os.chdir('../')
31 print(os.getcwd())
32 # 여러 개의 디렉터리 삭제
33 os.removedirs('test2/test3')   # test3를 삭제하고, test2를 삭제
34 print(os.listdir('.'))
```

실행결과

['test3']
C:\PythonStatistics\chap05_Numpy
['exams', 'step01_file_system.py', 'step02_csv_excel_FileIO.py', 'step03_array_zeros_arange.py', 'step04_indexing.py', 'step05_axis.py', 'step05_random.py', 'step06_linear_algebra1.py', 'step06_linear_algebra2.py']

해설

os 모듈에서 제공하는 makedirs() 함수를 이용하여 현재 디렉터리 아래에 'test2' 디렉터리와 'test2' 디렉터리의 하위 디렉터리로 'test3'을 만든다. 25행 chdir() 함수를 이용하여 'test2' 디렉터리로 이동 27행한다. listdir() 함수로 현재 작업 디렉터리의 목록을 확인 28행하면 'test3' 디렉터리가 나타난다. chdir('../') 함수를 이용하여 상위 디렉터리로 이동 30행한다. getcwd() 함수를 이용하여 현재 작업 디렉터리의 경로를 확인 31행한다. removedirs() 함수를 이용하여 'test2' 디렉터리와 'test3' 디렉터리를 한 번에 제거 33행한다. 디렉터리 제거는 지정된 경로의 뒤부터 차례로 제거된다. listdir() 함수로 현재 작업 디렉터리의 목록을 확인 34행하면 'test2' 디렉터리는 목록에서 보이지 않는다.

12 경로 관련 함수

os.path 모듈에서 제공하는 파일과 디렉터리의 경로를 설정하고 조작하는 관련 함수들에 대해서 알아본다. [표 5.2]는 os.path 모듈에서 제공하는 경로 설정 관련 함수와 기능에 대한 설명이다.

[표 5.2] os.path 모듈의 경로 관련 함수

함수(파라미터)	기능 설명	사용 예
os.path.abspath(path)	인수로 지정된 path 경로의 절대경로를 반환한다.	os.path.abspath('test.txt') # C:\\test.txt
os.path.dirname(path)	인수로 지정된 paht 경로에서 마지막 디렉터리 또는 파일 명을 제거한 상위 경로를 반환한다.	os.path.dirname('lecture/test.txt') # lecture
os.path.getsize(path)	인수로 지정된 path가 파일이면 파일의 크기(byte)를 반환하고, 디렉터리이면 4096 윈도우 시스템인 경우을 반환한다.	os.path.getsize('test.txt') # 1883 byte
os.path.exists(path)	인수로 지정된 path 경로가 존재하면 True, 존재하지 않으면 False를 반환한다.	os.path.exists('C:\\PythonStatistics') # True
os.path.isfile(path)	인수로 지정된 path 경로가 파일이면 True, 파일이 아니면 False를 반환한다.	os.path.isfile('lecture/test.txt') # True
os.path.isdir(path)	인수로 지정된 path 경로가 디렉터리이면 True, 아니면 False를 반환한다.	os.path.isdir('lecture') # True
os.path.split(path)	인수로 지정된 path 경로의 마지막 항목(파일 또는 디렉터리)과 그 앞부분의 경로로 분리하여 튜플로 반환한다.	os.path.split("C:\\test\\te.txt") # ('C:\\test', 'te.txt')
os.path.join(path1[, path2[, ...])	인수로 지정된 두 개의 path 경로를 결합하여 하나의 경로를 반환한다.	os.path.join('C:\\test', 'te.txt') # 'C:\\test\\te.txt'

다음은 os.path 모듈에서 제공하는 파일과 디렉터리의 경로 관련 예이다.

실습 os.path 모듈의 경로 관련 함수 예

❹

```
# 2. os.path 모듈의 파일 경로 관련 함수
import os.path              # os.path 모듈 가져오기
print(dir(os.path))         # os.path 모듈에서 제공하는 멤버 확인

# 기본 디렉터리 지정
os.chdir('C:/PythonStatistics/chap05_Numpy')
print(os.getcwd())
```

실행결과

```
[ ...생략, 'samefile', 'sameopenfile', 'samestat', 'sep', 'split', 'splitdrive', 'splitext', 'stat', 'supports_unicode_filenames', 'sys']
C:\PythonStatistics\chap05_Numpy
```

해설

os 모듈에서 제공하는 path 모듈, 즉 os.path 모듈을 가져온다. os.path 모듈은 파일 경로를 조작하는 모듈이다. dir() 함수를 이용하여 path 모듈에서 제공하는 멤버를 확인한다. os 모듈에서 제공하는 chdir() 함수를 이용하여 기본 디렉터리를 지정한다. getcwd() 함수를 이용하여 현재 작업 디렉터리의 경로를 확인한다.

❺

```
42 # 파일 절대경로
43 print(os.path.abspath('step01_file_system.py'))
44 # 디렉터리 반환
45 print(os.path.dirname('chap05_File_Numpy/step01_file_system.py'))
46 # 파일 경로 존재 여부 확인
47 print(os.path.exists('C:/PythonStatistics/chap05_File_Numpy'))
48 # 파일 존재 여부
49 print(os.path.isfile('step01_file_system.py'))
50 # 디렉터리 존재 여부
51 print(os.path.isdir('test'))
```

실행결과

```
C:\PythonStatistics\chap05_File_Numpy\step01_file_system.py
chap05_File_Numpy
True
True
False
```

해설

path 모듈에서 제공하는 abspath() 함수를 이용하여 해당 파일의 절대경로를 확인 43행한다. dirname() 함수를 이용하여 디렉터리와 파일 중에서 디렉터리 이름 경로을 반환 45행한다.

exists() 함수를 이용하여 파일 경로의 존재 여부를 확인 47행한다. True이면 존재한다는 것을 의미한다. isfile() 함수를 이용하여 인수로 주어진 내용이 파일인지 여부를 확인 49행한다. isdir() 함수를 이용하여 인수로 주어진 내용이 디렉터리인지 여부를 확인 50행한다.

❻

```
# 경로에서 디렉터리와 파일 분리
print(os.path.split("C:\\test\\test1.txt"))          # ('C:\\test', 'test1.txt')
# 디렉터리와 파일 결합
print(os.path.join('C:\\test', 'test1.txt'))          # 'C:\\test\\test1.txt'
# 파일 바이트 크기
print(os.path.getsize('step01_file_system.py'))      # 1883 bytes
```

실행결과

```
('C:\\test', 'test1.txt')
C:\test\test1.txt
1883
```

해설

os.path 모듈에서 제공하는 split() 함수를 이용하여 주어진 경로에서 디렉터리와 파일을 분리하여 튜플의 원소로 반환한다. join() 함수를 이용하여 디렉터리와 파일을 하나로 결합하여 문자열로 반환한다. getsize() 함수를 이용하여 해당 파일의 바이트 크기를 반환한다.

2 CSV와 Excel 파일 입출력

엑셀 Excel은 행과 열이 교차하는 셀 cell 단위로 자료를 저장하는 응용프로그램이다. 따라서 엑셀 문서는 행 단위 또는 열 단위로 자료를 처리할 수 있다. 특히 열 칼럼 단위로 자료를 처리하는 경우 유용하다. 또한 엑셀은 콤마 ',' 단위로 열을 구분하는 CSV Comma Separated Values 파일을 제공한다.

파이썬에서 CSV와 Excel 파일과 같이 칼럼 단위의 파일을 입출력하기 위해서는 Pandas **패키지**를 import 하여 사용한다. Anaconda를 사용하는 경우 Pandas 패키지는 기본으로 설치되어 있고, Anaconda를 사용하지 않고 독립적으로 파이썬을 설치하여 사용한다면, 명령 창에서 "pip install pandas" 명령을 이용하여 설치할 수 있다.

Pandas 패키지를 import하는 방법은 다음과 같다.

형식 import 명령 형식: 모듈의 별명 지정

```
import pandas as pd
```

Pandas 패키지는 효과적인 데이터 분석을 위한 고수준의 자료구조와 데이터 분석 도구를 제공한다. 고수준의 자료구조는 데이터 분석가와 개발자에게 익숙한 배열구조로 시리즈와 데이터프레임을 제공된다. 데이터 분석 도구로 통계처리와 관련된 다양한 함수들을 제공한다.

2.1 CSV 파일 입출력

CSV 파일의 자료를 읽어온 후 기존 칼럼을 이용하여 새로운 파생변수를 만드는 자료처리 과정을 수행하고, 처리된 결과를 새로운 CSV 파일로 저장하는 과정에 대해서 알아본다.

CSV 파일은 칼럼 단위로 처리할 수 있는 데이터프레임으로 객체가 생성된다. 데이터프레임은 2차원의 행렬구조를 갖는 자료구조이다. 관계형 데이터베이스의 테이블 구조와 유사하다.

데이터프레임에 포함된 칼럼을 추출하는 방법은 다음 형식의 두 가지 방법 중 하나를 이용할 수 있다.

형식 데이터프레임의 칼럼 추출 방법

방법 1: 데이터프레임.칼럼명
방법 2: 데이터프레임['칼럼명']

실습 CSV 파일 입출력

step02_csv_excel_FileIO.py

❶
```
01 import pandas as pd                      # 모듈의 별칭 사용
02 import os
03 os.chdir('C:/PythonStatistics/data')     # 작업 디렉터리 변경
04
05 # 1. CSV 파일 읽기
06 st = pd.read_csv('student.csv', header = None)
07 print(st)                                # 칼럼명이 없는 경우
08
09 # 칼럼명 수정
10 col_names = ['sno', 'name', 'height', 'weight']
11 st.columns = col_names
12 print(st)                                # 칼럼명을 추가한 경우
```

실행결과

```
     0     1    2   3
0  101  hong  175  65
1  201   lee  185  85
2  301   kim  173  60
3  401  park  180  70
   sno  name  height  weight
0  101  hong     175      65
1  201   lee     185      85
2  301   kim     173      60
3  401  park     180      70
```

해설

1. csv 파일 읽기

칼럼명이 없는 "student.csv" 파일을 읽어오면, 0, 1, 2, ... n 형식의 기본 칼럼명이 적용된다. 데이터프레임의 columns 속성을 이용하여 칼럼명을 수정 10행할 수 있다.

❷
```
13 # 2. 파생변수 추가
14
15 # (1) 비만도 지수(bmi) 칼럼 추가
16 BMI = st['weight'] / (st['height'] * 0.01) ** 2
17 print(BMI)
```

❷

```
18  # BMI 칼럼 추가: 반올림 처리
19  st['BMI'] = BMI.round(2)              # 소숫점 2자리까지 사용
20  print(st)
21
22  # (2) 비만도 레이블 칼럼 추가
23  labels = []
24  for i in st.BMI :
25     if i >= 18 and i <= 23 :
26        labels.append("정상")
27     elif i > 23:
28        labels.append("비만")
29     else :
30        labels.append("저체중")
31
32  # 비만도 레이블 칼럼 추가
33  st['labels'] = labels
34  print(st)
```

실행결과

```
0    21.224490
1    24.835646
2    20.047446
3    21.604938
dtype: float64
   sno  name  height  weight    BMI
0  101  hong     175      65  21.22
1  201   lee     185      85  24.84
2  301   kim     173      60  20.05
3  401  park     180      70  21.60
   sno  name  height  weight    BMI  lables
0  101  hong     175      65  21.22    정상
1  201   lee     185      85  24.84    비만
2  301   kim     173      60  20.05    정상
3  401  park     180      70  21.60    정상
```

해설

2. 파생 변수 추가

(1) 비만도 지수 'BMI' 칼럼 추가

데이터프레임의 키와 몸무게 칼럼을 이용하여 비만도지수를 계산 [16행]하여 출력 [17행]한다. 계산된 비만도지수 [BMI]를 데이터프레임에 새로운 칼럼의 파생 변수 'BMI'로 추가 [19행]한다. 비만도지수의 공식은 "BMI = 몸무게 / 키^{2}"으로 몸무게 단위는 kg, 키 단위 m이다. 따라서 BMI를 계산하는 수식 [16행]에서는 cm 단위인 '키 [height]'에 '키 [height] * 0.01'로 m 단위로변경한다.

(2) 비만도 레이블 'labels' 칼럼 추가

앞서 계산된 비만도지수가 18~23이면 '정상', 18보다 작으면 '저체중', 23보다 크면 '비만'으로 리스트를 작성 [23~30행]한다. 작성된 리스트 데이터를 데이터프레임에 새로운 칼럼의 파생 변수 'lables'로 추가 [33행]한다.

❸

```
35 # 3. CSV 파일 저장
36
37 # CSV 파일 저장
38 st.to_csv('st_info.csv', index = None, encoding = 'utf-8')
39
40 # CSV 파일 읽기
41 st = pd.read_csv('st_info.csv', encoding = 'utf-8')
42 print(st)
```

실행결과

	sno	name	height	weight	BMI	lables
0	101	hong	175	65	21.22	정상
1	201	lee	185	85	24.84	비만
2	301	kim	173	60	20.05	정상
3	401	park	180	70	21.60	정상

해설 CSV 파일 저장과 읽기

3. CSV 파일 저장

파생 변수를 추가한 st 객체를 CSV 파일로 저장 38행한다. 저장위치는 os.chdir() 함수에 지정 ❶의 03행한 위치가 되고, 파일명은 to_csv() 메서드에서 첫 번째 인수로 지정한 'st_info.csv'가 된다. 또한, 한글이 포함되어 있기 때문에 한글 저장 인코딩 방식을 'utf-8'로 지정한다. 파일을 읽어올 때 41행는 동일한 인코딩 방식으로 읽어온다.

2.2 Excel 파일 읽기

pandas 패키지를 이용하여 Excel 파일을 읽어서 열 단위로 자료를 처리하는 방법에 대해서 알아본다.

실습 Excel 파일 입출력

❹

```
# 4. Excel 파일 읽기

# 1) 파일 읽기
import pandas as pd                    # 별칭
import os
os.chdir('C:/PythonStatistics/data')
sam = pd.ExcelFile("sam_kospi.xlsx")

# 2) 파싱
kospi = sam.parse("sam_kospi")         # 엑셀 파일 내의 시트 이름 사용
print(kospi.info())                    # 엑셀 파일 정보 확인
```

실행결과

```
<class 'pandas.core.frame.DataFrame'>
RangeIndex: 247 entries, 0 to 246
Data columns (total 6 columns):
```

```
 #  Column  Non-Null Count  Dtype
----------------------------
 0  Date    247 non-null    datetime64[ns]
 1  Open    247 non-null    int64
 2  High    247 non-null    int64
 3  Low     247 non-null    int64
 4  Close   247 non-null    int64
 5  Volume  247 non-null    int64
```

해설 Excel 파일 읽기

4. Excel파일 읽기

1) 파일 읽기

pd.ExcelFile() 함수를 이용 49행하여 해당 경로의 엑셀 파일을 읽어온다. 만약 읽어오는 과정에서 오류가 발생되는 경우 'xlrd' 패키지를 추가로 설치해야 한다. 아나콘다 사용자는 'xlrd' 패키지를 설치하지 않아도 된다.

2) Excel 파싱

엑셀 파일의 객체를 이용하여 엑셀의 시트 Sheet이름으로 파싱 52행하면 pandas 패키지의 데이터프레임 객체가 생성된다. 그리고 데이터프레임 객체의 정보를 출력 53행한다.

❺

```
54 # 3) 칼럼 추출
55 high = kospi['High']
56 low = kospi['Low']
57
58 # 4) 평균 계산
59 print('High mean :', high.mean())
60 print('Low mean :', low.mean())
```

실행결과

```
High mean : 1307947.3684210526
Low mean : 1280919.028340081
```

해설

3) 칼럼 추출

데이터프레임 객체에서 High, Low 칼럼을 추출 55, 56행한다.

4) 평균 계산

pandas 객체에서 제공하는 mean() 메서드를 호출하여 High와 Low 칼럼의 평균을 계산하고 출력 59, 60행한다.

3 수치 처리 배열

수치 처리를 목적으로 값을 갖는 변수를 정의할 때 Numpy 패키지를 이용한다. Numpy 패키지는 아나콘다 환경에서는 기본으로 설치되어 있다.

Numpy 패키지를 import하는 방법은 다음과 같다.

형식	numpy 패키지 임포트하기

```
import numpy as np
```

Numpy 패키지는 Numerical Python의 줄임말로 과학적 계산을 위한 고성능 다차원 배열 객체와 분석 도구를 제공한다. 다차원 배열은 파이썬에서 기본으로 제공하는 리스트나 튜플과 비교해서 객체 생성 방법이 다양하고 대규모 데이터 집합을 저장할 수 있으며 처리 속도가 빠르고 유연한 자료구조이다. 또한 수치 과학용 데이터 처리를 목적으로 선형대수 등의 수학 및 통계와 관련한 함수들을 제공한다.

3.1 array() 함수

리스트를 인수로 받아서 배열을 만들어주는 함수이다. array() 함수의 형식과 주요 인수 는 다음과 같다.

형식	array() 함수 형식

```
array(object, dtype = None, copy = True, ndmin = 0)

인수 object: 리스트와 유사한 배열 객체
     dtype:  원소의 자료형
     copy:   객체 복사 여부
     ndmin:  차원 수
```

실습 **다차원 배열 만들기**

step03_array_zeros_arrange.py

```
# 1. array() : 다차원 배열 생성
import numpy as np

# 1) 단일 리스트 -> 1차원 배열
lst1 = [3, 5.2, 4, 7, 6]
print(lst1)                    # 단일 리스트 배열

# array 변환
arr1d = np.array(lst1)         # array(단일list)
print(arr1d)                   # 1차원 배열
print(arr1d.shape)             # 차원 모양

print('평균 =', arr1d.mean())  # 평균
```

❶
```
print('분산=', arr1d.var())        # 분산
print('표준편차=', arr1d.std()) # 표준편차
```

실행결과

```
[3, 5.2, 4, 7, 6]
[3.  5.2 4.  7.  6. ]
(5,)
평균 = 5.04
분산= 2.0063999999999997
표준편차= 1.4164744967700618
```

해설

array() 함수를 이용하여 단일 리스트를 1차원 배열로 생성하고, 자료구조를 확인한다. 또한, 배열 객체에서 유니버설 함수를 호출하여 평균, 분산, 표준편차 등의 통계를 구할 수 있다. 유니버설 함수는 Numpy 객체에서 제공하는 범용적인 수학/통계 관련 함수를 의미한다.

❷
```
# 2) 중첩 리스트 -> 2차원 배열
lst2 = [[1,2,3,4,5], [6,7,8,9,10]]
print(lst2) # 중첩 리스트 배열

arr2d = np.array(lst2)          # array(중첩list)
print(arr2d)                    # 2차원 배열
print(arr2d.shape)              # 차원 모양
```

실행결과

```
[[1, 2, 3, 4, 5], [6, 7, 8, 9, 10]]
[[ 1  2  3  4  5]
 [ 6  7  8  9 10]]
(2, 5)
```

해설

2) 중첩 리스트 -> 2차원 배열

중첩 리스트를 2차원 배열로 생성한다. 차원의 모양을 확인하면 (행수, 열수) 형식의 차원 정보를 제공한다.

3.2 브로드캐스팅 연산

서로 다른 차원을 갖는 다차원 배열을 연산하기 위해서는 작은 차원이 큰 차원으로 길이를 맞춘 다음 연산을 수행하는 방식을 브로드캐스팅 Broadcasting 연산이라고 한다. [그림 5.1]에서 첫 번째는 1차원의 벡터와 0차원의 스칼라를 연산하고,

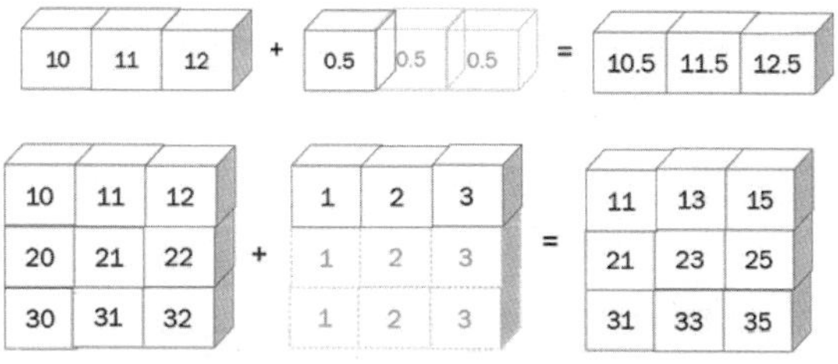

[그림 5.1] 브로드캐스팅 연산

두 번째는 2차원의 행렬과 1차원의 벡터가 연산하는 과정을 나타내고 있다. 두 가지 경우 모두 크기가 작은 객체가 차원이 큰 객체의 길이로 늘어난 후 1:1 연산을 수행하고 있다.

실습 **브로드캐스팅 연산**

step04_broadcast.py

❶

```
01 import numpy as np          # import하는 모듈의 별칭 지정
02
03 # 1. 배열 생성
04 # 1) 단일 list -> 1차원 배열
05 lst1 = [3, 5.2, 4, 7, 6]
06 arr1d = np.array(lst1)       # array(단일 list)
07
08 # 2) 중첩list -> 2차원 배열
09 lst2 = [[1,2,3,4,5], [6,7,8,9,10]]
10 arr2d = np.array(lst2)       # array(중첩 list)
```

해설

\# 1. 배열 생성

브로드캐스팅 연산을 위해서 단일 리스트 05행를 이용하여 1차원 06행과 중첩 리스트 09행를 사용하여 2차원 배열 10행을 생성한다.

❷

```
11 # 2. 브로드캐스팅 연산
12 # 1) scala(0) vs vector(1)
13 print(0.5 * arr1d)
14 # array([1.5, 2.6, 2. , 3.5, 3. ])
15
16 # 2) scala(0) vs matrix(2)
17 print(0.5 * arr2d)
18
19 # 3) vector(1) vs matrix(2)
20 print(arr1d * arr2d)          # 1d(1,5) * 2d(2, 5)
```

실행결과

```
[1.5 2.6 2.  3.5 3. ]
[[0.5 1.  1.5 2.  2.5]
 [3.  3.5 4.  4.5 5. ]]
[[ 3.  10.4 12.  28.  30. ]
 [18.  36.4 32.  63.  60. ]]
```

해설

\# 2. 브로드캐스탱 연산

\# 1) scala(0) vs. vector(1)

차원이 없는 0차원(0.5)과 1차원 배열(arr1d)이 연산된다. 차원이 작은 상수는 1차원 배열의 길이만큼 늘어난 후 곱셈 연산한다.

2) scala(0) vs. matrix(2)

차원이 없는 0차원(0.5)과 2차원 배열(arr2d)이 연산된다. 차원이 작은 상수는 2차원 배열의 행과 열의 길이만큼 늘어난 후 곱셈 연산한다.

3) vector(1) vs. matrix(2)

1차원의 배열(arr1d)과 2차원의 배열(arr2d)이 연산된다. 차원이 작은 1차원 배열은 2차원 배열의 행 길이만큼 늘어난 후 곱셈 연산한다.

브로드캐스팅 Broadcasting 연산과정에서 배열의 행과 열의 길이가 모두 다르면 오류가 발생한다.

3.3 zeros()와 arange() 함수

zeros() 함수는 모든 원소가 0을 갖는 배열을 생성하는 함수이다. zeros() 함수의 형식과 인수는 다음과 같다.

형식 zeros() 함수 형식

```
zeros( (shape) )

인수 (shape): 배열의 모양
```

arange() 함수는 지정한 범위에 해당하는 일련의 값을 배열로 생성하는 함수로 range() 함수와 같이 배열의 원소를 참조하는데 필요한 색인을 반환받는 경우에 사용한다. arange() 함수의 형식과 주요 인수는 다음과 같다.

형식 arange() 함수 형식

```
arange([start,] stop[, step,])

인수 start: 시작 값(기본값: 0)
     stop: 종료 값
     step: 증감 값
```

실습 zeros() 함수와 arange() 함수 사용 예

step05_zeros_arange.py

```
import numpy as np              # import하는 모듈의 별칭 지정

# 1. zeros()와 ones() 함수
zerr = np.zeros( (3, 5) )       # 3행5열
print(zerr)

```

❶
```
onearr = np.ones( (3, 5) )      # 3행5열
print(onearr)
```

실행결과

```
[[0. 0. 0. 0. 0.]
 [0. 0. 0. 0. 0.]
 [0. 0. 0. 0. 0.]]
[[1. 1. 1. 1. 1.]
 [1. 1. 1. 1. 1.]
 [1. 1. 1. 1. 1.]]
```

해설

1. zeros()와 ones() 함수

zeros() 함수는 행렬의 모양을 튜플 형식으로 받아서 행렬의 모든 원소를 0으로 채우는 배열을 만들고, ones() 함수는 모든 원소를 1로 채우는 배열을 만든다

❷
```
# 2. arange() 함수

# 1) range vs arange
#print(range(-1.0, 10.5))       # 실수 사용 불가
arr = np.arange(-1.2, 5.5)      # 실수 사용 가능
print(arr) # 배열 생성

# 2) x의 수열에 대한 2차 방정식
x = np.arange(-1.0, 2, 0.1)
y = x**2 + 2*x + 3
print(y)

# 2차 방정식 그래프
import matplotlib.pyplot as plt
plt.plot(x, y)
plt.show()

# 3) 색인 반환
cnt = 0
for i in np.arange(3) :         # 행 index
  for j in np.arange(5) :       # 열 index
    cnt += 1                    # 카운터 변수
    zerr[i, j] = cnt            # 셀에 저장
print(zerr)                     # zeros 행렬에 카운터 채우기
```

실행결과

```
[-1.2 -0.2  0.8  1.8  2.8  3.8  4.8]
[ 2.    2.01  2.04  2.09  2.16  2.25  2.36  2.49  2.64  2.81  3.    3.21 3.44  3.69  3.96  4.25  4.56  4.89  5.24
5.61  6.    6.41  6.84  7.29  7.76  8.25  8.76  9.29  9.84 10.41]
```

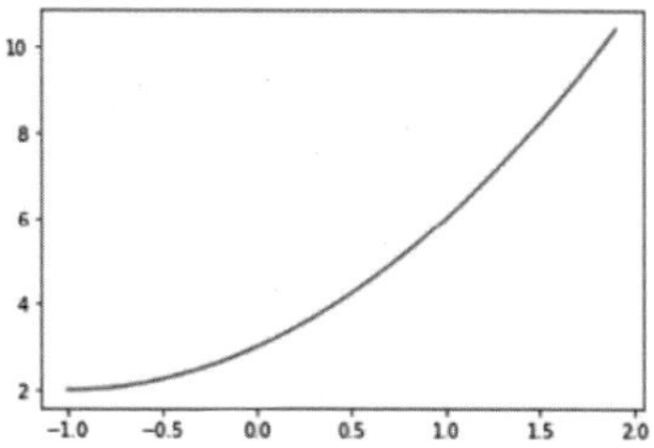

그래프 결과는 스파이더 화면에서 오른쪽 윗부분의 [Plots] 탭에서 확인한다.

```
[[ 1.  2.  3.  4.  5.]
 [ 6.  7.  8.  9. 10.]
 [11. 12. 13. 14. 15.]]
```

해설

2. arange() 함수

1) range() vs. arange()

파이썬의 내장함수인 range() 함수는 자료 생성을 위한 범위로 정수 인수만 이용할 수 있다. 반면에 numpy 모듈에서 제공하는 arange() 함수는 인수로 실수를 이용할 수 있으며, 배열 객체를 반환한다. 예에서 range() 함수를 사용한 행 12행을 주석으로 처리해야 프로그램을 실행하여 결과를 볼 수 있다.

2) x의 수열에 대한 2차 방정식

x 변수는 -1.0~2 사이의 범위에서 0.1씩 증가하는 수열을 객체로 갖는다. y 변수는 x의 2차 방정식의 결과를 배열로 갖는다. 2차 방정식의 그래프 21~24행를 통해서 확인할 수 있다.

3) 색인 반환

앞에서 생성 ❶의 04행한 3행 5열의 zerr 행렬을 대상으로 arange() 함수를 이용하여 i와 j의 행과 열의 색인 Index을 만들고 이들을 이용하여 zerr 행렬에 카운터값 1~15를 할당 31행한다.

3.4 유니버셜 함수

유니버셜 함수는 다차원 배열의 원소를 대상으로 수학/통계 등의 연산을 수행하는 함수를 말한다. 유니버셜 Universal 함수는 [표 5.3]과 같이 단항함수와 이항함수로 분류된다. 단항함수는 한 개의 자료를 대상으로 연산하고, 이항함수는 두 개의 자료를 대상으로 연산한다.

[표 5.3] 주요 유니버셜 함수

함수명	기능	구분
abs(x)	x 원소의 절대값을 반환한다.	단항함수
sqrt(x)	x 원소의 제곱근을 계산한다.	단항함수
square(x)	x 원소의 제곱을 계산한다.	단항함수
var(x)	x 원소의 분산을 계산한다.	단항함수
std(x)	x 원소의 표준편차를 계산한다.	단항함수
exp(x)	x 원소의 지수 e^x를 계산한다.	단항함수
log, log2, log10	x 원소의 밑수가 e인 자연로그, 밑수가 2인 자연로그 밑수가 10인 상용로그를 계산한다.	단항함수

sign(x)	x 원소의 부호를 반환한다.(1: 양수, 0: 영, -1: 음수)	단항함수
ceil(x)	x 원소의 소수 자리를 올린다.(큰 정수 반환)	단항함수
floor(x)	x 원소의 소수 자리를 내린다.(작은 정수 반환)	단항함수
rint(x)	x 원소의 소수 자리를 반올림한다.	단항함수
isnan(x)	x 원소가 숫자인지 아닌지(Not a Number)를 불리언 배열로 반환한다.	단항함수
cos, sin, ten	일반 삼각 함수 값을 반환한다.	단항함수
logical_not(x)	x 원소의 논리 부정 not 값을 반환한다.	단항함수
power(x, y)	x에 대한 y의 제곱을 계산하여 반환한다.	이항함수
maximun(x, y)	x, y 중에서 큰 값을 반환한다.	이항함수
minimum(x, y)	x, y 중에서 작은 값을 반환한다.	이항함수
mod(x, y)	x / y 계산 후 나머지 값을 반환한다.	이항함수
greater(x, y) greater_equal(x, y) less(x, y) less_equal(x, y) equal(x, y) not_equal(x, y)	x와 y의 관계연산(>, >=, <, <=, ==, !=) 결과를 반환한다.	이항함수
logical_and(x, y) logical_or(x, y) logical_xor(x, y)	x와 y의 논리연산(and, or, xor) 결과를 반환한다.	이항함수

실습 주요 유니버설 함수 사용 예

step06_universal.py

```
import numpy as np

# 유니버설 함수
# 1) 단항 유니버설 함수
data = np.random.randn(5)           # 1차원 난수 배열
print('data :', data)               # 1차원 난수

❶ print('절댓값 :', np.abs(data))     # 절댓값
print('제곱근 :', np.sqrt(data))     # 제곱근

print('제곱 :', np.square(data))     # 제곱
print('부호 :', np.sign(data))       # 부호

print('분산 :',np.var(data))         # 분산
print('표준편차 :', np.std(data))    # 표준편차
```

실행결과

```
data : [-0.46133036  1.43331471  0.38180879  2.68404348  0.96843293]
절댓값 : [0.46133036 1.43331471 0.38180879 2.68404348 0.96843293]
제곱근 : [       nan 1.19721122 0.61790678 1.63830506 0.9840899 ]
```

```
제곱 : [0.2128257  2.05439106 0.14577795 7.20408938 0.93786233]
부호 : [-1.  1.  1.  1.  1.]
분산 : 1.1084798947399839
표준편차 : 1.0528437180987422
```

해설

1) 단항 유니버설 함수

numpy.random 모듈에서 제공하는 randn()함수를 이용하여 5개의 난수를 생성해서 1차원의 배열 객체 05행를 만든다. 난수는 평균 0과 표준편차 1을 기준으로 표준정규분포를 따르는 난수가 만들어진다. 5개의 난수를 대상으로 절댓값 08행, 제곱근 09행, 제곱 11행 연산하고 결과를 출력한다. 난수 중 음수가 생성되면 제곱근 계산이 불가능하다는 의미로 'nan' 값이 출력된다. sign() 함수 12행는 부호가 양수이면 1, 음수이면 -1을 반환한다. 끝으로 분산 14행과 표준편차 15행는 전체 원소를 대상으로 평균으로부터 얼마나 떨어져서 분포 되었는지를 나타내는 상수를 반환한다. 0에 가까울수록 자료들이 평균과 가깝게 분포되었다는 의미이다.

numpy.random 모듈에 의해서 임의 추출되는 데이터를 사용하기 때문에 사용자마다 그리고 코드를 실행할 때 마다 결과는 다르게 나타난다.

❷

```
# 2) 이항 유니버설 함수
print(np.power(data, 2))                 # 거듭제곱
print(np.maximum(data, 1))               # 큰 값 반환
print(np.minimum(data, 0))               # 작은 값 반환
print(np.mod(data, 2))                   # 나머지값 반환

print(np.greater_equal(data, 0.1))       # data >= 0.1
print(np.less_equal(data, 0.3))          # data <= 0.3

# data >= 0.1 조건에 만족하는 원소
print(data[np.greater_equal(data, 0.1)]) # 0.1
# data <= 0.3 조건에 만족하는 원소
print(data[np.less_equal(data, 0.3)])    # 0.3

x = np.greater_equal(data, -0.3)
y = np.less_equal(data, 0.9)

# -0.3 ~ 0.9 사이의 원소
print(data[np.logical_and(x, y)])
```

실행결과

```
[0.2128257  2.05439106 0.14577795 7.20408938 0.93786233]
[1.         1.43331471 1.         2.68404348 1.        ]
[-0.46133036  0.          0.          0.          0.        ]
[1.53866964 1.43331471 0.38180879 0.68404348 0.96843293]
[False  True  True  True  True]]
[ True False False False False]
[1.43331471 0.38180879 2.68404348 0.96843293]
[-0.46133036]
[0.38180879]
```

해설

2) 이항 유니버설 함수

power() 함수 17행는 data의 원소에 거듭제곱을 계산하여 반환한다. maximum() 함수18행는 data의 원소 중에서 1보다 크지 않으면 1을 반환하고, 1보다 크면 해당 원소를 반환한다. minimum() 함수 19행는 data의 원소 중에서 0보다 작지 않으면 0을 반환하고, 0보다 작으면 해당 원소를 반환한다. mod() 함수 20행는 data를 2로 나누어서 나머지 값을 반환한다. greater_equal(data, 0.1) 함수 22행는 관계식(data >= 0.1)을 의미하고, less_equal(data, 0.3) 함수 23행는 관계식(data<= 0.3)을 의미한다. data[np.greater_equal(data, 0.1)] 26행은 data 객체를 대상으로 0.1이상의 원소를 추출한다. data[np.greater_equal(data, 0.3)] 28행은 data 객체를 대상으로 0.3이상의 원소를 추출한다. 끝으로 np.logical_and(x, y) 함수 34행는 두 개의 관계식을 이용하여 논리곱 연산을 수행하고, data 객체로부터 조건에 만족하는 원소를 추출하는 역할을 한다. 해당하는 값은 -0.3에서 0.9 사이 30행과 31에 의해서의 난수이다.

❸

```
35 # 3) 객체 메서드 제공
36 data = np.random.randn(3, 4)        # 2차원 난수 배열
37 print(data)                         # 2차원 행렬구조
38 print(data.shape)                   # 차원 모양
39
40 print('합계=', data.sum())           # 합계
41 print('평균=', data.mean())          # 평균
42 print('표준편차=', data.std())        # 표준편차
43 print('최대값=', data.max())          # 최대값
44 print('최소값=', data.min())          # 최소값
45 print(dir(data))                    # 호출 가능한 메서드 보기
```

실행결과

```
[[ 0.55904925  0.29687715 -0.10538807  0.72461789]
 [-1.1619298   2.34585391  0.23759612 -0.96771448]
 [-1.13532864 -2.518732   -0.29986218 -0.64689224]]
(3, 4)
합계= -2.3702134229039724
평균= -0.1975177852419977
표준편차= 0.9085631210103452
최대값= 1.2219035272747873
최소값= -1.9038060263026804
[... 생략
'put', 'ravel', 'real', 'repeat', 'reshape', 'resize', 'round', 'searchsorted', 'setfield', 'setflags', 'shape', 'size', 'sort', 'squeeze', 'std', 'strides', 'sum', 'swapaxes', 'take', 'tobytes', 'tofile', 'tolist', 'tostring', 'trace', 'transpose', 'var', 'view']
```

해설

3) 객체 메서드 제공

유니버설 함수는 다차원배열 객체에서도 호출할 수 있는 여러 메서드가 제공된다. 실습을 위해서 2차원의 행렬구조를 갖는 난수 12개를 생성 36행한다. data 객체에서 호출할 수 있는 sum(), mean(), std(), max(), min() 등의 메서드를 호출 40~44행하여 통계를 구할 수 있으며, dir() 함수 45행를 이용하여 호출 가능한 메서드 목록을 확인할 수 있다.

3.5 색인 참조

다차원 배열의 원소를 참조하기 위해 색인을 사용하는 방법에 대해서 알아본다. 1차원, 2차원, 3차원의 원소를 참조하는 색인 형식은 다음과 같다.

형식	다차원 배열의 색인 사용 형식
1차원	배열[색인]
2차원	배열[행색인, 열색인]
3차원	배열[면색인, 행색인, 열색인]

실습 색인 참조

step07_indexing.py

```
import numpy as np

# 1. 색인(index)

# 1) 리스트 색인
ldata = [0, 1, 2, 3, 4, 5]          # 0~5 정수 원소
print(ldata[:])                     # 전체 원소
print(ldata[3])                     # 특정 원소 1개
print(ldata[:3])                    # 범위 선택 (0~n-1)
print(ldata[-1])                    # 오른쪽 끝을 기준(-)

# 2) 다차원 배열 색인
arr = np.arange(10)                 # 0~9 정수 원소
print(arr[:])                       # 전체 원소
print(arr[3])                       # 특정 원소 1개
print(arr[:3])                      # 범위 선택(0~n-1)
print(arr[-1])                      #  오른쪽 기준(-)
```

실행결과

```
[0, 1, 2, 3, 4, 5]
3
[0, 1, 2]
5
[0 1 2 3 4 5 6 7 8 9]
3
[0 1 2]
9
```

해설

1. 색인(index)

리스트 vs. 다차원 배열 색인

리스트의 색인과 다차원 배열에서 원소 참조를 해 색인을 사용하는 방법은 동일하다.

❷

```
# 2. 슬라이싱 slicing

# 1) 리스트 슬라이싱
ldata_obj = ldata[1:4]                  # 자료 반환
print(ldata_obj)                        # [1, 2, 3]

ldata_obj[0] = 100                      # 1개 수정(o)
#ldata_obj[:] = 300 - 전체 수정(x)
print(ldata_obj)
print(ldata)                            # 원본 변경 없음

# 2) 다차원 배열 슬라이싱
arr_obj = arr[1:4]                      # 주소 반환
print(arr_obj)                          # [1 2 3]

arr_obj[:] = 100                        # 전체 수정(o)
print(arr_obj)                          # [100 100 100]
print(arr)                              # 원본 변경
```

실행결과

```
[1, 2, 3]
[100, 2, 3]
[0, 1, 2, 3, 4, 5]
[1 2 3]
[100 100 100]
[  0 100 100 100   4   5   6   7   8   9]
```

해설

2. 슬라이싱 Slicing

슬라이싱은 리스트 또는 배열의 특정 부분을 잘라서 뷰 view 형태로 만든다. 리스트는 슬라이싱에 의해서 새로 생성된 객체를 수정하면 원본 객체의 원소에 영향을 미치지 않는다. 반면에 다차원배열은 슬라이싱된 결과에 특정 원소를 수정하면 원본 객체의 원소도 수정된다. Numpy에서는 슬라이스 연산이 발생할 때 새로운 객체를 만들지 않고 기존 객체를 보여주는 뷰를 만들기 때문이다. 이러한 이유는 메모리를 효율적으로 사용하기 위함이다. 만약 새로운 객체를 생성하기 위해서는 arr[1:4].copy()를 사용한다.

❸

```
# 3. 고차원 색인 indexing

# 1) 2차원 indexing
arr2d = np.array([[1, 2, 3],[4, 5, 6],[7, 8, 9]])   # 중첩list
print(arr2d)                                        # 2차원 전체

# 행 indexing(기본)
print(arr2d[0, :])                                  # 1행 전체
print(arr2d[0])                                     # 행 index(기본)
print(arr2d[1:,1:])
print(arr2d[::2])                                   # 홀수 행 선택
```

실행결과

```
[[1 2 3]
 [4 5 6]
 [7 8 9]]
[1 2 3]
[1 2 3]
[[5 6]
 [8 9]]
[[1 2 3]
 [7 8 9]]
```

해설

3. 고차원 색인 indexing

1) 2차원 indexing

중첩리스트를 이용하여 2차원 배열을 생성한다. 행과 열을 참조는 색인은 [행색인, 열색인] 형식으로 지정한다. 만약 1개의 색인만 지정하면 행의 색인으로 인식하고, 한 차원 낮은 배열이 반환된다. 예에서 arr2d[0] 44행는 1행 전체의 1차원 배열이 반환된다. 기타 나머지는 기존 리스트의 색인 방식과 같다.

❹

```
# 2) 3차원 indexing
arr3d = np.array([[[1,2,3],[4,5,6]],
                  [[7,8,9], [10,11,12]]])

print(arr3d)              # 3차원 전체 자료
print(arr3d.shape)        # 차원 모양: (면,행,열)

# 면 index(기본)
print(arr3d[0])           # 1면 전체
print(arr3d[0, 1])        # 1면의 1행 전체: [4 5 6]
print(arr3d[0, 1, 1:])    # 1면 1행 2~3열: [5 6]
```

실행결과

```
[[[ 1  2  3]
  [ 4  5  6]]

 [[ 7  8  9]
  [10 11 12]]]
(2, 2, 3)
[[1 2 3]
 [4 5 6]]
[4 5 6]
[5 6]
```

해설

2) 3차원 indexing

삼중리스트를 이용하여 3차원 배열을 생성한다. 면, 행, 열을 참조하는 색인은 [면색인, 행색인, 열색인] 형식으로 지정한다.

만약 1개의 색인만 지정하면 면의 색인으로 인식하고, 한 차원 낮은 배열이 반환된다. 예에서 arr3d[0]는 1면 전체의 2차원 배열이 반환된다. 기타 나머지는 기존 리스트의 색인 방식과 같다.

❺

```
# 4. 불리언 색인 boolean index
dataset = np.random.randn(3, 4)
print(dataset)              # 3행 4열, 12개 난수

# 0.7 이상인 경우
print(dataset[dataset >= 0.7])
re = dataset[np.logical_and(dataset >= 0.1,
                    dataset <= 1.5)]
# 0.1 ~ 1.5 사이의 범위
print(re)
```

실행결과

```
[[-2.08803788 -0.85956454  0.01002228 -1.66524894]
 [-0.12670499 -1.93149049  0.17753312 -1.23690518]
 [-2.2362546  -1.10173496  0.4457477   1.91039417]]

[1.91039417]

[0.17753312 0.4457477 ]
```

해설

4. 불리언 색인(boolean index)

dataset[dataset >= 0.7]는 3행 4열 구조의 12개 난수를 대상으로 0.7 이상의 값만 참조하는 불리언 색인 방법이다. 즉, 관계식으로 색인을 지정하여 자료를 참조할 수 있다. 만약 두 개의 관계식을 이용하여 논리식으로 조건을 지정하기 위해서는 논리식 함수인 np.logical_and()를 이용한다. 논리식 관련 함수는 "[표 5.3] 주요 유니버설 함수"를 참조한다.

4 난수 Random Number

난수 Random Number는 암호키 생성, 시뮬레이션, 게임 등과 같은 컴퓨터 과학 분야에서 중요하게 활용된다. 수학과 통계에서 주사위 던지기, 동전 던지기 등의 시험에서도 난수를 이용하는데, 이러한 난수는 [표 5.4]와 같은 특징을 갖는다.

[표 5.4] 난수의 주요 특징

특징	내용
비편향성	어느 한쪽으로 치우침 없이 고르게 결과가 나와야 한다.

예측 불가성	시행마다 결과를 예측할 수 없어야 한다.
조작 불가성	시행 결과를 조작할 수 없어야 한다.

Numpy에서는 random 모듈을 통해서 다양한 난수를 생성하는 함수들을 제공한다. 이 절에서는 Numpy의 random 모듈에서 제공하는 난수 관련 함수들에 대해서 살펴본다.

4.1 실수 난수와 정수 난수

특정 범위에서 실수 또는 정수를 난수로 생성하는 함수에 대해서 알아본다. 난수가 생성되는 범위를 나타내는 기호는 다음과 같이 양쪽 대괄호 '['와 ']'를 이용하는 방법과 시작은 대괄호 '[', 다른 한쪽의 끝은 소괄호 ')'를 이용하는 방법이 있다. 각 차이점은 다음 예를 참고한다.

- [0, 1]　　0과 1사이의 숫자 집합이면서 0과 1 모두 포함 ($0 \le x \le 1$)
- [0, 1)　　0과 1사이의 숫자 집합이면서 0은 포함하지만 1은 포함하지 않음 ($0 \le x < 1$)

[0.0, 1.0) 범위에서 샘플링된 임의의 실수를 반환하는 rand() 함수와 [최소값, 최대값)의 범위에서 임의의 정수를 반환하는 randint() 함수의 형식은 다음과 같다.

형식 rand() 함수와 randint() 함수 형식

```
random.rand(shape)
random.randint(최소값, 최대값, size)
```

실습 실수 난수와 정수 난수

step08_random1.py

```
import numpy as np               # 난수 생성

# 1. 실수와 정수 난수

# 1) 난수 실수 : [0, 1)
data = np.random.rand(5, 3)      # (행, 열)    ❶
print(data)

# 차원 모양
print(data.shape)                # (5, 3)

```

❶
```
12  # 난수 통계
13  print(data.min())                # 0.08132439151228676
14  print(data.max())                # 0.9462959398267136
15  print(data.mean())               # 0.63050758946005
```

실행결과

```
[[0.742381 0.677427 0.811421]
 [0.84757  0.845090 0.16366 ]
 [0.586869 0.656286 0.303574]
 [0.808458 0.946295 0.081324]
 [0.46575  0.696283 0.825211]]
(5, 3)
0.08132439151228676
0.9462959398267136
0.63050758946005
```

해설

1. 난수 실수와 정수

1) 난수 실수 : [0, 1)

random 모듈의 rand() 함수 06행는 [0, 1) 사이에서 지정한 자료의 모양 Shape으로 난수 실수를 반환한다. 예에는 5행 3열의 자료구조를 갖는 15개의 난수 실수를 반환한다. 차원의 모양을 확인 10행하고 난수의 통계를 계산 13~15행한다. 난수의 평균은 시행 횟수가 많을수록「중심극한정리」에 의해서 [0, 1) 사이의 중위수에 근사해진다.

random 모듈에 의해서 임의 추출되는 값을 사용하기 때문에 사용자마다 결과는 다르게 나타난다.

더 알아보기 **중심극한정리 The Central Limit Theorem**

중심극한정리는 표본의 크기가 커질수록 근사적으로 표본의 평균이 모평균과 같고, 분산이 모분산과 같은 정규분포를 취한다는 이론이다.

❷
```
16  # 2) 난수 정수 : [최소값, 최대값)
17  data = np.random.randint(165, 175, size = 10)
18  print(data)
19  
20  # 차원 모양
21  print(data.shape)               # (50,)
22  
23  # 난수 통계
24  print(data.min())               # 166
25  print(data.max())               # 174
26  print(data.mean())              # 171.1
27  
28  # size = (행, 열)
29  print('size = (행, 열)')
30  data2 = np.random.randint(165, 175, size = (2, 5))
```

```
print(data2)

# 차원 모양
print(data2.shape)              # (2, 5)
```

실행결과

```
[171 170 174 169 166 174 172 169 173 173]
(10,)
166
174
171.1
size = (행, 열)
[[167 171 173 167 174]
 [170 174 174 169 174]]
(2, 5)
```

해설

2) 난수 정수 : [최소값, 최대값, size)

random 모듈의 randint() 함수는 [최소값, 최대값) 사이에서 크기 size 만큼 난수 정수를 반환한다. 차원의 모양을 확인하고 난수의 통계를 계산한다. 난수의 평균은 시행 횟수가 많을수록 「중심극한정리」에 의해서 [최소값, 최대값) 사이의 중위수에 근사해진다.

size 속성에는 (행, 열) 형식으로 지정하여 2차원 배열로 난수를 반환받을 수 있다.

4.2 정규분포 난수와 균등분포 난수

정규분포 난수는 평균을 중심으로 좌우 균등한 확률분포로 난수를 만들고, 균등분포 난수는 주어진 범위에서 균등한 확률분포로 난수를 만든다.

정규분포의 난수를 반환하는 normal() 함수와 균등분포 난수를 반환하는 uniform() 함수의 형식은 다음과 같다.

형식 정규분포 난수와 균등분포 난수 생성을 위한 함수 형식

```
random.normal(평균, 표준편차, size)
random.uniform(최소값, 최대값, size)
```

실습 정규분포 난수와 균등분포 난수

step08_random2.py

```
import numpy as np                  # 난수 생성
import matplotlib.pyplot as plt     # 그래프

```

❶

```
# 2. 정규분포와 균등분포 난수

# 1) 정규분포 : N(평균, 표준편차2)
Normal = np.random.normal(0, 1, 1000)     # N(0, 1)
print('# 정규분포')
print(Normal)

# 난수 통계 : 평균과 표준편차
print('# 난수 통계')
print(Normal.mean())                  # 0.01312405818646862
print(Normal.std())                   # 0.9914304042945953

# 정규분포 시각화
print('# 정규분포 시각화')
plt.hist(Normal)
plt.show()
```

실행결과

```
# 정규분포
[-3.59590640e-01  6.58376196e-01  5.98473221e-01 -3.32596804e-01
 -2.26899264e-01  4.53025465e-01 -9.28703093e-01 -9.26912283e-01...생략]
# 난수 통계
0.01312405818646862
0.9914304042945953
# 정규분포 시각화
```

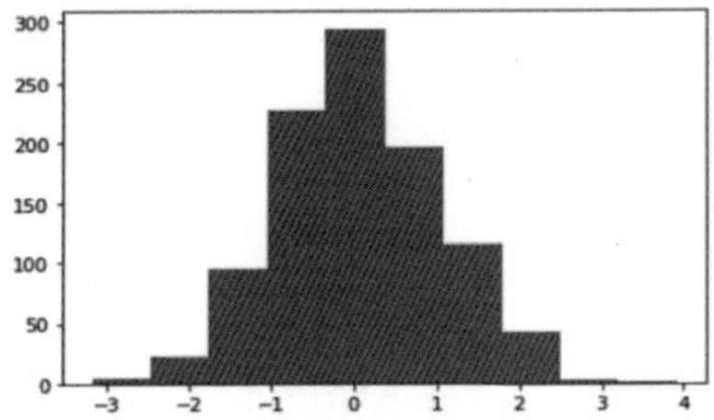

해설

2. 정규분포와 균등분포 난수

1) 정규분포

random 모듈의 normal() 함수는 평균과 표준편차를 기준으로 정규분포를 따르는 난수를 반환한다. 이때 정규분포의 표현식은 N(평균, 표준편차2)과 같다. 예문에서는 평균 0을 중심으로 표준편차 1을 갖는 정규분포의 난수 1,000개가 만들어진다. 난수의 통계는 평균은 0에 근사하고, 표준편차는 1에 근사한 값이다. 히스토그램으로 난수의 확률분포를 시각화하면 대체적으로 평균 0을 중심으로 좌우 균등한 대칭 분포를 나타낸다.

random 모듈에 의해서 임의 추출되는 값을 사용하기 때문에 사용자마다 결과는 다르게 나타난다.

```
# 2) 균등분포 : [최소값, 최대값)
Uniform = np.random.uniform(0, 1, 1000)

# 난수 통계: 평균
print('# 난수 통계')
print(Uniform.mean())          # 0.49528548853622545   ❷

# 균등분포 시각화
print('# 균등분포 시각화')
plt.hist(Uniform)
plt.show()
```

실행결과

```
# 난수 통계
0.4990703241809138
# 균등분포 시각화
```

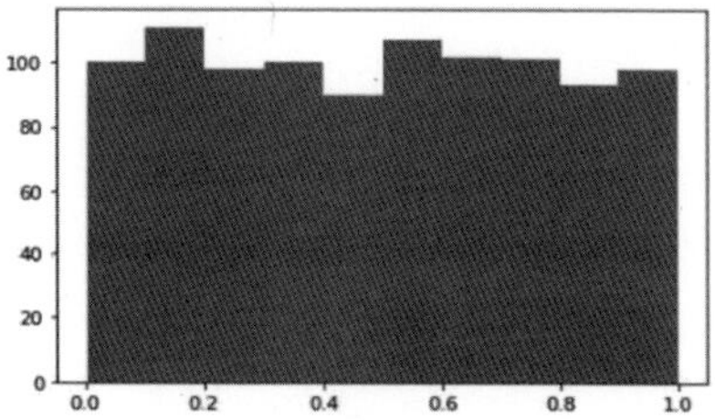

해설

2) 균등분포

random 모듈의 uniform() 함수는 [최소값, 최대값) 사이에서 size 만큼 균등한 분포의 난수 실수를 반환한다. 난수의 통계는 시행 횟수가 많을수록 「중심극한정리」에 의해서 [최소값, 최대값) 사이의 중위수에 근사해진다. 히스토그램으로 난수의 확률분포를 시각화하면 대체적으로 각각의 계급의 빈도가 균등한 분포로 나타난다.

연습문제

문제 1 CSV 형식의 파일 "emp.csv"의 자료를 이용하여 다음 출력 예시와 같이 출력하시오.

[출력 결과 예시]

관측치 길이 : 5
전체 평균 급여 : 370.0
최저 급여 : 150, 이름 : 홍길동
최고 급여 : 500, 이름 : 강감찬

[코딩 시작]

```
import pandas as pd

# 단계 1: File 읽기
emp = pd.read_csv('C:/PythonStatistics/data/emp.csv', encoding='utf-8')
print(emp.info())

# 단계 2: 관측치 길이


# 단계 3: 전체 평균 급여


# 단계 4: 최저급여와 최고급여 및 수령자 이름 출력

```

문제 2 정규분포를 따르는 난수를 이용하여 5행 4열 구조의 다차원 배열 객체를 생성하고, 각 행 단위로 합계, 최대값 max, 최소값 min을 구하시오. (array 관련 문제)

[출력 결과 예시]

1 행 합계 : -1.2126122901

1 행 최대값 : 1.13798453455
1 행 최소값 : -1.5068942376
2 행 합계 : 1.54051825695
2 행 최대값 : 2.29973856355
2 행 최소값 : -1.29798198518
3 행 합계 : -2.7021834762
3 행 최대값 : 0.914392834242
3 행 최소값 : -2.1954633708
4 행 합계 : 2.35515059667
4 행 최대값 : 3.01882725644
4 행 최소값 : -0.420709089935
5 행 합계 : 1.14825745061
5 행 최대값 : 1.81204331436
5 행 최소값 : -1.5605324754

[코딩 시작]

```
import numpy as np
```

문제 3 6행 6열의 다차원 zero 행렬 객체를 생성한 후 다음 처리 조건과 같이 단계별로 indexing 하시오. (indexing 관련 문제)

[처리조건]

단계 1: 36개의 셀에 1~36까지 정수 채우기
단계 2: 2번째 행 전체 원소 출력하기
단계 3: 5번째 열 전체 원소 출력하기
단계 4: 15~29까지 블록으로 처리하기

[출력 결과 예시]

```
단계 1: 36개의 셀에 1~36까지 정수 채우기
[[ 1.  2.  3.  4.  5.  6.]
 [ 7.  8.  9. 10. 11. 12.]
 [13. 14. 15. 16. 17. 18.]
 [19. 20. 21. 22. 23. 24.]
 [25. 26. 27. 28. 29. 30.]
 [31. 32. 33. 34. 35. 36.]]

단계 2: 첫번째 행 전체 원소 출력
[1. 2. 3. 4. 5. 6.]

단계 3: 5번째 열 전체 원소 출력하기
[ 5. 11. 17. 23. 29. 35.]

단계 4: 15~29까지 블럭으로 출력하기
[[15. 16. 17.]
 [21. 22. 23.]
 [27. 28. 29.]]
```

[코딩 시작]

```
import numpy as np
zarr = np.zeros( (6, 6) )
```

Part II
통계분석

학습 내용

통계분석은 수집된 자료를 정리 및 요약하는 기술통계를 시작으로 모집단에서 추출한 표본의 자료를 이용하여 모집단의 특성을 추론하는 추론통계 영역으로 분류한다.

Chapter 06에서는 통계분석에서 필요한 통계학의 이론적 배경과 기본 용어들에 대해서 소개한다. Chapter 07에서는 통계 자료를 시각화하는 도구들에 대해서 알아본다. Chapter 08에서는 확률의 기본 개념과 확률실험을 통해서 결정된 값을 갖는 확률변수에 대한 이산확률분포와 연속확률분포의 특징에 대해서 살펴본다. Chapter 09에서는 모집단에서 임의 추출된 표본 집단을 대상으로 모집단의 다양한 특성을 과학적으로 추론하고 검정하는 방법에 대해서 알아본다. 끝으로 Chapter 10에서는 변수들의 상관성을 바탕으로 변수 간의 연관성을 분석하고, 설명변수를 통해서 반응변수를 예측하는 모형에 대해서 알아본다.

Chapter

06 통계분석의 이해

학습 내용

통계분석은 궁극적으로 기존의 사실에 대한 객관적인 근거를 제시하고, 다변화된 현대 사회를 정확하게 예측 및 대응하며, 정치, 사회, 경제, 문화, 과학 기술 등 전 영역에 거쳐서 인류에게 가치 있는 정보를 제공한다는 측면에서 그 중요성이 점차 주목받고 있다. 이장에서는 실세계의 현상을 관찰하여 수량화하고, 이를 통해서 추론통계를 바탕으로 예측하는 통계분석 절차와 통계학의 기본 용어에 대해서 살펴본다.

학습 목표

- 연구 환경에서 귀무가설과 대립가설을 구분하여 설명할 수 있다.
- 유의수준과 유의확률 구분하여 가설 채택과 기각을 설명할 수 있다.
- 양측검정과 단측검정에서 임계값을 기준으로 기각역과 채택역을 설명할 수 있다.
- 제1종 오류와 제2종 오류를 구분하여 설명할 수 있다.

이 장의 구성

1 통계의 의미

통계 Statistics란 어떤 현상을 알아보기 쉽게 숫자로 나타내는 것을 의미한다. 우리는 매일 일상생활에서 이러한 통계를 접하고 있다. 예를 들면, [그림 6.1]에서와 같이 내일 비가 올 확률은 70%이다. 올해는 주황색의 옷이 30% 더 매출이 오를 것이다. 아이스크림 한 개를 먹은 경우 일일 칼로리 권장량보다 150% 이상 더 섭취한다. 교통사고가 발생하는 경우 사망 비율은 75%이다. 현재 내가 보유한 주식의 주가지수가 전날과 비교해서 120% 변화율을 보인다. 특정 인터넷 사이트에서 추천하는 서적의 상위 10%에 해당하는 서적 목록 등이 우리 실생활에서 경험할 수 있는 통계이다.

[그림 6.1] 실생활에서 통계의 예

결국 통계는 실세계의 현상을 관찰하여 수량화한 결과를 의미한다. 한편 통계학은 이러한 객관적인 사실을 근거로 통계 간의 상관성이나 인과관계를 규명하는 학문적 영역을 말한다.

2 통계분석 절차

논문 및 보고서 작성을 목적으로 실세계의 현상을 관찰하여 수량화하고, 이를 통해서 추론통계를 바탕으로 예측하는 분석 절차는 자료의 크기에 상관없이 다음과 절차에 의해서 통계분석을 수행한다.

추론통계분석 절차

단계 1: 가설 설정
↳ 단계 2: 유의수준 결정
↳ 단계 3: 측정 도구 선정
↳

↳ 단계 4: 자료 수집
↳ 단계 5: 자료 코딩 및 프로그래밍
↳ 단계 6: 통계분석 수행
↳ 단계 7: 결과분석 및 보고서 작성

빅 데이터 Big Data 분석도 궁극적으로 기존의 사실에 대한 객관적인 근거를 제시하고, 다변화된 현대 사회를 정확하게 예측 및 대응하며, 정치, 사회, 경제, 문화, 과학 기술 등 전 영역에 거쳐서 인류에게 가치 있는 정보를 제공한다는 측면에서 추론 통계분석의 중요성이 점차 주목받고 있다.

2.1 가설 검정

가설 Hypothesis이란 **실증적인 증명에 앞서 세우는 잠정적인 진술**이며, 나중에 **논리적으로 검정될 수 있는 명제로 통계분석을 통해서 채택 또는 기각**될 수 있다.

모든 연구에서 가설을 설정할 필요는 없지만, 과학이나 의학적 연구 분야에서 가설의 설정은 매우 중요하다.

가설의 유형

- **귀무가설**: '두 변수 간의 관계가 없다.' 또는 '차이가 없다.'라는 부정적 형태로 진술하는 가설로 'H_0'으로 표시한다. '영가설'이라고도 한다. 예 H_0: 교육 수준이 높은 집단과 낮은 집단 간에는 국가 정책에 대한 비판적 태도에서 차이가 없다.
- **대립가설**: 검정할 가설의 내용에는 '차이가 있다.' 또는 '효과가 있다.'라고 진술하는 가설로 'H_1'로 표시한다. 대립가설은 검정하고자 하는 현상에 관한 예측이며 '대체가설' 또는 '연구가설'이라고도 한다. 예 H_1: 신약A는 A암 치료에 효과가 있다.

논문에서는 대립가설을 제시하고, 이 가설이 채택 또는 기각되는지는 귀무가설을 통해서 검정한다. 귀무가설은 기각하기 위해서 설정한 가설이다. 연구자는 자신의 연구를 통해 대립가설을 입증하고자 한다. 이를 위해 연구자들은 귀무가설을 내세워서 자신이 내세운 귀무가설이 틀렸음을 통계적인 분석 과정을 통해서 입증함으로써 귀무가설과 대립 관계에 있는 대립가설을 채택하고 궁극적으로 대립가설이 사실임을 주장하고자 하는 것이다. 귀무가설이 거짓임을 입증하기가 훨씬 쉽기 때문이다.

▮ 가설의 요건

통계분석을 통해서 채택 또는 기각될 수 있는 가설은 다음과 같은 몇 가지 요건을 갖추고 있어야 한다.

- **검증성**: 이론적으로 검증 가능해야 한다.
- **한정성**: 한정적, 특정적이어야 한다.
- **측성화**: 변수 관계를 경험적 사실에 입각하여 측정 가능해야 한다.
- **계량성**: 계량적 형태를 취하거나 계량화할 수 있어야 한다.
- **명료성**: 가설의 표현은 간단·명료해야 한다.
- **입증성**: 명백하게 입증 가능해야 한다.
- **연관성**: 동일 연구 분야, 다른 가설이나 이론과 연관이 있어야 한다.

2.2 유의수준 결정

대립가설의 채택 또는 기각은 유의수준 Signigicant Level에 기준하여 가설의 채택 여부가 결정된다. 즉 분석 결과가 유의수준 내에 들어가면 가설은 채택되고, 그렇지 않으면 기각된다. 유의수준은 α alpha로 표시한다.

연구자는 이러한 유의수준의 임계값 기준값을 정해야 하는데, 일반적으로 사회과학 분야에서는 $\alpha = 0.05$를 기준으로 한다. $\alpha = 0.05$라는 의미는 통계치가 모수치를 대표하는 정도에 있어서 오차가 5%이며, 표본통계치의 신뢰도가 95%라는 것을 의미한다. 예를 들면, 100번 가운데 5번 이하로 나올 수 있는 확률이다. 일반적으로 유의수준은 0.1, 0.05, 0.01 등의 값을 적용하고 있으며 특히 의·생명을 다루는 분야는 오차범위를 최소화하기 위해서 $\alpha = 0.01$을 기준으로 99% 신뢰도를 확보하고 1% 오차만 인정하는 임계치 임계값; 기준값를 정하기도 한다.

▮ 유의수준 α와 P 값의 관계

예를 들어 "귀무가설 H_0: 신약A는 A암 치료에 효과가 없다."에서 임계값을 $\alpha = 0.05$ 수준으로 정한 경우 가설을 검정한 결과 확률 수준(P값)이 0.04가 나왔다면, P값(0.04)이 0.05보다 작기 때문에 귀무가설(영가설)을 기각한다는 의미이다. 다시 말해서 신약A는 A암 치료에 효과가 있을 확률이 높기 때문에 "대립가설 H_1: 신약A는 A암 치료에 효과가 있다."를 채택한다. 이때 '통계적으로 유의하다.'라고 해석하고, 만일 $P < 0.01$이면 매우 유의하다(대립가설이 유의하다)라고 한다. 따라서 $P < 0.05$ 수준이면 통계적으로 유의적인 차이를 보인다. 귀무가설이 의심스럽다는 의미이고, $P > 0.05$ 수준이면 통계적으로 유의적인 차이를 보이지 않았다. 귀무가설이 유의하다고 말한다.

유의확률(P)는 귀무가설을 기각할 수 있는 최소의 유의수준을 의미한다. 정리하면 분석 결과가 유의확률이 유의수준보다 작은 경우($P < \alpha$) 귀무가설을 기각하고, 그렇지 않으면 귀무가설을 기각하지 못한다. 즉 유의확률이 유의수준보다 작다는 것은 관측치가 귀무가설의 기각역에 있다는 것을 의미한다.

"**통계적으로 유의하다.**"라고 하는 것은 확률적으로 볼 때 단순한 우연이라고 생각되지 않을 정도로 의미가 있다는 뜻이다. 반대로 "**통계적으로 유의하지 않다.**"라고 하는 것은 실험 결과가 단순한 우연일 수도 있다는 뜻이다. 가설 검정에서 검정 통계량 통계값과 연구자가 설정한 수준 유의수준을 비교 및 판단하여 귀무가설을 기각할 때, 대립가설이 "통계적으로 유의하다."라고 표현한다.

유의수준 α와 신뢰수준 관계

유의수준 α는 가설을 신뢰할 수 없는 확률을 말한다. 따라서 유의수준 α가 크면 신뢰수준은 떨어지고, 유의수준 α가 낮으면 신뢰수준은 높아진다. 즉 잘못 판단할 확률이 높을수록 신뢰도는 떨어진다는 의미이다(오판할 위험도가 커진다는 의미). [그림 6.2]에서 유의수준 α가 5%일 때 신뢰수준은 95%에 해당된다.

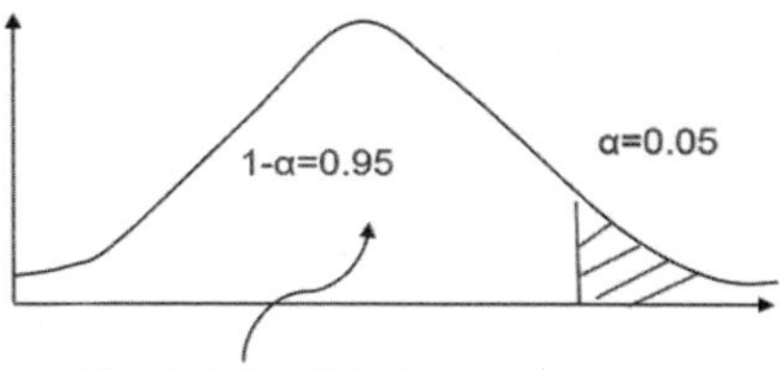

[그림 6.2] 유의수준 α와 신뢰수준 관계

2.3 측정 도구 선정

가설에 나오는 변수를 무엇으로 측정할 것인가를 결정하는 단계이다. 연구 환경에서 가설을 채택하거나 기각할 수 있는 변수를 정확하게 추출하기 위해서는 변수의 척도를 고려하여 측정 도구를 선정해야 한다. 왜냐하면, 변수의 척도를 무엇으로 결정하느냐에 따라서 통계분석 방법이 달라지기 때문이다.

연구를 설계할 때부터 통계분석 방법은 무엇으로 할 것인가를 미리 계획하고 있어야 체계적인 논문을 작성할 수 있다. 이 절에서는 측정 도구 선정 단계에서 고려해야 할 변수와 척도의 개념에 대해서 살펴본다.

객체 Object

객체는 연구 대상의 단위로 여러 개의 속성으로 구성된다. 속성은 객체의 특징을 나타내는 역할을 한다. 예를 들면 자동차 객체는 엔진, 바퀴, 문짝 등이 속성에 해당한다. 데이터베이스에서 객체는 레코드에 해당하고, 속성은 칼럼에 해당한다. 따라서 칼럼은 변수로 표현되고, 이러한 변수들이 모여서 객체가 된다.

속성 Attribute

연구 환경에서 분석의 단위를 객체라고 하며, 객체를 구성하는 요소를 속성이라고 한다. 속성은 변수 또는 변인으로 불린다. 예를 들면, 각 개인이 성장하면서 만들어지는 성별, 연령, 학력, 종교, 생활 수준 등의 변수는 개인이라는 객체를 구별해주는 속성이 된다. 통계학에서는 이러한 속성들을 인구통계학적 특성이라고 한다. [그림 6.3]은 객체와 속성의 관계를 나타낸다.

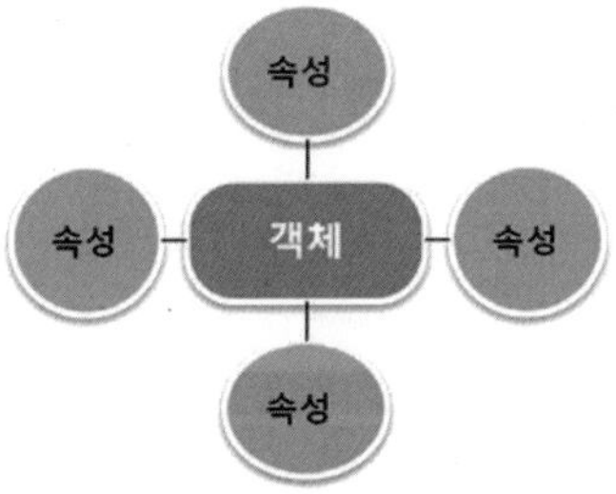

[그림 6.3] 객체와 속성

변수의 유형

객체를 구성하는 **주요 변수**의 **유형**은 다음과 같다.

① **독립변수** Independent Variable: 종속변수에 영향을 주는 변수(설명변수)
② **종속변수** Dependent Variable: 독립변수의 영향을 받아 변화될 것으로 예측되는 변수(반응변수)
③ **매개변수** Intervening: 두 변수를 중간에서 연결해 주는 변수
④ **조절변수** Control Variable: 독립변수와 종속변수 사이의 관계 강도를 조절해주는 변수
⑤ **외생변수** Extraneous: 독립변수가 아니면서 종속변수에 영향을 미치는 변수

변수 유형을 구분하기 위해 예를 들어보자. 바닷물 온도는 물고기 어획량에 영향을 끼친다. 따라서 바닷물 온도는 **독립변수**에 해당하고, 물고기 어획량은 **종속변수**에 해당한다. 여기서 플랑크톤은 물고기 어획량에 영향을 미치는 **매개변수**의 역할을 한다. 또한, 장소에 따라서 바닷물 온도와 플랑크톤의 강도에 영향을 주기 때문에 장소는 **조절변수**라고 한다. 끝으로 연구 환경에서 예기치 못한 우발적인 사건이나 사고의 발생으로 종속변수에 영향을 미치는 천재지변은 **외생변수**에 해당한다.

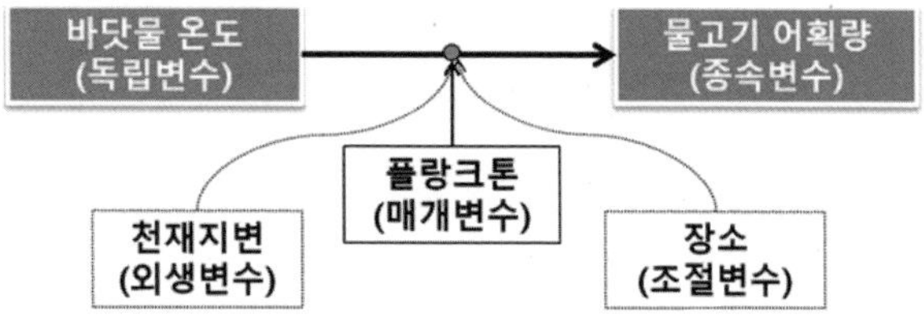

[그림 6.4] 변수의 유형 구분

■ 척도 Scale

척도는 연구 대상을 측정하기 위한 측정 도구로 응답자가 변인의 값을 선택할 수 있도록 일련의 기호 또는 숫자로 나타내어 **변수를 측정하게 하는 단위**이다. 따라서 척도를 **측정 수준**이라고도 한다. 여기서 측정이란 추상적 개념이나 변수를 일정한 규칙에 따라 수치를 부여하여 구체적인 지표로 나타내는 것을 의미한다.

척도 구성의 기본 원칙은 다음과 같다.

- 분류된 범주는 다른 범주와의 관계에서 상호배타적이어야 한다.
- 응답 범주들이 응답 가능한 모든 상황을 포함해야 한다.
- 응답 범주들이 논리적인 일관성을 가지고 있어야 한다.
- 여러 개의 문항 간에는 상호 내적 일관성을 가져야 한다.

척도는 다음과 같은 네 가지로 분류한다.

① **명목척도**: 단지 구분을 목적으로 사용되는 척도로서 숫자의 양적인 의미는 없으며, 단지 자료가 지닌 속성을 상징적으로 차별한다.

② **서열척도**: 관찰 대상이 지닌 속성의 순서적 상하관계의 특성만을 나타내는 것으로 숫자적 차이가 정확한 양적 의미를 나타내는 것은 아니다.

③ **등간척도**: 관찰치가 지닌 속성 차이를 의도적으로 측정하기 위해서 균일한 간격을 두고 분할하여 측정하는 척도를 말한다. 대표적인 등간척도의 종류에는 리커트 5점 척도와 7점 척도가 있다.

④ **비율척도**: 절대적 0점을 출발점으로 하여 측정 대상이 가지고 있는 속성을 양적 차이로 표현하고 있는 척도로서 비율 개념이 첨가된 척도이다.

[표 6.1] 정성적 - 질적 척도 범주형 변수와 정량적 - 양적 척도 연속형 변수 분류

정성적-질적 척도 범주형 변수		정량적-양적 척도 연속형 변수	
명목척도	이름이나 범주를 대표하는 의미 없는 숫자 예 ① 남자 ② 여자	등간척도	속성에 대한 각 수준 간의 간격이 동일한 경우 예 연소득이 어디에 해당되십니까?
서열척도	측정 대상 간의 높고 낮음(서열), 순서에 대한 값 부여 예 좋아하는 순위를 표시하시오.	비율척도	등간척도의 특성에 절대원점 0이 존재하고, 비율 계산 사칙연산이 가능한 경우 예 나이가 몇 세 입니까?

- **명목척도** Nominal Scale: 단순히 속성을 분류할 목적으로 명목상 숫자를 부여한 척도로 연산은 불가능한 변수이다. 연산은 가능하지만, 의미가 없다.

  예 본인의 최종학력을 표시하시오.

  ① 초졸 ② 중졸 ③ 고졸 ④ 대졸 ⑤ 대학원졸

- **서열척도** Ordinal Scale: 측정 대상 간의 크고 작음, 양의 많고 적음, 선호도의 높고 낮음 등과 같이 순서 관계를 밝혀주는 척도로 연산은 불가능한 변수이다.

  예 가장 좋아하는 차를 순서대로 1, 2, 3, 4의 숫자를 표시하시오.

  우롱차( ) 커피( ) 녹차( ) 홍차( )

- **등간척도** Interval Scale: 측정 대상의 속성에 대한 각 수준 간의 간격이 동일한 척도로 간격이 일정하여 덧셈과 뺄셈 연산이 가능한 변수이다. 또한, 절대원점 0을 가지고 있지 않기 때문에 0이 아무것도 없는 것을 의미하지 않아 몇 배라고 이야기할 수 없는 척도이다. 측정 도구 작성에서 가장 많이 이용되는 척도이다.

  예 연수 교재는 학생상담에 유용한 자료가 되었습니까? (5점 척도)

  ① 전혀 그렇지 않다. ② 그렇지 않다. ③ 보통이다. ④ 그렇다. ⑤ 매우 그렇다.

- **비율척도** Ratio Scale: 척도의 수가 등간이며, 절대원점 0을 가지고 있는 척도를 말한다. 즉 속성이 0을 기준으로 한 수치로 되어 있기 때문에 사칙연산이 모두 가능한 변수이다. 등간척도와 함께 많이 이용되는 척도이다.

  예 귀하의 몸무게는 얼마입니까?

  (　　　) Kg

비율척도의 예로 키를 의미하는 '신장' 속성은 덧셈, 뺄셈이 가능하고 값 간의 배수 계산이 가능하다. 사람 A의 몸무게가 50kg이고 B의 몸무게가 100kg이라고 가정할 때 A와 B의 몸무게 차이가 50kg 차이가 있으면서 동시에 B가 A의 두 배라고 할 수 있다.

2.4 자료 수집

선정된 측정 도구를 이용하여 설문 문항을 작성하고, 오프라인과 온라인 웹, SNS 등을 통해서 데이터를 수집하는 단계이다. 설문 문항 작성이 완료되면 사실상 연구목적과 이론적 배경, 연구모형 그리고 가설 설정까지는 끝난 상태이기 때문에 보고서 및 논문 작성의 50% 이상이 완성되었다고 볼 수 있다.

2.5 자료 코딩

데이터의 수집을 통해서 획득한 데이터를 통계분석 프로그램 Python, R, SPSS, SAS, Excel 등을 이용하여 데이터를 입력 코딩하는 단계이다. 코딩 Coding은 사용자의 응답 결과를 숫자나 기호 등을 이용하여 데이터를 입력하는 과정을 말한다.

자료를 코딩할 때는 다음과 같은 사항을 주의해야 한다.

- 응답이 부실한 설문지와 무성의하게 응답한 설문지를 선별하여 제거한다.
- 설문지 앞면에 일련번호를 순서대로 기입하여 데이터 입력 손실을 막는다.
- 가능하면 모든 항목을 숫자로 입력해야 분석이 용이하다.
- '무응답'과 같은 결측치 Missing Values 항목에 대해서는 분석 도구에 따라서 NA R 프로그래밍, NaN Python 프로그래밍, 999 SPSS, SAS 등으로 부호화한다.
- 숫자나 문자를 직접 입력하는 자유 형식은 입력될 수 있는 가장 큰 값을 고려하여 폭 Width을 배정한다.
- 개방형보다 폐쇄형 고정형식으로 코딩하는 것이 바람직하다.
  예 거주지를 기입하는 방식보다 선택 항목 중 하나를 선택하도록 한다.

2.6 통계분석 수행

전용 통계분석 프로그램 R, SPSS, SAS 등을 이용하여 분석을 시행하는 단계이다. 통계분석 방법을 계획하지 않고 데이터를 수집하게 되면 분석 결과가 실패할 확률이 높다.

파이썬 Python 프로그래밍에서는 주로 statistics와 scipy 패키지에서 제공하는 함수를 이용하여 통계분석을 수행한다.

통계계분석 수행 단계에서는 변수의 척도에 의해서 대부분 통계분석 방법이 결정되기 때문에 변수의 척도 선정과 모델링이 무엇보다도 중요하다. [표 6.2]는 통계분석 방법과 변수 척도 간의 관계를 나타내고 있다.

[표 6.2] 통계분석 방법과 변수 척도 관계

분석 방법	적용 분야	변수척도
빈도분석	• 가장 기초적이고, 간단한 분석방법으로 변수의 분포를 제공하며 인구통계학적 특성을 제시하는데 용이하다.	모든 척도
교차분석 (카이제곱)	• 변수 간의 분포와 백분율을 나타내주는 교차표를 작성하고, 두 변수 간의 독립성과 관련성(카이제곱 검정)을 분석한다.	명목척도, 서열척도
요인분석	• 측정하고자 하는 변수들의 상관관계가 높은 것끼리 묶어서 변수를 단순화하는 데 이용한다. (타당성 검정) • 잘못 적재된 변수나 설명력이 부족한 변수를 제거한다.	등간척도, 비율척도
신뢰도 분석	• 요인분석으로 추출된 요인들이 동질적인 변수들로 구성되어 있는가를 파악하는 분석 방법이다.	등간척도, 비율척도
상관관계 분석	• 설정한 가설을 검정하기에 전에 모든 대립가설에 사용되는 측정변수 간의 관계 정도를 제시하여 변수 간의 관련성에 대한 윤곽을 제시한다.	피어슨 - 등간척도, 비율척도 스피어만 - 서열척도
회귀분석	• 독립변수가 종속변수에 어떠한 영향을 미치는지를 파악하기 위해 실시하는 분석방법이다. (두 변수의 인과관계 분석)	등간척도, 비율척도
t-검정	• 종속변수에 대한 독립변수의 집단 간 평균의 차이를 검정한다. • 독립표본 t-test와 대응 표본 t-test 분류	독립변수: 명목척도 종속변수: 등간척도 또는 비율척도
분산분석 (ANOVA)	• t-검정과 같이 집단 간 평균의 차이를 구하는 분석기법으로 다른 점은 2 집단 이상의 평균을 검정할 때 이용한다.	독립변수: 명목척도 종속변수: 등간척도 또는 비율척도

[표 6.2]에서 통계분석 방법과 변수의 척도 관계를 통해서 등간척도와 비율척도는 다양한 통계분석 방법에서 적용되는 것을 알 수 있다.

2.7 분석 결과 제시

연구목적과 가설 검정을 중심으로 분석하는 단계이다. 인구통계학적 특성을 시작으로 가설 검정 결과의 의미를 해석하고, 연구자의 개인적인 의견을 기술하여 분석 결과를 제시한다. 일반적으로 논문이나 보고서에 분석 결과를 제시하는 절차는 다음과 같다.

[단계 1] 연구목적과 가설 검정에 대한 분석 및 검증 단계

[단계 2] 인구통계학적 특성 변수 제시 단계

[단계 3] 주요 변인에 대한 기술 통계량 제시 단계

[단계 4] 가설 검정에 대한 통계량 검정 및 해석 단계

[단계 5] 연구자 의견 기술 및 논문/보고서 마무리 단계

3 통계 용어

추론 통계분석을 위해서는 먼저 기본적으로 사용되는 통계 관련 용어에 대해서 정확히 알아둘 필요성이 있다.

3.1 통계학의 분류

통계학 Statistics이란 논리적 사고와 객관적인 사실에 의거하며, 일반적이고 확률적 결정론에 의해 인과관계를 규명한다. 특히 연구목적에 의해 설정된 가설들에 대하여 분석 결과가 어떤 결과를 뒷받침하고 있는지를 통계적 방법으로 검정할 수 있다.

현재 통계학은 사회학, 경제학, 경영학, 정치학, 교육학, 공학, 의·생명 등 대부분 모든 학문 분야에서 폭넓게 이용되고 있다. 통계학은 이용 분야에 따라서 [표 6.3]과 같이 크게 두 가지로 구분할 수 있다.

[표 6.3] 이용 분야에 따른 통계학의 구분

구분	기술 Descriptive 통계학	추론 Inferential 통계학
기능	수집된 자료의 특성을 쉽게 파악하기 위해서 자료를 정리 및 요약	모집단에서 추출한 표본의 정보를 이용하여 모집단의 다양한 특성을 과학적으로 추론
방법	대표값, 산포도 등	z-검정, t-검정, 분산분석 등

3.2 기술통계

기술통계 Descriptive Statistics란 자료를 요약하는 기초적인 통계량으로 데이터 분석 전에 전체적인 데이터 분포의 이해와 통계적 수치를 제공한다. 일반적으로 연속적 수치 데이터를 대상으로 하며 분포의

특성은 자료 전체를 대표하는 대표값, 자료의 중심에서 흩어진 정도를 나타내는 산포도 등을 이용하여 데이터의 분포를 파악할 수 있다. 이러한 기술 통계량은 표본으로부터 모집단의 특성을 유추하는 데 이용할 수 있다. 기술통계의 유형과 의미는 다음과 같다.

기술통계 유형

기술통계 유형은 대표값과 산포도로 분류한다. 기술통계 유형별 의미는 [표 6.4]와 같다.

[표 6.4] 기술통계 유형과 의미

유형	의미	값의 종류
대표값	자료 전체를 대표하는 값으로 분포의 중심위치를 나타내는 측정치를 의미한다.	평균 Mean, 합계 Sum, 중위수 Median, 최빈수 Mode, 사분위수 Quartile 등
산포도	자료가 대표값으로부터 얼마나 흩어져 분포하고 있는가를 보여주는 값들을 의미한다.	분산 Variance, 표준편차 Standard Deviation, 최소값 Minimum, 최대값 Maximum, 범위 Range, 평균의 표준오차 S. E. mean 등

실습 기술통계 구하기

steo01_Desciptive.py

❶

```
import pandas as pd

# 파일 자료 가져오기
product = pd.read_csv('C:/PythonStatistics/data/product.csv')
print(product.info())             # 'product.csv' 파일 정보

# product 객체에서 호출 가능한 메서드 확인
print(dir(product))
```

실행결과

```
<class 'pandas.core.frame.DataFrame'>
RangeIndex: 264 entries, 0 to 263
Data columns (total 3 columns):
 #   Column  Non-Null Count  Dtype
---  ------  --------------  -----
 0   a       264 non-null    int64
 1   b       264 non-null    int64
 2   c       264 non-null    int64
dtypes: int64(3)
memory usage: 6.3 KB
None
```

'product.csv' 파일 정보

```
[... 생략          ← product 객체에서 호출 가능한 메서드 목록
to_json', 'to_latex', 'to_markdown', 'to_numpy', 'to_parquet', 'to_period', 'to_pickle', 'to_records', 'to_sql', 'to_stata',
'to_string', 'to_timestamp', 'to_xarray', 'transform', 'transpose', 'truediv', 'truncate', 'tshift', 'tz_convert', 'tz_localize',
'unstack', 'update', 'values', 'var', 'where', 'xs']
```

해설

파일 자료 가져오기

CSV 파일을 불러오기 위해서 pandas와 os 패키지를 임포트 01행한다. 읽어온 "product.csv" 파일의 정보를 확인 05행하면 264개의 관측치와 3개의 칼럼을 확인할 수 있다. 3개의 칼럼은 모두 5점 척도로 구성된 등간척도이다.

product 객체에서 호출 가능한 메서드 확인

product 객체에서 호출 가능한 메서드를 확인하기 위해서 dir() 함수를 이용 08행한다. 검색된 메서드들을 이용하여 객체의 정보를 확인하거나 통계를 구할 수 있다.

❷

```
09  # 1. 요약 통계량
10  print(product.describe())
11  print('전체 원소 개수 :', product.size)
```

실행결과

```
                a           b           c
count  264.000000  264.000000  264.000000
mean     2.928030    3.132576    3.094697
std      0.970345    0.859657    0.828744
min      1.000000    1.000000    1.000000
25%      2.000000    3.000000    3.000000
50%      3.000000    3.000000    3.000000
75%      4.000000    4.000000    4.000000
max      5.000000    5.000000    5.000000
전체 원소 개수 : 792
```

해설

1. 요약 통계량

product 객체에서 호출 가능한 describe() 함수 10행는 각 칼럼 단위로 count 빈도, mean 평균, std 표준편차, min 최소값, 25% 제1사분위수, 50% 제2사분위수, 75% 제3사분위수, max 최대값을 요약 통계량으로 제공한다. product 객체에서 호출 가능한 size는 11행 전체 원소의 개수를 반환해준다.

❸

```
12  # 2. 대표값
13  print(product.mean(axis = 0))        # 칼럼 단위 평균
14  print(product.median(axis = 0))      # 칼럼 단위 중위수
15  print(product.sum(axis = 0))         # 칼럼 단위 합계
16  print(product.mode(axis = 0))        # 칼럼 단위 최빈수
17  print(product.a.value_counts())      # a 칼럼 빈도수
```

실행결과

```
a    2.928030
b    3.132576     ← 칼럼 단위 평균
c    3.094697
dtype: float64
a    3.0
b    3.0          ← 칼럼 단위 중위수
c    3.0
dtype: float64
a    773
b    827          ← 칼럼 단위 합계
c    817
dtype: float64
   a  b  c        ← 칼럼 단위 최빈수
0  3  3  3
3    126
4     64
2     37          ← 칼럼 빈도수
1     30
5      7
Name: a, dtype: int64
```

해설

2. 대표값

대표값은 자료 전체를 대표하는 값으로 분포의 중심위치를 나타내는 평균, 중위수, 최빈수, 사분위수 등의 통계량을 의미한다. 여기서는 3개의 칼럼(a, b, c) 단위로 평균, 중위수, 합계, 최빈수, 칼럼의 빈도수 그리고 사분위수 ❹ 참조를 구하고 있다. 평균은 전체 칼럼의 합계를 관측치의 수로 나눈 값, 중위수는 전체 자료를 정렬한 후 정중앙에 위치한 값, 최빈수는 해당 칼럼에서 가장 많이 출현한 변량을 의미한다.

❹

```
# 3. 사분위수
print(product.quantile(q=0.25, axis = 0))    #제1사분위수
print(product.quantile(q=0.50, axis = 0))    #제2사분위수
print(product.quantile(q=0.75, axis = 0))    #제3사분위수
```

실행결과

```
a    2.0
b    3.0          ← 제1사분위수
c    3.0
Name: 0.25, dtype: float64
a    3.0
b    3.0          ← 제2사분위수
c    3.0
Name: 0.5, dtype: float64
a    4.0
b    4.0          ← 제3사분위수
c    4.0
Name: 0.75, dtype: float64
```

해설

3. 사분위수

사분위수 Quantile는 전체 데이터를 순서대로 4등분한 통계를 의미한다. 제1사분위수(Q1)는 전체 값에서 25%에 해당하는 값, 제2사분위수(Q2)는 50%에 해당하는 값(중위수), 제3사분위수(Q3)는 전체 값에서 75%에 해당하는 값을 말한다.

❺

```
# 4. 산포도
print(product.min())           # 칼럼 단위 최소값
print(product.max())           # 칼럼 단위 최대값
print(product.var(axis = 0))   # 칼럼 단위 표본분산
print(product.std(axis = 0))   # 칼럼 단위 표본표준편차
```

실행결과

```
a   1
b   1          ← 칼럼 단위 최소값
c   1
dtype: int64
a   5
b   5          ← 칼럼 단위 최대값
c   5
dtype: int64
a   0.941569
b   0.739011   ← 칼럼 단위 표본분산
c   0.686816
dtype: float64
a   0.970345
b   0.859657   ← 칼럼 단위 표본표준편차
c   0.828744
dtype: float64
```

해설

4. 산포도

산포도는 자료가 평균으로부터 얼마나 흩어져 분포하고 있는가의 정도를 나타내는 척도를 의미하며, 분산 Variance과 표준편차 Standard Deviation를 통계량으로 이용한다. 모집단의 분산은 모수가 모평균으로부터 떨어진 거리들의 평균으로 수식은 다음과 같다.

$$\text{모집단 분산}: \sigma^2 = \frac{\sum_{i=1}^{N}(x_i - \mu)^2}{N} \quad (\mu : \text{모평균}, N: \text{모집단 크기})$$

또한 모집단 표준편차는 분산의 양의 제곱근으로 수식은 다음과 같다.

$$\text{모집단 표준편차}: \sigma = \sqrt{\frac{\sum_{i=1}^{N}(x_i - \mu)^2}{N}} \quad (\mu : \text{모평균}, N: \text{모집단 크기})$$

모집단의 분산을 추정하는 데 표본 분산 S^2을 이용하며 수식은 다음과 같다.

$$\text{표본 분산}: S^2 = \frac{\sum_{i=1}^{n}(x_i - \bar{x})^2}{n-1} \quad (\bar{x}: \text{표본평균}, n: \text{표본 크기})$$

또한 표본 표준편차는 분산의 양의 제곱근으로 수식은 다음과 같다.

$$\text{표본 표준편차}: S = \sqrt{\frac{\sum_{i=1}^{n}(x_i - \bar{x})^2}{n-1}} \quad (\bar{x}: \text{표본평균}, n: \text{표본크기})$$

위 코드에서 pandas 객체는 표본의 분산과 표준편차를 통계량으로 제공한다.

산포도 함수 정의하기

표본의 분산과 표준편차의 수식을 이용하여 파이썬 함수로 정의하고, 표본의 분산과 표준편차를 구하는 방법에 대해서 알아본다.

실습 분산과 표준편차 함수 정의하기

step02_var_sd_func.py

❶

```
# 모듈로부터 사용할 함수 가져오기
from statistics import mean, variance
from math import sqrt
```

해설

사용할 함수 가져오기

statistics 모듈에서 mean 평균과 variance 분산을 구하는 함수를 가져오고, math 모듈에서 sqrt 제곱근을 구하는 함수를 가져온다.

❷

```
# 산술평균
dataset = [2, 4, 5, 6, 1, 8]
def Avg(data):             # 산술평균 함수 정의
    avg = mean(data)    # 평균 계산을 위한 mean 함수 호출
    return avg

print('산술평균 =', Avg(dataset))
```

실행결과

```
산술평균 = 3
```

해설

산술평균

Avg() 함수 05~08행는 매개변수인 data로 전달받은 자료를 대상으로 평균을 계산하는 함수이다. 함수의 반환 값 08행은 표본의 분산식에서 산술평균 $\bar{x}$으로 사용된다. mean() 함수는 statistics 모듈에서 제공되는 함수이다.

더 알아보기 **평균이 극단치에 영향을 받는 경우**

데이터의 전체적인 특성을 파악하는 데 있어서 가장 많이 사용되는 대표값은 평균 Mean이다. 하지만, 평균이 극단치의 영향을 받는 경우 평균보다 중위수 Median가 대표값으로 더 의미가 있을 수 있다.

예를 들어, 다음의 데이터는 두 학급의 성적을 대상으로 평균과 중위수를 구한 결과 두 학급 모두 평균이 80점이지만 학급(A)는 평균(80)에 밀집되어 있고, 학급(B)는 100점에 의해서 평균이 극단치에 영향을 받고 있다. 따라서 두 학급의 성적 수준은 평균에 밀집된 학급(A)가 높다. 또한 학급(B)의 성적 수준은 평균보다 중위수 중앙값가 이를 더 잘 반영하고 있다.

학급(A) 성적 = 75, 80, 80, 80, 85	→ 평균 = 80, 중위수 = 80
학급(B) 성적 = 75, 75, 75, 75, 100	→ 평균 = 80, 중위수 = 75

❸
```
11  # 분산/표준편차
12  def var_sd(data):              # 분산과 표준편차 함수 정의
13     avg = Avg(data)             # 함수 호출
14     # list 내포(comprehension)
15     diff = [ (d - avg) ** 2 for d in data]
16
17     var = sum(diff) / (len(data) - 1)
18     sd = sqrt(var)
19
20     return var, sd
```

해설

분산/표준편차

var_sd() 함수는 Avg() 함수를 호출하여 산술평균을 반환받고 13행, 리스트 내포 List Comprehension 명령문에 의해서 각 변량과 산술평균을 1:1로 차를 계산하여 리스트 객체인 diff 변수에 할당 15행한다. 이어서 diff 변수의 합을 계산하여 전체 변량의 길이에서 1을 뺀 값으로 나누면 표본의 분산이 계산 17행된다. 표준편차는 분산의 결과에 sqrt() 제곱근 함수를 적용한다. sqrt() 함수는 math 모듈에서 제공되는 함수이다.

❹
```
# 함수 호출
v, s = var_sd(dataset)
print('분산 =', v)
print('표준편차=', s)
```

실행결과

```
분산 = 2.5
표준편차= 1.581138830
```

해설

\# 함수 호출

변수 dataset을 인수로 var_sd() 사용자정의함수를 호출하면 var 분산과 sd 표준편차가 반환된다. var_sd() 함수의 반환 결과를 v와 s 변수로 순서대로 받아서 22행 계산된 분산과 표준편차를 출력 23~24행한다.

3.3 모집단과 표본

모집단 Population은 통계적 관찰 대상이 되는 개체의 전체집합을 의미하며, 표본 Sample은 모집단에서 조사 대상으로 추출된 부분집합을 뜻한다. 또한, 모집단으로부터 표본을 추출하는 과정을 표본추출 Sampling이라고 한다. [그림 6.5]는 모집단과 표본 그리고 표본추출 과정을 도식화한 예이다.

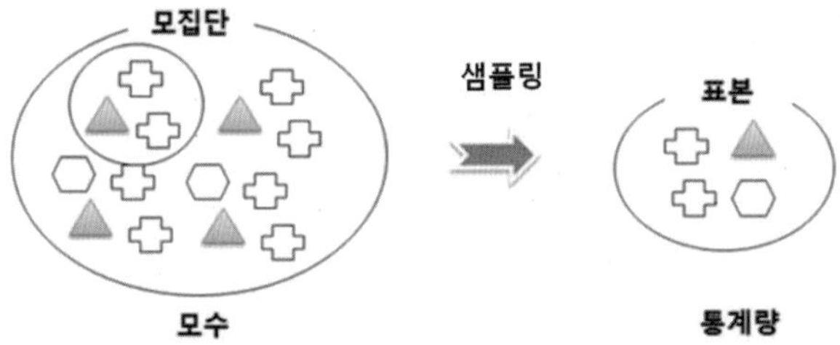

[그림 6.5] 모집단과 표본, 표본추출 과정

모집단의 특성을 나타내는 모수 Parameter와 표본의 특성을 나타내는 통계량 Statistic의 표기 방법은 [표 6.5]와 같다.

[표 6.5] 모수와 통계량 표기 방법

구분	모수 모집단	통계량 표본
의미	모집단의 특성을 나타내는 수치	표본의 특성을 나타내는 수치
표기	그리스, 로마자	영문 알파벳
평균	μ 모평균	$\bar{x}$ 표본의 평균
표준편차	σ 모표준편차	S 표본의 표준편차
분산	σ^2 모분산	S^2 표본의 분산
대상 수	N 사례수	n 표본수

3.4 통계적 추정

일반적으로 모집단의 특성을 파악하기 위해서 모집단의 특성을 대표하는 표본을 추출하고, 추출한 표본을 이용하여 모집단의 특성을 나타내는 각종 모수 모평균, 모분산 등를 예측하는 방법을 통계적 추정이라 한다. 통계적 추정 방법에는 [표 6.6]과 같이 **점 추정**과 **구간 추정**으로 구분된다.

[표 6.6] 통계적 추정 방법

구분	점 추정	구간 추정
방식	모집단의 특성을 하나의 값으로 추정하는 방식	모집단의 특성을 적절한 구간을 이용하여 추정하는 방식
특징	모수와 동일할 가능성이 가장 큰 하나의 값을 선택하는 방법으로 가능성은 희박하다.	모수가 속하는 일정 구간(하한값, 상한값)으로 추정하기 때문에 일반적으로 많이 사용한다.

통계적 추정 방법에서 나올 수 있는 주요 용어는 다음과 같다.

- **신뢰구간** Confidence Interval: 신뢰수준 하에서 모수를 포함하는 구간으로 (하한값, 상한값)의 형식으로 표현한다.
- **신뢰수준** Confidence Level: 계산된 구간이 모수를 포함할 확률을 의미하며, 통상 90%, 95%, 99% 등으로 표현한다.
- **표본오차** Sampling Error: 모집단에서 추출한 표본이 모집단의 특성과 정확히 일치하지 않아서 발생하는 확률의 차이를 의미한다.

예 대통령 후보의 지지율 여론조사에서 모 후보의 지지율이 95% 신뢰수준에서 표본오차 ±3% 범위에서 32.4%로 조사 되었다고 가정한다면 실제 지지율은 29.4% ~ 35.4%(-3% ~ +3%) 사이에 나타날 수 있다는 의미이다. 여기서 95% 신뢰수준은 실제 지지율을 95% 신뢰할 수 있지만 5% 수준에서는 틀릴 수도 있는 의미이다.

표본조사는 전수조사가 아니기 때문에 이러한 표본오차는 발생할 수밖에 없다. 표본오차를 줄이기 위해서는 정확한 표본추출 과정을 통해서 가능한 한 모집단의 가치를 최대한 반영해야 한다. 또한, 표본의 수를 최대한 늘리는 방법도 고려해 볼 수 있다. 즉 표본오차와 표본 크기는 일반적으로 반비례 관계를 갖는다.

3.5 기각역과 채택역

귀무가설이 타당하면 귀무가설을 채택 Accept하고, 반면에 대립가설이 타당하면, 귀무가설을 기각 Reject하게 된다. 이때 귀무가설을 채택하거나 기각하는 기준을 임계값 Critical Value이라고 한다. 임계값을 기준으로 채택되는 범위를 채택역 Acceptance Region이라고 하며, 기각되는 범위를 기각역 Critical Region, Rejection Region이라고 표현한다. 즉 검정 통계량의 값이 기각역에 속하면 귀무가설을 기각하게 된다는 의미이다. [그림 6.6]은 임계값에 의해서 기각역과 채택역이 구분되는 것을 보여주고 있다.

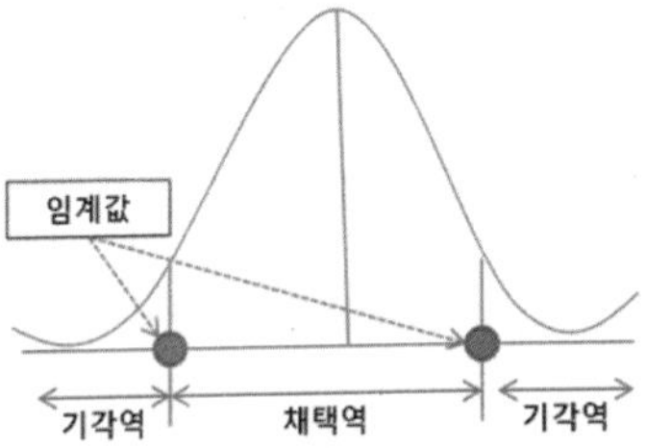

[그림 6.6] 임계값에 의한 채택역과 기각역

3.6 가설 검정

가설 검정이란 모집단의 분포에 대한 가설 가정을 세우고, 표본의 검정 통계량을 기초로 통계적 추정을 통해서 가설의 참과 거짓을 판단하는 방법이다. 즉 표본의 검정 통계량에 의해서 계산된 유의확률과 유의수준 α와 비교하여 귀무가설을 채택하거나 기각하는 과정이다. 또한 가설 검정은 가설의 진술 형태에 따라서 양측검정과 단측검정으로 나누어진다.

양측검정 Sig.(2-sided)은 귀무가설(H_0)이 '성별에 따라 만족도에 차이가 없다.'와 같은 형식으로 방향성 어느 한쪽이 많고 적음이 없음이 없는 경우 적용하는 검정 방법이다. 따라서 대립가설(H_1)은 '성별에 따라 만족도에 차이가 있다.'와 같은 방향성이 없는 가설과 '남성의 만족도가 더 크다.' 또는 '여성의 만족도가 더 크다.'와 같은 방향성을 갖는 형식으로 대립가설을 진술할 수 있다.

예 H_0 : 성별에 따라 만족도에 차이가 없다.(= 남여 만족도가 같다.)
H_1 : 성별에 따라 만족도에 차이가 있다.(= 남여 만족도가 같지 않다.)

[그림 6.7]은 검정 결과에 의해 나타나는 P값 귀무가설이 기각될 수 있는 최소의 유의수준이 두 기각역 중 어느 한 곳에 놓이면 귀무가설이 기각되는 예를 보여주고 있다.

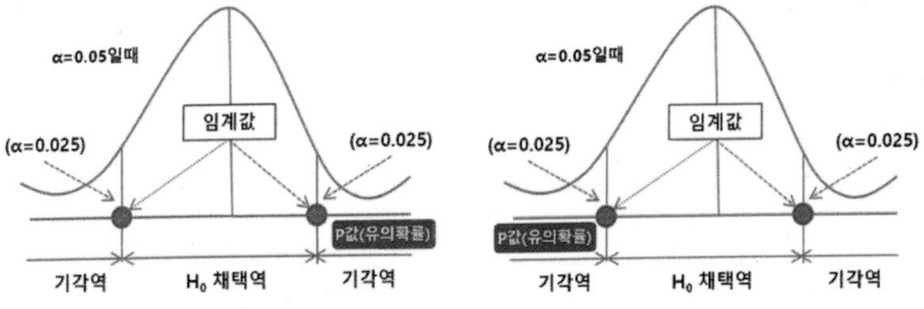

[그림 6.7] P값에 따라 귀무가설이 기각되는 예

반면에 단측검정 Sig.(1-sided)은 어느 한쪽이 많거나 적은 가설인 경우에 해당한다. 다음과 같은 가설에서 대립가설(H_1)은 '작다' 또는 '크다'의 두 가지 형식으로 진술할 수 있다.

예 H_0 : 1일 생산되는 불량품의 개수는 평균 30개이다.($\mu = 30$)

H_1 : 1일 생산되는 불량품의 개수는 평균 30개 이하이다.($\mu < 30$)
또는 1일 생산되는 불량품의 개수는 평균 30개 이상이다.($\mu > 30$)

여기서 모집단의 특성을 나타내는 수치인 모수(μ)가 가설에 의해서 정해지는 특정값(30) 보다 작은 경우는 좌측검정(왼쪽 단측검정)이라고 하고, 모수(μ)가 특정값(30) 보다 큰 경우에는 우측검정(오른쪽 단측검정)이라고 한다. [그림 6.8]은 좌측검정과 우측검정을 나타내고 있다.

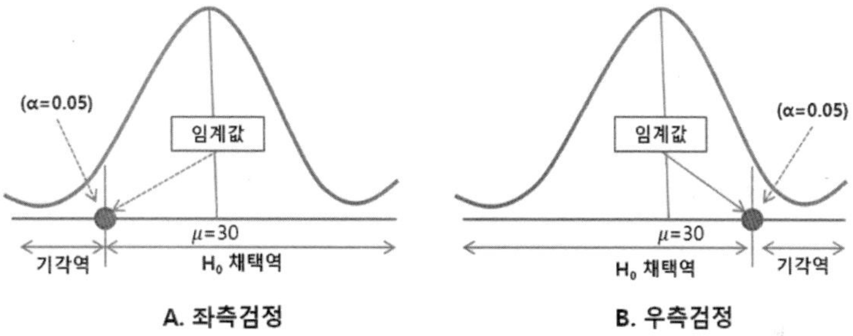

[그림 6.8] 좌측검정과 우측검정

3.7 가설 검정 오류

가설을 검정하기 위해서는 귀무가설 H_0과 대립가설 H_1을 설정하여 통계분석을 통해서 둘 중 하나를 채택하게 된다. 이러한 **검정 과정에서 발생할 수 있는 오류** Error는 **제1종 오류**와 **제2종 오류**가 있다. 제1종 오류는 귀무가설이 참인데도 불구하고 귀무가설을 기각하는 오류를 의미하고, 제2종 오류는 귀무가설이 거짓인데도 불구하고 귀무가설을 채택하는 오류를 말한다. [표 6.7]은 검정 결과에 따른 가설 검정 오류의 상황을 보여주고 있다.

[표 6.7] 모수와 통계량 표기 방법

구분 / 검정 결과	귀무가설 H_0이 참인 경우	대립가설 H_1이 참인 경우
귀무가설 H_0 채택	문제없음	제2종 오류
대립가설 H_1 채택	제1종 오류	문제없음

가설 검정 오류를 표현하는 데 있어서 제1종 오류를 범할 확률은 α로 표현하고, 제2종 오류를 범할 확률은 β 베타로 표현한다. 또한, 제1종 오류를 범할 확률 α는 유의수준 Significant Level이라고 하며, 제2종 오류를 범하지 않을 확률은 1 - β로 검정력 Power Of The Test이라고 한다. 검정력이란 대립가설이 맞을 때 귀무가설을 기각할 확률을 의미한다. 한편 유의수준 α는 0.1(10%), 0.05(5%), 0.01(1%) 등의 값을 많이 사용하고 있다고 앞에서 설명하였다.

가설 검정 오류와 기각역은 밀접한 관련이 있다. 만약 귀무가설의 채택역을 크게 하면(기각역의 크기를 작게 하면), 제1종 오류는 적어지지만 제2종 오류는 커지고, 귀무가설의 채택역을 작게 하면(기각역을 크게 하면), 제2종 오류는 적어지지만 제1종 오류가 커지는 특성을 보인다.

[그림 6.9]는 유의수준에 따른 채택역과 기각역의 변화를 보여주고 있다. 유의수준 α = 0.05인 경우(임계값1)와 유의수준 α = 0.01인 경우(임계값2)를 비교했을 때 유의수준 α = 0.01인 경우가 귀무가설의 채택역이 더 확장되기 때문에 그만큼 대립가설의 채택 확률이 낮아진다는 의미이다.

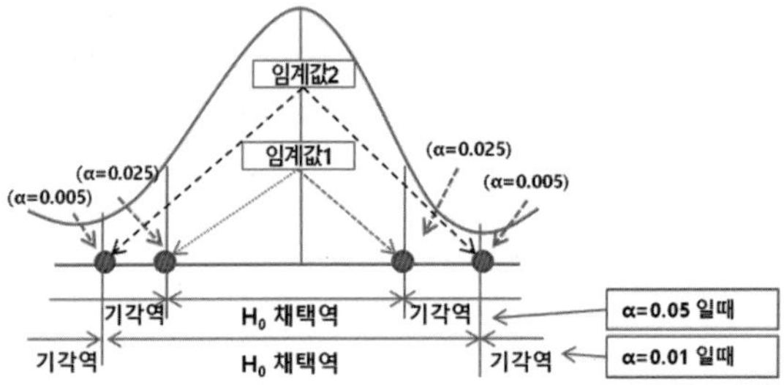

[그림 6.9] 유의수준에 따른 채택역과 기각역

가설 검정에서는 이러한 두 가지 오류는 발생할 수밖에 없지만, 가능하면 두 가지 검정 오류가 모두 작은 경우가 바람직하다. 따라서 가설 검정의 특성에 맞게 적절한 유의수준을 결정하여 가설 검정의 오류가 최소화되도록 해야 한다.

3.8 검정 통계량

검정 통계량 Test Statistic은 가설을 검정하기 위해 수집된 데이터로부터 계산된 통계량을 말한다. 즉 가설 검정에서 기각역을 결정하는 기준이 되는 통계량을 의미한다. 검정 통계량은 유의수준 α의 값과 비교하여 귀무가설의 기각 혹은 채택 여부를 결정하게 된다. 검정 통계량은 분석방법에 따라서 달라지는데, 예를 들면 상관분석은 r값, 회귀분석은 t값, T검정은 t값, 분산분석은 F값, 카이제곱은 x^2값 등으로 나타난다.

예 '대립가설(H_1): 학력 수준에 따라 제품만족도에 차이가 있다.'를 검정하기 위해서 독립표본 T 검정을 수행하였다. 이때 유의수준은 α = 0.05로 결정 하였다. 검정 결과 검정 통계량 t 값이 10.652, 유의확률 P값이 0.012가 나왔다고 가정한다면, 검정 통계량 t = 10.652 값은 유의확률 P = 0.012로 나타났기 때문에 유의수준 α = 0.05 수준에서 '귀무가설 H_0: 학력 수준에 따라 제품만족도에 차이가 없다.'는 기각된다. $P < \alpha$에 따라서 학력 수준에 따라 제품만족도에 유의미한 차이가 있고 할 수 있다.

연습문제

문제 1 다음 중 가설이 갖추어야할 요건이 아닌것은?

① 가설은 경험적으로 검증할 수 있어야 한다.
② 가설은 계량적인 형태를 취하든가 계량화할 수 있어야 한다.
③ 가설의 표현은 간단명료해야 한다.
④ 가설은 동일 분야의 다른 가설과 연관을 가져서는 안 된다.

문제 2 다음 중 과학적 연구절차에 기초한 올바른 이론 구축 과정은?

① 가설설정-연구문제-자료수집-자료분석
② 연구문제-가설설정-자료수집-자료분석
③ 연구문제-가설설정-자료분석-자료수집
④ 가설설정-연구문제-자료분석-자료수집

문제 3 '남녀 월급 액수에는 차이가 있다.'라는 주장을 검증하기 위하여 사회조사를 시행하였다. 조사 결과 남자집단의 평균액수는 μ_1, 여자집단의 평균 액수는 μ_2라고 할 때 귀무가설을 고르시오.

① $\mu_1 > \mu_2$ ② $\mu_1 = \mu_2$ ③ $\mu_1 < \mu_2$ ④ $\mu_1 \neq \mu_2$

문제 4 가설 구성 시 고려할 사항이 아닌 것을 고르시오.

① 경험적 검증이 가능하여야 한다.
② 다른 가설 및 이론과의 연관성을 가져야 한다.
③ 두 개 이상의 변수 간의 관계로 서술되어야 한다.
④ 한 가설에 독립변수나 종속변수의 수가 많게 한다.

문제 5 가설의 특성이라고 할 수 없는 것을 고르시오.

① 문제를 해결해 줄 수 있어야 한다.

② 변수로 구성되며, 그들 간의 관계를 나타내고 있어야 한다.

③ 검증될 수 있어야 한다.

④ 매개변수가 있어야 한다.

문제 6 유의확률 p-value의 설명이 틀린 것을 고르시오.

① 검정 통계량이 실제 관측된 값보다 대립가설을 지지하는 방향으로 더욱 치우칠 확률로서 귀무가설 H_0하에서 계산된 값이다.

② 주어진 데이터와는 직접적으로 관계가 없다.

③ 유의확률이 낮을수록 H_0에 대한 반증이 강한 것을 뜻한다.

④ 귀무가설 H_0에 대한 반증의 강도에 대하여 기준값을 미리 정해놓고 p-값을 그 기준값과 비교한다.

문제 7 다음 내용에 대한 가설 형태로 옳은 것은?

> 기존의 진통제는 진통 효과가 지속하는 시간이 평균 30분이고, 표준편차는 5분이라고 한다. 새로운 진통제를 개발하였는데, 개발팀은 이 진통제의 진통 효과가 30분 이상이라고 주장한다.

① H_0: $\mu < 30$, H_1: $\mu = 30$　② H_0: $\mu = 30$, H_1: $\mu > 30$

③ H_0: $\mu > 30$, H_1: $\mu = 30$　④ H_0: $\mu = 30$, H_1: $\mu \neq 30$

문제 8 통계적 검정의 오류 중 제1종 오류에 해당하는 것은?

① 귀무가설이 참임에도 불구하고 이를 기각　② 귀무가설이 참이므로 이를 채택

③ 귀무가설이 거짓이므로 이를 채택　④ 귀무가설이 거짓임에도 이를 기각

문제 9 통계적 가설의 기각 여부를 판정하는 가설 검정에 대한 설명으로 맞는 것은?

① 표본으로부터 확실한 근거에 의하여 입증하고자 하는 가설을 귀무가설이라 한다.

② 유의수준은 제2종 오류를 범할 확률의 최대 허용한계이다.

③ 대립가설을 채택하게 하는 검정 통계량의 영역을 채택역이라고 한다.

④ 대립가설이 옳은데도 귀무가설을 채택함으로써 범하게 되는 오류를 제2종 오류라 한다.

문제 10 통계적 가설 검정을 위한 검정 통계값에 대한 유의확률 p-value이 주어졌을 때, 귀무가설을 유의수준 α로 기각할 수 있는 경우는?

① p-value 〉 α ② p-value 〈 α

③ p-value = α ④ p-value 〉 2α

문제 11 바이러스를 진단 검사하는 기존 방식에 비해서 '새롭게 개발된 진단 키트는 정확도가 떨어져서 '위양성' 확률이 높아졌다.'라는 의미는 어떤 오류를 의미하는지를 답항에서 고르시오.

① 제1종 오류 ② 제2종 오류

③ 표준 오차 ④ 표본 오차

문제 12 신뢰수준 Confidence Level에 대한 설명으로 틀린 것은?

① 신뢰구간에 확신하는 정도를 의미한다.

② 신뢰수준은 통상적으로 90%, 95%, 99% 중 하나를 연구자가 결정한다.

③ 신뢰수준을 높이면 신뢰구간은 좁아진다.

④ 신뢰수준이 95%라는 의미는 표본오차가 ±5%라는 의미이다.

문제 13 다음 예에서 설명하고 있는 변수의 척도 Scale를 답항에서 고르시오.

> 예 절대원점(0)이 존재하고, 비율계산이 가능하다.
> 설문지 문항 예시: 나이가 몇 세 입니까?

① 명목척도 ② 서열척도 ③ 등간척도 ④ 비율척도

문제 14 '표본의 크기가 충분히 크면, 표본의 평균은 0에 가까워진다.'는 이론은?

문제 15 자료 중에 매우 크거나 매우 작은 값, 즉 극단적인 값이 있는 경우에 평균은 그 극단적인 값에 의하여 영향을 많이 받는다. 예를 들면 A라는 프로 구단의 선수 중에서 전체 선수의 연봉보다 더 많은 연봉을 받는 선수가 있는 경우에는 가장 적은 연봉을 시작으로 순서대로 나열하고, 가운데 위치한 연봉으로 평균 연봉을 대신하는 통계를 쓰시오.

문제 16 모집단에서 추출한 표본이 모집단의 특성과 정확히 일치하지 않아서 발생하는 확률의 차이를 의미하는 용어를 쓰시오.

Chapter

07 통계자료 시각화

학습 내용

통계자료의 시각화는 데이터 분석의 도입부에서 전체적인 자료의 분포를 분석하거나 분석의 방향을 제시하고, 중반부에서는 잘못된 처리결과를 확인하며, 후반부에서는 분석 결과를 도식화하여 의사결정에 반영하는 자료로 이용될 수 있다. 이처럼 자료의 시각화는 데이터 분석의 전 과정에서 유용하게 사용된다. 이 장에서는 파이썬의 대표적인 시각화 라이브러리인 matplotlib 패키지와 pandas 객체에서 지원하는 시각화 관련 메서드 그리고 다양한 배경 테마와 통계용 차트를 제공하는 seaborn 패키지의 시각화 도구를 이용하여 통계 자료를 시각화하는 방법에 대해서 알아본다.

학습 목표

- 이산변수로 구성된 데이터 셋을 이용하여 막대, 점, 원형 차트를 그릴 수 있다.
- 연속변수로 구성된 데이터프레임을 대상으로 히스토그램과 산점도를 그릴 수 있다.
- subplot 기능을 이용하여 격자 형식으로 자료를 시각화할 수 있다.
- 두 변수 간의 비교 그래프를 작성하고, 두 변수 간의 관계를 설명할 수 있다.

이 장의 구성

1. 시각화 도구 분류
2. Matplotlib 패키지
3. Pandas 객체
4. Seaborn 패키지

1 시각화 도구 분류

데이터 분석에서 전체적인 자료의 분포를 살펴보기 위해서 시각화 도구를 사용한다. 기본 시각화 도구는 이산변수와 연속변수에 따라서 시각화 도구가 달라지는데, 이산변수는 막대, 점, 원형 차트 등을 주로 이용하고, 연속변수는 상자 그래프, 히스토그램, 산점도 등을 이용한다.

한편 숫자형과 범주형으로 칼럼의 특성을 분류하는 경우 [표 7.1]과 같이 시각화 도구들로 분류할 수 있다. 칼럼의 특성에서 숫자형은 이산변수와 연속변수를 포함하고, 범주형은 성별과 같이 문자이지만 남자와 여자를 구분하기 위해서 명목상 숫자로 표현된 칼럼을 의미한다.

[표 7.1] 칼럼의 특성에 따른 시각화 도구의 분류

칼럼 특성		시각화 도구	설명
숫자형	범주형		
1	0	hist 히스토그램, plot 산점도, barplot 막대 차트	숫자형 칼럼 1개
0	1	pie 원형 차트, barplot 막대 차트	범주형 칼럼 1개
2	0	plot 산점도, boxplot 상자 그래프	숫자형 칼럼 2개
3	0	scatterplot3d 3차원 산점도	숫자형 칼럼 3개
n	n	pairs 산점도 행렬, add_subplot plot 추가	n개의 칼럼

2 Matplotlib 패키지

Matplotlib 패키지는 파이썬에서 자료를 그래프로 그려주는 가장 대표적인 시각화 도구 라이브러리이다. Matplotlib는 라인 플롯 Line Plot, 바 차트 Bar Chart, 파이 차트 Pie Chart, 히스토그램 Histogram, 박스 플롯 Box Plot, Scatter 플롯 스캐터 플롯 등을 비롯하여 다양한 차트와 플롯 스타일을 지원한다. 기타 다양한 샘플은 다음 URL을 참고하여 Matplotlib의 갤러리 웹사이트를 참고한다. [그림 7.1]은 Matplotlib 갤러리의 일부를 나타낸 것이다.

```
https://matplotlib.org/gallery/index.html
```

2.1 Matplotlib 사용법

파이썬 배포판으로 아나콘다 Anaconda가 설치되어 있으면 추가적인 설치 없이 Matplotlib 패키지를 사용할 수 있다. Matplotlib 패키지를 사용하여 자료를 시각화하기 위해서는 “import matplotlib.

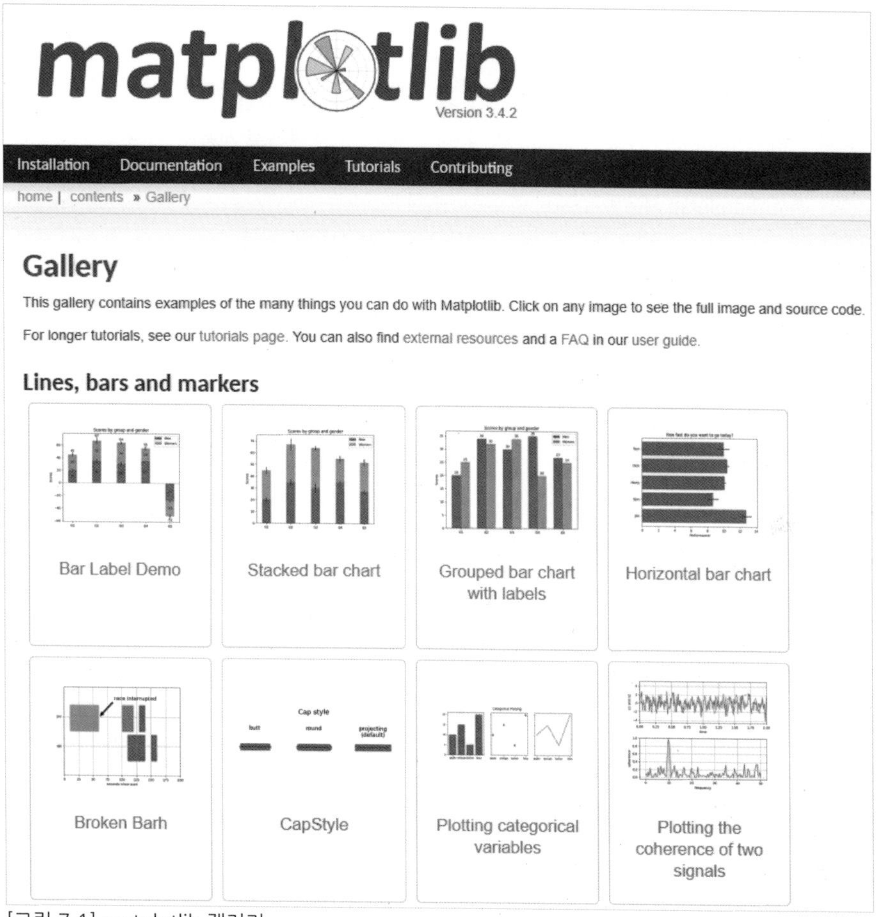

[그림 7.1] matplotlib 갤러리

pyplot as plt" 형식으로 pyplot 모듈을 import 해야 시각화 관련 함수를 이용할 수 있다. 일반적으로 'pyplot' 모듈은 'plt' 라는 별칭 Alias을 사용한다.

데이터의 시각화를 위해서 pylpot 모듈에서 제공하는 plot() 함수를 이용할 때, plot() 함수를 사용하는 형식은 다음과 같다.

형식 기본적인 plot() 함수의 사용 형식

```
import matplotlib.pyplot as plt          # 별칭 지정
plt.plot(data, parameter)
plt.show()
```

위의 형식에서는 plot() 함수에 의해서 매개 변수의 data를 시각화하고, plt.show() 함수를 호출하여 시각화 결과를 나타낸다. 스파이더에서는 시각화 결과를 오른쪽 상단의 [Plots] 탭에서 확인한다.

실습 **matplotlib 사용 방법**

step01_matplot1.py

❶

```
01 import numpy as np                # data 생성을 위한 모듈 사용
02 import matplotlib.pyplot as plt   # data 시각화를 위한 모듈 사용
03
04 # 1. matplotlib 사용법
05
06 # 차트 자료
07 data = np.random.randn(100)       # 1) 정규분포 자료
08
09 # 1) 정규분포 시각화
10 plt.plot(data)
11 plt.title("Visualize the normal distribution")
12 plt.xlabel("index")
13 plt.ylabel("random number")
14 plt.show()
```

실행결과

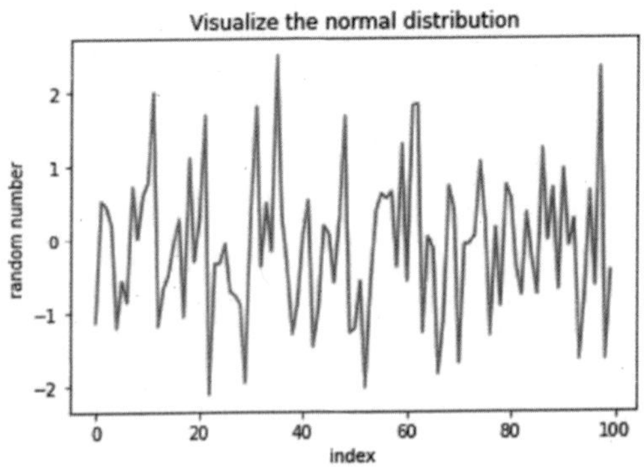

해설

1) 정규분포 시각화

random.randn(100) 함수를 이용 07행하여 시각화할 자료로 정규분포를 따르는 난수 100개를 만들고, plt.plot(data) 함수를 이용 10행하여 기본 속성 함수 호출에 파라미터 없음으로 난수 100개를 시각화한다. 차트에 제목과 x축 이름, y축 이름을 추가 11~13행하기 위해서 matplotlib.pyplot 모듈의 title(), xlabel(), ylabel() 함수를 이용하고, 마지막으로 시각화 결과를 표시하는 matplotlib.pyplot 모듈의 show() 함수를 호출 14행한다.

❷

```
15 # 2) 한글과 음수 부호 지원
16 # 한글 지원
17 plt.rcParams['font.family'] = 'Malgun Gothic'   # 글꼴 설정
18
19 # 음수 부호 지원
20 plt.rcParams['axes.unicode_minus'] = False
21
```

❷
```
22 # 정규분포 시각화: 한글 지원
23 plt.plot(data)
24 plt.title("정규분포를 따르는 난수 시각화")
25 plt.xlabel("색인(index)")
26 plt.ylabel("난수(random number")
27 plt.show()
```

실행결과

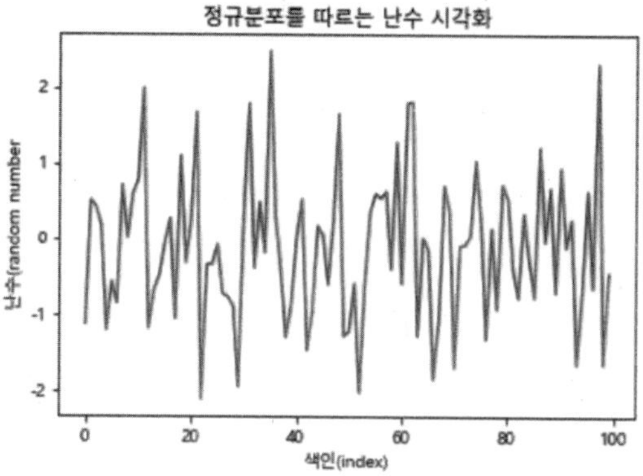

해설

\# 2) 한글과 음수 부호 지원

차트의 제목이나 축의 이름으로 한글을 사용하는 경우에는 한글과 부호 깨짐 현상이 발생한다. 이를 방지하기 위해서 별도의 기능을 추가해야 한다.

예에서 plt.rcParams['font.family'] = 'Malgun Gothic' 는 한글에서 사용할 서체를 '맑은 고딕체'로 지정한다는 의미이다. 또한 유니코드 Uni-code: 국제적인 문자코드 규약를 사용하는 경우 음수 부호가 깨지는 현상이 발생한다. 이를 막기 위해서 예에서는 plt.rcParams['axes.unicode_minus'] = False를 추가 20행하였다. 차트의 제목과 축의 이름을 확인하여 한글과 음수 부호 깨짐 현상이 발생하는지를 확인한다.

2.2 기본 차트 그리기

matplotlib.pyplot 모듈에서 제공하는 plot() 함수는 기본 선 스타일과 색상으로 기본 차트를 그리는 도구이다. 다음은 plot() 함수의 형식과 의미이다.

형식 plot() 함수의 사용 형식과 설명

```
plot(x, y)        # 기본 선 스타일 및 색상을 사용하여 x와 y 플로팅
plot(x, y, 'bo')  # 파란색 원 마커 Circle Marker('bo')를 사용하여 x와 y 플로팅
plot(y)           # x를 색인 Index 배열(0..N-1)로 사용하여 y 플로팅
plot(y, 'r+')     # x를 색인으로 사용하여 빨간색 '+' 기호('r+') 를 사용하여 y 플로팅
```

실습 **기본 차트 그리기**

step01_matplot2.py

❶
```
01 import numpy as np          # 차트 자료 생성을 위한 모듈 사용
02 
03 # 차트에서 한글 지원
04 import matplotlib.pyplot as plt
05 plt.rcParams['font.family'] = 'Malgun Gothic'
06 # 음수 부호 지원
07 plt.rcParams['axes.unicode_minus'] = False
08 
09 # 2. 기본 차트 그리기
10 
11 # 1) 차트 자료 만들기
12 data = np.arange(-3, 7)     # range(start, stop)
13 print(data)                 # 차트 자료 확인
14 print(len(data))            # 자료 길이
```

실행결과

```
[ -3, -2, -1,  0,  1,  2,  3,  4,  5,  6]
10
```

해설

2. 기본 차트 그리기

1) 차트 자료 만들기

차트 자료를 만들기 위해서 arange() 함수를 이용하여 -3~6까지의 10개의 원소를 갖는 1차원의 벡터를 생성 12행한다.

❷
```
15 # 2) 기본 선 스타일과 색상
16 plt.plot(data)               # 그리기
17 plt.title('기본 선 스타일과 색상을 지원')
18 plt.show()                   # 보이기
```

실행결과

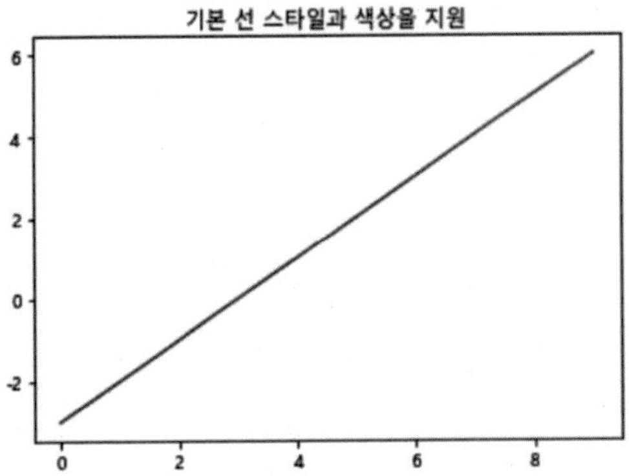

해설

2) 기본 선 스타일과 색상

plot(data) 함수 16행에서 1개의 인수를 사용하는 경우 data는 y축의 자료로 사용되고, x축은 자료의 색인으로 기본 선 스타일과 기본 색상으로 차트가 그려진다.

❸
```
19  # 3) 빨간색 플러스 기호 사용
20  plt.plot(data, 'r+')            # 그리기
21  plt.title('선 스타일은 +, 선 색은 빨강')
22  plt.show()                      # 보이기
```

실행결과

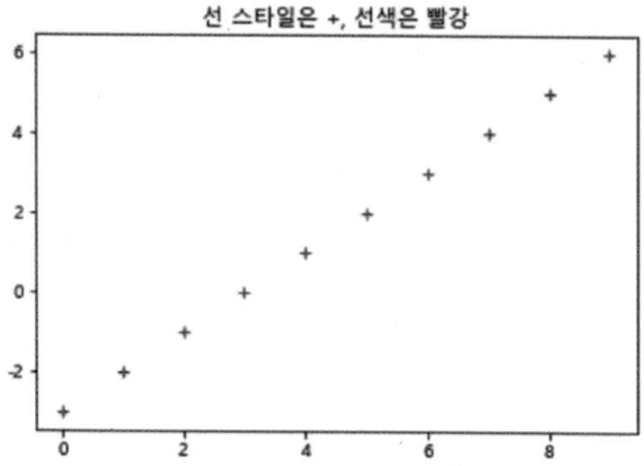

해설

3) 빨간색 플러스 기호 사용

plot(data, 'r+') 함수 20행에 의해서 빨간색의 '+' 기호로 차트가 그려진다.

❹
```
23  # 4) x, y축 선 스타일과 색상
24  data2 = np.random.randn(10)     # 차트 자료 만들기
25  plt.plot(data, data2)           # x, y 플로팅
26  plt.title('기본 선 스타일과 컬러')
27  plt.show()                      # 보이기
```

실행결과

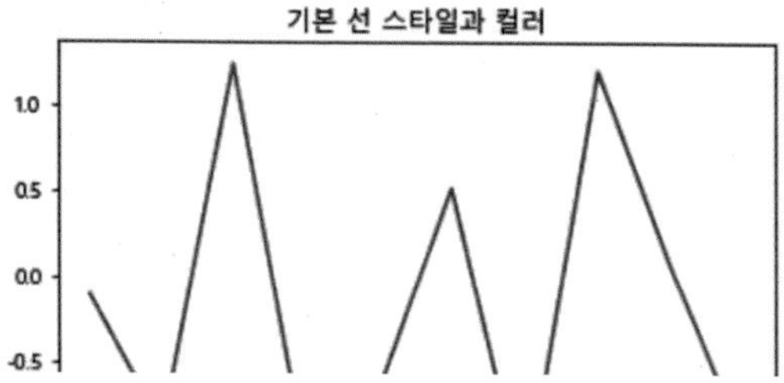

해설

4) x, y축 선 스타일과 색상

plot(data, data2) 함수 25행에서 data는 x축에 data2는 y축의 자료로 사용되어 기본 선 스타일과 기본 색상으로 그래프가 그려진다.

⑤
```
28 # 5) color, marker 이용
29 plt.plot(data, data2, 'ro')    # 'color+marker' 형식으로 'r'은 색상, 'o'은 마커
30 plt.show()                     # 보이기
```

실행결과

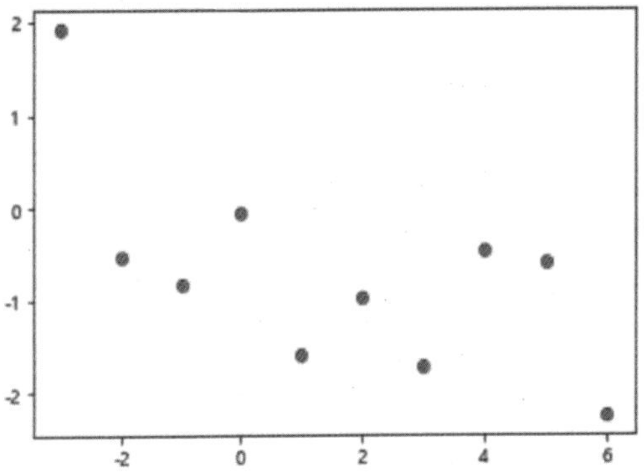

해설

5) color, marker 이용

plot 함수에서 색상과 마커('ro')를 추가 29행하여 빨간색의 타원 도형으로 차트가 그려진다. 이때 'r'은 빨간색 색상을 지정하고, 'o'는 마커의 모양을 지정한다.

2.3 연속 변수 시각화

연속변수는 키, 몸무게, 길이 등과 같이 숫자의 의미가 있고 주어진 범위 안의 모든 연속된 값을 갖는 변수를 말한다. 연속변수를 시각화하는 대표적인 시각화 도구에는 산점도 Scatter Plot, 히스토그램 Histogram, 상자 그래프 Box Plot 등이 있다.

실습 **연속 변수 시각화**

step01_matplot3.py

❶
```
01 import matplotlib.pyplot as plt          # 시각화 모듈 사용
02 import numpy as np                       # 차트 자료 생성을 위한 모듈 사용
03 # 음수 부호 지원
04 plt.rcParams['axes.unicode_minus'] = False
05 # 차트 자료 생성
06 data1 = np.arange(-3, 7)                 # data1
07 data2 = np.random.randn(10)              # data2
```

실행결과

```
[-3 -2 -1  0  1  2  3  4  5  6]
[-1.74908352  1.24203973  0.4086897  -0.98256464 -1.47415692 -0.88066063
 -0.56403892  0.66763545 -0.87697479  0.70835969]
```

해설

arange() 함수[10행]와 randn() 함수 [1행]를 이용하여 차트 자료를 생성한다. data1은 -3에서 6까지 셀 수 있는 이산변수이고, data2는 정규분포를 따르는 10개의 난수 실수를 갖는 연속변수이다.

❷
```
08 # 3. 연속형 변수 시각화
09
10 # 1) 산점도
11 plt.scatter(x = data1, y = data2, c = 'r', marker = 'o')
12 plt.title('scatter function')
13 plt.show()
14
15 # 여러 가지 색 산점도
16 cdata = np.random.randint(1, 4, 10)     # 1~3 난수 정수
17 plt.scatter(x = data1, y = data2, c = cdata, marker = 'o')
18 plt.title('scatter function')
19 plt.show()
```

실행결과

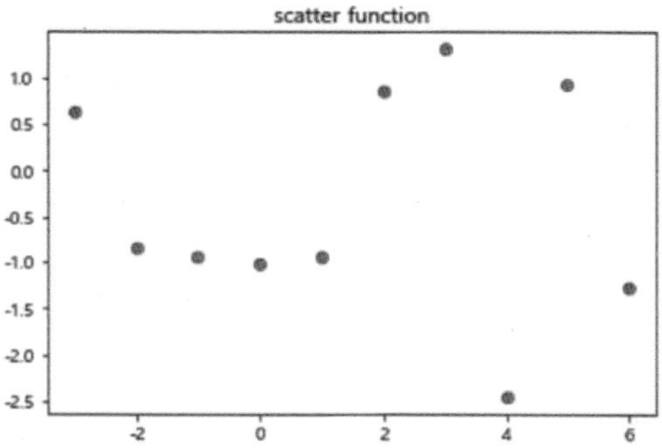

해설

3. 연속형 변수 시각화

1) 산점도

산점도는 x축과 y축의 교차점을 시각화한 차트를 말한다. scatter(x = data, y = data2, c = 'r', marker = 'o') 함수 11행에 의해서 단색 예에서는 'r'로 빨간색 산점도가 그려진다. 인수 c는 산점도 색상, marker는 산점도를 나타내는 마커 효과 예에서는 'o'로 원모양를 지정하는 속성이다.

여러 가지 색 산점도

1~3 사이의 난수 정수를 이용하여 범주 Category를 생성하고 범주별로 산점도의 색상을 적용하는 예이다. 이 책에서는 색상을 구분하여 볼 수 없어 여러 가지 색을 사용하는 산점도의 결과 표시는 생략한다. 실습하면서 정확한 결과를 확인해보기를 바란다. 또한 랜덤 데이터를 사용하기 때문에 결과는 각자 다를 수 있다.

❸

```
20 # 2) 히스토그램
21 data3 = np.random.normal(0, 1, 2000)
22 print(data3)              # 표준정규분포 난수
23
24 data4 = np.random.normal(0, 1, 2000)
25 print(data4)              # 표준정규분포 난수
26
27 # 난수 통계 : data3
28 print("# 난수 통계: data3")
29 print(data3.mean())   # 0.026929031729268856
30 print(data3.std())    # 0.9955193254030043
31 # 난수 통계 : data4
32 print("# 난수 통계: data4")
33 print(data4.mean())   # 0.026929031729268856
34 print(data4.std())    # 0.9955193254030043
35
36 # 정규분포 시각화
37 print("정규분포 시각화")
38 plt.hist(data3, bins = 100, density = True, histtype = 'step', label = 'data3')
39 plt.hist(data4, bins = 100, density = True, histtype = 'step', label = 'data4')
40 plt.legend(loc = 'best')
41 plt.show()
```

실행결과

```
# 난수 통계: data3
-0.005821413943562534
 0.9919026577431808
# 난수 통계: data4
-0.01499947167215249
 1.0158773318520216
# 정규분포 시각화
```

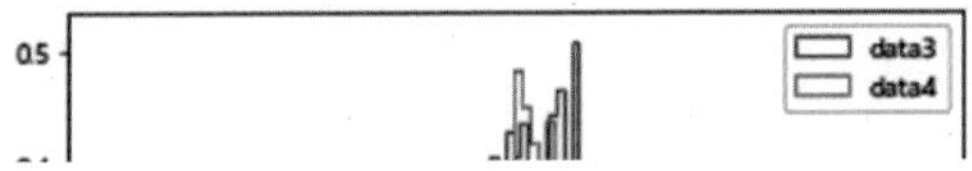

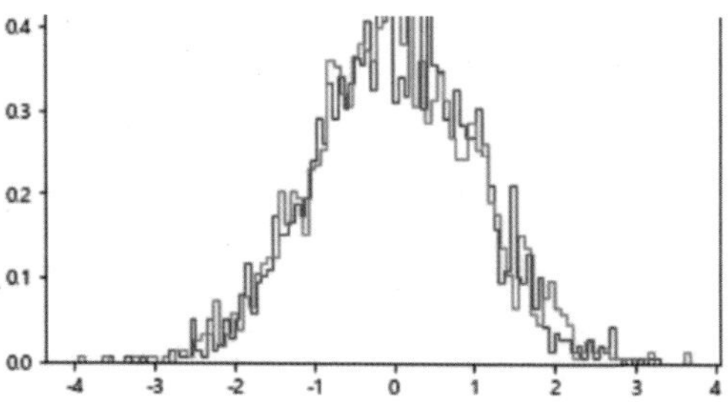

해설

2) 히스토그램

평균 0, 표준편차 1을 갖는 표준 정규 분포를 따르는 난수 2,000개를 갖는 data3 21행과 data4 24행의 객체를 이용하여 hist() 함수 38~39행로 히스토그램을 그리면 평균을 중심으로 좌우 대칭성을 갖는 차트가 그려진다. bins 속성 38~39행은 계급의 개수, density 속성 38~39행은 계급의 밀도 표현, histtype 속성 38~39행은 계단형으로 지정하고 있다. 히스토그램에서 계급은 변량을 일정한 간격으로 나눈 구간을 의미하며, 예에서 계급은 100개로 나뉘어졌다.

❹

```
42  # 3) 상자 그래프 Box plot
43  data5 = np.random.random(100)
44
45  # 난수 통계
46  print("# 난수 통계: data5")
47  print(data5.min())      # 난수 100개 중 최소값
48  print(data5.max())      # 난수 100개 중 최대값
49
50  # 요약 통계량
51  print("# 요약 통계량")
52  import pandas as pd   # pandas 모듈 사용
53  series = pd.Series(data5)
54  print(series.describe())
55
56  # Box plot
57  print("# Box plot")
58  plt.boxplot(data5)
59  plt.show()
```

실행결과

```
# 난수 통계: data5
0.044105320389137836
0.9991207790313467
# 요약 통계량
count   100.000000
mean      0.500037
std       0.266180
min       0.044105
```

```
25%      0.270354
50%      0.506619
75%      0.733776
max      0.999121
# Box plot
```

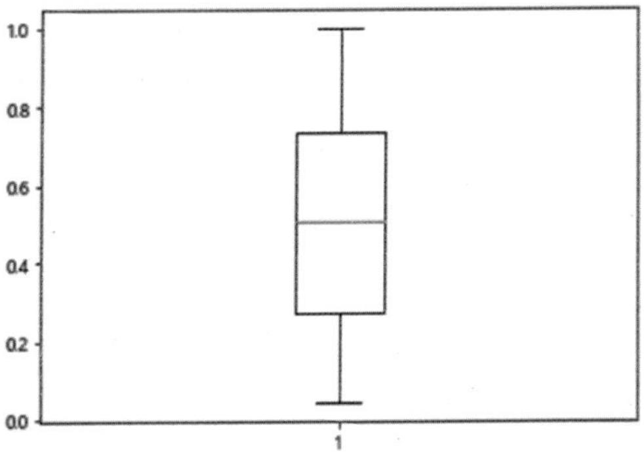

해설

3) 상자 그래프 Box plot

상자 그래프는 연속변수를 대상으로 요약 통계량을 시각화하는 도구이다. 예에서는 난수 100개 43행를 대상으로 pandas의 Seriese 객체에서 호출할 수 있는 describe() 함수 를 이용 54행하여 요약 통계량을 구하고, boxplot() 함수를 이용 58행하여 시각화한 결과이다. 이때 그려진 그래프는 [그림 7.2]와 같이 최소값, 제1사 분위수, 중위수, 제3사 분위수, 최대값 그리고 이상치 Outlier를 제공한다. 이상치는 정상 범주에서 벗어난 값들이다.

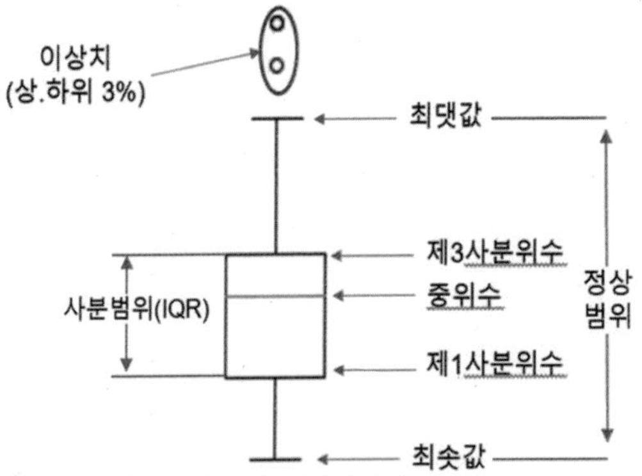

[그림 7.2] 상자 그래프 Box plot의 구성요소

2.4 이산 변수 시각화

이산변수는 자녀 수, 자동차 판매 수 등과 같이 정수 단위로 나누어서 측정할 수 있는 변수를 말한다. 성별과 같이 셀 수 없고, 일정한 범주 Category를 갖는 변수도 여기에 포함된다. 이산변수를 시각화하는 대표적인 시각화 도구에는 막대 차트 Bar Chart와 원 차트 Pie Chart 등이 있다.

실습 이산변수 시각화

step01_matplot4.py

❶

```
01  import matplotlib.pyplot as plt          # 시각화 모듈 불러오기
02  import numpy as np                       # 데이터 생성을 위한 모듈 불러오기
03  plt.rcParams['font.family'] = 'Malgun Gothic'    # 글꼴 설정: 맑은 고딕
04
05  # 4. 이산형 변수 시각화
06
07  # 1) 차트 자료
08  data6 = [127, 90, 201, 150, 250]       # 국가별 수출현황
09  idx = np.arange(len(data6))             # 0~4
10  labels = ['싱가폴', '태국', '한국', '일본', '미국']
11  print(data6)
12  print(idx)
13  print(labels)
```

실행결과

```
[127, 90, 201, 150, 250]
[0 1 2 3 4]
['싱가폴', '태국', '한국', '일본', '미국']
```

해설

4. 이산형 변수 시각화

1) 차트 자료

data6 08행은 5개 국가의 수출현황을 갖는 벡터 데이터이고, idx 09행는 년도, label 10행는 국가명을 나타내기 위한 차트 자료이다.

❷

```
14  # 2) 세로막대
15  print("# 2) 세로막대")
16  plt.bar(x=labels, height=data6)
17  plt.title("각 국가별 수출현황")
18  plt.xlabel("국가명")
19  plt.ylabel("수출현황(단위 : 달러)")
20  plt.show()
21
22  # 3) 가로막대
23  print("# 3) 가로막대")
24  plt.barh(y=idx+2000, width=data6)
25  plt.title("각 국가별 수출현황")
26  plt.ylabel("년도")
27  plt.xlabel("수출현황(단위 : 달러)")
28  plt.show()
```

실행결과

\# 2) 세로 막대

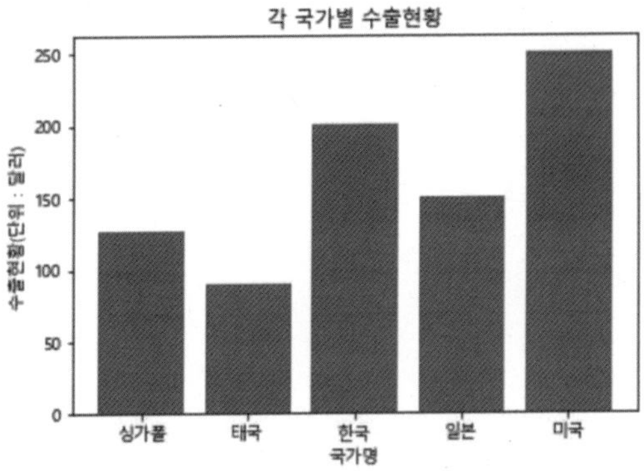

\# 3) 가로 막대

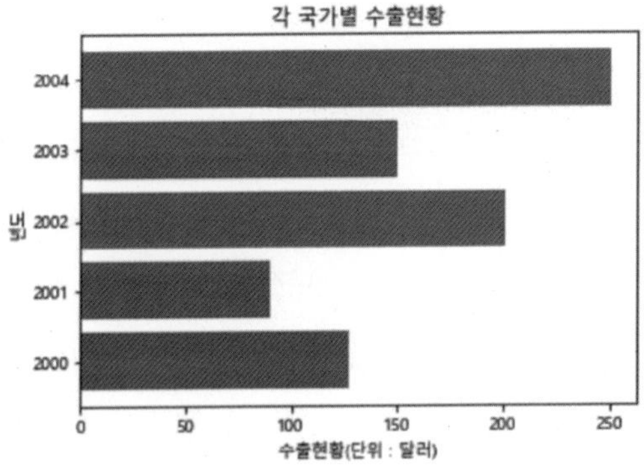

해설

\# 2) 세로막대

bar() 함수 16행를 이용하여 국가를 x축으로 수출현황을 y축으로 지정하여 세로 막대차트를 그린다.

\# 3) 가로막대

barh() 함수 24행를 이용하여 연도를 y축으로 수출현황을 x축으로 지정하여 가로 막대차트를 그린다.

❸

```
29 # 4) 원(Pie) 차트
30 plt.pie(x = data6, labels = labels)
31 plt.show()
```

실행결과

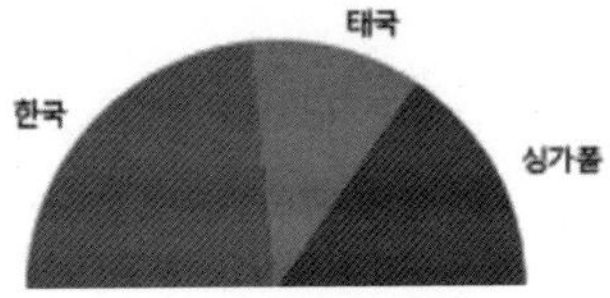

해설

4) 원 Pie 차트

5개의 범주를 갖는 이산변수 ❶의 08행를 이용하여 pie() 함수 30행로 원 차트를 그린다. 범주의 개수 예에서는 5개만큼 파이 조각이 만들어지고, 바깥쪽에 labels 객체 ❶의 10행의 자료가 레이블로 표시된다. 이때 파이조각의 크기는 각 자료의 비율에 의해서 결정된다.

2.5 Subplot 차트 그리기

한 화면에서 여러 개의 차트를 비교하는 경우 일정한 크기의 가로/세로 격자 Grid를 만들어서 서로 다른 격자 공간에 각각 차트를 표현할 수 있다. 이를 위해서 pyplot 모듈에서 제공하는 figure() 함수를 통해 Figure 객체 생성하고, add_subplot() 메서드를 통해서 작성할 그래프의 격자 개수만큼 subplot을 추가한다. 만약 2행 2열 구조를 갖는 4개의 격자를 subplot으로 추가하려면 다음 형식과 같이 add_subplot() 메서드의 인자를 통해서 조정할 수 있다. add_subplot() 메서드의 인자는 add_subplot(행, 열, 위치)의 형식으로 사용한다.

형식 add_subplot() 함수의 사용 형식

```
fig = plt.figure()                  # Figure 객체 생성
g1 = fig.add_subplot(2, 2, 1)       # 2행 2열 첫 번째 격자
g2 = fig.add_subplot(2, 2, 2)       # 2행 2열 두 번째 격자
g3 = fig.add_subplot(2, 2, 3)       # 2행 2열 세 번째 격자
g4 = fig.add_subplot(2, 2, 4)       # 2행 2열 네 번째 격자
```

위 형식에서 subplot은 행 방향으로 2개, 열 방향으로 2개가 존재하고, 마지막 인자는 subplot의 위치를 의미한다.

실습 subplot 차트 그리기

step01_matplot5.py

```
01    import matplotlib.pyplot as plt      # 차트를 그리기 위한 모듈 불러오기
02    import numpy as np                   # dataset  생성을 위한 모듈 불러오기
03
❶ 04  # 5. subplot 차트 그리기
05    # 1) Figure 객체 생성과 subplot 만들기
06    fig = plt.figure(figsize=(10, 5))    # 차트 크기 지정
07    x1 = fig.add_subplot(2, 2, 1)        # 2행 2열의 1번 subplot
```

❶
```
08 x2 = fig.add_subplot(2, 2, 2)        # 2행 2열의 2번 subplot
09 x3 = fig.add_subplot(2, 2, 3)        # 2행 2열의 3번 subplot
10 x4 = fig.add_subplot(2, 2, 4)        # 2행 2열의 4번 subplot
```

실행결과

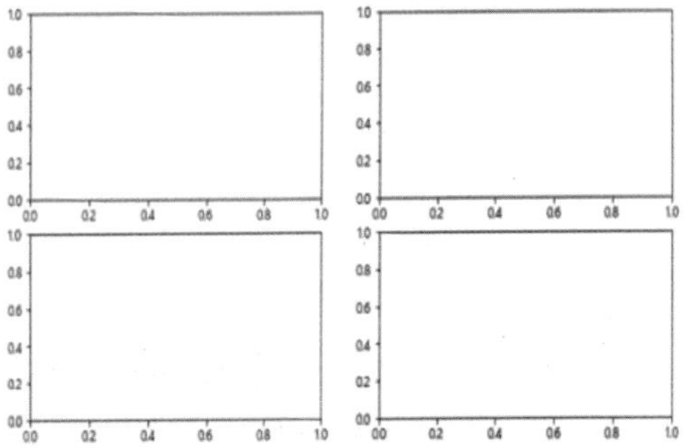

해설

5. subplot 차트 그리기

1) Figure 객체 생성과 subplot 만들기

figsize 속성을 이용 06행하여 가로 10, 세로 5픽셀의 크기로 Figure 객체를 생성하고 2행 2열의 subplot를 추가 07행 한다.

❷
```
11 # 2) 차트 자료
12 data1 = np.random.randn(100)              # 난수 실수 100개
13 data2 = np.random.randint(1,100, 100)     # 난수 정수 100개
14 cdata = np.random.randint(1, 4, 100)      # color data
15 print(data1, data2)
16 print(cdata)
```

실행결과

```
# 난수 실수 100개
[-5.58008385e-01 -2.55089389e-01 1.35189076e-03 생략 ... ]
# 난수 정수 100개
[95 42 73 23 77 51 32 생략 ... ]
#color data
[1 1 1 2 2 3 3 1 2 2 2 생략 ... ]
```

해설

2) 차트 자료

numpy 패키지의 random 모듈에서 제공하는 randn() 함수 12행와 randint() 함수13행를 이용하여 각각의 subplot에 그려질 차트 자료를 만든다.

❸

```
# 3) subplot 차트 그리기
x1.hist(data1)                          # 2행 2열 1번: 히스토그램
x2.scatter(data1, data2, c = cdata)     # 2행 2열 2번: 산점도
x3.plot(data2)                          # 2행 2열 3번: 기본 선 그래프
x4.plot(data2, 'g--')                   # 2행 2열 4번: 초록색 점선 그래프
plt.show()
```

실행결과

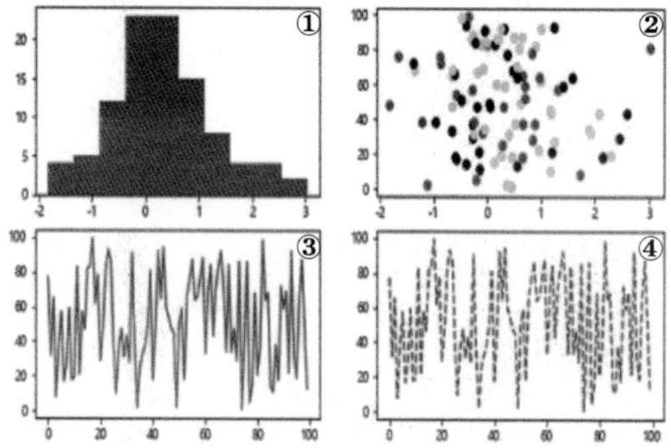

해설

3) subplot 차트 그리기

각각의 subplot에 히스토그램 ①, 산점도 ②, 기본 선 그래프 ③, 색상과 선의 유형을 지정한 선 그래프 ④가 그려진다.

다음 실습 예는 figure() 함수에서 figsize 속성으로 차트의 크기를 지정하고, subplot의 plot() 메서드에서 marker, color, line style, label 등의 속성을 지정하여 멀티라인 형식의 차트를 그리는 과정이다.

실습 **figsize 속성과 멀티라인 차트 그리기**

step02_multi_line.py

❶

```
import matplotlib.pyplot as plt
import numpy as np
plt.style.use('ggplot')                 # 차트 내부에 격자 표시

# 1) data 생성 : 평균 + 표준편차 * 표준정규분포
data1 = 0.5 + 0.3 * np.random.randn(100)
data2 = 0.7 + 0.2 * np.random.randn(100)
data3 = 0.9 + 0.1 * np.random.randn(100)
data4 = 0.3 + 0.4 * np.random.randn(100)

# 2) Figure 객체
fig = plt.figure(figsize = (12, 5))     # 차트 크기 : 12x5

```

```
14  # 3) add_subplot()
15  chart = fig.add_subplot()                # subplot 추가 : add_subplot(1, 1, 1)
16
17  # 4) plot()
18  chart.plot(data1, marker = r'o', color = u'blue', linestyle = '-', label = 'Blue Solid')
19  chart.plot(data2, marker = r'+', color = u'red', linestyle = '--', label = 'Red Dashed')
20  chart.plot(data3, marker = r'*', color = u'green', linestyle = '-.', label = 'Green Dash Dot')
❶ 21  chart.plot(data4, marker = r's', color = u'orange', linestyle = ':', label = 'Orange Dotted')
22
23  # 5) title, label, legend
24  chart.set_title('Line Plots: Markers, Colors, and Line styles')
25  plt.xlabel('index')
26  plt.ylabel('Random Number')
27  plt.legend(loc = 'best')
28  plt.show()
```

실행결과

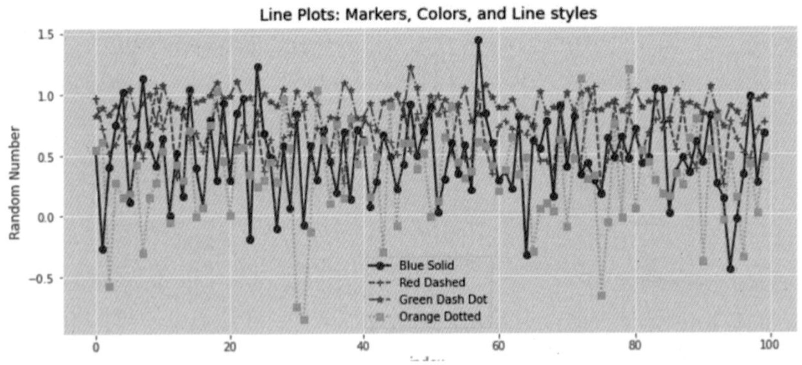

해설

1) data 생성

표준정규분포를 따르는 난수에 표준편차를 곱셈하고, 평균을 덧셈해서 서로 다른 4개의 확률분포를 갖는 자료 06~09행를 만든다.

2) Figure 객체

figsize 속성을 이용하여 가로 12, 세로 5 픽셀의 크기로 Figure 객체를 생성 12행한다.

3) add_subplot()

subplot 1개를 추가 15행한다. add_subplot()은 add_subplot(1, 1, 1)과 동일하다.

4) plot()

subplot 객체의 plot() 메서드를 이용하여 4개의 확률분포를 시각화 18~21행한다. plot() 메서드에서 제공하는 marker, color, linestyle, label 속성을 이용하여 각 자료를 구분한다.

5) title, label, legend

차트의 제목24행, 축 이름 25~26행그리고 각 차트의 레이블 27행을 범례로 표시한다. 4개의 확률분포가 마커, 선 색과 스타일 그리고 레이블에 의해서 식별할 수 있는 멀티라인 Multi-Line 유형의 차트가 만들어진다.

3 Pandas 객체

Pandas 객체는 plot() 메서드를 이용하여 객체의 자료를 시각화할 수 있다. Matplotlib에서 제공하는 대부분의 차트와 플롯을 제공한다. Pandas 객체에서 제공하는 plot() 메서드의 형식은 다음과 같다.

형식 Pandas 객체의 plot() 함수 사용 형식

```
Object.plot(kind = '차트 유형', parameter)
plt.show()
```

위의 형식에서 Object는 pandas의 Series나 DataFrame 객체를 의미한다. kind 속성은 차트의 유형으로 bar, pie, hist, kde, scatter, box 등을 지정하고, parameter는 차트의 제목, 축 이름, 색상, 레이블 등을 지정할 수 있다.

3.1 기본 차트 시각화

Series 객체와 DataFrame 객체에서 제공하는 plot() 메서드를 이용하여 기본 차트를 시각화하는 방법에 대해서 알아본다. Series는 1차원의 자료를 갖는 객체이므로 한 개의 선 그래프로 그려지고, DataFrame은 2차원의 자료를 갖는 객체이므로 칼럼의 수만큼 선 그래프가 그려진다.

실습 Pandas 객체를 이용한 기본 차트 시각화

step03_pandasPlot1.py

❶

```
import pandas as pd              # pandas 객체 생성을 위한 모듈 가져오기
import numpy as np               # 차트 자료 생성을 위한 모듈 가져오기
import matplotlib.pyplot as plt  # 차트 그리기 모듈 가져오기

# 1. 기본 차트 시각화

# 1) Series 객체 시각화
ser = pd.Series(np.random.randn(10),
          index = np.arange(0, 100, 10))
print("# 1) Series 객체 시각화")
print(ser)

# 기본차트: 선 그래프
print("기본차트: 선그래프")
ser.plot(color = 'g')            # 선 색상: 'g': green
plt.show()
```

실행결과

```
# 1) Series 객체 시각화
0     0.507598
10   -1.677012
20    0.591128
30    0.236402
40    0.370603
50    0.772037
60   -1.587991
70    1.573125
80   -2.066584
90    0.423122
# 기본차트: 선 그래프
```

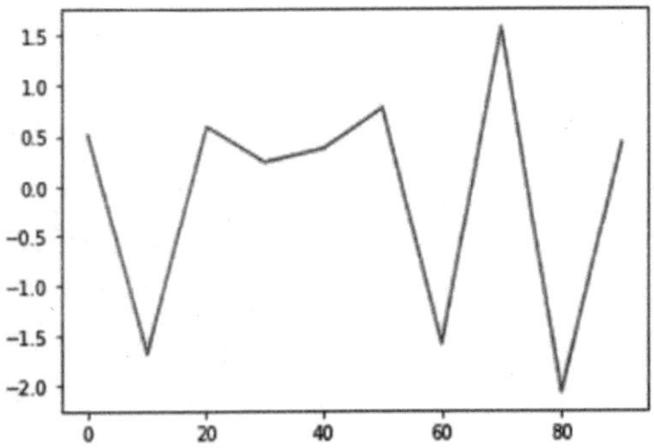

해설

1. 기본 차트 시각화

1) Series 객체 시각화

randn(10) 함수 08행에 의해서 10개의 난수가 만들어지고, 각 원소는 np.arange(0, 100, 10) 함수 09행에 의해서 0부터 100이전 까지 10씩 증가하는 색인으로 1차원의 자료가 생성된다.

기본차트: 선 그래프

Series 객체에서 제공하는 plot(color = 'g') 메서드 15행에 의해서 초록색 green의 선 그래프가 기본 차트로 그려진다. kind 속성을 생략하면 기본 차트는 선 그래프이다. kind 속성의 값으로 'bar', 'pie', 'hist', 'kde', 'scatter', 'box' 등을 지정할 수 있다.

❷

```
17  # 2) DataFrame 객체 시각화
18  df = pd.DataFrame(np.random.randn(10, 4),
19           columns=('one', 'two', 'three', 'fore'))
20  print("# 2) DataFrame 객체 시각화")
21  print(df)
22
23  # 기본 차트: 선 그래프
24  print("기본차트: 선그래프")
25  df.plot()
26  plt.show()
```

실행결과

```
# 2) DataFrame 객체 시각화
        one       two     three      fore
0 -0.479045 -0.942290  1.169284 -0.320760
1  0.451399 -1.028260  1.424793 -1.390187
2  1.361334 -0.005644  0.082409 -0.866628
3  0.954861  0.288433  0.009697 -1.738865
4  0.742918  0.427832 -1.162858  0.599239
5  0.186679  0.244424 -2.383899  1.359956
6  1.279413 -0.656368  0.211697 -0.355258
7 -0.112971  0.367101  0.409446 -0.787869
8  0.349179 -0.346420  1.454697  0.613467
9 -0.648173 -0.831494 -1.319181 -0.316685
# 기본차트 : 선 그래프
```

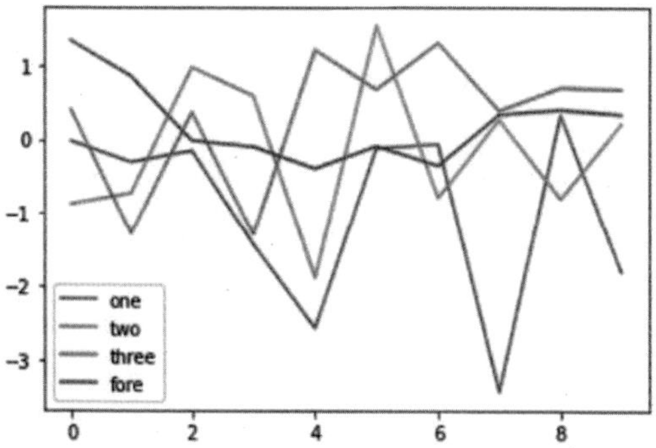

해설

2) DataFrame 객체 시각화

randn(10, 4)함수 18행에 의해서 10행 4열의 난수 40개가 만들어지고, columns 속성 19행에 의해서 4개의 칼럼명을 갖는 2차원의 자료가 생성된다.

기본차트: 선 그래프

DataFrame 객체에서 제공하는 plot() 메서드에 의해서 기본 선 그래프가 그려진다.

❸

```
27  # 세로 막대그래프
28  df.plot(kind = 'bar', title = '세로 막대그래프')
29  print("# 세로 막대 그래프")
30  plt.show()
31
32  # 가로 막대그래프
33  print("# 가로 막대 그래프")
34  df.plot(kind = 'barh', title = '가로 막대그래프')
35  plt.show()
36
```

❸
```
# 누적형 가로 막대그래프
print("# 누적형 가로 막대 그래프")
df.plot(kind = 'barh', title = '누적형 가로 막대그래프', stacked = True)
plt.show()
```

실행결과

세로 막대 그래프

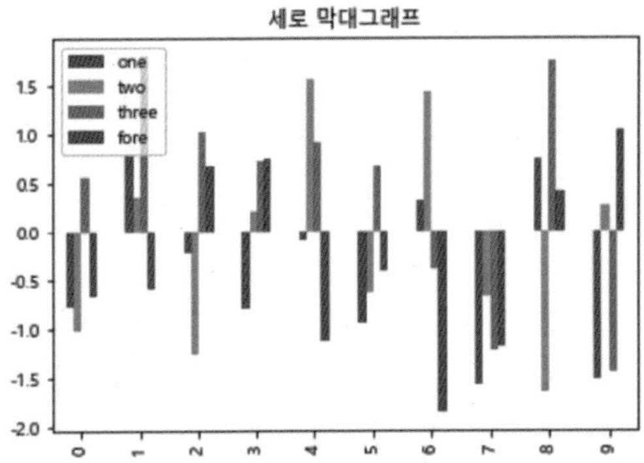

가로 막대 그래프

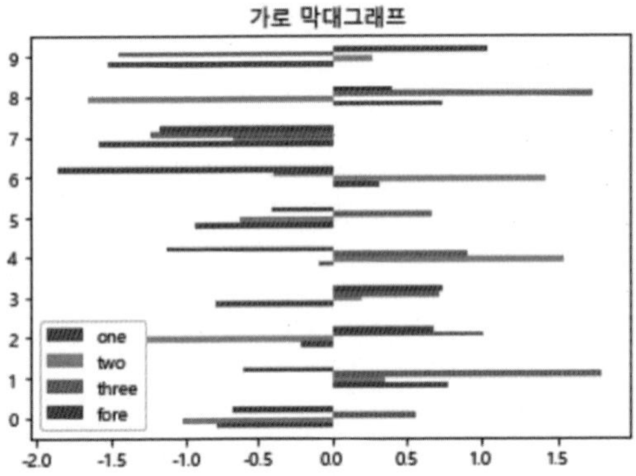

누적형 가로 막대 그래프

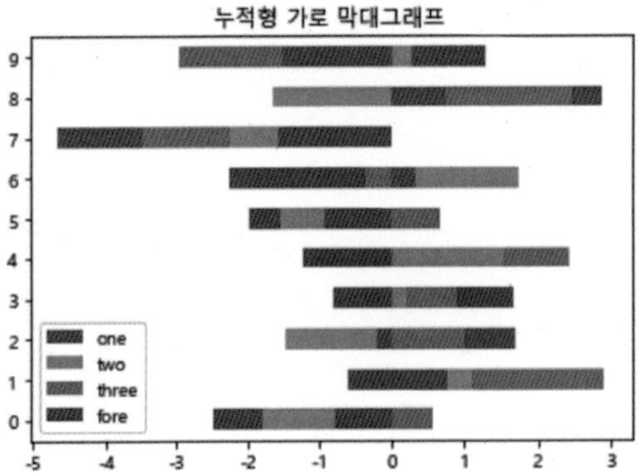

해설

\# 세로 막대그래프

plot(kind = 'bar', title = '세로 막대그래프') 메서드의 kind 속성을 'bar'로 지정하여 세로 막대 그래프를 그린다.

\# 가로 막대그래프

df.plot(kind = 'barh', title = '가로 막대그래프') 메서드의 kind 속성을 'barh'로 지정하여 가로 막대 그래프를 그린다.

\# 누적형 가로 막대그래프

df.plot(kind = 'barh', title = '누적형 가로 막대그래프', stacked = True) 메서드의 kind 속성을 'barh'로 지정하고, stacked 속성을 True로 지정하여 누적형 막대 그래프를 그린다.

3.2 확률밀도 추정

주사위를 던졌을 때 눈금이 나오는 확률분포를 갖는 확률변수 x가 있다고 가정할 때 그 변수가 갖는 본질적인 특성을 파악하기 위해서 관측된 자료의 분포로부터 원래 확률 변수의 분포 특성을 추정하고자 하는 것이 '확률밀도 추정이'다. 이때 확률변수 x를 대상으로 커널 함수 Kernel Function를 이용하여 확률밀도함수를 추정하기 때문에 '커널 밀도 추정 Kernel Density Estimation'이라고도 한다.

어떤 확률변수 x의 밀도 Density를 추정하는 것은 확률변수 x의 확률밀도함수 Probability Density Function를 추정하는 것과 같다. 확률밀도함수는 확률변수 x의 분포를 나타내는 함수로 어떤 확률변수 x의 확률밀도함수 $f(x)$가 [그림 7.3]과 같다고 할 때,

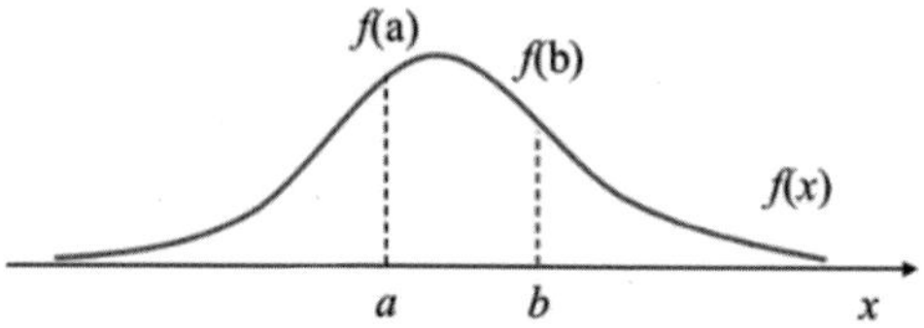

[그림 7.3] 확률변수 x의 확률밀도 함수

확률밀도함수 $f(x)$와 구간 [a, b]에 대해서 확률변수 x가 구간에 포함될 확률 $P(a \le x \le b)$는 $\int_a^b f(x)dx$가 된다.

확률밀도함수 $f(x)$는 다음과 같은 두 가지 조건을 만족해야 한다.

① 모든 실수값 x에 대해 $f(x) \ge 0$

② $\int_a^b f(x)dx = 1$

실습 커널 밀도 추정

step03_pandasPlot2.py

❶
```
01 import pandas as pd                 # Pandas 객체를 위한 모듈 가져오기
02 import numpy as np                  # 데이터 생성을 위한 모듈 가져오기
03 import matplotlib.pyplot as plt     # 차트를 그리기 위한  모듈 가져오기
04
05 # 2. 커널밀도추정(kde)
06
07 # 1) DataFrame 객체
08 df = pd.DataFrame(np.random.randn(10, 4),
09            columns = ('one', 'two', 'three', 'fore'))
10 print(df)
```

실행결과

```
        one       two     three      fore
0 -2.374500 -0.346782 -0.653616  1.729715
1 -1.283071  0.543086 -1.536742 -0.053259
2  0.487198 -0.164436  0.408431  1.208379
3 -0.070139 -2.011212  0.050404 -1.989827
4 -0.596643  0.800110 -0.675968  0.411694
5  1.164930  0.333316 -0.748023  0.574219
6 -0.389688 -1.403881  0.977952 -0.249479
7  0.510051  2.494463 -0.502529 -0.097163
8  1.545252 -1.286970 -0.523698 -1.900820
9 -1.343509  0.090002 -0.066071 -1.142437
```

해설

2. 커널 밀도 추정 KDE

1) DataFrame 객체 생성

randn(10, 4) 함수 08행에 의해서 10행 4열의 난수 40개가 만들어지고, columns 속성 09행에 의해서 4개의 칼럼명을 갖는 2차원 자료가 생성된다.

❷
```
11 # 2) 히스토그램
12 df['one'].plot(kind = 'hist', title = 'histogram')
13 plt.show()
```

실행결과

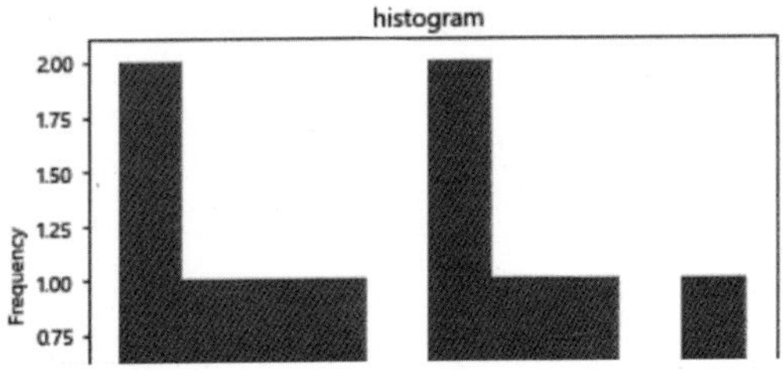

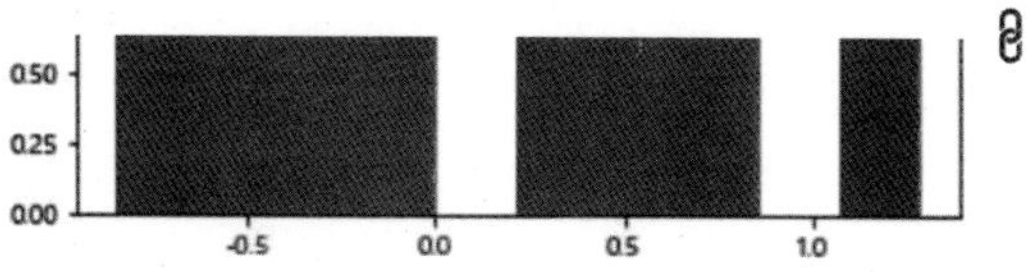

해설

2) 히스토그램 Histogram

히스토그램은 도수분포표를 그래프로 시각화한 것이다. 예에서는 첫 번째 칼럼 12행: df['one']을 대상으로 각 계급에 따른 빈도수 Frequency에 의해서 확률분포를 나타내고 있다.

❸

```
14  # 3) 커널 밀도 추정 : 히스토그램 -> 확률밀도 분포곡선
15  df['one'].plot(kind = 'kde', title = 'kernel density plot')
16  plt.show()
17  # 전체 칼럼 대상
18  df.plot(kind = 'kde', title = 'kernel density plot')
19  plt.show()
```

실행결과

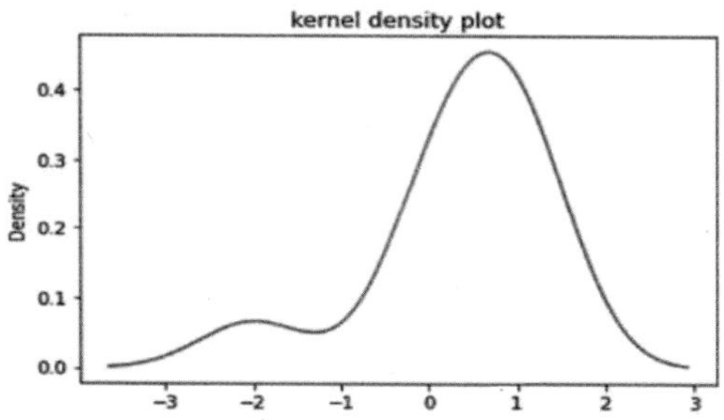

칼럼 'one'에 대한 확률밀도 분포 곡선

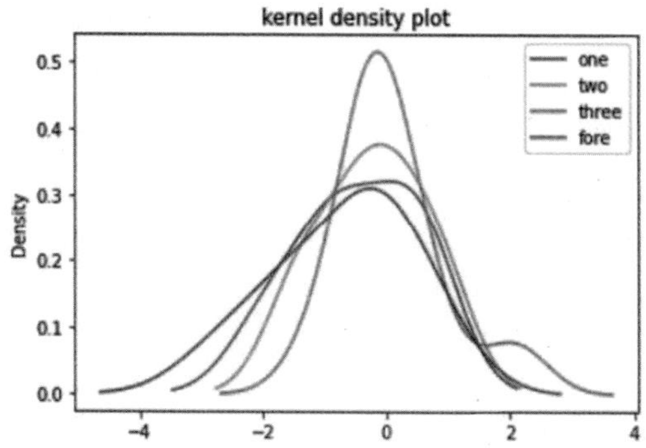

모든 칼럼에 대한 확률밀도 분포 곡선

해설

3) 커널 밀도 추정 Kernel Density Estimation

확률변수 x를 대상으로 커널 함수를 이용하여 확률밀도함수를 추정하고, 이를 바탕으로 확률밀도 분포곡선을 나타

낸다. 확률밀도함수는 앞부분에 확인한 히스토그램의 확률밀도함수를 스무딩 Smoothing하여 계급의 비연속적인 부분을 부드럽게 만들어준다.

확률밀도함수를 추정하는 커널 함수 Kernel Function는 원점을 중심으로 대칭이면서 전체 확률이 1이고, 음이 아닌 Non-negative 함수를 말한다.

예에서는 첫 번째 칼럼 'one' 15행과 4개 칼럼을 대상 18행으로 커널 밀도 추정 kind = 'kde'에 의해서 확률밀도 분포곡선이 그려진다.

❹
```
# 4) 상자 그래프 Box plot
df.plot(kind = 'box', title = 'boxplot chart')
plt.show()
```

실행결과

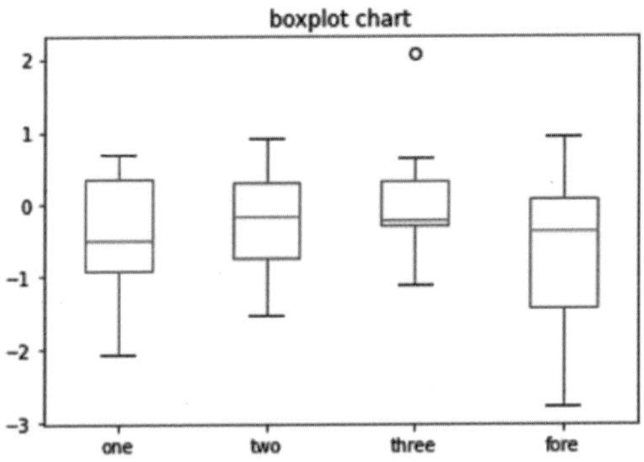

해설

4) 상자 그래프 Box plot

상자 그래프는 연속변수를 대상으로 요약 통계량을 시각화하는 도구이다. 예에서는 4개의 칼럼에 대한 요약 통계량을 이용하여 시각화한 결과이다.

3.3 산점도 행렬과 3차원 산점도

산점도 행렬 Scatter Matrix은 하나의 영역에서 여러 연속변수의 데이터 분류를 비교 분석하는 경우 용이한 시각화 도구이다. 또한 3차원 산점도는 3개의 축 x, y, z축을 기준으로 연속변수들을 비교 분석하는 경우 용이하다.

실습 **산점도 행렬과 3차원 산점도**

step03_pandasPlot3.py

❶
```
import pandas as pd                # Pandas 객체 사용을 위한 모듈 불러오기
import matplotlib.pyplot as plt    # 차트를 그리기 위한 모듈 불러오기
```

❶

```
03 import os                                  # 경로 관리를 위한 모듈 불러오기
04
05 # 3. 산점도 행렬과 3차원 산점도
06
07 # iris.csv 파일 가져오기
08 os.chdir('C:/PythonAnalysis/data')
09 iris = pd.read_csv('iris.csv')
10 cols = list(iris.columns)
11
12 x = iris[cols[:4]]                         # 4개 칼럼 선택
13 print(x.head())
14
15 # 1) 산점도 행렬(scatter matrix)
16 from pandas.plotting import scatter_matrix    # scatter_matrix 함수 사용을 위해 불러오기
17 scatter_matrix(x)
18 plt.show()
```

실행결과

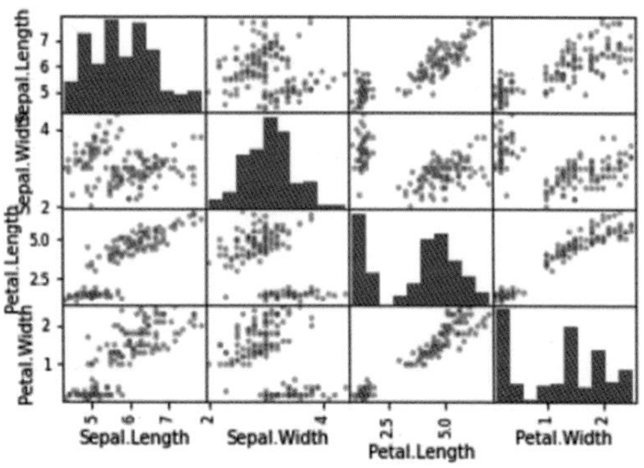

해설

3. 산점도 행렬과 3차원 산점도

1) 산점도 행렬 Scatter Matrix

산점도 행렬을 시각화하기 위해서는 scatter_matrix 함수를 import 16행한 후 iris 데이터셋에서 선택한 연속변수 4개를 이용 12행에서 칼럼 선택하여 산점도 행렬을 시각화 17행한다. 결과 그래프에서 대각선의 격자는 각 변수의 히스토그램이고, 나머지 격자는 4개 변수 간의 데이터 분포 현황을 나타낸다.

산점도 행렬에서 이용되는 "iris.csv" 데이터는 붓꽃에 대한 꽃받침의 길이와 너비, 꽃잎의 길이와 너비, 꽃의 종 Species에 관련된 자료를 제공한다.

❷

```
19 # 2) 3차원 산점도
20 from mpl_toolkits.mplot3d import Axes3D
21
22 # 3차원 자료
23 col_x = iris[cols[0]]
```

❷

```
col_y = iris[cols[1]]
col_z = iris[cols[2]]

cdata = []
for s in iris['Species'] :
    if s == 'setosa' :
        cdata.append(1)
    elif s == 'versicolor' :
        cdata.append(2)
    else :
        cdata.append(3)

print("# color 자료")
print(cdata) # color 자료

# 3차원 산점도
fig = plt.figure()
chart = fig.add_subplot(projection = '3d')
chart.scatter(col_x, col_y, col_z, c = cdata)
chart.set_xlabel('Sepal.Length')
chart.set_ylabel('Sepal.Width')
chart.set_zlabel('Petal.Length')
print("# 3차원 산점도")
plt.show()
```

실행결과

```
# color 자료
[1, 1, 1, 1, 1, 1, 1, 1, 1, 1, 1, 1, 1, 1, 1, 1, 1, 1, 1, 1, 1, 1, 1, 1, 1, 1, 1, 1, 1, 1, 1, 1, 1, 1, 1, 1, 1, 1, 1, 1, 1, 1, 1,
1, 1, 1, 1, 1, 1, 1, 2, 2, 2, 2, 2, 2, 2, 2, 2, 2, 2, 2, 2, 2, 2, 2, 2, 2, 2, 2, 2, 2, 2, 2, 2, 2, 2, 2, 2, 2, 2, 2, 2, 2, 2, 2,
2, 2, 2, 2, 2, 2, 2, 2, 2, 2, 2, 2, 2, 2, 3, 3, 3, 3, 3, 3, 3, 3, 3, 3, 3, 3, 3, 3, 3, 3, 3, 3, 3, 3, 3, 3, 3, 3, 3, 3, 3, 3, 3,
3, 3, 3, 3, 3, 3, 3, 3, 3, 3, 3, 3, 3, 3, 3, 3, 3, 3, 3, 3, 3]

# 3차원 산점도
```

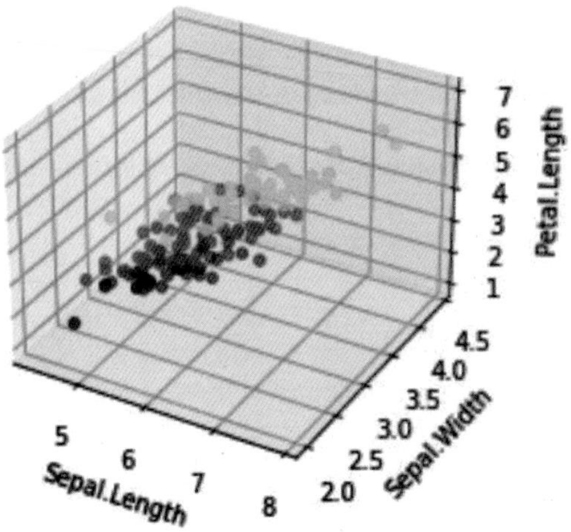

해설

2) 3차원 산점도

3차원 산점도를 시각화하기 위해서는 Axes3D 클래스를 import 20행한다. 3차원에 그려질 3개의 벡터를 iris의 3개 칼럼 23~25행으로 준비한다. iris의 꽃의 종 Species별로 1~3 사이의 정수로 변환 28~34행하여 산점도의 색을 구분하는 데 이용된다.

Figure 객체를 생성 40행하고, add_subplot() 메서드에서 projection = '3d' 속성을 지정 41행하여 subplot를 추가한다. subplot의 scatter() 메서드를 이용 42행하여 3개의 벡터를 3개의 축으로 지정하고 각 축의 레이블을 설정 43~45행여 3차원의 산점도를 그린다. 이때 c 속성 42행은 산점도의 색상을 지정한다.

4 Seaborn 패키지

Seaborn 패키지는 Matplotlib를 기반으로 다양한 배경 테마 Theme와 통계용 차트를 제공하는 라이브러리이다. 카운트 플롯, 다차원 실수형 자료, 2차원 집단변수와 연속변수, 커널 밀도, HeatMap 등의 시각화 도구를 제공한다. Seaborn 패키지에서는 시각화 실습을 위한 데이터셋을 함께 제공한다

4.1 시각화 자료

Seaborn 패키지에서 제공하는 데이터셋은 기본적으로 Pandas의 DataFrame 객체로 제공된다. 데이터셋을 가져오기 위해서는 load_dataset() 함수를 이용하며, 함수의 형식과 파라미터는 다음과 같다.

형식 load_dataset() 함수 사용 형식

```
seaborn.load_dataset(name, cache = True, data_home = None, ** kws )

인수:
    name:      데이터셋 이름
    cache:     캐쉬 사용 여부
    data_home: 캐쉬 사용 폴더명
    ** kws:    추가 파라미터
```

데이터셋은 온라인 저장소에서 다운로드 된다. Seaborn 패키지에서 제공하는 데이터셋 중 사용자가 load_dataset() 함수를 시용하여 로드 load할 수 있는 데이터셋은 seaborn.get_dataset_names() 함수를 호출하여 목록을 확인할 수 있다.

실습 **Seaborn 데이터셋**

step04_seaborn1.py

❶

```
import seaborn as sn

# 1. seaborn dataset
# 1) 데이터셋 목록
print("# 1) 데이터셋 목록")
print(sn.get_dataset_names())

# 2) iris 데이터셋
iris = sn.load_dataset('iris')
print("# 2) iris 데이터셋")
print(iris.info())

# 3) tips 데이터셋
tips = sn.load_dataset('tips')
print("# 3) tips 데이터셋")
print(tips.info())

# 4) titanic 데이터셋
titanic = sn.load_dataset('titanic')
print("# 4) titanic 데이터셋")
print(titanic.info())

# 5) flights 데이터셋
flights = sn.load_dataset('flights')
print("# 5) flights 데이터셋")
print(flights.info())
```

실행결과

```
# 1) 데이터셋 목록
['anagrams', 'anscombe', 'attention', 'brain_networks', 'car_crashes', 'diamonds', 'dots', 'exercise', 'flights', 'fmri',
'gammas', 'geyser', 'iris', 'mpg', 'penguins', 'planets', 'tips', 'titanic']
# 2) iris 데이터셋
<class 'pandas.core.frame.DataFrame'>
RangeIndex: 150 entries, 0 to 149
Data columns (total 5 columns):
 #  Column        Non-Null Count   Dtype
--------------    --------------   -------
 0  sepal_length  150 non-null     float64
 1  sepal_width   150 non-null     float64
 2  petal_length  150 non-null     float64
 3  petal_width   150 non-null     float64
 4  species       150 non-null     object
dtypes: float64(4), object(1)
memory usage: 6.0+ KB
None
```

```
# 3) tips 데이터셋
<class 'pandas.core.frame.DataFrame'>
RangeIndex: 244 entries, 0 to 243
Data columns (total 7 columns):
 #  Column      Non-Null Count  Dtype
--------------  --------------  -------
 0  total_bill  244 non-null    float64
 1  tip         244 non-null    float64
 2  sex         244 non-null    category
 3  smoker      244 non-null    category
 4  day         244 non-null    category
 5  time        244 non-null    category
 6  size        244 non-null    int64
dtypes: category(4), float64(2), int64(1)
memory usage: 7.3 KB
None
# 4) titanic 데이터셋
<class 'pandas.core.frame.DataFrame'>
RangeIndex: 891 entries, 0 to 890
Data columns (total 15 columns):
 #  Column       Non-Null Count  Dtype
--------------   --------------  -------
 0  survived     891 non-null    int64
 1  pclass       891 non-null    int64
 2  sex          891 non-null    object
 3  age          714 non-null    float64
 4  sibsp        891 non-null    int64
 5  parch        891 non-null    int64
 6  fare         891 non-null    float64
 7  embarked     889 non-null    object
 8  class        891 non-null    category
 9  who          891 non-null    object
 10 adult_male   891 non-null    bool
 11 deck         203 non-null    category
 12 embark_town  889 non-null    object
 13 alive        891 non-null    object
 14 alone        891 non-null    bool
dtypes: bool(2), category(2), float64(2), int64(4), object(5)
memory usage: 80.6+ KB
None
# 5) fiights 데이터셋
<class 'pandas.core.frame.DataFrame'>
RangeIndex: 144 entries, 0 to 143
Data columns (total 3 columns):
 #  Column      Non-Null Count  Dtype
--------------  --------------  -------
 0  year        144 non-null    int64
 1  month       144 non-null    category
```

```
 2   passengers  144 non-null       int64
dtypes: category(1), int64(2)
memory usage: 2.9 KB
None
```

해설

1. seaborn dataset

1) 데이터셋 목록

seaborn 패키지에서 제공하는 get_dataset_names() 함수를 이용하여 데이터셋의 목록을 확인한다.

2) iris 데이터셋

seaborn의 별칭인 sn으로 load_dataset('iris')함수를 호출하여 iris 데이터셋을 로드한다. info() 메서드를 이용하여 데이터셋의 정보를 확인한다. iris는 붓꽃에 대한 꽃받침의 길이와 넓이, 꽃잎의 길이와 넓이를 기록한 데이터셋으로 변수는 다음과 같다.

변수 칼럼	설명	자료형
sepal_length	꽃받침 길이	실수형
sepal_width	꽃받침 넓이	실수형
petal_length	꽃잎 길이	실수형
petal_width	꽃잎 너비	실수형
species	꽃의 종	객체형

3) tips 데이터셋

load_dataset('tips') 함수를 호출하여 tips 데이터셋을 로드한다. info() 메서드를 이용하여 데이터셋의 정보를 확인한다. tips는 행사에 소요되는 총지불금액과 팁의 비율 등을 기록한 데이터셋으로 변수는 다음 같다.

변수 칼럼	설명	자료형
total_bill	총지불금액	실수형
tip	팁 비율	실수형
sex	성별	집단형
smoker	흡연 유뮤	집단형
day	행사 요인	집단형
time	행사 시간	집단형
size	행사 규모	정수형

4) titanic 데이터셋

titanic 관련 데이터셋을 가져온 후 정보를 확인한다. titanic 데이터셋은 타이틱호에 탑승한 고객을 대상으로 생존여부를 기록한 데이터셋으로 각 변수는 다음과 같다.

변수 칼럼	설명	자료형
survived	생존 여부(1, 0)	정수형
pclass	좌석 등급(1등급, 2등급, 3등급)	정수형
sex	성별	객체형
age	나이	정수형
sibsp	함께 탑승한 형제와 배우자 수	정수형
parch	함께 탑승한 부모, 아이의 수	정수형

fare	좌석 요금	실수형
embared	탑승 항구 (S, C, Q)	객체형
class	pclass와 동일	집단형
who	sex와 동일	정수형
adult_male	성인 남자 여부	정수형
deck	데크 번호 (알파벳 + 숫자 혼용)	실수형
embark_town	탑승 항구 이름	객체형
alive	생존 여부(Yes, No)	객체형
along	혼자 탑승 여부	논리형

5) flights 데이터셋

월별 항공기 탑승객과 관련된 flights 데이터셋을 가져온 후 정보를 확인한다. flights 데이터셋은 1949년부터 1960년 까지 항공기 탑승객 수를 기록한 데이터셋으로 각 변수는 다음과 같다.

변수 칼럼	설명	자료형
year	년도(1946년~1960년)	정수형
month	월(1월~12월)	집단형
passengers	탑승객 수	정수형

4.2 범주형 자료 시각화

범주형 Category은 특정 변수가 가질 수 있는 값이 제한된 경우에 사용하는 자료형이다. 예를 들어 티셔츠와 같은 실제 제품에서 범주형은 다음과 같이 크기, 스타일, 소재 등이 될 수 있다.

- 크기: Small, Medium, Large
- 스타일: 짧은 소매, 긴 소매
- 소재: 면, 폴리에스터

[표 7.2]는 Pandas 객체의 자료형과 다른 객체의 자료형을 비교한 예이다. 특히 텍스트 Text를 기준으로 객체 Object형과 범주 Category형을 구분할 필요가 있다. 객체형은 텍스트의 값이 상황에 따라서 범주의 수가 다르거나 많은 경우이다. 셔츠의 "색상"은 상황에 따라서 여러 개의 값을 가질 수 있기 때문에 객체형에 해당된다.

[표 7.2] Pandas 객체의 자료형

Pandas	Python	Numpy	의미
object	str	string_, unicode_	문자형
int64	int	int_, int8, int16, int32 int64,uint8, uint16, uint32, uint64	정수

float64	float	float_, float16, float32, float64	부동소수점
bool	bool	bool_	참/거짓
category	없음	없음	제한된 문자형

객체형과 범주형

범주형은 [표 7.2]에서 catgory형을 의미한다. 어떠한 상황이든 텍스트의 값이 제한된 경우이다. 셔츠의 "크기", "스타일", "소재"는 항상 일정한 범주를 갖는다. 하지만 범주형이 가져야 하는 값의 수에 대한 명확한 규칙은 없다. 따라서 정확한 자료형을 결정하기 위해서는 도메인 지식을 적용해야 한다.

객체형은 [표 7.2]에서 object형 이다. 범주형과 마찬가지로 문자형이지만 텍스트의 값이 무한한 경우이다. 셔츠의 "가격"이나 "수량"은 int형 또는 float형에 해당한다. 이러한 자료는 정량적으로 측정이 가능하므로 통계적인 자료로 이용될 수 있다. 통계적인 자료로 이용될 수 없는 경우는 위 예에서 셔츠의 스타일과 같은 경우이다. '짧은 소매'와 '긴 소매'는 정량적으로 측정할 수 없기 때문이다.

범주형은 문자열로 처리한다는 측면에서 객체형과 동일하지만, 내부적으로는 정수 배열로 표현된다. 이를 통해 자료를 순서대로 정렬하고 자료를 보다 효율적으로 저장할 수 있다. 범주 Category형을 사용하는 이유는 다음과 같다.

- 사용자가 지정한 순서대로 자료를 정렬할 수 있다. 예: "Small" < "Medium" < "Large"
- 범주형 자료 유형을 해석하여 적절한 통계 모델 또는 플롯 유형을 적용할 수 있다.
- 메모리의 사용량이 적기 때문에 성능이 향상될 수 있다.

실습 **object형을 category형으로 변환하는 예**

step04_seaborn2.py

```
import matplotlib.pyplot as plt
import seaborn as sn

# 2. object형을 category형으로 변환
# 1) dataset load
titanic = sn.load_dataset('titanic')

# titanic 데이터셋 정보
print(titanic.info())
```

실행결과

```
<class 'pandas.core.frame.DataFrame'>
RangeIndex: 891 entries, 0 to 890
```

```
Data columns (total 15 columns):
 #  Column       Non-Null Count  Dtype
--------------   --------------  -------
 0  survived     891 non-null    int64
 1  pclass       891 non-null    int64
 2  sex          891 non-null    object
 3  age          714 non-null    float64
 4  sibsp        891 non-null    int64
 5  parch        891 non-null    int64
 6  fare         891 non-null    float64
 7  embarked     889 non-null    object
 8  class        891 non-null    category
 9  who          891 non-null    object
 10 adult_male   891 non-null    bool
 11 deck         203 non-null    category
 12 embark_town  889 non-null    object
 13 alive        891 non-null    object
 14 alone        891 non-null    bool
dtypes: bool(2), category(2), float64(2), int64(4), object(5)
memory usage: 80.6+ KB
None
```

해설

2. object형을 category형으로 변환하는 예

1) dataset load

titanic 데이터셋을 로드 06행하여 정보를 확인한다. titanic 데이터셋은 891개의 관측치와 15개의 칼럼으로 구성되어 있다.

❷

```
# 2) subset 만들기
df = titanic[['survived', 'age', 'class', 'who']]
print(df.info())
```

실행결과

```
<class 'pandas.core.frame.DataFrame'>
RangeIndex: 891 entries, 0 to 890
Data columns (total 4 columns):
 #  Column    Non-Null Count  Dtype
--- ---------- --------------  --------
 0  survived  891 non-null    int64
 1  age       714 non-null    float64
 2  class     891 non-null    category
 3  who       891 non-null    object
dtypes: category(1), float64(1), int64(1), object(1)
memory usage: 22.0+ KB
None
```

해설

2) subset 만들기

titanic 데이터셋의 15개의 칼럼 중에서 int형, float형, categroy형, object형을 갖는 4개의 칼럼 11행으로 서브셋을 만들고, 서브셋의 정보를 확인한다.

❸
```
13 # 3) object형을 category형으로 변환
14 df['who_new'] = df['who'].astype('category')
15 print(df.info())
```

실행결과

```
<class 'pandas.core.frame.DataFrame'>
RangeIndex: 891 entries, 0 to 890
Data columns (total 5 columns):
 #  Column    Non-Null Count  Dtype
--- ----------  -------------------  --------
 0  survived  891 non-null    int64
 1  age       714 non-null    float64
 2  class     891 non-null    category
 3  who       891 non-null    object
 4  who_new   891 non-null    category
dtypes: category(2), float64(1), int64(1), object(1)
memory usage: 22.0+ KB
None
```

해설

3) object형을 category형으로 변환

object형의 'who' 칼럼을 category형으로 변경해서 새로운 'who_new' 칼럼을 추가 14행한다.

Pandas 객체는 문자형을 object형으로 나타낸다. 이때 해당 칼럼의 텍스트의 수가 제한된 경우 category형으로 변환하면 사용자가 지정한 순서대로 텍스트를 정렬할 수 있고, 텍스트 대신 정수로 저장되기 때문에 메모리의 효율성이 향상된다.

❹
```
# 4) category 수정
df['who_new'] = df['who_new'].cat.set_categories(['man', 'woman', 'child'])

# 특정 칼럼 정렬
print(df.sort_values(by = 'who_new'))        # Object
```

실행결과

```
     survived  age   class  who  who_new
0           0  22.0  Third  man      man
522         0  NaN   Third  man      man
524         0  NaN   Third  man      man
525         0  40.5  Third  man      man
```

```
527     0  NaN    First   man    man
..     ...  ...    ...    ...    ...
642     0  2.0    Third  child  child
634     0  9.0    Third  child  child
164     0  1.0    Third  child  child
750     1  4.0   Second  child  child
445     1  4.0    First  child  child

[891 rows x 5 columns]v
```

해설

4) category 수정

기존 category형의 칼럼을 대상으로 cat.set_categories(['man', 'woman', 'child']) 형식 17행으로 순서를 변경할 수 있다. 변경된 범주의 순서에 의해서 정수 배열이 변경된다. 수정된 칼럼으로 오름차순 정렬 20행하면 "man" > "woman" > "child" 순으로 데이터셋이 정렬된다. 내림차순 정렬은 sort_values(by = 'who_new', ascending = False) 20행에서 ascending 속성 추가 형식으로 지정한다.

범주형 자료 시각화

범주형 자료를 대상으로 범주별로 출현 빈도수를 막대 차트로 시각화하는 seaborn 패키지의 countplot() 함수에 대해서 알아본다. countplot() 함수의 형식과 주요 인수는 다음과 같다.

형식 counterplot() 함수 사용 형식

```
seaborn.countplot(x, data)

인수   x:     x축에 사용할 칼럼
       data: 사용할 데이터셋
```

실습 범주형 자료 시각화

❺
```
21 # dataset load
22 tips = sn.load_dataset('tips')
23 titanic = sn.load_dataset('titanic')
24
25 # 3. 범주형 자료 시각화
26 # 1) 그래프 배경 스타일
27 sn.set_style(style = 'darkgrid')
```

해설

3. 범주형 자료 시각화

seaborn 패키지에서 제공하는 sn.set_style() 함수를 사용 27행하여 그래프의 배경 스타일을 지정한다. sn.set_style() 함수에서 style 속성의 값으로 "darkgrid", "whitegrid", "dark", "white", "ticks" 등을 지정하여 그래프의 배경 스타일을 지정할 수 있다. "darkgrid"는 격자 모양을 띤 연한 회색의 그래프 배경을 제공한다.

❻

```
# 2) 범주형 자료 시각화
# 2개 범주
sn.countplot(x = 'smoker', data = tips)
plt.title('smoker of tips')            # 차트 제목
plt.show()
```

실행결과

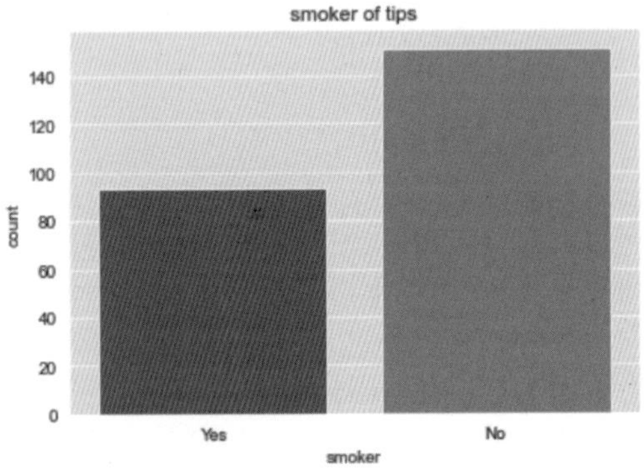

해설

2개 범주

tips 데이터셋에서 2개의 범주를 갖는 'smoker 흡연 유무' 칼럼'의 빈도수를 막대 차트로 시각화한다.

❼

```
# 3개 범주
sn.countplot(x = 'class', data = titanic)
plt.title('class of titanic')          # 차트 제목
plt.show()
```

실행결과

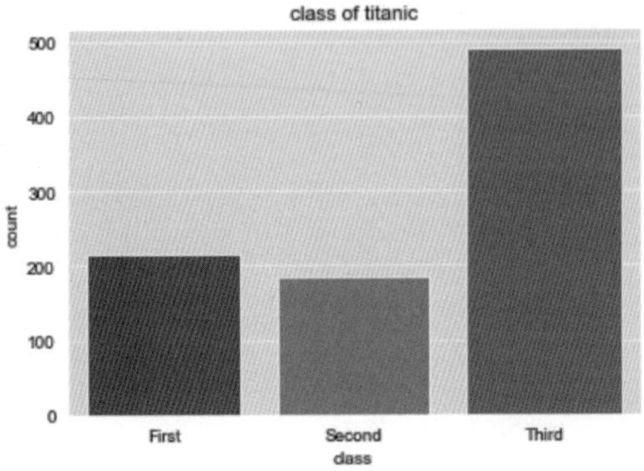

해설

3개 범주

titanic 데이터셋에서 3개의 범주를 갖는 'class 등급' 칼럼의 빈도수를 막대 차트로 시각화한다.

❽
```
# 4개 범주
sn.countplot(x = 'day', data = tips)
plt.title('day of tips')          # 차트 제목
plt.show()
```

실행결과

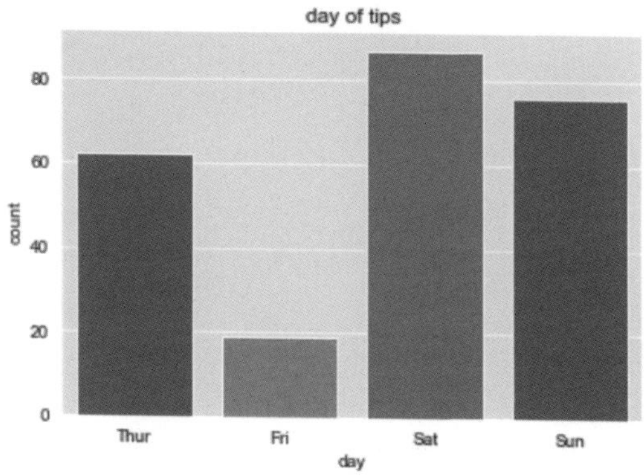

해설

4개 범주

tips 데이터셋에서 4개의 범주를 갖는 'day 행사일' 칼럼의 빈도수를 막대차트로 시각화한다.

4.3 연속형 자료 시각화

Seaborn에서 제공하는 그래프 기능 중 연속변수를 시각화하는 대표적인 시각화 도구에는 산점도, 히스토그램, 상자 그래프 등이 있다.

일차원 자료 시각화

한 개의 자료를 대상으로 한 일차원 자료 시각화에 대해서 알아본다.

실습 **연속형 일차원 자료 시각화**

step04_seaborn3.py

❶

```
import matplotlib.pyplot as plt
import seaborn as sn

# dataset load
iris = sn.load_dataset('iris')
tips = sn.load_dataset('tips')

# 4. 연속형 자료 시각화
# 1) 히스토그램
print("# 1) 히스토그램")
x = iris.sepal_length
plt.hist(x)
plt.title('Sepal length hist')
plt.show()

# 2) distplot : 히스토그램 + 밀도분포
print("# 2) 히스토그램 + 밀도분포")
sn.distplot(x, hist = True, kde = True)
plt.title('iris 꽃받잎의 길이 히스트그램 & 확률밀도')
plt.show()
```

실행결과

1) 히스토그램

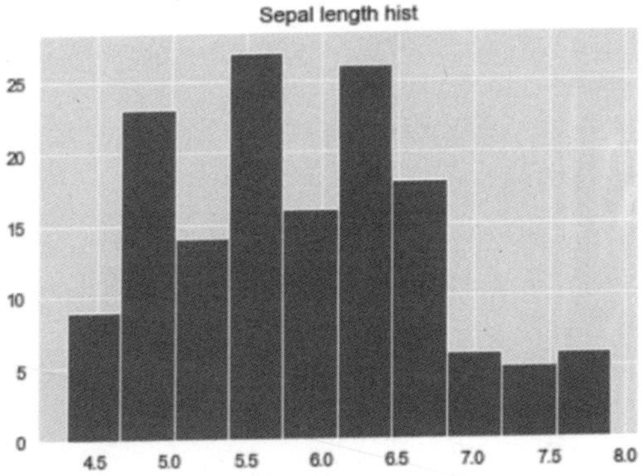

2) 히스토그램 + 밀도분포

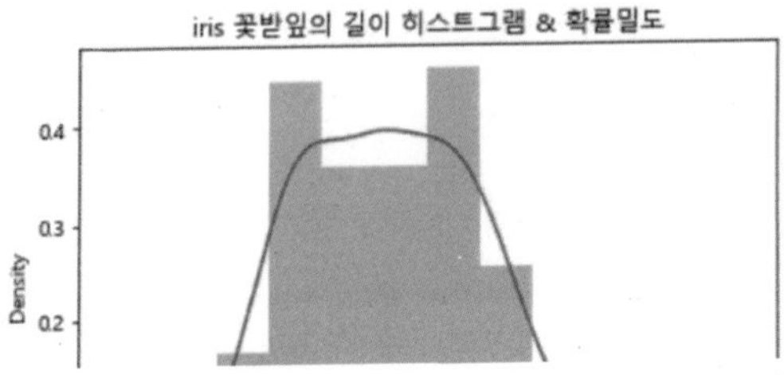

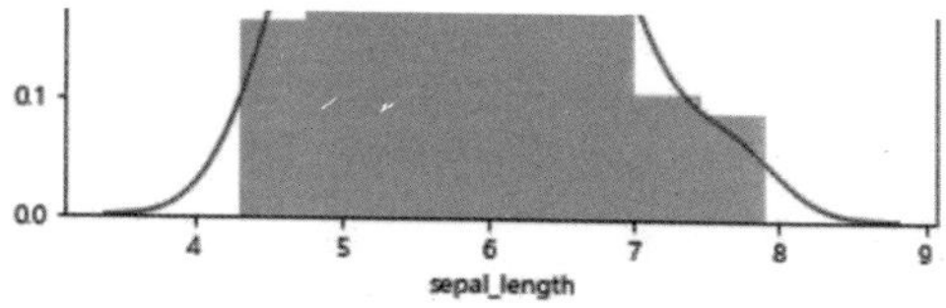

해설

4. 연속형 자료 시각화

1) 히스토그램

iris의 첫 번째 칼럼 'sepal_length'을 기준 11행으로 matplotlib에서 제공하는 hist() 함수 12행에 의해서 히스토그램을 시각화한다.

2) distplot: 히스토그램 + 밀도분포

seaborn에서 제공하는 distplot() 함수 18행에 의해서 히스토그램과 밀도분포를 함께 시각화한다. hist 속성과 kde 속성을 모두 True로 지정하면 hist 속성에 의해서 계급을 밀도로 히스토그램을 시각화하고, kde 속성으로 커널 밀도 추정 Kernel Density Estimation 함수에 의해서 밀도분포를 추정하여 분포곡선을 추가한다.

다차원 자료 시각화

여러 개의 자료를 대상으로 한 다차원 자료 시각화에 대해서 알아본다.

실습 **연속형 다차원 자료 시각화**

❷
```
# 3) scatter matrix
# 형식) sn.pairplot(data, hue = '범주형', kind = 'scatter')

sn.pairplot(data = iris, hue = 'species', kind = 'scatter')
plt.show()
```

실행결과

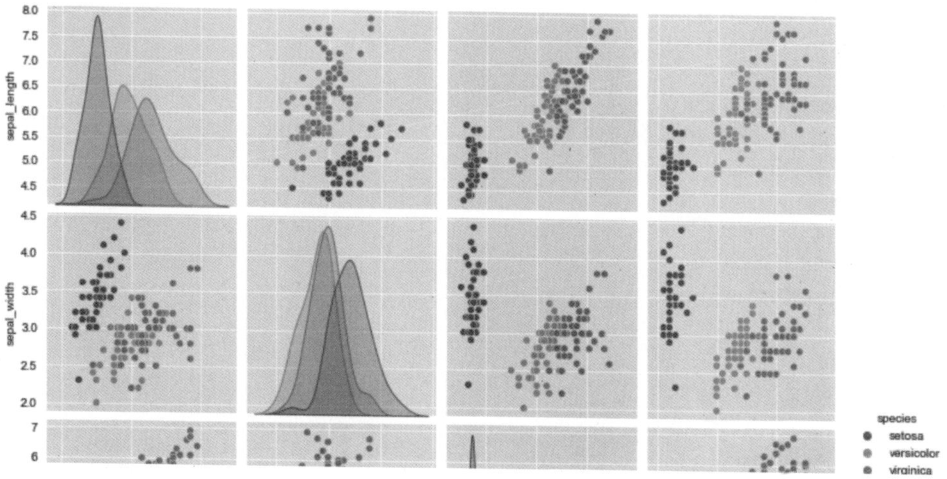

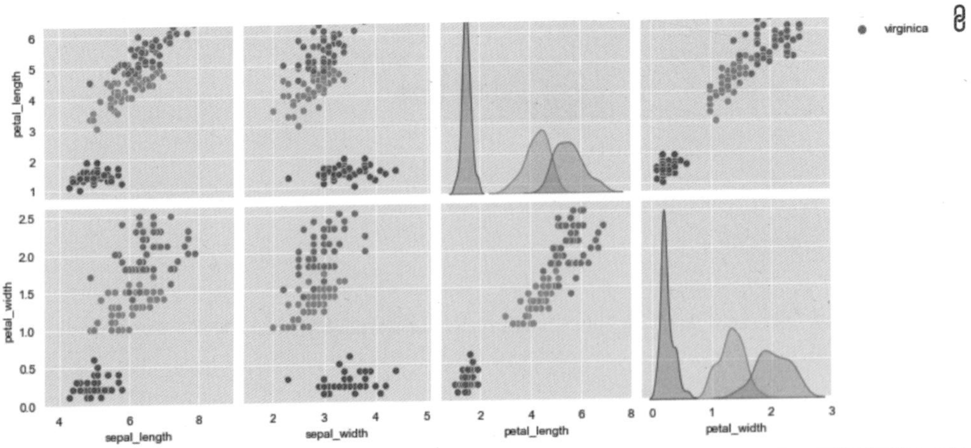

해설

sn.pairplot() 함수는 여러 개의 연속형 자료를 대상으로 산점도 행렬을 시각화한다. 예에서는 hue 속성 24행에 'species'를 지정하고, kind 속성 24행에 'scatter'를 지정하여 나머지 연속형 자료 4개를 산점도 행렬로 그린다. hue 속성은 범주형 칼럼을 이용하여 범주별로 시각화하는 역할을 한다. 예에서는 꽃의 3가지 종을 색상으로 구분해서 제공한다. kind 속성은 생략이 가능하다.

❸

```
26  # 4) 산점도: 연속형+연속형
27  sn.scatterplot(x = "sepal_length", y = "petal_length", data = iris)
28  plt.show()
29
30  # 5) 산점도: 연속형+연속형+범주형
31  sn.scatterplot(x = "sepal_length", y = "petal_length", hue = "species", data = iris)
32  plt.show()
```

실행결과

산점도: 연속형+연속형

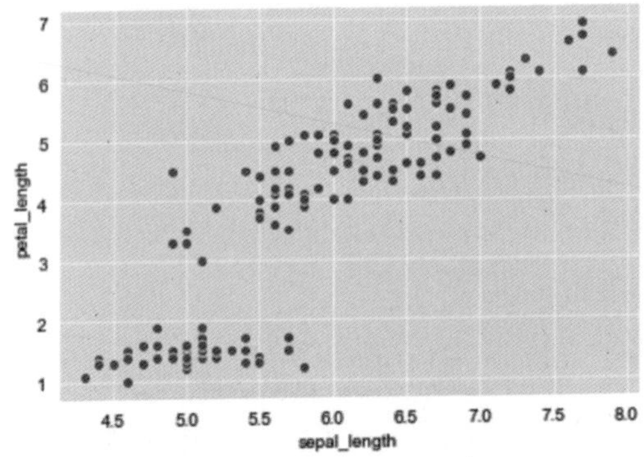

산점도: 연속형+연속형+범주형

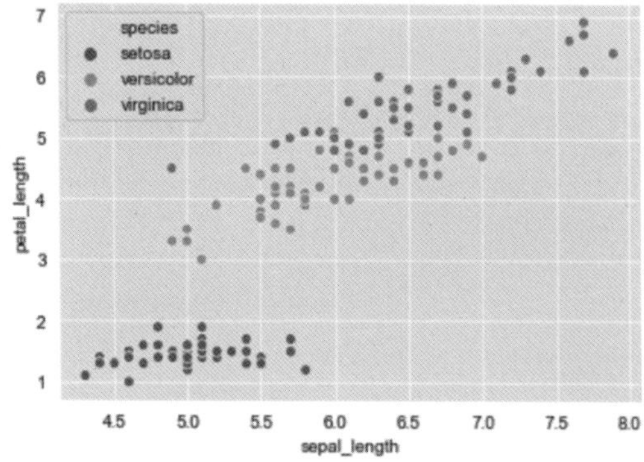

해설

\# 4) 산점도 : 연속형+연속형

sn.scatterplot() 함수 27행는 2개의 연속형 자료 sepal_length, petal_length를 대상으로 산점도를 시각화한다. 예에서는 x축에 iris의 첫 번째 칼럼 sepal_length을 지정하고, y축에는 세 번째 칼럼 petal_length을 지정하여 산점도를 그린다.

\# 5) 산점도 : 연속형+연속형+범주형

hue 속성 31행에 'species'를 지정하여 꽃의 종별로 산점도를 시각화한다.

❹
```
33 # 6) 연속형 변수 간의 통계적 관계
34 sn.relplot(x = "total_bill", y = "tip", size = "size",
35           sizes = (15, 200), data = tips)
36 plt.show()
```

실행결과

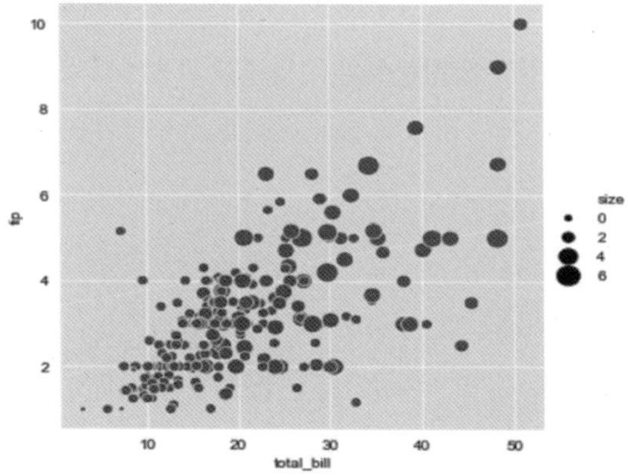

해설

sn.relplot() 함수 34~35행는 연속형 자료들의 통계적 관계를 시각화하는 도구이다. 예에서 total_bill 총지불금액 칼럼과 tip 팁 칼럼은 대체적으로 비례관계로 나타난다. 여기서 size 행사규모 칼럼을 size로 지정 34행할 때 행사규모가 큰 경우는 대체적으로 총지불금액이 큰 것으로 나타난다.

❺
```
37 # seaborn 차트에서 한글 지원
38 plt.rcParams['font.family'] = 'Malgun Gothic'
39
40 # 7) boxplot : 범주형+연속형+범주형
41 sn.boxplot(x = "day", y = "total_bill", hue = "sex", data = tips)
42 plt.title("성별을 기준으로 요일별 총지불금액")
43 plt.show()
```

실행결과

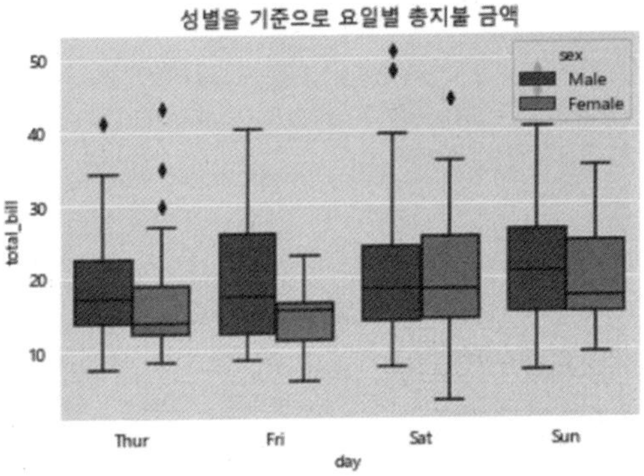

해설

sn.boxplot() 함수 41행는 특정 자료의 요약통계를 시각화하는 역할을 한다. 예에서는 tips 데이터셋의 sex 성별 칼럼을 기준으로 day 요일별 칼럼과 total_bill 총지불금액 칼럼을 시각화한다. 전반적으로 남성이 여성과 비교해서 지불금액이 많은 것을 보이며, 주말에는 비교적 여성의 지불금액이 많아지는 특성을 보인다.

4.4 통계 모델 시각화

시간을 축으로 변화하는 통계량을 분석하는 시계열 Time Series 분석과 선형적 인과관계를 분석하는 선형회귀분석에서 X가 변할 때 Y가 어떻게 변하는지를 나타내는 통계적 모델을 시각화하는 방법에 대해서 알아본다.

실습 통계 모델 시각화

step04_seborn4.py

❶
```
import matplotlib.pyplot as plt
import seaborn as sn

# dataset 로드
iris = sn.load_dataset('iris')
flights = sn.load_dataset('flights')

# 5. 통계 모델 시각화
```

❶

```
09 # 1) 오차 대역폭을 갖는 시계열: x는 시간축, y는 통계량
10 sn.lineplot(x = "year", y = "passengers", data = flights)
11 plt.show()
12
13 # hue 추가
14 sn.lineplot(x = "year", y = "passengers", hue = 'month', data = flights)
15 plt.show()
```

실행결과

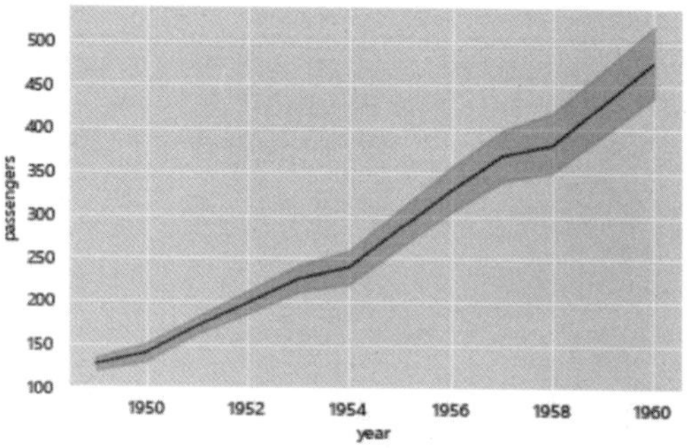

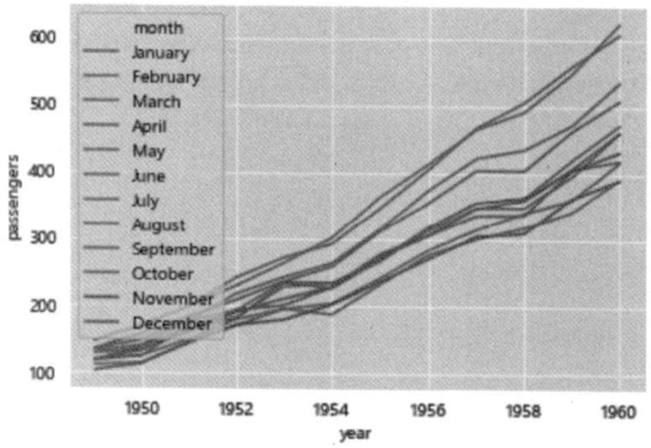

해설

시간 축 year; 10행에 따라서 비행기 탑승객 passengers; 10행이 점진적으로 증가하는 추세를 나타낸다. hue 속성에 월 month을 추가 14행하면 월 단위로 탑승객의 추세를 확인할 수 있다. 대체적으로 탑승객은 6~8월 사이에서 탑승객이 가장 많은 것을 확인할 수 있다. 첫 번째 결과에서 추세선은 중앙의 실선이고, 실선의 양쪽에 보이는 음영은 오차 대역폭을 의미하고, 오차 대역폭은 오차범위를 의미한다.

❷

```
16 # 2) 선형회귀: 산점도와 회귀선
17
18 # regplot() 함수
19 sn.regplot(x = "sepal_length", y = "petal_length", data = iris)      # hue 사용 불가
20 plt.show()
21
```

❷

```
# lmplot() 함수
sn.lmplot(x = "sepal_length", y = "petal_length", data = iris, ci = 95)
plt.show()

# hue 속성 적용: 꽃의 종별 서로 다른 회귀선
sn.lmplot(x = "sepal_length", y = "petal_length", hue = "species", data = iris)
plt.show()
```

실행결과

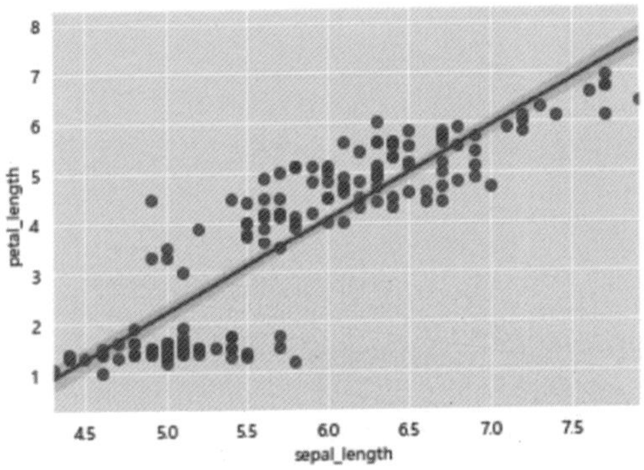

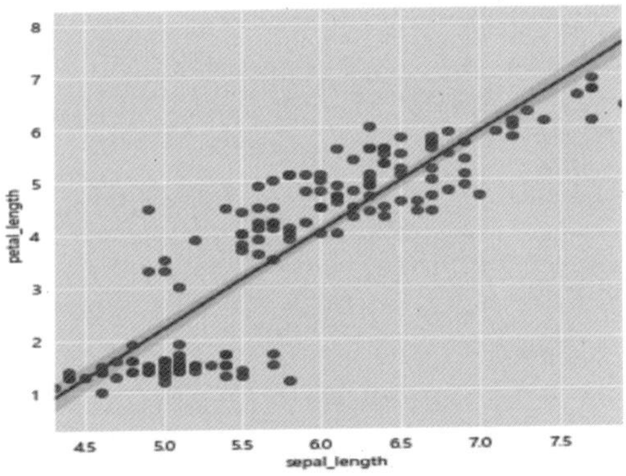

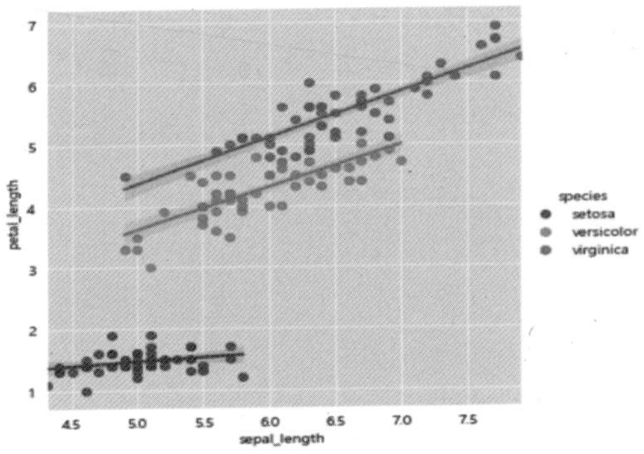

해설

sn.regplot() 함수 19행와 sn.lmplot() 함수 23행는 모두 회귀분석의 결과를 시각화하는 도구로 이용된다. 원인에 해당하는 X는 x축으로 지정하고, 결과에 해당하는 Y는 y축으로 지정하여 선형회귀분석의 통계적 모델을 시각화한다. 산점도를 배경으로 모든 점의 정중앙으로 회귀선이 시각화된다. 회귀선의 모양에 따라서 두 변수 간의 상관성을 추론할 수 있다. sn.lmplot() 함수는 ci 속성 23행과 hue 속성 27행을 사용할 수 있다. ci 속성은 회귀선을 추정하는 신뢰구간을 지정하고, hue 속성은 범주형 자료를 이용하여 집단별로 회귀선을 예측하여 시각화한다.

4.5 HeatMap

히트 맵 Heat Map은 열을 뜻하는 히트 Heat와 지도를 뜻하는 맵 Map을 결합한 단어이다. 색상으로 표현할 수 있는 다양한 정보를 일정한 이미지 위에 열 분포 형태의 그래픽으로 출력하는 것이 특징이다. 히트 맵은 주로 분류분석 모델에서 실제 값 Real value과 모델에서 예측한 값 Predicted value을 교차 분할표로 만들고, 정분류와 오분류를 색상의 농도로 시각화하는 데 이용된다.

실습 **변수와 자료형 예**

step04_seaborn5.py

```
import matplotlib.pyplot as plt
import seaborn as sn
import pandas as pd

# 6. heatmap
# 1) 실제값과 예측값
y_true = pd.Series([1, 0, 1, 0, 0])         # 실제값
y_pred = pd.Series([1, 0, 1, 0, 1])         # 예측값

# 2) 교차 분할표
mat = pd.crosstab(y_true, y_pred)
print(mat)

# 3) 분류정확도
score = (mat.iloc[0, 0] + mat.iloc[1, 1]) / len(y_true)
print('score =', score)
```

실행결과

```
col_0 0 1
row_0
0     2 1
1     0 2

score = 0.8
```

해설

6. heatmap

1) 실제값과 예측값

Series 객체를 이용하여 실제값과 예측값의 벡터를 생성 07~08행한다.

2) 교차 분할표

crosstab() 함수를 이용하여 실제값을 행으로, 예측값은 열로 지정하여 교차 분할표 11행를 만든다.

3) 분류정확도

교차 분할표에서 정분류한 1행 1열과 2행 2열의 값은 더하고, 전체 길이로 나누어서 분류정확도를 계산 15행한다.

❷

```
17 # 4) heatmap
18 sn.heatmap(mat, annot = True, fmt = "d", linewidths = 1)
19 plt.ylabel('Actual label');
20 plt.xlabel('Predicted label');
21 acc_score = 'Accuracy Score: {0}'.format(score)
22 plt.title(acc_score, size = 18)
23 plt.show()
```

실행결과

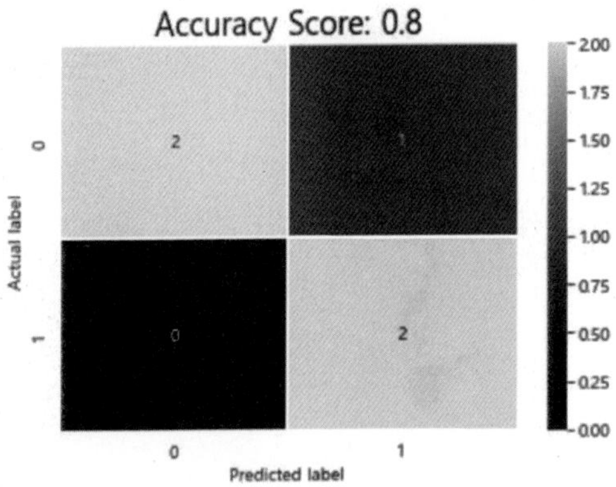

해설

sn.heatmap() 함수 18행에서 annot 속성은 교차분할표의 빈도수를 나타내고, fmt 속성은 빈도수의 양식(fmt = "d" : 정수, fmt = ".2f" : 실수)을 지정하며, linewidths 속성은 교차분할표의 선의 굵기를 지정한다. 교차분할표에서 셀의 값이 가장 큰 값은 가장 높은 색의 농도로 표시되고, 셀의 값이 가장 작은 값은 가장 낮은 색의 농도가 표시된다. 따라서 정분류와 오분류는 색상의 농도에 의해서 구분되어 사용자에게 가독성을 제공한다.

연습문제

문제 1 다음 보기 중 이산형 변수를 시각화하는데 적합한 시각화 도구들로 구성된 답항을 고르시오.

① 막대차트, 점차트 ② 산점도, 히스토그램
③ 막대차트, 박스 플롯 ④ 히스토그램과 히트맵

문제 2 다음 보기 중 연속형 변수를 시각화하는데 적합한 시각화 도구들로 구성된 답항을 고르시오.

① 막대차트, 점차트 ② 산점도, 히스토그램
③ 막대차트, 박스 플롯 ④ 히스토그램과 히트맵

문제 3 색상으로 표현할 수 있는 다양한 정보를 일정한 이미지 위에 열 분포 형태의 그래픽으로 출력하는 시각화 도구를 답항에서 고르시오.

① 히트맵 ② 박스 플롯
③ 히스토그램 ④ kdf

문제 4 seaborn 패키지에서 제공하는 시각화 도구 중에서 두 변수의 상관성을 확인할 수 있는 함수를 답항에서 고르시오.

① plot() ② lmplot()
③ kdf() ④ hist()

문제 5 박스 플롯 Box plot에서 확인할 수 있는 정보가 아닌 것을 답항에서 고르시오.

① 최댓값 ② 중위수
③ 평균 ④ 극한값(이상치)

문제 6 iris 데이터셋을 이용하여 다음 조건에 따라 차트를 그리시오.

[처리조건]

조건 1: seaborn에서 iris 데이터셋 가져오기

조건 2: 1번 칼럼과 3번 칼럼을 대상으로 산점도 그래프 그리기

조건 3: species 칼럼으로 더미변수 만들기

'setosa' = 1, 'versicolor' = 2, 'virginica' = 3

조건 4: 1번 칼럼과 3번 칼럼으로 산점도 그래프를 그린 후 5번 칼럼으로 색상 적용하기

(힌트) plt.scatter(x, y, c)

[코딩 시작]

```
import seaborn as sn        # dataset을 로드하기 위한 모듈 가져오기
import matplotlib.pyplot as plt

# 조건 1: seaborn에서 iris 데이터셋 가져오기
iris = sn.load_dataset('iris')
print(iris.info())
print(iris.head())

# 조건 2: 1번 칼럼과 3번 칼럼을 대상으로 산점도 그래프 그리기


# 조건 3: species 칼럼으로 더미변수 만들기
# 꽃의 종별 더미변수 만들기: 'setosa' = 1, 'versicolor' = 2, 'virginica' = 3


# 조건 4: species 칼럼으로 색상 적용하기

```

문제 7 'dataset.csv' 파일의 자료를 이용하여 다음 조건에 맞게 산점도를 시각화하고, 이상치를 발견하시오.

[처리조건]

조건 1: 산점도 시각화: 성별과 만족도 칼럼 이용

조건 2: X축: 성별 gender, Y축: 만족도 survey

조건 3: 성별(남자: 1, 여자: 2)을 제외한 나머지는 이상치 극단치

[코딩 시작]

```
import pandas as pd
import matplotlib.pyplot as plt

# 단계 1: 파일 불러오기
dataset = pd.read_csv('C:/PythonStatistics/data/dataset.csv')
print(dataset.head())

# 단계 2: 성별 gender과 만족도 survey 변수 선택



# 단계 3: 산점도 시각화



# 단계 4: 이상치 발견 결과


```

Chapter

08 확률분포

학습 내용

확률분포는 확률실험을 통해서 결정된 값을 갖는 확률변수가 어떤 종류의 값을 가지는가에 따라서 이산확률분포와 연속확률분포로 분류된다. 이산확률분포는 확률변수 X가 가질 수 있는 값이 셀 수 있는 집합을 갖는 분포이고, 연속확률분포는 확률변수 X가 어떤 구간 안에 있는 모든 실수값을 갖는 분포이다. 특히 확률변수 X가 어느 정도 분포되어 있는가를 수학적으로 제공하는 확률분포 함수를 통해서 확률분포를 추정할 수 있다.

학습 목표

- 확률의 곱셈정리를 적용하여 조건부확률의 표현식을 작성할 수 있다.
- 확률변수와 확률분포를 구분하여 설명할 수 있다
- 확률질량함수와 확률밀도함수를 비교하여 설명할 수 있다.
- 이항검정을 수행하고 결과를 설명할 수 있다.
- 정규성 검정을 수행하고 결과를 설명할 수 있다.

이 장의 구성

1. 확률
2. 확률분포
3. 이항분포와 검정
4. 정규분포와 검정ㅍ

1 확률

어떤 시행에서 사건 A가 일어날 가능성을 숫자로 나타낸 것을 사건 A의 확률이라고 하며, 기호는 $P(A)$로 표현한다. 이때 P는 확률을 뜻하는 영단어 Probability의 첫 글자이다. 일반적으로 확률은 수학적 확률과 통계적 확률로 나누어진다.

수학적 확률은 표본공간이 S인 어떤 시행에서 각 사건이 일어날 가능성이 모두 같은 정도로 기대될 때, 사건 A가 일어날 확률 $P(A)$는 다음과 같이 정의한다.

$$P(A) = \frac{A}{S} \; (S\text{: 일어날 수 있는 모든 경우의 수, } A\text{: 사건 } A\text{가 일어나는 경우의 수})$$

이때 표본공간 S는 어떤 시행에서 일어날 수 있는 모든 결과의 집합이다. 예를 들면 한 개의 주사위를 던지는 시행에서 표본공간 $S = \{1, 2, 3, 4, 5, 6\}$이고, 나오는 눈의 수가 홀수인 사건을 A라 하면 $A = \{1, 3, 5\}$이다. 이때 홀수 눈이 나올 수학적 확률은 $P(A) = \frac{3}{6} = \frac{1}{2}$이 된다.

통계적 확률은 어떤 시행을 n번 반복할 때, 사건 A가 일어날 횟수를 r이라 하고 시행 횟수 n이 한없이 커짐에 따라 상대도수 = $\frac{r}{n}$이 일정한 값 p에 가까워진다. 이때 값 p를 사건 A의 통계적 확률이라고 한다. 예를 들면 동전을 여러 번 반복하여 던질 때 앞면이 나오는 횟수를 조사하여 상대도수를 기록한 결과가 [표 8.1]과 같다고 할 때 동전을 던지는 횟수를 충분히 크게 하면 상대도수는 일정한 값 p가 0.5에 가까워짐을 알 수 있다.

[표 8.1] 동전을 던지는 횟수와 상대도수

던진 횟수	100	500	1000	3000	5000
앞면이 나온 횟수	48	285	525	1550	2512
상대도수	0.48	0.57	0.525	0.517	0.502

따라서 한 개의 동전을 던지는 시행에서 앞면이 나오는 사건을 A라고 할 때 $P(A) = 0.5$라고 할 수 있고, 이를 사건 A의 통계적 확률로 본다.

1.1 확률의 성질

표본공간이 S인 어떤 확률실험에서 사건 A는 다음과 같은 기본 성질을 갖는다.

- 사건 A의 확률 범위: $0 \le P(A) \le 1$
- 표본공간 S에서 반드시 일어나는 사건(확률 전사건): $P(S) = 1$
- 표본공간 S에서 절대로 일어나지 않은 사건(영 사건): $P(\varnothing) = 0$
- 확률 전사건: 확률은 모든 사건(확률)을 포함해야 한다.

예를 들면 한 개의 주사를 던지는 확률실험에서 나올 수 있는 눈의 수가 6 이하일 확률은 표본공간 S = {1, 2, 3, 4, 5, 6} 이므로 $\frac{6}{6}$ = 1이다. 표본공간 S에서 반드시 일어나는 사건으로 이를 확률의 '전사건'이라고 한다. 확률의 전사건은 '확률의 전체 합 = 1'이라는 의미를 포함한다. 만약 나올 수 있는 눈의 수가 7의 배수일 확률은 $\frac{0}{6}$ = 0으로 절대로 일어나지 않는 '영 사건'이 된다.

1.2 확률 관련 용어

확률실험에서 다루어지는 **표본공간** Sample Space은 발생 가능한 모든 결과들의 집합을 의미하고, **사건** Event은 전체 표본공간에서 전체 또는 일부를 모은 집합이라고 할 수 있다.

시행과 사건

시행은 동일한 조건에서 반복할 수 있고, 그 결과가 우연에 의하여 결정되는 실험(관찰)을 말한다. 이때 실험은 시행하기 전에 발생할 모든 결과를 알 수 있으나, 각각의 결과가 발생할 가능성에 대해서는 예측하기 어렵다.

표본공간은 어떤 시행에서 일어날 수 있는 모든 결과의 집합을 표본공간이라 하고 S로 표기한다.

사건은 전체 표본공간 S 중에서 전체 또는 일부가 일어날 수 있는 결과를 의미한다. 예를 들면 주사를 1번 던져서 홀수가 나올 확률을 사건 A라고 할 때 S = {1, 2, 3, 4, 5, 6}이고 A = {1, 3, 5}가 된다.

사건 유형

- **전사건**: 반드시 일어나는 사건 (표현식) 전사건 = 표본공간 S)
- **공사건**: 절대로 일어나지 않는 사건 (표현식) 공사건 = 영 사건
- **합사건**: 사건 A 또는 사건 B가 일어나는 사건 (표현식) $A \cup B$
- **곱사건**: 사건 A와 사건 B가 동시에 일어나는 사선 (표현식) $A \cap B$

- **배반사건**: 곱사건의 결과가 영 사건인 사건 (표현식) $A \cap B = \varnothing$
- **여사건**: 사건 A가 일어나지 않은 사건 (표현식) A^C

합사건, 곱사건, 배반사건 그리고 여사건을 집합의 관계를 표현한 벤다이어그램은 [그림 8.1]과 같다.

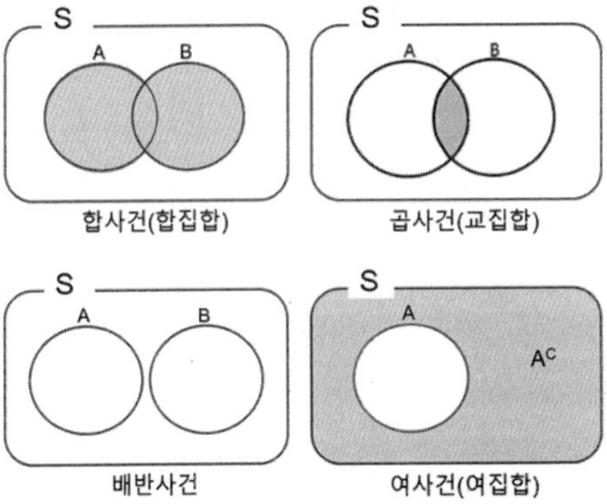

[그림 8.1] 합사건, 곱사건, 배반사건, 여사건의 벤다이어그램

1.3 결합확률과 주변확률

특정한 조건이 주어진 상태에서 어떤 사건이 발생할 확률을 '**조건부확률**'이라고 한다. 이 절에서는 '**결합확률**'과 '**주변확률**'의 개념을 살펴보고 이러한 확률이 조건부확률에서 어떻게 이용되는지를 살펴본다.

결합확률

결합확률은 두 사건 A, B가 있을 때 두 사건이 동시에 일어나는 확률을 의미한다. 예를 들면 두 개의 동전을 던지는 확률실험에서 첫 번째 동전을 던지는 사건을 A로 하고, 두 번째 동전을 던지는 사건을 B라고 할 때 두 사건은 동시에 일어날 수 없으므로 배반사건이다. 이때 두 사건의 결합확률표 Joint Probability Table를 작성하면 [표 8.2]와 같다.

[표 8.2]의 결합확률표에서 음영으로 표시된 부분이 결합확률이다. 첫 번째 동전이 앞면이면 $A = 0$, 뒷면이면 $A = 1$이고, 두 번째 동전이 앞면이면 $B = 0$, 뒷면이면 $B = 1$로 표현한다. 따라서 첫 번째 동전이 앞면일 확률은 $P(A=0)=0.5$, 뒷면일 확률은 $P(A=1)=0.5$로 표현하고, 두 번째 동전

이 앞면일 확률은 $P(B=0)=0.5$, 뒷면일 확률은 $P(B=1)=0.5$로 표현한다. 이때 표본공간 S의 확률은 1이다.

[표 8.2] 두 개의 동전을 던지는 확률실험에서의 결합확률표

사건 A / 사건 B	$A=0$	$A=1$	$P(B)$
$B=0$	$P(A=0, B=0)=\frac{1}{4}$	$P(A=1, B=0)=\frac{1}{4}$	$P(B=0)=0.5$
$B=1$	$P(A=0, B=1)=\frac{1}{4}$	$P(A=1, B=1)=\frac{1}{4}$	$P(B=1)=0.5$
$P(A)$	$P(A=0)=0.5$	$P(A=1)=0.5$	$P(S)=1$

두 사건의 결합확률은 두 확률의 교집합이 발생할 확률이며 표현식은 $P(A\cap B)$이다. 이를 결합확률표에 적용하여 일반화하면 다음과 같다.

$$P(A\cap B) = \frac{n_{ij}}{N}(N\text{: 전체 셀 수}, n_{ij}\text{ : 결합확률표의 교차 셀 위치})$$

예를 들면 첫 번째 동전에서 앞면일 사건은 $A=0$이고 두 번째 동전에서 뒷면일 사건은 $B=1$ 일 때 결합확률표에서 결합확률을 찾으면 2행 1열의 교차 셀 cell에 해당하는 $P(A=0, B=1)$과 같다. 따라서 두 사건이 동시에 나올 확률은 전체 4개의 교차 셀 중 1개의 셀에 해당되기 때문에 결합확률은 다음과 같이 계산할 수 있다.

$$P(A\cap B) = \frac{1}{4} = 0.25$$

주변확률

주변확률은 결합확률이 있다는 전제에서 나올 수 있는 확률이다. 결합확률표에서 한 확률만을 고려하는 것이 주변확률이다. [표 8.2]의 결합확률표에서 음영으로 표시된 셀 부분은 결합확률이고, 음영으로 표시되지 않은 4개의 확률을 주변확률이라고 한다. 주변확률은 다음과 같이 계산된다.

$$P(A=0) = (A=0, B=0)+(A=0, B=1) = \frac{1}{4}+\frac{1}{4} = \frac{2}{4} = 0.5$$
$$P(A=1) = (A=1, B=0)+(A=1, B=1) = \frac{1}{4}+\frac{1}{4} = \frac{2}{4} = 0.5$$
$$P(B=0) = (A=0, B=0)+(A=1, B=0) = \frac{1}{4}+\frac{1}{4} = \frac{2}{4} = 0.5$$
$$P(B=1) = (A=0, B=1)+(A=1, B=1) = \frac{1}{4}+\frac{1}{4} = \frac{2}{4} = 0.5$$

사건 A, B의 주변확률을 일반화하면 다음과 같다.

$$P(A=a_i)=\sum_{j=1}^{n}=P(A=a_i, B=b_j)=\frac{c_i}{N}$$
$$P(B=b_i)=\sum_{i=1}^{n}=P(A=a_i, B=b_j)=\frac{r_i}{N}$$

1.4 조건부확률

사건 A가 발생할 확률을 $P(A)$ 또 다른 사건 B가 발생할 확률을 $P(B)$라 할 때 $P(A)$가 $P(B)$에 영향을 미치는 경우 두 사건의 발생확률 사이의 관계를 표현한 확률이다. 조건부확률은 $P(B|A)$으로 표현하고 표현식은 다음과 같다.

$$P(B|A)=\frac{P(A\cap B)}{P(A)}\ (\text{단}, P(A)\neq 0)$$

조건부확률은 사건 A가 일어날 확률이 사건 B가 일어날 확률에 영향을 미치는 경우를 전제로 한다. 즉 두 사건 A, B에 대하여 확률이 0이 아닌 사건 A가 일어났다고 가정할 때 사건 B가 일어날 확률을 '사건 A가 일어났을 때 사건 B'의 **조건부확률**이라고 한다. 이때 사건 A는 선행사건이고, 사건 B는 후행사건이다.

두 가지 조건부확률

$P(B|A)$는 사건 A를 표본공간 S로 생각할 때 A에서 사건 $A\cap B$가 일어날 확률이고, $P(A|B)$는 사건 B를 표본공간 S로 생각할 때 B에서 사건 $A\cap B$가 일어날 확률이다. 이러한 관계를 벤다이어그램으로 나타내면 [그림 8.2]와 같다.

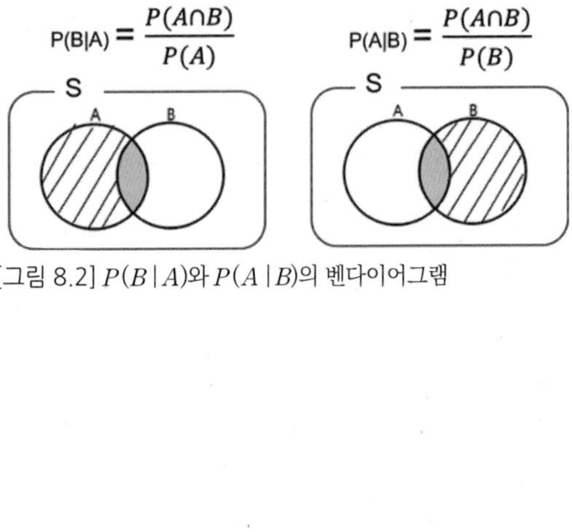

[그림 8.2] $P(B|A)$와 $P(A|B)$의 벤다이어그램

조건부확률에서 $P(A \cap B)$는 확률의 곱셈정리에 의해서 $P(B) \times P(A|B)$로 표현할 수 있다.

$$P(A \cap B) = P(B) \times P(A|B) \qquad \text{[식 1]}$$

[식 1]에 의해서 조건부확률 $P(B|A)$는 다음과 같다.

$$P(B|A) = \frac{P(B)P(A|B)}{P(A)}$$

[식 1]은 교환법칙에 의해서 $P(A \cap B) = P(B \cap A)$이므로 [식 2]와 같다.

$$P(B \cap A) = P(B) \times P(A|B) \qquad \text{[식 2]}$$

[식 2]에 양변을 $P(B)$로 나누고 좌변과 우변을 이항하면 조건부확률 $P(A|B)$는 다음과 같다.

$$P(A|B) = \frac{P(A)P(A|B)}{P(B)}$$

확률의 곱셈정리를 이용하여 조건부확률을 구하는 이유는 확률 문제에서 사건 A와 사건 B가 동시에 일어날 곱사건의 확률이 주어지지 않는 경우에 조건부확률을 이용하기 때문이다.

1.5 조건부확률 사례

특정한 조건이 주어진 상태에서 어떤 사건이 발생할 확률을 구하기 위해 조건부확률을 이용하는 사례를 알아본다.

사례 1

관측소에서 20일 동안 날씨와 비의 관계를 기록한 교차표는 [표 8.3]과 같다. 전체 20일 중에서 맑은 날은 10일, 흐린 날은 10일이다. 맑은 날과 흐린 날은 동시에 나올 수 없기 때문에 배반사건이다. 이때 비 유무 사건을 적용하면 맑은 날 비가 온 경우는 2번, 비가 오지 않은 경우는 8번이다. 흐린 날 비가 온 경우는 6번, 비가 오지 않은 경우는 4번이다. 흐린 날은 맑은 날에 비해서 상대적으로 비가 올 확률이 높다.

[표 8.3]의 교차표에서 결합확률은 맑은 날 비가 온 경우는 $\frac{2}{20}$, 비가 안온 경우는 $\frac{8}{20}$이다. 흐린날 비가

온 경우는 $\frac{6}{20}$, 비가 안온 경우는 $\frac{4}{20}$이다. 주변확률은 전체 관측일 20일을 기준으로 맑은날과 흐린날은 모두 $\frac{10}{20}$이고, 비가 온 경우는 $\frac{8}{20}$, 비가 안온 경우는 $\frac{12}{20}$이다.

[표 8.3] 날씨와 비 관계의 교차표

맑음/흐림 \ 비 유무	Yes	No	행 합계
맑은 날	2	8	10
흐린 날	6	4	10
열 합계	8	12	20

[표 8.3]의 교차표에서 비가 온 경우인 'Yes'를 기준으로 결합확률을 벤다이어그램으로 표현하면 [그림 8.3]과 같다.

[그림 8.3] 맑은 날과 흐린 날에 비가 온 경우 결합확률

예 흐린날 비가 온 'Yes' 확률 구하기

흐린 날을 선행사건 A, 비가 온 'Yes'의 경우를 후행사건 B라고 할 때 $A \cap B$는 흐린 날 비가 온 경우 의 사건을 의미한다.

- **결합확률을 적용한 경우**

결합확률을 적용한 조건부확률의 표현식 $P(B|A)$는 다음과 같다.

$$P(B|A) = \frac{P(A \cap B)}{P(A)} = \frac{P(\text{흐린날} \cap Yes)}{P(\text{흐린날})}$$

선행사건 A는 전체 20일 중에서 흐린날이 10일 이므로 $P(A) = \frac{10}{20}$

후행사건 B는 전체 20일 중에서 비가 온 날은 8일 이므로 $P(B) = \frac{8}{20}$

사건 A, B의 결합확률은 흐린날 비가 온 경우 이므로 $P(A \cap B) = \frac{6}{20}$

따라서 조건부확률의 표현식 $P(B|A)$는 다음과 같다.

$$P(B|A) = \frac{P(\text{흐린날} \cap Yes)}{P(\text{흐린날})} = \frac{\frac{6}{20}}{\frac{10}{20}} = \frac{120}{200} = \frac{6}{10} = 0.6$$

계산 결과에 따르면 흐린날 비가 온 'Yes'인 확률은 60%에 해당된다.

- **확률의 곱셈정리를 적용한 경우**

곱셈정리를 이용한 조건부확률의 표현식 $P(B|A)$는 다음과 같다.

$$P(B|A) = \frac{P(B)P(A|B)}{P(A)} = \frac{P(Yes)P(\text{흐린날}|\,Yes)}{P(\text{흐린날})}$$

이때 조건부확률 $P(A|B)$는 표본공간 S를 사건 B로지정하고, $P(A \cap B)$를 구한다.

즉, 비가 온 경우 흐린 날의 조건부확률은 $P(A|B) = \frac{6}{8}$이다.

따라서 조건부확률의 표현식 $P(B|A)$는 다음과 같다.

$$P(B|A) = \frac{P(Yes)P(\text{흐린날}|Yes)}{P(\text{흐린날})} = \frac{\frac{8}{20} \times \frac{6}{8}}{\frac{10}{20}} = \frac{\frac{6}{20}}{\frac{10}{20}} = \frac{120}{200} = 0.6$$

결합확률을 적용한 확률과 확률의 곱셈정리를 적용한 확률은 모두 60%로 동일하다.

사례 2

이메일 E-Mail 메시지 중에서 스팸 메일과 햄 메일 스팸 메일이 아닌 정상적인 메일을 대상으로 '비아그라' 단어의 출현 여부를 기록한 교차표는 [표 8.4]와 같다. 전체 100개의 메시지 중에서 스팸 메일은 20개, 햄 메일은 80개이다. 스팸 메일과 햄 메일이 동시에 나올 경우의 수는 배반사건이다. 이때 메시지에 '비아그라' 단어 출현 여부의 사건을 적용하면 스팸 메일일 때 '비아그라' 단어가 출현한 경우는 4번, 출현하지 않은 경우는 16번, 햄 메일일 때 '비아그라' 단어가 출현한 경우는 1번, 출현하지 않은 경우는 79번이다. 스팸 메일은 햄 메일에 비해서 상대적으로 '비아그라' 단어의 출현 비율이 높다.

[표 8.4]의 교차표에서 결합확률은 스팸 메일일 때 단어 '비아그라'가 출현하는 경우는 $\frac{4}{100}$, '비아그라'가 출현하지 않은 경우 $\frac{16}{100}$, 햄 메일일 때 단어 '비아그라'가 출현하는 경우는 $\frac{1}{100}$, '비아그라'가

출현하지 않은 경우 는 $\frac{79}{100}$이다. 주변확률은 스팸 메일인 경우는 $\frac{20}{100}$, 햄 메일인 경우는 $\frac{80}{100}$이고, '비아그라' 단어가 출현한 경우는 $\frac{5}{100}$, '비아그라' 단어가 출현하지 않은 경우는 $\frac{95}{100}$이다.

[표 8.4] 메시지와 '비아그라' 단어 출현 교차표

메시지 \ 단어 포함 유무	비아그라(O)	비아그라(X)	행 합계
스팸 메일	4	16	20
햄 메일	1	79	80
열 합계	5	95	100

[표 8.4]의 교차표에서 '비아그라' 단어의 출현을 기준으로 결합확률을 벤다이어그램으로 표현하면 [그림 8.4]와 같다.

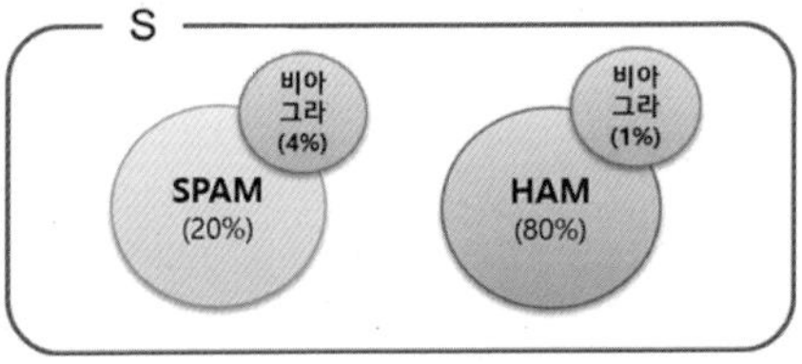

[그림 8.4] 이메일 메시지와 '비아그라' 단어 출현의 결합확률

예 단어 '비아그라'가 포함된 메시지가 스팸 메일일 확률 구하기

단어 '비아그라'가 출현된 경우를 선행사건 A, 스팸인 경우를 후행사건 B라고 할 때 $A \cap B$는 '비아그라' 단어가 출현할 때 스팸 메일일 사건을 의미한다.

- **결합확률을 적용한 경우**

결합확률을 적용한 조건부확률의 표현식 $P(B|A)$는 다음과 같다.

$$P(B|A) = \frac{P(A \cap B)}{P(A)} = \frac{P(\text{스팸메일} \cap \text{비아그라}(Yes))}{P(\text{비아그라}(Yes))}$$

선행사건 A는 전체 메시지 100개 중에서 비아그라 단어의 출현 확률 $P(A) = \frac{5}{100}$

후행사건 B는 전체 메시지 100개 중에서 스팸일 확률 $P(B) = \frac{20}{100}$

사건 A, B의 결합확률은 비아그라 단어가 출현할 때 스팸일 확률 $P(A \cap B) = \frac{4}{100}$

따라서 조건부확률의 표현식 $P(B|A)$는

$$P(\text{스팸메일}|\text{비아그라}(Yes)) = \frac{P(\text{스팸메일} \cap \text{비아그라}(Yes))}{P(\text{비아그라}(Yes))} = \frac{\frac{4}{100}}{\frac{5}{100}} = \frac{400}{500} = \frac{4}{5} = 0.8$$

계산 결과에 따르면 비아그라 단어가 출현할 때 스팸 메일일 확률은 80%에 해당된다.

• **확률의 곱셈정리를 적용한 경우**

곱셈정리를 이용한 조건부확률의 표현식 $P(B|A)$는 다음과 같다.

$$P(B|A) = \frac{P(B)P(A|B)}{P(A)} = \frac{P(\text{스팸메일}).P(\text{비아그라}(Yes)|\text{스팸메일})}{P(\text{비아그라}(Yes))}$$

$P(A|B)$의 조건부확률은 표본공간 S를 사건 B로지정하고,$P(A \cap B)$를 구한다.

즉, 스팸 메일일 때 '비아그라' 단어가 동시에 나올 확률 $P(A|B) = \frac{4}{20}$

따라서 조건부확률의 표현식 $P(B|A)$는 다음과 같다.

$$P(\text{스팸메일}|\text{비아그라}(Yes)) = \frac{P(\text{스팸메일})P(\text{비아그라}(Yes)|\text{스팸메일})}{P(\text{비아그라}(Yes))} = \frac{\frac{20}{100} \times \frac{4}{20}}{\frac{5}{100}} = \frac{\frac{4}{100}}{\frac{5}{100}} = \frac{400}{500} = \frac{4}{5} = 0.8$$

결합확률을 적용한 확률과 확률의 곱셈정리를 적용한 확률은 모두 80%로 동일하다.

2 확률분포

확률분포는 확률실험을 통해서 결정된 값을 갖는 확률변수가 어떤 종류의 값을 가지는가에 따라서 이산확률분포와 연속확률분포로 분류된다. 이 절에서는 이산확률분포와 연속확률분포의 유형과 특징을 살펴본다.

2.1 확률변수

확률변수는 확률실험에서 일정한 확률(값)을 갖는 변수를 말한다. 예를 들면 주사위를 n번 던져서 특정 눈금이 나오는 실험이나 동전을 10번 던져서 앞면 또는 뒷면이 나오는 실험 등에서 실험의 결과를 갖는 변수를 의미한다. 이러한 확률변수는 다음과 같은 성질을 갖는다.

확률변수의 성질

- 확률 범위: $0 \leq P(x) \leq 1$ (0~1 사이의 값)
- 확률 전체 합: 1
- 확률 전사건: 확률변수는 모든 사건(확률)을 포함해야 한다.
- 확률 배반사건: 확률변수는 동시에 일어나지 않는다.

실습 **확률변수와 통계**

step01_randomVariables.py

❶
```
# 1. 모듈과 패키지 임포트
import statistics as stat                       # 확률변수 통계 구하기
import numpy as np                              # count_nonzero() 함수 제공
import random                                   # 난수 생성
random.seed(123)                                # 난수 시드값 제공
```

해설

\# 1. 모듈과 패키지 임포트

statistics 모듈은 모집단 Population이나 표본 Sample을 대상으로 평균과 최빈수, 분산과 표준편차 등의 수학적 통계를 계산하는 함수들을 제공한다.

numpy 패키지는 성공과 실패를 갖는 확률변수를 대상으로 성공 횟수를 구하는 count_nonzero() 함수를 제공한다.

random 모듈은 확률시행을 통해서 동전의 앞면과 뒷면을 표본으로 추출할 수 있는 randint() 함수를 제공한다.

❷
```
# 2. 동전의 앞면(1) 또는 뒷면(0)이 나오는 실험
coin = []                                       # 확률변수
for i in range(10) :                            # 시행 횟수 10회
    r = random.randint(0, 1)                    # 0 또는 1
    coin.append(r)

print('확률변수 =', coin)
print('확률변수 평균 =', stat.mean(coin))          # 0.6
print('확률변수 최빈수 =', stat.mode(coin))        # 1
print('앞면(1) 개수 =', np.count_nonzero(coin))
```

실행결과

확률변수 = [0, 1, 0, 1, 1, 0, 0, 1, 1, 1]
확률변수 평균 = 0.6
확률변수 최빈수 = 1
앞면(1) **개수** = 6

해설

2. 동전의 앞면(1) 또는 뒷면(0)이 나오는 실험

동전을 던지는 시행 횟수를 10회 반복하기 위해서 for 문을 이용한다. 난수 정수를 생성하는 randint(0, 1) 함수 09행는 0 또는 1을 랜덤하게 생성하여 r에 할당 09행하고, coin에 추가 10행한다. 이때 coin은 10회 동전을 던져서 앞면(0) 또는 뒷면(1)의 확률실험을 통해서 결정된 값을 갖는 확률변수이다. 확률변수의 통계를 구하기 위해서 statistics 모듈에서 제공하는 mean() 평균 함수 13행와 mode() 최빈수 함수 14행를 이용하고, numpy에서 제공하는 count_nonzero() 함수 15행를 이용하여 0이 아닌 원소를 카운트한다.

결론적으로 확률변수 coin은 10회 시행한 결과 앞면을 의미하는 1이 6회 출현될 것을 확인할 수 있다.

데이터는 random 모듈에 의해서 임의 추출되기 때문에 사용자마다 결과는 다르게 나타난다.

❸

```
16  # 3. 몸무게 65~85kg 사이의 난수 추출
17  sample_weight = [random.uniform(65, 85) for i in range(100)]
18  print("# 균등분포 난수 100개")
19  print(sample_weight)           # 균등분포 난수 100개
20
21  print('몸무게 평균 =', stat.mean(sample_weight))
22  print('중위수 =', stat.median(sample_weight))
23  print('분산 =', stat.variance(sample_weight))
24  print('표준편차 =', stat.stdev(sample_weight))
```

실행결과

 # 균등분포 난수 100**개**
[82.04173237858737, 68.1932479344394, 71.74433314218551, 71.67592789257911, 69.90326705035223, 65.03341107158445, 73.72551586830437,
생략...
몸무게 평균 = 74.24375098141948
중위수 = 73.67468897489815
분산 = 32.552662443191096
표준편차 = 5.705494057764945

해설

3. 몸무게 65~85kg 사이의 난수 추출

uniform(65, 85)함수 17행를 100회 반복하여 65~85 사이의 균등분포 난수 실수를 임의 추출한다.

이때 sample_weight 17행는 모집단으로부터 몸무게 65~85kg을 갖는 100명을 샘플링 한 결과를 갖는 확률변수이다. 확률변수의 통계를 구하기 위해서 statistics 모듈에서 제공하는 mean() 평균; 21행, median() 중위수; 22행, variance() 분산; 23행, stdev() 표준편차; 24행 함수를 이용한다.

❹

```
25 # 4. 평균키 175cm, 표준편차 5cm를 갖는 정규분포 100개 추출
26 # gauss(self, mu, sigma):
27 sample_height = [random.gauss(175, 5) for i in range(100)]
28 print("# 균등분포 난수 100개")
29 print(sample_height)          # 정규분포 난수 100개
30
31 print('키 평균 =', stat.mean(sample_height))
32 print('중위수 =', stat.median(sample_height))
33 print('분산 =', stat.variance(sample_height))
34 print('표준편차 =', stat.stdev(sample_height))
```

실행결과

```
# 정규분포 난수 100개
[172.92014337540135, 170.64756614530242, 175.1905730005827, 177.0111203984963,
176.24245573700136, 173.81712379006578,
        생략...
키 평균 = 175.09583547854126
중위수 = 175.09286992786764
분산 = 25.458810647735543
표준편차 = 5.045672467346205
```

해설

4. 평균키 175cm, 표준편차 5cm를 갖는 정규분포 100개 추출

random.gauss(175, 5)함수를 100회 반복 27행하여 평균키 175cm를 기준으로 표준편차 5cm를 기준으로 정규분포의 난수 실수를 임의 추출한다. 이때 sample_height 27행는 모집단으로부터 평균 키 175cm를 기준으로 표준편차 5cm를 갖는 100명을 샘플링 한 결과를 갖는 확률변수이다. 확률변수의 통계를 구하기 위해서 statistics 모듈에서 제공하는 mean() 평균; 31행, median() 중위수; 32행, variance() 분산; 33행, stdev() 표준편차; 34행 함수를 이용한다.

2.2 확률분포

확률변수 X가 특정한 값을 가질 확률을 나타낸 분포를 말한다. 확률분포는 다음과 같이 이산확률분포와 연속확률분포로 분류된다.

- **이산확률분포**

  이산확률변수 X가 가질 수 있는 값이 셀 수 있는 집합을 갖는 분포이다.

  예 주사위를 던졌을 때 나오는 수, 동전의 앞면 또는 뒷면이 나오는 실험(이항분포)

- **연속확률분포**

  연속 확률변수 X가 어떤 구간 안에 있는 모든 실수값을 갖는 분포이다.

  예 전체 남학생의 키, 몸무게(균등분포, 정규분포)

2.3 확률분포 함수

확률분포 함수 Probability Ddistribution Function는 확률변수 X가 어느 정도 분포되어 있는가를 수학적으로 나타내기 위해서 정의된 값을 확률에 대응시키는 함수를 말한다. 예를 들면 동전을 던진 시행 횟수 n = 2 일 때 동전이 나오는 경우의 수는 $2^n = 4$가지가 나온다. 이때 확률변수 X와 확률 $P(x)$는 [표 8.1]과 같다.

[표 8.1] 확률변수 X와 확률 $P(x)$

경우의 수	확률변수 X	확률 $P(x)$
(뒷면, 뒷면)	0	$\frac{1}{4}$
(앞면, 뒷면)	1	$\frac{2}{4}=\frac{1}{2}$
(뒷면, 앞면)	1	
(앞면, 앞면)	2	$\frac{1}{4}$

확률변수 X가 취할 수 있는 값의 집합(p_i)과 확률 $P(x)$에 대한 확률 표현식은 다음과 같이 정의할 수 있다.

$$P(x=x_i)=p_i(i=0,1,2,...,n)$$

또한, x를 인수로 하는 확률분포 함수식은 다음과 같이 정의할 수 있다.

$$f(x)=P(x=x)$$

확률분포 함수는 이산형확률변수를 정의하는 확률질량함수 확률함수와 연속형 확률변수를 정의하는 확률밀도함수 밀도함수 그리고 확률변수 X가 특정한 값 x가 될 때까지의 누적 확률을 반환하는 누적 분포 함수 등이 있다.

확률질량함수

확률질량함수 PMF: Probability Mess Function는 이산확률변수 X값의 분포를 나타내는 함수이다. 즉 이산확률변수 X를 인수로 갖는 함수이다. 확률질량함수의 반환 값은 확률이며, 질량은 이산확률변수 X가 갖는 고유한 양을 의미한다. 예를 들면 동전을 던져서 나오는 확률실험에서 동전을 1회 던져서 앞면이 나올 확률은 $\frac{1}{2}$이고 질량은 1(앞면) 또는 0(뒷면)이 된다.

또한 주사위를 던져서 나오는 확률실험을 예로 들면 주사위를 던져서 나오는 값을 확률변수 X라고 할 때, 이 확률변수에 대응되는 확률질량함수 $f(x)$의 반환값은 $\frac{1}{6}$(0.666667)이고, 이때 질량은 [1, 2, 3, 4, 5, 6]이 된다.

확률질량함수 $f(x)$는 다음과 같은 성질을 갖는다.

- **확률질량함수의 성질**

① 확률 표현식: $f(x) = P(x = x_i) = p_i(i = 0, 1, 2, ..., n)$

② 모든 에 대하여 $f(x) \geq 0$

③ $\sum_{i=0}^{n} f(x) = 1$

④ $P(a \leq X \leq b) = \sum_{a \leq x_i \leq b}^{n} f(x_i) = f(a) + f(b)$

- **확률질량함수의 예**

다음은 동전을 2회 던져서 나올 수 있는 확률실험을 확률질량함수의 성질에 반영하는 예이다.

동전을 2회 던져서 나올 수 있는 질량은 [0, 1, 2]이므로 확률변수 X는 [0, 1, 2]의 질량을 갖는다. 이때 확률 $P(x)$ 는 확률변수 X가 나올 수 있는 확률을 갖는다. 이와 같은 확률실험을 확률질량함수의 성질 ① **확률 표현식**으로 나타내면 다음과 같다.

$P(x = 0) = \frac{1}{4}$: 모두 실패할 확률

$P(x = 1) = \frac{1}{2}$: 1회 성공할 확률

$P(x = 2) = \frac{1}{4}$: 2회 성공할 확률

확률질량함수의 성질 ② 모든 x에 대하여 $f(x) \geq 0$의 성질과 같이 $f(x)$ 함수는 모두 0 이상의 확률($\frac{1}{4} + \frac{1}{2} + \frac{1}{4}$)을 반환한다.

확률질량함수의 성질 ③ $\sum_{i=0}^{n} f(x) = 1$ 과 같이 확률의 전체 합은 1($\frac{1}{4} + \frac{1}{2} + \frac{1}{4}$)이 된다.

확률질량함수의 성질 ④ $P(a \leq X \leq b) = \sum_{a \leq x_i \leq b}^{n} f(x_i) = f(a) + f(b)$의 식에 확률변수 X의 특정 구간에서 나올 확률을 계산하기 위해서 a = 1, b = 2을 대입할 때 $P(1 \leq X \leq 2) = P(1) + P(2) = \frac{1}{2} + \frac{1}{4} = \frac{3}{4}$ (0.75)가 된다. 즉 $P(1) \sim P(2)$ 사이의 확률의 합은 동전을 2회 던져서 적어도 1번은 앞면이 나올 확률이 75%라는 의미이다.

이산확률변수 X와 확률 $P(x)$의 그래프는 [그림 8.5]와 같다.

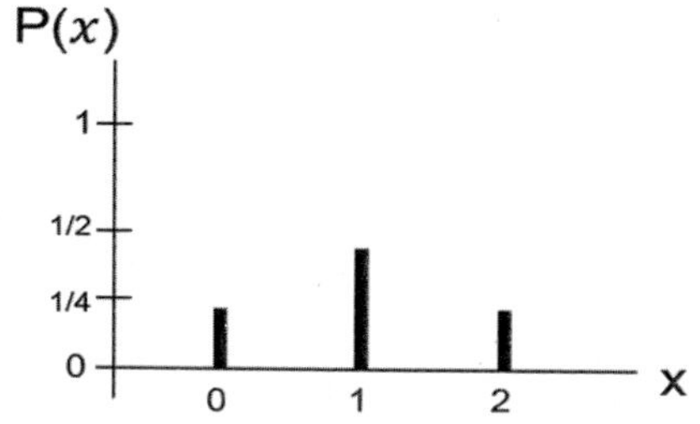

[그림 8.5] 확률변수 X와 확률 $P(x)$ 그래프

확률밀도함수

확률밀도함수 PDF: Probability Density Function는 연속 확률변수 X값의 분포를 나타내는 함수이다. 연속 확률변수 X가 갖는 어떤 구간 안에 있는 모든 실수값의 크기를 곡선의 면적으로 표현할 수 있다. 이때 **면적**을 **확률**이라고도 한다.

[그림 8.6]은 연속 확률변수 X를 대상으로 확률밀도함수를 추정하고, 이를 바탕으로 확률밀도 분포곡선을 나타낸다.

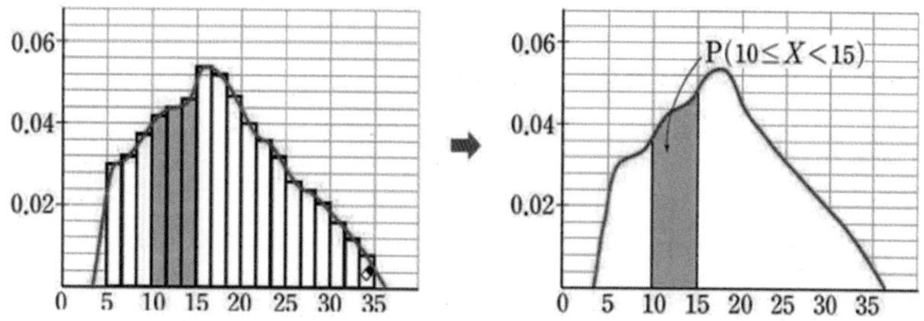

[그림 8.6] 확률밀도함수와 확률밀도 분포곡선

확률변수 X를 나타내는 히스토그램의 계급을 무한히 작게 하여 분포 다각형을 그릴 때 그려지는 곡선을 확률밀도 분포곡선이라 부르고, 이를 구할 수 있는 식이 확률밀도함수이다.

확률밀도함수는 커널 함수 Kernel Function를 통해서 추정할 수 있다. **커널 함수**는 7장에서 "3.2 확률밀도 추정"을 참고한다.

[그림 8.7]은 확률변수와 확률밀도함수의 관계를 나타낸다. 확률밀도함수 $f(x)$와 구간 [a, b]에 대해서 확률변수 X가 구간에 포함될 확률 $P(a \le x \le b)$는 $\int_a^b f(x)dx$가 된다. 또한 확률밀도함수의 곡선의 면적(확률)은 적분 $\int_\alpha^\beta$을 이용하며, 전체 면적은 1이 된다.

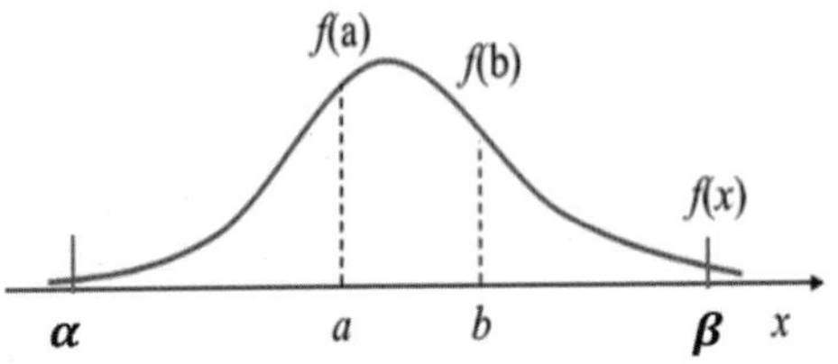

[그림 8.7] 확률변수 x 와 확률밀도함수 $f(x)$

이때 확률밀도함수 $f(x)$는 다음과 같은 성질을 갖는다.

- 확률밀도함수 성질

① 모든 실수값 x 에 대하여 $f(x) \ge 0$

② $P(\alpha \le X \le \beta) = \int_\alpha^\beta f(x)dx = 1$

③ $P(a \le X \le b) = \int_a^b f(x)dx$

- 확률밀도함수의 예

전국 남학생 키를 대상으로 특정 구간의 확률을 구하는 확률실험을 확률밀도함수의 성질에 반영하는 예이다. [그림 8.8]는 연속 확률변수 X에서 계급 이산화된 구간을 기준으로 발견된 확률을 히스토그램으로 표현하고, 표본의 통계량 평균과 분산을 이용하여 연속적으로 정의된 모집단의 확률밀도함수를 추정할 때 확률밀도함수의 곡선의 전체 면적 확률은 $P(150 \le X \le 200) = 1$이 된다.

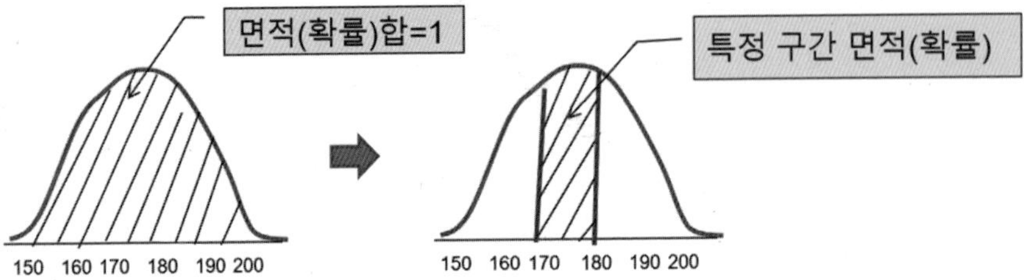

[그림 8.8] 확률밀도 분포곡선과 구간 면

또한, 구간 [170, 180]에 대한 구간에 포함될 확률 $P(170 \le X \le 180)$로 나타내며, 구간의 확률은 면적과 같고, 면적은 다음과 같이 적분을 이용한다.

$$P(170 \le X \le 180) = \int_a^b f(x)dx$$

한편 연속확률분포에서 특정 구간의 확률은 적분을 이용할 수 있지만, 관련 분포에서 제공하는 분포표를 이용하면 쉽게 구할 수 있다. 예를 들면 z분포는 z분포표, t분포는 t분포표, 카이제곱분포는 카이제곱분포표 등이 있다.

3 이항분포와 검정

이산확률분포는 이산확률변수 X가 가질 수 있는 값이 셀 수 있는 집합을 갖는 분포라고 하였다. 이때 셀 수 있다는 의미는 변수가 가질 수 있는 값의 범위가 제한적이고 대체적으로 정수를 갖는다는 의미이다. 이러한 분포에는 베르누이 분포, 이항분포, 기하분포, 포아송분포 등이 있다.

Scipy의 stats 모듈에서는 [표 8.6]과 같이 이산확률분포를 생성하는 클래스를 제공하고, Scipy 패키지는 수치적분과 미분방정식, 방정식의 근을 구하는 알고리즘을 제공하며, 이 책에서 비중 있게 사용하는 stats 모듈에서 이산/연속 확률분포, 확률질량함수, 확률밀도함수, 누적분포함수 그리고 가설검정에 필요한 다양한 통계관련 도구들을 제공한다.

[표 8.6] stats 모듈에서 제공하는 이산확률분포 관련 클래스

클래스	확률분포	의미
bernoulli	베르누이 분포	이항분포에서 독립시행 n = 1인 경우 베르누이 시행이라 하며, 이 시행으로 얻은 분포
binom	이항분포	두 가지 경우를 갖는 확률변수 X에서 n번의 독립시행으로 각 시행에서 성공확률 p를 갖는 분포
geom	기하분포	베르누이 시행에서 처음 성공할 때까지 실패한 횟수를 갖는 분포
poisson	포아송분포	시간, 면적 등 지정된 단위 구간에서 특정한 사건의 발생 가능성이 매우 작은 확률분포 예 번개에 맞을 확률

다음은 stats 모듈에서 제공하는 클래스 중에서 bernoulli 클래스를 이용하여 베르누이 분포의 객체를 생성하는 파이썬 명령문의 형식이다.

형식	베르누이 분포 객체 생성 형식
obj = stats.bernoulli(p)	

이산확률분포를 생성하는 bernoulli 클래스를 통해서 생성된 객체는 [표 8.7]과 같은 주요 메서드를 제공한다.

[표 8.7] 이산확률분포 bernoulli 객체에서 제공하는 주요 메서드

메서드	기능	역할
pmf(X)	**확률질량함수** Probability Mass Function	이산확률변수 X에 대한 확률질량함수의 역할을 하며, 질량에 따른 확률을 시각화하는 데 이용한다.
cdf(x)	**누적 분포 함수** Cumulative Distribution Function	이산확률변수 X에 대한 누적 분포 함수의 역할을 하며, 0~x가 될 때까지의 누적 확률을 계산하여 시각화하는 데 이용한다.
rvs(size)	**랜덤표본 생성** Random Variable Sampling	모집단의 확률분포에서 크기 Size 만큼 무작위 표본을 추출하는 함수이며, 확률실험에서 시뮬레이션 역할을 한다.

이 절에서는 이산확률분포에서 가장 대표적인 이항분포와 분포에 대한 가설 검정 방법에 대해서 알아본다.

3.1 베르누이 분포

이항분포를 따르는 확률변수에서 성공이 나올 확률분포를 '베르누이 분포 Bernoulli Distribution'라고 한다. 이항분포라는 의미는 확률변수가 두 가지 값만 취할 수 있다는 의미이다. 따라서 확률변수 X가 취할 수 있는 값은 1과 0의 두 가지 값만 갖는 이항변수가 된다. 1은 성공이라고 하고, 0은 실패라고 한다. 베르누이 분포 확률함수의 표현식은 다음과 같다.

$$f(x) = Bern(1, p)$$

$f(x)$에서 x는 확률변수 X의 값(0 또는 1)에 해당하고, p는 성공(1)이 나올 확률이다. 한편 베르누이 분포는 이항분포에서 독립시행을 1회 한다. 이를 베르누이 시행이라고 하며, Bern() 함수의 첫 번째 인수에 독립시행 n = 1을 적용한다 독립시행 n은 생략 가능.

베르누이 분포는 이항분포를 따르기 때문에 확률변수 X에 대한 확률분포 함수는 확률질량함수를 이용하며, 함수의 표현식은 다음과 같다.

$$f(x) = p^{x(1-p)^{(1-x)}} \quad (x = \{0, 1\})$$

확률분포의 특징을 나타내는 베르누이 분포의 기댓값 $E(X)$ 와 분산 $V(X)$ 는 다음과 같다.

$$E(X) = p$$

$$V(X) = p(1-p)$$

기댓값은 확률변수의 중심 (평균)을 나타내는 지표로 사용되며 성공확률 p와 같고, 분산은 확률변수의 산포도를 나타내는 지표로 사용되며 성공확률 p와 실패확률 $(1 - p)$를 곱한 것과 같다.

실습 **베르누이 분포와 확률분포 함수**

step02_bernoulli.py

❶
```
from scipy import stats          # 확률분포와 확률분포 함수
import numpy as np               # 수치 자료
# 차트에서 한글 지원
import matplotlib.pyplot as plt
plt.rcParams['font.family'] = 'Malgun Gothic'
# 차트에서 음수 부호 지원
import matplotlib
matplotlib.rcParams['axes.unicode_minus'] = False
```

해설

scipy 패키지의 stats 모듈은 베르누이 분포와 확률분포 함수 등을 만드는 역할을 한다. numpy는 확률변수 X의 자료를 만들며, matplotlib는 확률질량함수와 누적 분포 함수를 시각화하고, 한글 및 음수 부호를 지원하는 환경도 import한다.

❷
```
# 1. 베르누이 분포 객체

# 1) 확률변수 X : 이항분포
X = np.array([0, 1])            # 확률변수 X : 표본값 = {0, 1}
print('X =', X)

# 2) 베르누이 분포 객체 생성
p = 0.4                         # 성공확률(모수)
obj = stats.bernoulli(p)        # 베르누이 분포 객체 생성(모수 = p)
print(obj)
```

실행결과

```
X = [0 1]
<scipy.stats._distn_infrastructure.rv_frozen object at 0x0000020800822490>
```

해설

1. 베르누이 분포 객체

베르누이 확률분포는 성공확률을 모수로 갖는다. 먼저 0과 1의 두 가지 값만 갖는 확률변수 X를 numpy의 array() 함수를

이용하여 만들고 12행, 성공확률 p가 0.4를 갖는 베르누이 확률분포의 객체 obj를 stats 모듈의 bernoulli 클래스를 이용하여 생성 17행한다.

표본의 결과는 난수를 이용하기 때문에 사용자마다 결과는 다르게 나타난다.

❸

```
19 # 2. 확률질량함수
20 X_pmf = obj.pmf(X)                # 확률질량함수
21 print('X_pmf =', X_pmf)
22
23 print('실패 확률 =', obj.pmf(0))   # 0.6 - 실패(0) 확률
24 print('성공 확률 =', obj.pmf(1))   # 0.4 - 성공(1) 확률
25
26 #성공 횟수에 따른 베르누이의 확률분포
27 plt.bar(X, X_pmf)
28 plt.xlim(-1, 2)
29 plt.ylim(0, 1)
30 plt.xticks([0, 1], ["x=0", "x=1"])   # x축 눈금
31 plt.xlabel("확률변수의 집합(값)")
32 plt.ylabel("P(x)")
33 plt.title("베르누이 분포의 확률질량함수")
34 plt.show()
```

실행결과

```
X_pmf = [0.6 0.4]
실패 확률 = 0.6
성공 확률 = 0.4
```

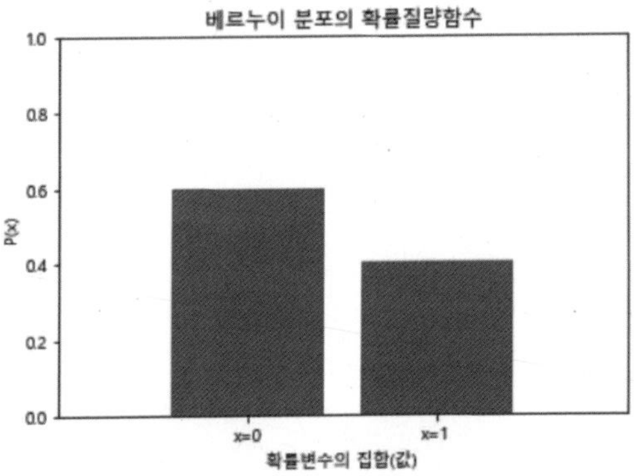

해설

2. 확률질량함수

확률질량함수 pmf() 함수는 확률변수 X에 정의된 값을 확률에 대응시키는 함수이다. 확률질량함수는 bernoulli 클래스를 이용하여 생성된 obj 객체 ❷의 17행를 통해서 호출할 수 있는 pmf() 메서드에 확률변수 X ❷의 12행를 인수로 넣어서 만들거나 20행, stats.bernoulli.pmf()와 같이 bernoulli 클래스의 pmf 메서드에 확률변수 X와 성공확률 p를 인수로 넣어서 만들 수 있다.

확률질량함수의 반환값은 확률이며, 질량은 이산확률변수 X가 갖는 고유한 양을 의미한다. 따라서 [0.6, 0.4]는 질량이 0인 실패확률과 질량이 1인 성공확률이다. pmf() 메서드에 인수 0을 넣으면 실패확률 0.6이 반환되고, 인수 1을 넣으면 성공확률 0.4가 반환된다. 확률질량함수에서 반환된 확률과 질량을 이용하여 막대그래프를 시각화한다. 막대그래프에서 질량은 X축으로 구분되고, 확률질량함수에서 반환된 확률은 Y축에서 확인할 수 있다.

❹

```
# 3. 사용자 정의 함수
def Bern(p) :                # 외부함수 : 확률질량함수 정의
    def pmf(x) :             # 내부함수 : x = 0 또는 1
        # 확률질량함수 수학식
        return p ** x * (1 - p) ** (1 - x)
    return pmf

pmf = Bern(0.4)              # Bern(성공확률 p)

x = np.array([0, 1])         # 확률변수 X의 집합
pmf = pmf(x)                 # 베르누이 분포의 확률 반환
print('pmf =', pmf)
```

실행결과

```
pmf = [0.6 0.4]
```

해설

3. 사용자 정의 함수

베르누이 분포의 확률함수의 표현식을 사용자 정의 함수 Bern으로 정의한다. 외부함수에서는 성공확률 p 변수를 만들고, 내부함수는 확률변수 X를 인수로 받아서 확률질량함수를 수학식으로 계산한다. 확률질량함수의 표현식은 다음과 같다.

$$f(x) = p^{x(1-p)^{(1-x)}} \quad (x = \{0, 1\})$$

stats.bernoulli.pmf() 메서드에 확률변수 X와 성공확률 p를 인수로 넣어서 생성된 확률질량함수의 확률과 같다.

❺

```
# 4. 누적 분포 함수
X_cdf = obj.cdf(X)                       # 누적 분포 함수 계산
#X_cdf = stats.bernoulli.cdf(X, p)       # (확률변수, 성공확률)
print('X_cdf =', X_cdf)

x = [-0.5, 0, 0.5, 1.5]
cdf = X_cdf.tolist() * 2                 # 리스트 변환 후 같은 원소를 1개 더 만듬
cdf = sorted(cdf) #  오름차순 정렬
print('cdf =', cdf)

# 누적 분포 함수 시각화
plt.plot(x, cdf, drawstyle = 'steps-post')
plt.xlim(-0.5, 1.5)
```

❺
```
60  plt.ylim(0, 1.5)
61  plt.xticks([0, 1], ["x=0", "x=1"])          # index, x축 눈금의 label
62  plt.title("누적 분포 함수")
63  plt.xlabel("X")
64  plt.ylabel("F(X)")
65  plt.show()
```

실행결과

```
X_cdf = [0.6 1. ]
cdf = [0.6, 0.6, 1.0, 1.0]
```

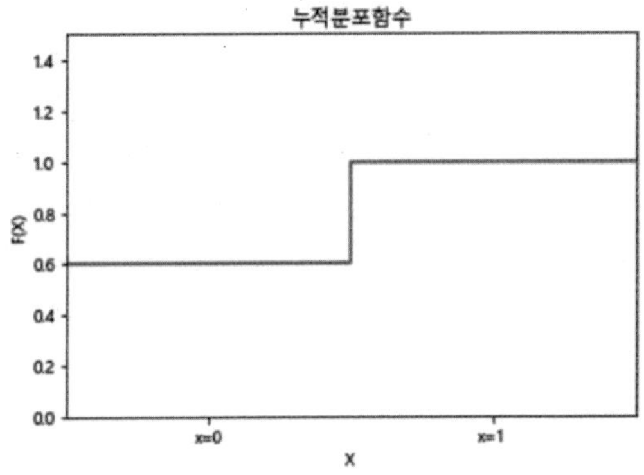

해설

4. 누적 분포 함수

누적 분포 함수 cdf()는 확률변수 X의 누적 확률을 반환하는 함수이다. 누적 분포 함수는 bernoulli 클래스를 이용하여 생성된 obj 객체 ❷의 17행를 통해서 호출할 수 있는 cdf() 메서드에 확률변수 X를 인수로 넣어서 만들거나 48행, stats.bernoulli.cdf() 메서드에 확률변수 X와 성공확률 p를 인수로 넣어서 만들 수 있다. 누적 분포 함수는 실패확률 0.6과 실패확률에 성공확률 0.4가 누적된 값으로 반환된다. 누적 분포 함수를 계단형으로 시각화하기 위해서 누적 분포 함수의 결과를 리스트로 변환한 후 같은 원소를 1개씩 더 추가하고 오름차순 정렬하여 plot() 함수의 y축으로 사용한다.

❻
```
66  # 5. 모집단 기댓값과 분산
67  # 1) 모집단 기댓값 : E(X) = p
68  Ex = p                          # obj.mean()
69  print('기댓값 =', Ex)            # 기댓값 = 0.4
70
71  # 2) 모집단 분산 : VAR(X) = p(1-p)
72  VARx = p * (1 - p)              # obj.var()
73  print('분산 = ', VARx)           # 분산 =  0.24
74  print('\n')
75
76  # 3) 확률변수 X 기술통계
77  print('확률변수 X 기술 통계량')
78  print(stats.describe(X))
```

실행결과

기댓값 = 0.4
분산 = 0.24
확률변수 X 기술 통계량
DescribeResult(nobs=2, minmax=(0, 1), mean=0.5, variance=0.5, skewness=0.0, kurtosis=-2.0)

해설

5. 모집단 기댓값과 분산

베르누이 확률분포의 특징을 나타내는 대표적인 통계는 기댓값과 분산이다. 기댓값은 확률변수의 중심 평균을 나타내는 지표로 사용되며 성공확률 p를 이용 68행하거나, bernoulli 클래스를 이용하여 생성된 obj 객체 ❷의 17행를 통해서 호출할 수 있는 mean() 메서드를 이용한다. 분산은 확률변수의 산포도를 나타내는 지표로 사용되며 성공확률 p와 실패확률 (1-p)을 곱한 결과를 이용 72행하거나, bernoulli 클래스를 이용하여 생성된 obj 객체 ❷의 17행를 통해서 호출할 수 있는 var() 메서드를 이용한다.

끝으로 확률변수 X에 대한 요약 통계량은 stats 모듈에서 제공하는 describe() 함수의 호출을 통해서 얻을 수 있다. 요약 통계량은 시행 횟수, 확률변수 X 범위, 평균 성공확률 기댓값, 분산 산포도, 왜도 좌우 기울기, 첨도 분포 최고봉 순으로 제공된다.

3.2 이항분포

이항분포는 두 가지 경우를 갖는 확률변수 X에서 n번의 독립시행으로 각 시행에서 성공확률 p를 갖는 분포이다. 즉 베르누이 시행을 n번 독립시행할 때 성공확률 p를 모수로 갖는 이산확률분포이다. 이항분포의 확률함수의 표현식은 다음과 같다.

$$f(x) = Bern(n,p)$$

$f(x)$에서 x는 확률변수 X의 값(0 또는 1)에 해당하고, p는 성공(1)이 나올 확률, n은 베르누이 시행을 n번 독립시행한 횟수이다.

이항분포는 베르누이 분포와 같이 확률변수 X에 대한 확률분포 함수로 확률질량함수를 이용하며, 함수의 표현식은 다음과 같다.

$$f(x) = {}_nC_x p^{x(1-p)^{(1-x)}} \quad (x = \{0, 1, ..., n\})$$

식에서 ${}_nC_x$는 콤비네이션이라 부르며, 시행 횟수 n번 중에서 x개를 선택할 수 있는 조합의 수를 나타내며, 식으로는 다음과 같이 표현한다.

$${}_nC_x = \frac{n!}{x!(n-x)!}$$

확률분포의 특징을 나타내는 베르누이 분포의 기댓값 $E(X)$ 와 분산 $V(X)$ 은 다음과 같다.

$$E(X) = np$$

$$V(X) = np(1-p)$$

기댓값은 확률변수의 중심 평균을 나타내는 지표로 사용되며 독립시행 n과 성공확률 p를 곱한 것과 같다. 분산은 확률변수의 산포도를 나타내는 지표로 사용되며 독립시행 n과 성공확률 p 그리고 실패 확률 (1 - p)을 곱한 것과 같다.

실습 **이항분포와 확률분포 함수**

step03_binomial.py

❶
```
from scipy import stats           # 확률분포와 확률분포 함수
import numpy as np                # 수치 자료
# 차트에서 한글 지원
import matplotlib.pyplot as plt
plt.rcParams['font.family'] = 'Malgun Gothic'
# 차트에서 음수 부호 지원
import matplotlib
matplotlib.rcParams['axes.unicode_minus'] = False
```

해설

scipy의 stats 모듈은 베르누이 분포와 확률분포 함수 등을 만드는 역할을 한다. numpy는 확률변수 X의 자료를 만들며, matplotlib는 확률질량함수와 누적 분포 함수를 시각화하고, 한글 및 음수 부호를 지원하는 환경도 import한다.

❷
```
# 1. 이항분포 객체
# 1) 이항분포 객체 생성
n, p = 10, 0.5                 # 시행 횟수(베르누이 시행 n), 확률(모수 = 기댓값)
obj = stats.binom(n, p)        # 이항분포 객체 생성(모수 = n, p)
print(obj)

# 2) 확률변수 X : 이항분포
X = np.arange(n + 1)           # 확률변수 X의 집합(표본값) = {0, 1, ..., n}
print('X =',X)
```

실행결과

```
<scipy.stats._distn_infrastructure.rv_frozen object at 0x0000021D5FDEB730>
X = [ 0  1  2  3  4  5  6  7  8  9 10]
```

해설

\# 1. 이항분포 객체

이항분포는 베르누이 독립시행 n과 성공확률 p를 인수로 갖는다. 따라서 독립시행 10회, 성공확률 0.5(n = 10, p = 0.5)를 갖는 이항분포의 obj 객체 12행를 stats 모듈의 binom 클래스를 이용하여 생성 12행한다. 이항분포의 확률변수 X 16행는 numpy의 array 함수를 이용하여 0~n까지의 정수 배열로 만든다. 이때 확률변수 X가 갖는 [0, 1, 2, ... ,10]은 이산확률변수가 갖는 고유한 양을 나타내는 질량이다. 즉 독립시행 10회를 수행한 경우 질량이 0인 경우는 10회 모두 실패가 나오는 경우이고, 질량이 10인 경우는 10회 모두 성공이 나오는 경우를 의미한다.

❸

```
# 2. 확률질량함수
# 1) 확률변수 X + 확률질량함수
X_pmf = obj.pmf(X)              # 확률질량함수 : 1) 객체 이용
#stats.binom.pmf(X, n, p)       # 확률질량함수 : 2) binom 클래스 이용
print('X_pmf =', X_pmf)
print('모두 실패일 확률 =', obj.pmf(0))
print('5회 성공일 확률 =', obj.pmf(5))
print('모두 성공일 확률 =', obj.pmf(10))

# 2) 확률분포
plt.bar(X, X_pmf)               # 확률변수 x와 확률함수 이용
plt.xlabel("확률변수의 집합")
plt.ylabel("P(x)")
plt.title("이항분포의 확률질량함수")
plt.show()
```

실행결과

```
X_pmf = [0.00097656 0.00976563 0.04394531 0.1171875  0.20507813 0.24609375 0.20507813
 0.1171875  0.04394531 0.00976563 0.00097656]
모두 실패일 확률 = 0.0009765625
5회 성공일 확률 = 0.24609375000000025
모두 성공일 확률 = 0.0009765625
```

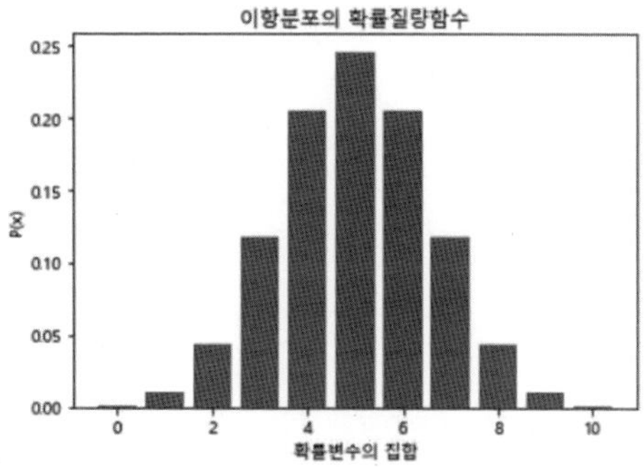

해설

\# 2. 확률질량함수

\# 1) 확률변수 X + 확률질량함수

이항분포의 확률질량함수는 binom 클래스를 이용하여 생성된 obj 객체 ❷의 12행를 통해서 호출할 수 있는 pmf()

메서드 20행에 확률변수 X를 인수로 넣어서 만들 수 있다. 확률질량함수의 반환 값은 확률이며, 질량은 이산확률변수 X가 갖는 고유한 양을 의미한다. 따라서 질량이 0인 경우는 10회 모두 실패가 나오는 확률이고, 질량이 10인 경우는 10회 모두 성공이 나오는 확률이기 때문에 확률질량함수에서 반환된 확률은 매우 적다. 하지만 질량이 5인 경우는 10회 독립시행 중에서 성공확률이 약25%(0.246)가 된다.

확률의 결과는 난수를 이용하기 때문에 사용자마다 결과는 다르게 나타난다.

2) 확률분포

성공 횟수에 따른 이항분포의 확률분포를 막대그래프로 나타낸다. 이항분포는 독립시행 횟수 n이 클수록 평균값을 기준으로 좌우대칭인 분포를 보인다. 막대그래프에서 질량은 x축으로 구분되고, 확률질량함수에서 반환된 확률은 y축에서 확인할 수 있다.

❹

```
33  # 3. python 함수 정의
34  #from math import factorial
35  from scipy.special import comb          # 조합 nCx 연산
36
37  # 이항분포 확률질량함수 정의
38  def Bin(n, p):                          # (n = 독립시행, p = 확률 -> 확률 반환)
39      fx = []                             # 확률함수에서 반환된 확률 저장
40      for x in range(n+1) :               # 독립시행 횟수(0 ~ 15)
41          nCx = comb(n, x)                # 조합 nCx
42          fx.append( nCx * p ** x * (1 - p) ** (n - x))       # 확률질량함수 계산식
43      return fx
44
45  # (a) 시행 횟수 : n=10, 확률 : p=0.5
46  fx = np.array(Bin(n, p))                # 확률질량함수 호출
47  plt.text(8, 0.20, 'n, p = 15, 0.5')     # 차트 내에 텍스트 표현
48  plt.xlabel("확률변수의 집합")
49  plt.ylabel("P(x)")
50  plt.title("이항분포의 확률질량함수")
51
52  x = np.arange(n+1)                      # 확률변수 x : 0~n번 성공 횟수
53  plt.bar(x, fx, color = 'darkblue')      # 질량과 확률 이용 막대차트
54  print("# (a) 시행 횟수: n = 10, 확률: p = 0.5")
55  plt.show()
56
57  # (b) 확률 p에 따른 확률분포
58  fig = plt.figure()
59  chart = fig.add_subplot()
60  n = 100                                 # 독립시행 횟수
61  x = np.arange(n + 1)                    # 확률변수 X
62  p = [0.3, 0.5, 0.7]                     # p = 0.3, p = 0.5, p = 0.7
63  c = ['blue', 'red', 'green']
64  for p,c in zip(p, c) :
65      fx = np.array(Bin(n, p))
66      chart.bar(x, fx, color=c)
```

❹
```
67 plt.title("확률(p)에 따른 확률분포")
68 print("# (b) 확률 p에 따른 확률분포")
69 plt.show()
```

실행결과

(a) 시행 횟수: n = 10, 확률: p = 0.5

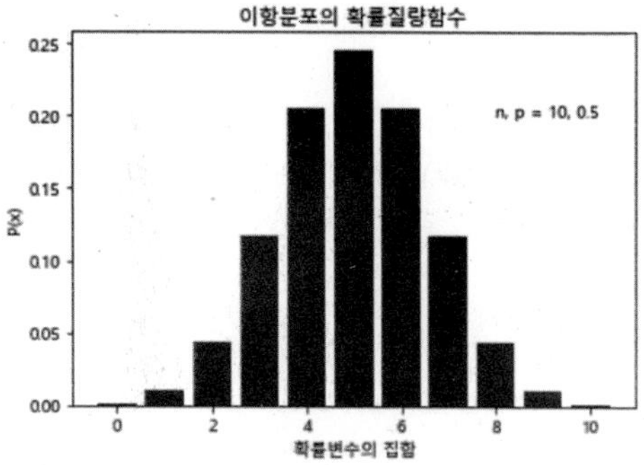

(b) 확률 p에 따른 확률분포

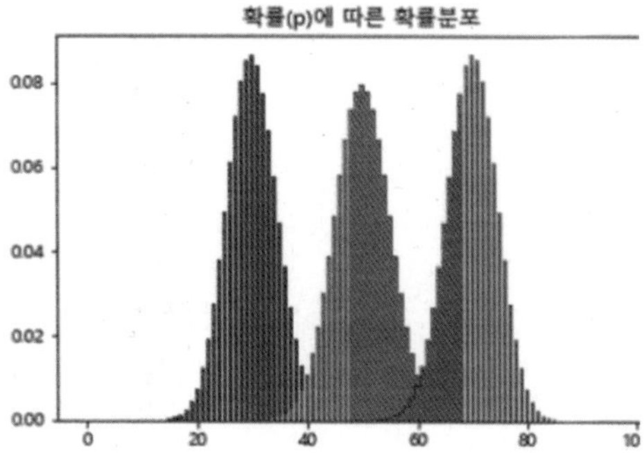

해설

3. python 함수 정의

이항분포의 확률함수의 표현식을 사용자 정의 함수 Bin으로 정의 38~43행한다. 함수에서는 독립시행 n과 성공확률 p를 인수로 받고, 함수 내부에서는 독립시행 n만큼 반복하여 확률질량함수의 수학식으로 계산한다. 확률질량함수의 표현식은 다음과 같다.

$$f(x) = {}_nC_x p^{x(1-p)^{(1-x)}} \quad (x = \{0, 1, ..., n\})$$

${}_nC_x$의 콤비네이션 계산은 scipy의 special 모듈에서 제공하는 comb() 함수를 이용 41행한다. 확률질량함수에서 계산된 확률은 fx의 리스트 변수에 추가 42행되고, 독립시행 횟수가 모두 완료되면 Bin(n, p) 함수는 계산된 확률을 반환 43행한다.

(a) 시행 횟수: n = 10, 확률: p = 0.5

Bin(n, p) 함수 46행에서 반환된 확률과 질량을 이용하여 막대그래프를 시각화 53행하면 stats 모듈의 binom 클래스에 의해서 생성된 확률질량함수의 확률과 동일함을 확인할 수 있다.

(b) 확률 p에 따른 확률분포

독립시행 n = 100 60행일 때 성공확률이 각각 0.3, 0.5, 0.7인 경우 62행 모두 평균을 중심으로 좌우 균등한 대칭분포의 형태를 나타낸다. 즉 독립시행이 많을수록 성공확률에 상관없이 질량의 중심인 평균에서 성공할 확률이 높게 나타난다.

❺

```
70  # 4. 누적 분포 함수
71  n, p = 10, 0.5                # 시행 횟수(베르누이 시행 n), 확률(모수 = 기댓값)
72  obj = stats.binom(n, p)       # 이항분포 객체 생성(모수 = n, p)
73  X = np.arange(n + 1)          # 확률변수 X의 집합
74
75  X_cdf = obj.cdf(X)            # 1) binom 객체 이용
76  #stats.binom.cdf(X, n, p)     # 2) binom 클래스 이용
77
78  print('X_cdf =', X_cdf)
79
80  # 누적 확률분포
81  plt.plot(X, X_cdf)
82  plt.text(1, 0.8, 'n, p = 10, 0.5')      # 차트 내 텍스트 표현
83  plt.xlabel("확률변수의 집합")
84  plt.ylabel("P(x)")
85  plt.title("이항분포의 누적 분포 함수")
86  plt.show()
```

실행결과

```
X_cdf = [9.76562500e-04 1.07421875e-02 5.46875000e-02 1.71875000e-01 3.76953125e-01
6.23046875e-01 8.28125000e-01 9.45312500e-01 9.89257812e-01 9.99023438e-01 1.00000000e+00]
```

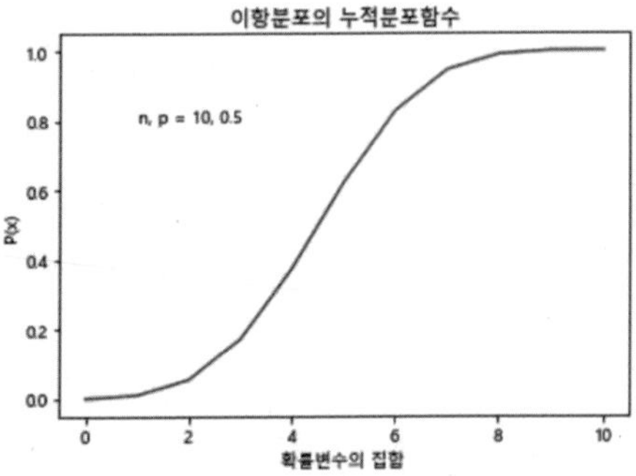

해설

4. 누적 분포 함수

누적 분포 함수 cdf() 함수는 확률변수 X가 될 때까지의 누적 확률을 반환하는 함수이다. 누적 분포 함수는 binom 클래스를 이용하여 생성된 obj 객체 72행를 통해서 호출할 수 있는 cdf() 메서드 75행에 확률변수 X를 인수로 넣어서 만들거나, stats.binom.cdf() 메서드에 확률변수 X와 시행 횟수 n 그리고 성공확률 p를 인수로 넣어서 만들 수 있다. 확률변수 X와 누적 분포 함수에서 반환된 누적 확률을 plot() 함수의 x축과 y축으로 지정하여 시각화하면 S 곡선의 형태로 나타난다. 즉 질량이 0인 경우의 확률을 시작으로 질량이 10이 될 때까지 누적된 확률이 시각화된다.

❻

```
87  # 5. 모집단 기댓값과 분산
88  n, p = 10, 0.5
89  X = np.arange(n + 1)
90
91  # 1) 모집단 기댓값 : E(X) = np
92  Ex = n*p
93  print('기댓값 =',Ex)
94
95  # 2) 모집단 분산 : VAR(X) = np(1-p)
96  VARx = n*p *(1-p)
97  print('분산 = ', VARx)
98
99  # 3) 확률변수 X의 기술통계
100 print('확률변수 X의 기술 통계량')
101 print(stats.describe(X))
```

실행결과

```
기댓값 = 5.0
분산 =  2.5
확률변수 X의 기술 통계량
DescribeResult(nobs=11, minmax=(0, 10), mean=5.0, variance=11.0, skewness=0.0, kurtosis=-1.22)
```

해설

5. 모집단 기댓값과 분산

이항분포의 특징을 나타내는 대표적인 통계는 기댓값과 분산이다. 기댓값은 확률변수의 중심 평균을 나타내는 지표로 사용되며 독립시행 n과 성공확률 p를 곱한 것과 같다. 분산은 확률변수의 산포도를 나타내는 지표로 사용되며 독립시행 n과 성공확률 p 그리고 실패확률 (1 - p)을 곱한 것과 같다. 끝으로 확률변수 X에 대한 요약 통계량은 stats 모듈에서 제공하는 describe() 함수의 호출 101행을 통해서 얻을 수 있다. 요약 통계량은 시행 횟수, 확률변수 X 범위, 평균 성공확률 기댓값, 분산 산포도, 왜도 좌우 기울기, 첨도 분포 최고봉 순으로 제공된다.

3.3 이항검정

가설 검정이란 모집단의 분포에 대한 가설 가정을 세우고, 표본의 검정 통계량에 의해서 계산된 유의확률 P와 유의수준 α를 비교하여 귀무가설을 채택하거나 기각하는 과정이다. 따라서 이항검정을 수행하기 위해서는 먼저 연구목적에 맞게 가설을 세우고, 모집단으로부터 가설에 맞는 표본을 추출한 다음 가설 검정을 기초로 가설을 채택하거나 기각한다.

표본추출

이항검정을 수행하기 위해서 이항분포를 갖는 모집단으로부터 표본을 추출하는 대표적인 두 가지 사례에 대해서 알아본다. 첫 번째 사례는 동전을 n번 던져서 앞면 또는 뒷면이 나오는 확률실험이고, 두 번째 사례는 주사위를 n번 던져서 특정 눈금이 나오는 확률실험이다.

실습 **이항분포 표본추출**

step04_binom_test.py

❶

```
01 from scipy import stats             # 확률분포와 검정
02
03 # 1. 표본 추출(Random Sampling)
04 # 1) 동전 확률실험
05 # 모집단의 모수 : n=독립시행 횟수(베르누이 시행 n번), p=성공확률
06 # 모수(n, p) -> size개 표본 추출
07
08 # 독립시행 횟수 n=1인 경우 : 베르누이 분포 모집단에서 표본추출
09 sample1 = stats.binom.rvs(n = 1, p = 0.5, size = 10)        # 동전 1번 시행
10 print('sample1 =', sample1)
11
12 # 독립시행 횟수 n=5인 경우 : 이항분포 모집단에서 표본추출
13 sample2 = stats.binom.rvs(n = 5, p = 0.5, size = 10)        # 동전 5번 시행
14 print('sample2 =', sample2)
```

실행결과

```
sample1 = [0 0 1 1 0 0 0 0 0 1]
sample2 = [1 2 3 1 2 2 2 2 2 2]
```

해설

1. 표본추출 Random Sampling

1) 동전 확률실험

n번 독립시행으로 동전의 앞면이 나올 확률실험을 위해서 stats 모듈의 binom 클래스에서 제공하는 rvs() 메서드 09행를 이용하여 이항분포의 모집단으로부터 표본을 추출할 수 있다. sample1은 독립시행 n = 1, 성공확률 p = 0.5일 때 10번 시뮬레이션으로 10개의 표본을 추출한다. 독립시행 횟수가 1인 경우에는 베르누이 분포의 모집단에서 표본을 추출한다.

sample2는 독립시행 n = 5, 확률 p = 0.5일 때 10번 시뮬레이션으로 10개의 표본을 추출한다. 독립시행 횟수가 2 이상이면 이항분포의 모집단에서 표본을 추출한다.

표본의 결과는 난수를 이용하기 때문에 사용자마다 결과는 다르게 나타난다.

❷

```
15 # 2) 주사위 확률실험
16 # 독립시행 횟수 n = 6, 성공확률 (1/6), 표본추출 size = 10
17 sample3 = stats.binom.rvs(n = 6, p = 1/6, size = 10)        # 주사위 6번 시행
18 print('sample3 =', sample3)
```

실행결과

```
sample3 = [2 2 0 0 1 2 0 1 1 0]
```

해설

n번 독립시행으로 특정 눈금이 나오는 확률실험을 위해서 stats 모듈의 binom 클래스에서 제공하는 rvs() 메서드 17행를 이용하여 이항분포의 모집단으로부터 표본을 추출할 수 있다.

이때 특정 눈금은 주사위 확률실험에서 선정된 눈금을 의미한다. 예를 들면 주사위를 6번 던져서 주사위 눈금이 2가 나올 확률을 구하는 확률실험에서는 특정 눈금이 2가된다.

sample3의 사례는 주사위를 6번 던져서 눈금 2가 나올 이항분포를 모집단으로 표본 10개를 추출한다고 가정한 경우이다. 이때 독립시행 횟수 n = 6, 성공확률 p = 1/6(0.1667), 시뮬레이션 size = 10을 지정한다. sample3의 결과에서 첫 번째 원소 2는 6번 던져서 특정 눈금이 2번 성공한 횟수이고, 성공확률은 2/6(0.333)이 된다. 마지막 원소 0은 주사위를 6번 던져서 특정 눈금이 나오지 않은 경우이다.

표본의 결과는 난수를 이용하기 때문에 사용자마다 결과는 다르게 나타난다.

이항검정

이항검정 Binomial Test은 베르누이 확률분포의 모수 p에 대한 가설 검정이다. 즉 베르누이 시행을 1회 독립 시행할 때 성공확률 p를 모수로 갖는 표본의 확률분포에 대한 가설 검정을 말한다. 베르누이 분포의 모집단으로부터 표본을 추출하는 방법은 다음과 같이 bernoulli 클래스의 rvs() 메서드로 시뮬레이션하는 방법과 binom 클래스의 rvs() 메서드로 시뮬레이션하는 방법이 있다.

```
stats.bernoulli.rvs(p, size)
stats.binom.rvs(n = 1, p, size)
```

표본을 대상으로 하는 이항검정은 stats 모듈에서 제공하는 binom_test() 함수를 이용한다. binom_test() 함수의 형식과 파라미터는 다음과 같다.

형식 binom_test() 함수 사용 형식

```
binom_test(x, n = None, p = 0.5, alternative = 'two-sided')

함수의 인수
    x: 성공 횟수
    n: 시행 횟수
    p: 귀무가설 확률(p=0.5)
    alternative: 검정방법('two-sided': 양측검정)
```

다음은 이항검정을 위한 연구 환경과 귀무가설 H_0이다. 제시한 가설을 바탕으로 이항검정을 실습한다. H_1은 귀무가설과 대립된 대립가설이다.

[연구 환경]

게임에 이길 확률 p가 40%이고, 게임의 시행 횟수가 100일 때 95% 신뢰수준에서 이항검정을 수행한다.

[가설]

H_0: 게임에 이길 확률 p는 0.4와 차이가 없다.

H_1: 게임에 이길 확률 p는 0.4와 차이가 있다.

실습 **표본의 확률분포와 이항검정**

❸

```
19 # 2. 이항검정 : 이항분포에 대한 가설 검정
20 # 1) 베르누이 분포에서 표본추출(100개)
21 p = 0.4                                  # 모수(p)
22 size = 100                               # 표본 크기
23 # bernoulli 클래스 이용 표본추출
24 X_bern = stats.bernoulli.rvs(p = p, size = size, random_state = None)
25
26 # binom 클래스 이용 표본 추출
27 X_binom = stats.binom.rvs(n = 1, p = p, size = size)
28
29 # 2) 성공 횟수 반환 : zero 제외
30 print('bernoulli 성공 횟수 =', np.count_nonzero(X_bern))
31 print('binom 성공 횟수 =', np.count_nonzero(X_binom))
32
33 # 3) 이항검정
34 x = np.count_nonzero(X_bern)          # 성공 횟수
35 print('## 유의확률 ##')
36 pvalue = stats.binom_test(x = x, n = n, p = p, alternative = 'two-sided')
37 print('x = %d, pvalue= %.5f'%(x, pvalue))
38
39 # 4) 유의확률 vs 유의수준
40 print('## 이항검정 결과 ##')
41 alpha = 0.05                             # 유의수준(0.05 = 95% 신뢰수준)
42 if pvalue > alpha :                      # 유의확률 > 유의수준
43     print(f"p-value({pvalue}) : 기존 성공률 40%와 차이가 없다.")
44 else:
45     print(f"p-value({pvalue}) : 기존 성공률 40%와 차이가 있다.")
```

실행결과

```
bernoulli 성공 횟수 = 43
binom 성공 횟수 = 43
## 유의확률 ##
x = 43, pvalue= 0.5418
## 이항검정 결과 ##
p-value(0.5418708442462032) : 기존 성공률 40%와 차이가 없다.
```

해설

2. 이항검정

1) 베르누이 분포에서 표본추출(100개)

X_bern는 bernoulli 클래스의 rvs() 메서드 24행로 시뮬레이션하여 표본 100개를 추출한다. X_binom는 binom 클래스의 rvs() 메서드 27행로 시뮬레이션하여 표본 100개를 추출한다.

2) 성공 횟수 반환

표본을 대상으로 numpy의 count_nonzero() 함수를 이용하면 0을 제외한 성공 횟수를 반환받을 수 있다. bernoulli 클래스를 이용하여 표본을 추출한 결과 30행와 binom 클래스를 이용하여 표본을 추출한 결과 31행는 동일하게 나타난다. 성공확률이 40% 일 때 시행 횟수 100번을 수행하면 성공 횟수가 43번 나오는 확률분포이다.

표본의 결과는 난수를 이용하기 때문에 사용자마다 결과는 다르게 나타난다.

3) 이항검정

stats 모듈의 binom_test() 함수 36행를 이용하여 이항검정을 수행한다. binom_test() 함수의 인수에 대해서 살펴보면 x는 성공 횟수, n은 시행 횟수, p는 모수의 확률(0.4), alternative는 양측검정 Two-Sided 방법이다.

4) 유의확률 vs. 유의수준

이항검정은 표본의 검정 통계량에 의해서 계산된 유의확률(pvalue = 0.5418)과 유의수준 α와 비교하여 귀무가설을 채택하거나 기각한다. 사회과학 분야에서 유의수준 α는 통상 0.05이므로 유의확률은 유의수준 α보다 크기 때문에 귀무가설이 채택된다. 여기서 유의확률은 귀무가설이 참이 될 확률이 약 54%라는 의미이다.

4 정규분포와 검정

연속확률분포는 연속 확률변수 X가 어떤 구간 안에 있는 모든 실수값을 갖는 분포라고 하였다. 이때 모든 실수값의 의미는 변수가 가질 수 있는 값의 범위가 무한하고 대체적으로 실수를 갖는다는 의미이다. 이러한 분포에는 정규분포, 균등분포, 카이제곱분포, t 분포, f 분포 등이 있다. 이 절에서는 연속확률분포에서 가장 대표적인 정규분포와 정규분포를 표준화한 표준정규분포 그리고 정규성을 검정하는 방법에 대해서 알아본다.

4.1 정규분포

정규분포 Normal Distribution는 확률밀도 분포곡선이 평균을 중심으로 좌우대칭인 종 모양 Bell-Shape의 형태를 갖는다. K.F.가우스가 측정오차의 분포에서 그 중요성을 강조하였기 때문에 '가우스분포'라고 하며, 그 곡선을 '가우스곡선'이라고 한다.

정규분포는 평균과 표준편차에 의해서 그래프의 모양과 위치가 결정된다. [그림 8.9]에서 왼쪽은 두 표준편차 $\sigma 1$, $\sigma 2$의 값에 따라서 평균을 기준으로 퍼지는 정도가 달라져서 그래프의 모양이 결정되는 예이다. 오른쪽 그림은 평균의 위치에 따라서 그래프의 위치가 결정되는 예를 보여주고 있다.

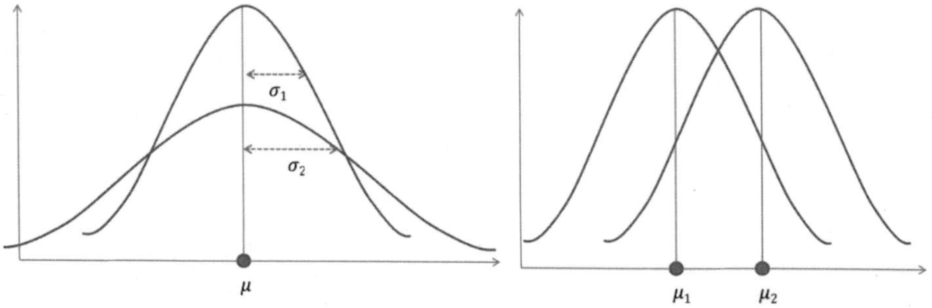

[그림 8.9] 표준편차에 따른 그래프 모양과 위치

정규분포는 일반적으로 자료의 분포가 평균을 중심으로 많은 자료가 모여 있는 특성을 보인다. 정규분포의 특징은 [표 8.8]과 같다. 일반적으로 통계분석을 할 때 대부분 자료가 정규분포를 이룬다고 가정하고 진행하는 경우가 많다. 또한 중심극한정리 The Central Limit Theorem에 의해서 자료의 수가 많아질수록 정규분포를 따른다고 가정 할 수 있다. 하지만 모든 자료의 분포가 정규분포를 따른다고 가정할 수는 없다. 따라서 정규성을 전제로 하는 분석기법을 적용하기 위해서는 정규성 검정을 수행한다.

[표 8.8] 정규분포의 특징

구분	특징
변수	연속변수
분포	평균을 중심으로 좌우대칭인 종 모양
대표값	평균 = 중앙값 = 최빈값
왜도/첨도	왜도 = 0, 첨도 = 0 또는 3
모양	표준편차(σ)에 의해서 모양이 달라진다.
위치	평균(μ)에 의해서 위치가 달라진다.
넓이	정규분포의 전체 면적은 1이다.

4.2 표준정규분포

평균과 분산이 다른 정규분포를 표준화한 것이 표준정규분포이다. 이러한 표준정규분포는 정규분포의 근간이 되는 평균과 표준편차를 0과 1로 고정하는 과정을 의미한다.

[그림 8.10]은 평균과 분산이 다른 두 정규분포를 표준화를 통해서 표준정규분포로 표현한 예를 나타내고 있다.

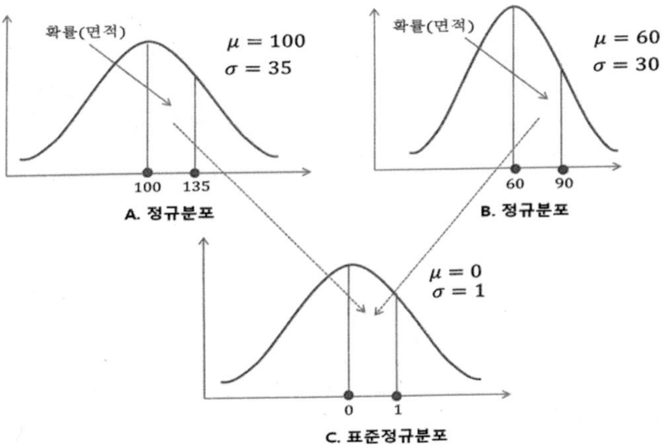

[그림 8.10] 두 정규분포를 표준정규분포로 표현

표준정규분포를 통해서 서로 다른 정규분포를 표준화하면 평균 및 표준편차의 값에 따라 중심위치 및 전체 모양이 다른 2개 이상의 정규분포를 비교하거나 확률을 계산할 때 편리하다. 표준정규분포의 특징은 [표 8.9]와 같다.

[표 8.9] 표준정규분포의 특징

구분	특징
정규분포와 동일한 점	• 평균을 중심으로 좌우대칭이고 종 모양을 갖는다. • 전체 면적이 1이고, 각 표준편차(σ) 만큼의 확률(면적)이 동일하다.
용도	• 정규분포의 확률(신뢰구간)을 구할 때 이용한다. • 어떤 관찰값이 평균으로부터 표준편차의 몇 배만큼 떨어져 있는가의 척도로 이용한다.
전체 면적	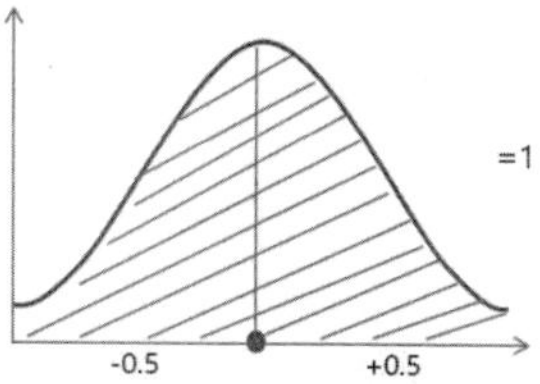
기술 통계량	평균 = 0, 표준편차 = 1

실습 **정규분포와 표준정규분포**

step05_normal.py

```
import numpy as np
import matplotlib.pyplot as plt          # 그래프

# 정규분포와 표준정규분포
# 1) 정규분포 : N(평균, 표준편차2)
height = np.random.normal(173, 5, 2000)
print(height.shape)                      # 1차원 모양

height2 = np.random.normal(173, 5, (500, 4))
print(height2.shape)                     # 2차원 모양

# 난수 통계
print('난수 통계')
print(height.mean())                     # 172.90073553305288
print(height2.mean())                    # 172.93502299167548

# 정규분포 시각화
plt.hist(height, bins = 100, density = True, histtype = 'step')
plt.show()
```

실행결과

```
(2000,)
(500, 4)
```

난수 통계
172.90073553305288
172.93502299167548

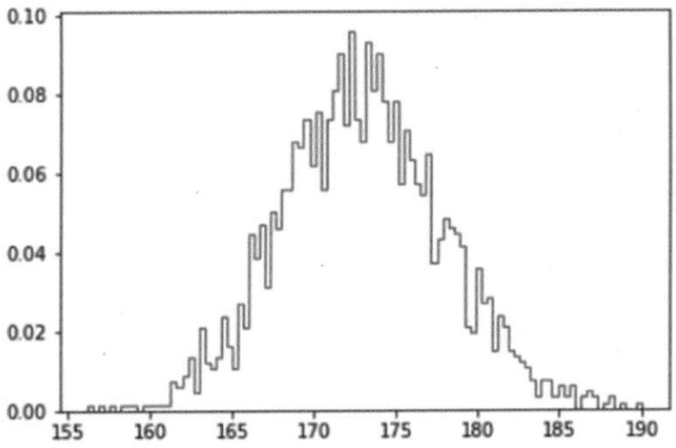

해설

1) 정규분포 : N(평균, 표준편차2)

정규분포 N(173, 5^2)을 따르는 난수 2,000개를 1차원과 2차원으로 생성한다. 서로 다른 차원을 갖는 난수의 통계를 확인하면 평균이 약 172.9으로 유사하게 집계된다. 시각화 도구를 이용하여 정규분포를 시각화하면 평균 172를 기준으로 ±5의 편차를 갖는 좌우 균등한 분포의 모양을 확인할 수 있다.

데이터는 random 모듈에 의해서 임의 추출되기 때문에 사용자마다 결과는 다르게 나타난다.

❷

```
# 2) 표준정규분포 : N(0, 1)
standNormal = np.random.randn(500, 3)
print(standNormal.mean())          # 표준정규분포 평균

# normal 함수 이용
standNormal2 = np.random.normal(0, 1, (500, 3))
print(standNormal2.mean())         # normal 함수 평균

# 표준정규분포 시각화
plt.hist(standNormal[:,0],
   bins = 100, density = True, histtype = 'step', label = 'col1')
plt.hist(standNormal[:,1],
   bins = 100, density = True, histtype = 'step', label = 'col2')
plt.hist(standNormal[:,2],
   bins = 100, density = True, histtype = 'step', label = 'col3')
plt.legend(loc = 'best')
plt.show()
```

실행결과

-0.04444361993656145
0.03198691315122781

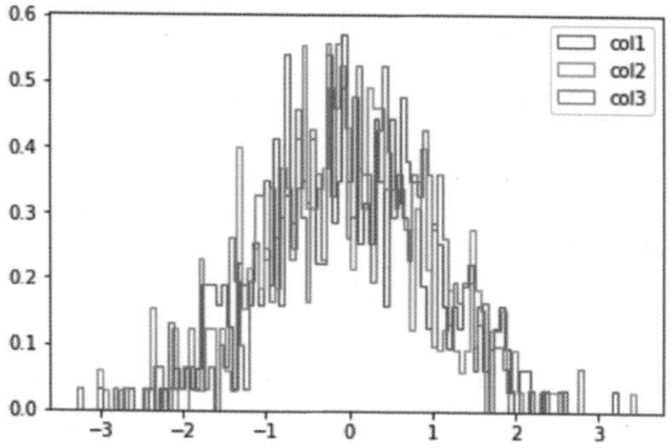

해설

2) 표준정규분포 : $N(0, 1)$

평균 = 0, 표준편차 = 1을 갖는 표준정규분포를 따르는 난수 1,500개를 2차원으로 생성 25행한다. normal(평균 = 0, 표준편차 = 1, shape)와 같은 normal() 함수의 형식으로 표준정규분포의 난수를 생성할 수도 있다. 시각화 도구를 이용하여 3개의 열 column 벡터를 기준 29~34행으로 시각화하면 평균 0을 기준으로 ±1의 편차를 갖는 좌우 균등한 표준정규분포의 모양을 확인할 수 있다.

4.3 연속확률분포 함수

정규분포의 확률변수 X는 어떤 구간 안에 있는 모든 실수값을 취할 수 있는 연속확률분포에 해당한다. scipy의 stats 모듈에서는 [표 8.10]과 같이 정규분포, 균등분포, 카이제곱분포, t 분포, f 분포 등의 연속확률분포를 생성하는 클래스를 제공한다.

[표 8.10] stats 모듈에서 연속확률분포 관련 클래스

클래스	확률분포	의미
beta	베타분포	두 매개변수 α와 β에 따라 [0, 1] 구간에서 정의되는 연속 확률 분포
chi2	카이제곱분포	극단값을 허용하는 멱분포이며, 표본 수가 많을수록 대칭 모양을 갖는 확률분포
f	f 분포	두 x^2분포를 각각의 자유도(d.f)로 나눈 비율을 나타낸 분포
norm	정규분포(가우시안)	평균에 가까울수록 발생할 확률이 높고 평균에서 멀어질수록 발생할 확률이 적은 분포(확률밀도함수의 그래프: 좌우대칭인 종 모양)
t	스튜던트 t 분포	표본수가 30미만으로 작은 경우 정규분포 대신 사용하는 확률분포
uniform	균등분포	분포가 특정 범위 내에서 균등하게 나타나는 확률분포

다음은 stats 모듈에서 제공하는 클래스 중에서 norm 클래스를 이용하여 정규분포의 객체를 생성하는 파이썬 명령문의 형식이다.

형식 stats 모듈의 norm 클래스를 이용하여 정규분포 객체 생성 형식

```
obj = stats.norm(loc, scale)
```

norm 클래스를 생성할 때 사용하는 인수 loc는 정규분포의 기댓값이고, scale은 정규분포의 표준편차이다. 이때 기댓값은 확률변수의 평균을 나타내는 지표로 사용한다.

한편 정규분포는 평균 μ , 표준편차 σ인 2개의 매개변수를 가지며 N(μ, σ^2)으로 표기한다. 또한, 평균이 0이고 표준편차가 1인 표준정규분포는 N(0, 1)으로 표기한다. 이러한 매개변수는 정규분포의 모양을 결정하는 역할을 하므로 정규분포의 기댓값과 분산으로 사용된다.

이와 같은 연속확률분포를 생성하는 클래스를 통해서 생성된 객체는 [표 8.11]과 같은 주요 메서드를 제공한다.

[표 8.11] 연속확률분포 객체에서 제공하는 주요 메서드

클래스	확률분포	의미
pdf(X)	**확률밀도함수** Probability Density Function	연속 확률변수 X에 대한 확률밀도함수의 역할을 하며, 확률밀도를 계산하여 확률밀도 분포곡선을 시각화하는 데 이용한다.
cdf(x)	**누적 분포 함수** Cumulative Distribution Function	연속 확률변수 X에 대한 누적 분포 함수의 역할을 하며, 0~x가 될 때까지의 누적 확률을 계산하여 누적 분포곡선을 시각화하는 데 이용한다.
rvs(size)	**랜덤 표본 생성** Random Variable Sampling	모집단의 확률분포에서 size 크기로 무작위 표본을 추출하는 함수이며, 확률실험에서 시뮬레이션 역할을 한다.

정규분포는 확률변수 X에 대한 확률분포 함수로 확률밀도함수를 이용하며, 함수의 표현식은 다음과 같다. 확률밀도함수는 8장에서 "2.3 확률분포 함수"를 참고한다.

$$f(x) = \frac{1}{\sigma\sqrt{2\pi}}\exp\left\{-\frac{(x-\mu)^2}{2\sigma^2}\right\}(-\infty < x < \infty)$$

확률분포의 특징을 나타내는 정규분포의 기댓값 $E(X)$와 분산 $V(X)$은 다음과 같다.

$$E(X) = \mu$$

$$V(X) = \sigma^2$$

기댓값은 확률변수의 중심 평균을 나타내는 지표로 사용되며 정규분포의 특성상 기댓값, 최빈값, 중앙값 모두 평균 μ와 같다. 분산은 확률변수의 산포도를 나타내는 지표로 사용되며 표준편차의 제곱과 같다.

실습 정규분포와 확률분포 함수

step06_normal_test.py

❶
```
01 from scipy import stats              # 확률분포와 확률분포 함수
02 import numpy as np                   # 분포곡선을 위한 벡터 생성
03 import matplotlib.pyplot as plt      # 확률분포의 시각화
```

해설

scipy 패키지의 stats 모듈은 정규분포와 확률분포 함수 등을 제공하는 역할을 한다. numpy는 확률변수 X에 대한 확률분포 곡선을 만들기 위한 자료를 만들고, matplotlib는 확률밀도함수와 누적 분포 함수를 시각화하는 역할을 한다.

❷
```
04 # 1. 정규분포 객체 : 확률분포 객체
05 norm_obj = stats.norm(loc = 0, scale = 1)   # 정규분포 객체 생성
06 print(norm_obj)                             # objec info
07
08 # 2. 확률변수 x 만들기 : 정규분포의 확률밀도함수
09 N = 1000                                    # sample 수(시행 횟수)
10 X = norm_obj.rvs(N)                         # N번 시뮬레이션
11 print(X)
```

실행결과

```
<scipy.stats._distn_infrastructure.rv_frozen object at 0x000001AF0AC3AEB0>
[ 3.42951355e-01 -1.23322725e+00  7.75875622e-01 -4.87739925e-01
  5.16652379e-01 -1.40245345e+00  6.51080659e-01 -9.27024591e-01
  2.90801612e-01  2.81897598e-01 -5.99151117e-01 -1.17313238e+00
  5.50131832e-02 -1.41553521e+00 -5.46754706e-01 -3.94794262e-01
  생략 ...]
```

해설

정규분포를 따르는 확률변수 X를 만들기 위해서 먼저 stats 모듈의 norm 클래스를 이용하여 norm_obj 객체를 생성 05행한다. 이때 2개의 파라미터인 loc와 scale은 정규분포에 해당하는 평균과 표준편차이다. 정규분포의 확률변수 X는 norm 클래스의 객체에서 제공하는 rvs() 메서드를 이용 10행하여 N번 시뮬레이션을 통해서 만들 수 있다. 예에서는 시행 횟수 1000번 09행으로 정규분포의 확률변수 X를 생성 10행하고 있다. 즉 독립시행 1000번의 표준정규분포 N(0, 1)을 따르는 연속 확률변수 X를 만드는 과정이다.

분포는 난수를 이용하기 때문에 사용자마다 결과는 다르게 나타난다.

❸
```
12 # 3. 연속 확률변수 x 시각화 : 히스토그램(단위:밀도)
13 plt.hist(X, bins="auto", density=True, label="N(0,1)")
14 plt.legend()
15 plt.show()
```

실행결과

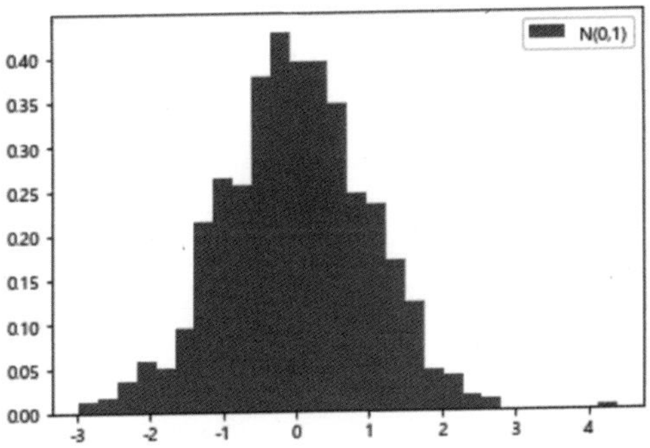

해설

독립시행 1,000번의 표준정규분포 N(0, 1)을 따르는 확률분포가 히스토그램으로 나타난다. hist() 함수에서 bins = "auto" 속성은 계급 수를 자동으로 지정하고, density = True 속성은 y축의 눈금을 밀도 단위로 지정하는 역할을 한다. 전반적으로 평균 0에서 가장 많은 분포를 보이고 있으며, 좌우로 편차의 단위가 커지면서 분포의 빈도가 점차적으로 줄어드는 좌우대칭 형태를 보인다.

분포는 난수를 이용하기 때문에 사용자마다 결과는 다르게 나타난다.

```
# 4. 확률밀도함수 : 확률밀도분포 곡선 추가
# 1) 확률분포곡선을 위한 벡터 자료
line = np.linspace(min(X), max(X), 100)
lprint('벡터 길이 =', len(line))            # 100

# 2) 확률밀도함수
pdf = norm_obj.pdf(line)                    # 확률밀도함수

❹ # 히스토그램 + 확률밀도분포 곡선
plt.hist(X, bins = 'auto', density = True, label = "N(0,1)")
plt.plot(line, pdf, color='red')            # 확률밀도분포 곡선
plt.title("확률밀도함수 ")
plt.xlabel("표준편차")
plt.ylabel("밀도(density)")
plt.legend(loc = 'upper right')
plt.grid(True)                              # 격자
plt.show()
```

실행결과

벡터 길이 = 100

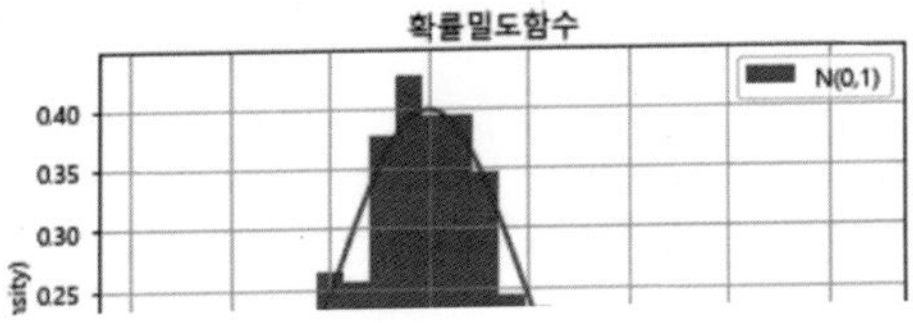

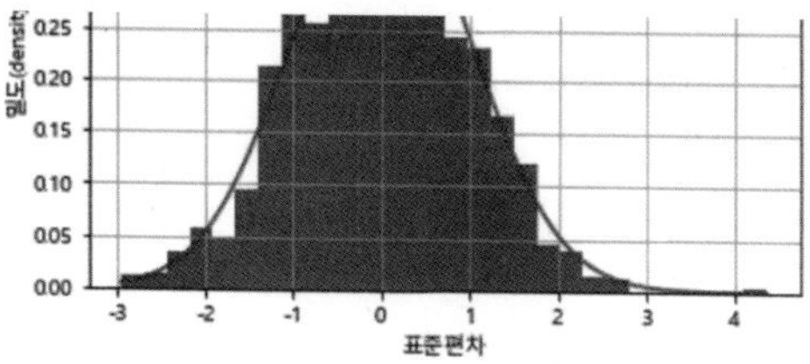

해설

4. 확률밀도함수

1) 확률분포 곡선을 위한 벡터 자료

연속 확률변수 X를 대상으로 확률밀도함수를 추정하기 위해서 확률변수 X의 최소값과 최대값을 이용하여 벡터 자료를 만든다 18행. 이러한 벡터 자료는 확률밀도함수를 추정하고 확률밀도 분포곡선을 그리는 데 이용된다.

2) 확률밀도함수

정규분포의 확률밀도함수는 binom 클래스를 이용하여 생성된 norm_obj 객체 ❷의 05행를 통해서 호출할 수 있는 pdf() 메서드에 벡터 자료 line 18행에서 생성, 26행에서 사용을 인수로 넣어서 만들 수 있다. 이때 정규분포의 확률밀도함수는 확률변수 X에 대한 모든 실수값의 크기를 곡선의 면적 확률으로 표현할 수 있다. 예문에서는 히스토그램을 배경으로 x축에는 벡터 자료를 이용하고, y축에는 확률밀도함수를 이용하여 확률밀도 분포곡선이 시각화된다. 여기서 곡선의 면적 확률은 1이다.

정규분포의 확률밀도함수의 표현식은 다음과 같다.

$$f(x) = \frac{1}{\sigma\sqrt{2\pi}}\exp\left\{-\frac{(x-\mu)^2}{2\sigma^2}\right\}(-\infty < x < \infty)$$

❺

```
33 # 5. 누적 분포 함수
34 cdf = norm_obj.cdf(line)          # 누적 분포 함수
35 print(cdf[-1])                    # 누적 분포 함수의 마지막 원소의 값은 1에 근사한 값
36
37 plt.plot(line, cdf, color = 'blue')
38 plt.title("누적분포함수 ")
39 plt.xlabel("표준편차")
40 plt.ylabel("밀도(density)")
41 plt.grid(True)                    # 격자
42 plt.show()
```

실행결과

0.9999940846913143

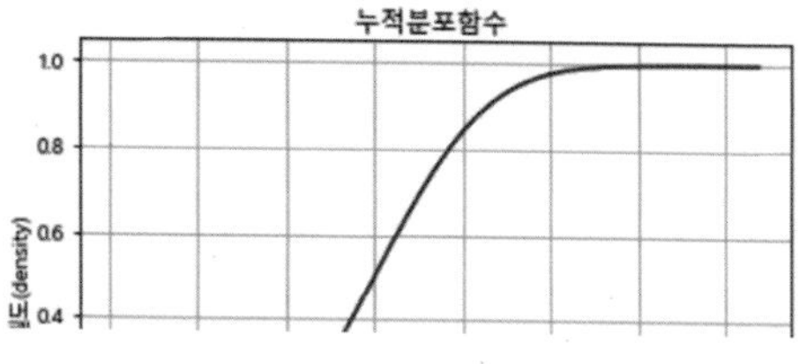

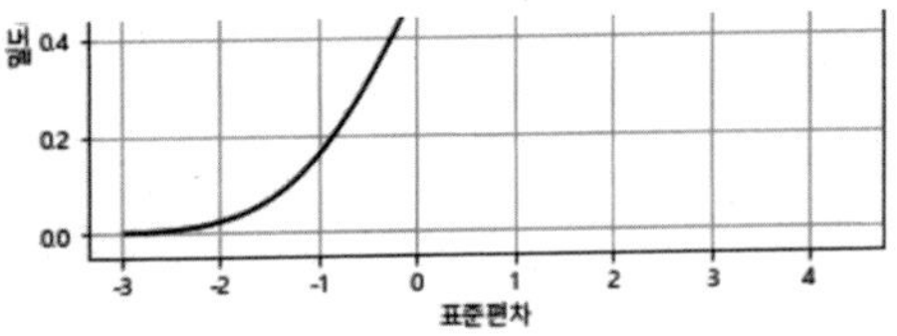

해설

\# 5. 누적 분포 함수

누적 분포 함수 cdf()는 확률변수 X가 x 이하가 될 때까지 누적 확률을 반환하는 함수이다. 정규분포의 전체 면적은 1이므로 누적 분포 함수의 마지막 원소의 값은 1에 근사한 값이 된다. 누적 분포 함수는 binom 클래스를 이용하여 생성된 norm_obj 객체 ❷의 05행를 통해서 호출할 수 있는 cdf() 메서드 34행에 벡터 자료 line을 인수로 넣어서 만들 수 있다.

예에서 x축은 벡터 자료 line을 이용하고, y축에는 누적 분포 함수를 이용하여 누적 분포곡선을 시각화하면 S 곡선의 형태로 나타난다. 즉 확률이 0인 경우를 시작으로 확률이 1이 될 때까지 누적된 확률이 시각화된다.

4.4 정규성 검정

일반적으로 정규분포를 확인하는 데 이용되는 시각화 도구로 [그림 8.11]과 같이 정규분포 곡선과 Q-Q 플롯 Plots을 이용한다.

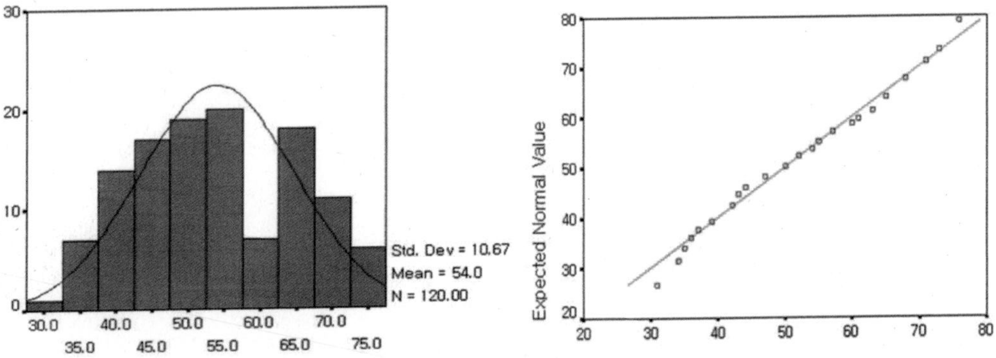

[그림 8.11] 정규분포 곡선과 Q-Q 플롯

한편 표본의 수가 30개 이상이면 중심극한정리에 의해서 정규분포를 따른다고 가정할 수 있다. 하지만 표본의 수가 적거나 정확한 정규분포를 검정하기 위해서는 정규성 검정을 수행한다. 이러한 정규성 검정을 통해서 확률변수 X가 정규분포를 따르면 해당 변수를 이용하여 모수 검정 방법으로 통계분석을 수행할 수 있고, 그렇지 않으면 비모수 검정방법으로 통계분석을 수행한다. 모수 검정 방법과 비모수 검정 방법은 [표 8.12]와 같다.

[표 8.12] 정규성 검정에 따른 모수와 비모수 검정 방법

검정 방법	모수 정규분포	비모수 비정규분포
t 검정	독립표본 t 검정	윌콕슨((Wilcoxon) 검정
	대응 표본 t검정	맨-휘트니(Mann-Whitney) 검정
분산분석	일원 배치 분산분석	크루스칼-윌리스(Kruskal-Wallis)검정
관계분석	상관분석	비모수적 상관분석

정규성 검정 Normality Test은 확률변수 X가 정규분포를 따르는지를 검정하는 방법이다. 검정 방법은 표본수의 크기에 의해서 다음과 같이 분류된다.

- shaprio-wilks test: 표본 수가 2,000개 미만인 데이터셋에 적합한 검정방법
- kolmogorove-smirnov test: 표본 수가 2,000개 이상인 데이터셋에 적합한 검정방법

다음은 정규성 검정을 위한 연구 환경과 귀무가설 H_0이다. 이를 바탕으로 정규성 검정을 실습한다.

[연구 환경]

우리나라 19세 청소년의 평균키 175cm, 표준편차 5cm를 갖는 2,000개의 표본을 추출하고 정규성을 검정한다.

[가설]

H_0: 확률변수 X는 정규분포와 차이가 없다.

H_1: 확률변수 X는 정규분포와 차이가 있다.

실습 **표본의 확률분포와 정규성 검정**

❻

```
# 6. 정규성 검정
# 1) 정규분포에서 표본추출
norm_obj = stats.norm(loc = 175, scale = 5)     # 정규분포 객체 생성

N = 2000                                        # sample 수(시행 횟수)
X = norm_obj.rvs(N)                             # N번 시뮬레이션
print(X)
```

실행결과

```
[177.39483438 171.68005985 166.99025075 182.55575416 172.15920647
 182.87223283 178.77935529 164.18228478 174.99023334 182.38038242
 180.60363801 172.19304396 176.34457972 177.50850512 179.18768355
 174.10647107 172.85869355 171.14632283 183.60103388 160.08709807
 172.0887012  178.83893198 169.94477407 172.37644158 167.38011908
 184.74814447 170.77974252 179.9857189  187.96919528 170.97162443
 생략 ...]
```

해설

6. 정규성 검정

1) 정규분포에서 표본추출

정규분포를 따르는 확률변수 X를 만들기 위해서 먼저 stats 모듈의 norm 클래스를 이용하여 norm_obj 객체를 생성 45행한다. 객체에서 제공하는 rvs() 메서드를 이용 48행하여 2,000개 47행의 표본을 추출하여 확률변수 X를 만든다.

❼

```
50 # 2) 정규성 검정
51 statistic, pvalue = stats.shapiro(X)
52 print('검정 통계량 = ', statistic)
53 
54 # 유의확률과 유의수준 -> 가설 검정
55 if pvalue >= 0.05 :
56     print('정규분포와 차이가 없다.')
57 else :
58     print('정규분포와 차이가 있다.')
```

실행결과

```
검정 통계량 =  0.9994271993637085
정규분포와 차이가 없다.
```

해설

2) 정규성 검정

stats 모듈의 shapiro() 함수를 이용 51행하여 확률변수 X에 대한 정규성 검정을 수행한다. shapiro() 함수는 검정 통계량과 유의확률을 튜플 객체로 반환한다. 따라서 검정 통계량은 statistic로 받고51행, 유의확률은 pvalue로 각각 받는다 51행.

정규성 검정은 표본의 검정 통계량에 의해서 계산된 유의확률 pvalue = 0.9994와 유의수준 α와 비교하여 귀무가설을 채택하거나 기각한다. 사회과학 분야에서 유의수준 α는 통상 0.05이므로 유의확률은 유의수준 α보다 크기 때문에 귀무가설이 채택된다. 여기서 유의확률은 귀무가설이 참이 될 확률이 약 99%라는 의미이다. 즉 정규분포라는 모집단에서 추출된 표본이 정규분포라고 가정할 수 있는 확률이 99% 이상이므로 확률변수 X는 정규분포라고 할 수 있다.

연습문제

문제 1 두 사건 A, B에 대해서 A가 일어날 확률 $P(A) = \frac{5}{10}$, $P(B) = \frac{3}{5}$, $P(A \cap B) = \frac{2}{10}$ 일 때 다음을 구하시오.

① $P(B \mid A)$

② $P(A \mid B)$

문제 2 A 회사의 사원 중에서 남·여 사원 각각 15명씩 30명을 대상으로 출근 수단을 조사한 결과는 다음 표와 같다. 이 중에서 임의로 한 명을 선택 경우 여자 사원이면서 버스로 출근하는 사원일 확률을 구하시오.

성별 \ 대중교통	지하철	버스	행 합계
남자 사원	11	4	15
여자 사원	9	6	15
열 합계	20	10	30

문제 3 다음 보기 중 확률분포의 유형이 다른 하나를 고르시오.

① 정규분포 ② 이항분포

③ F 분포 ④ 지수분포

문제 4 번개에 맞을 확률과 같이 시간, 면적 등 지정된 단위 구간에서 특정한 사건의 발생 가능성이 매우 작은 확률분포를 고르시오.

① 카이제곱분포 ② t 분포

③ z 분포 ④ 포아송분포

문제 5 다음 보기 중에서 정규분포의 설명으로 올바르지 않은 답항을 고르시오.

① 평균(μ)을 중심으로 좌우대칭형의 종 모양을 갖는다.
② 평균, 중앙값, 최빈값은 모두 같다.
③ 평균에 의해서 모양이 달라지고, 표준편차에 의해서 위치가 달라진다.
④ 정규분포의 전체 면적은 1이고, 정규분포의 확률을 의미한다.

문제 6 연속확률변수의 크기를 추정할 수 있는 확률밀도함수의 설명으로 올바르지 않은 답항을 고르시오.

① 확률밀도함수의 전체 면적은 1이다.
② 특정 구간의 면적은 적분을 이용한다.
③ 모든 실수값 x에 대하여 $f(x) \geq 0$ 이다.
④ 동전의 앞면과 뒷면의 확률변수의 크기를 추정하는데 이용할 수 있다.

문제 7 극단값을 허용하는 멱분포이며, 표본 수가 많을수록 대칭 모양을 갖는 확률분포를 고르시오

① beta　　② chi2　　③ norm　　④ uniform

문제 8 확률변수 X가 x 이하가 될 때까지 누적 확률을 반환하는 함수를 고르시오.

① cdf　　② pdf　　③ rvs　　④ kdf

문제 9 다음과 같은 연구 환경을 바탕으로 이항검정을 수행하시오.

[연구환경]

- 150명의 합격자 중에서 남자 합격자가 62명일 때 남여 합격률에 차이가 있는지를 검정한다.

[조건]

- 95% 신뢰수준에서 양측검정

[가설]

- 귀무가설 H_0 : 남자 합격률에 차이가 없다.(P = 0.5)
- 대립가설 H_1 : 남자 합격률에 차이가 있다.(P = 0.5)

[코딩 시작]

```
from scipy import stats          # 확률분포와 검정

# 단계 1. 이항검정 Hint: stats.binom_test() 함수 이용


# 단계 2. 이항검정 결과 해석: 귀무가설 채택 또는 기각

```

문제 10 A 회사는 근무기간이 평균 10년이고, 표준편차 4년의 정규분포를 갖는 경우, 500명을 임의 추출하여 히스토그램과 확률밀도함수를 이용하여 확률분포를 시각화하시오.

[코딩 시작]

```
import numpy as np
import matplotlib.pyplot as plt

# 단계 1. 정규분포 생성  Hint: np.random.normal() 함수 이용


# 단계 2. 히스토그램 + 확률밀도함수(밀도함수): 확률밀도 분포곡선 시각화

```

Chapter 09

표본분포와 검정

학습 내용

통계분석을 수행하기 위해서 모집단의 특성을 대표하는 표본을 추출하고 이러한 표본을 통해서 모집단의 특성을 나타내는 모수를 예측하는 방법이 통계적 추정이다. 이때 표본들의 확률분포가 정규분포 형태를 가지고, 모분산을 알고 있는 경우 모평균을 추정 및 검정하는 z 검정, 모분산을 모르는 경우 모평균을 추정하고, 집단 간의 평균 및 분산의 차이를 추정 및 검정하는 t 검정과 F 검정 방법 등이 있다.

학습 목표

- 표본평균에 대한 확률분포를 설명할 수 있다.
- z 공식을 적용하여 정규분포를 표준정규분포로 변경할 수 있다.
- z 분포표에서 z 값에 해당하는 확률을 찾을 수 있다.
- t 검정을 위한 연구 환경과 귀무가설을 토대로 검정할 수 있다.
- 집단 간의 분산 차이를 검정하고 설명할 수 있다.

이 장의 구성

1 표본의 확률분포

일반적으로 자연계에서 일어나는 수많은 현상을 대상으로 통계분석을 수행하기 위해서는 통계분석의 대상이 되는 원래 집단에서 표본을 추출하고 표본의 통계량으로 원래 집단의 수치를 추정하는 방법이 일반적이다. 이 절에서는 모집단과 표본의 관계, 표본을 추출하는 방법 그리고 대표적인 표본의 확률분포에 대해서 알아본다.

1.1 모집단과 표본

통계분석을 수행하기 위해서는 모집단의 특성을 대표하는 표본을 추출하고 이러한 표본을 통해서 모집단의 특성을 나타내는 모수 모평균, 모분산 등를 예측하는 방법이 통계적 추정이다. [그림 9.1]은 모집단에서 표본을 추출하고, 표본의 통계량으로 모수를 추정하는 관계를 나타내고 있다.

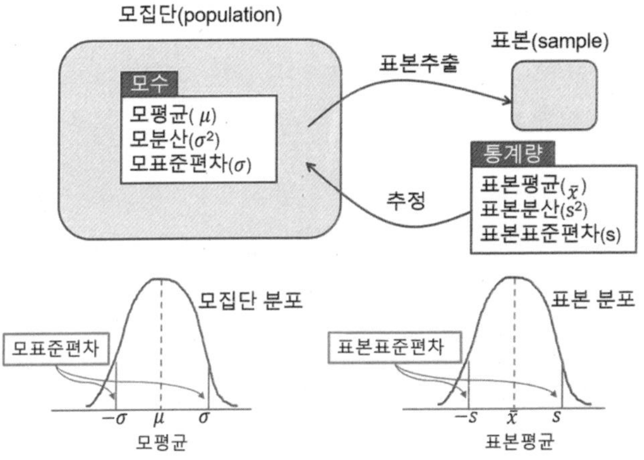

[그림 9.1] 모집단과 표본의 관계

통계분석의 대상이 되는 원래 집단을 모집단이라고 하며, 모집단에서 추출된 표본을 대상으로 **평균, 분산, 표준편차**를 '**통계량**'이라고 부른다. 이러한 통계량은 모집단의 모수를 추정하고 검정하는 데 이용되므로 '**검정 통계량**'이라고도 한다. 즉 표본의 평균 등으로부터 모집단의 평균, 분산, 표준편차 등을 추정한다. 이때 표본의 분포 모양이 모집단의 분포와 비슷해야 비교적 정확한 모수를 추정할 수 있기 때문에 표본의 추출은 객관적이고 과학적이어야 한다.

1.2 표본추출 방법

모집단에서 표본을 추출하는 방법은 모집단 내의 각 구성 원소가 표본에 포함될 가능성이 동등하며, 독립적인 기회를 가진다는 요건 아래에서 표본을 객관적으로 추출하는 **확률 표본추출 방법**과 추출될 확률이 동등하지 않으며, 대표성에 제약이 있는 **비확률적 표본추출 방법**으로 분류된다.

확률적 표본추출

확률 추출 방법은 추출될 확률이 동일한 표본추출 방법으로 객관적으로 표본오차의 측정이 가능하며, 표본의 일반화가 가능하다. **단순무작위추출**, **층별추출**, **체계적추출**, **군집추출** 방법 등이 있다.

① **단순무작위추출** Simple Random Sampling

N개로 구성된 모집단으로부터 표본 크기 n개를 선정한다고 할 때 n개의 가능한 각 표본이 똑같이 1/N의 확률로 선정될 수 있도록 설계된 방법이다.

예 아파트 추첨, 복권 추첨

② **층별추출** Stratified Sampling

모집단을 부서, 지역, 연령, 성별 등과 같은 일정한 기준에 의하여 동질적인 그룹층으로 분류한 다음 각 그룹으로부터 표본을 단순 무작위로 추출하는 방법이다. 각 그룹에서 추출하는 표본의 수가 모집단의 구성 비율을 따를 때 비례적 층별추출이라고 한다. 층별추출이 효과적인 경우는 층간에는 이질적인 특성이 크고, 층 내부는 동질적인 특성이 큰 경우이다.

예 대학생 연구에서 학년별 표본추출

③ **체계적** 계통적 **추출** Systematic Sampling

모집단이 큰 경우 단순무작위추출 방식을 사용하면 시간과 비용이 많이 소요되므로 모집단이 큰 경우 체계적 추출 방법을 사용할 수 있다. 모집단의 크기가 500이고 표본 크기가 100일 때 표본 간격을 5 500/100로 정하면 표본 간격으로 모집단의 순번을 부여한 후 표본 간격 단위로 1개 무작위 추출한다.

예 sample([1:100], [101:200], [201:300], [301:400], [401:500])

④ **군집추출** Cluster Sampling

모집단을 군집 그룹으로 구분하고 이 중에서 단순 무작위 방식으로 조사대상인 군집을 선정하는 방식이다. 선정된 군집에 대해서 전수조사를 하거나 일부의 표본을 추출하게 된다. 군집추출이 효과적인 경우는 층별추출과 반대의 경우로 군집 간에는 동질적이고 군집 내부에서는 이질적인 특성을 갖는 경우이다.

예 경상대학을 경영학과와 경제학과로 나누고 그중 하나를 임의 추출

비확률적 표본추출

비확률 추출 방법은 추출될 확률이 동등하지 않는 주관적인 표본추출 방법으로 대표성에 제약이 있고, 표본오차의 측정이 불가능한 표본추출 방법이다. **편의 표본추출**, **할당 표본추출**, **판단 표본추출**, **스노우볼 표본추출** 방법 등이 있다.

① **편의 표본추출** Convenience Sampling

조사자가 주관적으로 표본을 추출하는 방법이다. 이때 주관적이라는 의미는 조사자가 임의로 선정한 지역과 시간대에 원하는 사람들을 대상으로 표본을 선택하는 방법이다. 따라서 비용이 저렴하고, 절차가 간단하다는 장점을 갖지만 대표성과 일반화에 문제가 있어서 학술적 연구에는 널리 이용하지 않는다.

예 TV 시청자 의견조사

② **할당 표본추출** Quota Sampling

미리 정해진 분류기준에 의해서 모집단을 여러 집단으로 구분하고 각 집단별로 필요한 대상을 추출하는 방법이다. 조사자는 추출된 표본이 인구통계적 특성에서 어느 한 부분으로 편중되지 않도록 모집단의 특성이 적절히 반영되도록 모집단의 정확한 할당 분량의 기준을 마련해야 한다.

예 상품 이용자 중에서 30%를 20대 연령층으로 할당

③ **판단 표본추출** Purposive Sampling

모집단의 의견을 반영할 수 있는 것으로 판단되는 특정 집단을 표본으로 선정하는 방법이다. 조사자는 모집단에 대한 전문적인 지식이 요구되며, 전문지식을 갖는 표본을 선정해야 한다. 적은 비용으로 의미 있는 자료를 수집할 수 있는 장점과 모집단의 대표성을 반영하지 못한다는 단점을 가진다.

예 대상자 중에서 조사 문제와 유사한 지식을 갖는 대상자에서 표본 추출)

④ **스노우볼** 눈덩이 **표본추출** Snowball Sampling

표본을 구하기 어려운 경우, 소수의 인원을 확보한 후 그 인원을 활용하여 주위 사람들을 모으는 표본 추출 방법이다.

1.3 표본의 확률분포

표본의 확률분포란 주어진 모집단에서 크기 n개의 가능한 모든 표본 집단으로부터 얻은 표본 통계량의 확률분포를 말한다. 이때 표본 통계량은 표본의 평균, 표본의 분산, 표본의 비율 등이 여기에 해당하며, 그중 표본의 평균을 가장 많이 사용한다. [그림 9.2]는 표본의 평균에 대한 확률분포를 나타내고 있다.

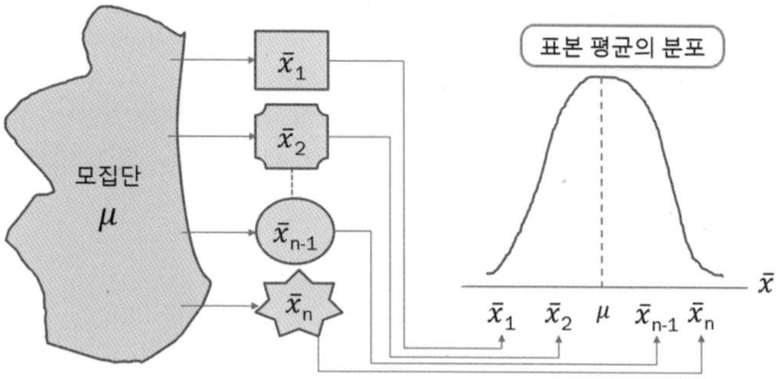

[그림 9.2] 표본의 평균에 대한 확률분포

표본의 평균에 대한 확률분포는 평균 μ와 표준편차 σ를 갖는 정규분포를 따르는 모집단으로부터 동일한 크기 n개의 표본을 n번 추출하여 각각의 평균을 계산하고, 평균들을 모아서 표본평균의 분포를 나타낸 것을 말한다. 이때 표본평균 $\overline{X}$는 $N(\mu, \dfrac{\sigma^2}{n})$을 따르며, 표현식은 다음과 같이 표기한다.

$$\overline{X} \sim N(\mu, \frac{\sigma^2}{n})$$

한편 모집단으로부터 추출한 표본들의 확률분포가 정규분포 형태를 가지며, 검정 통계량으로 가설 검정을 통해서 모수를 추정하는 z 검정, t 검정, F 검정의 검정 통계량과 특징은 [표 9.1]과 같다.

[표 9.1] 정규분포 형태를 갖는 표본의 확률분포의 검정 방법

검정 방법	검정 통계량	특징 및 용도
z 검정	$z = \dfrac{\overline{X}-\mu}{\dfrac{\sigma}{\sqrt{n}}}$	특징: 모집단이 정규분포이고, 모분산(σ^2)을 알고 있다. 용도: 모집단의 평균을 추정하고 검정하는 용도로 사용된다.
t 검정	$t = \dfrac{\overline{X}-\mu}{\dfrac{s}{\sqrt{n}}}$	특징: 모집단이 정규분포이고, 모분산(σ^2)을 알 수 없다. 용도: 표본의 수가 30이하로 작은 경우에 모평균을 추정하고, 두 집단의 평균 차이를 검정하는 용도로 사용된다
F 검정	$F = \dfrac{s_1^2}{s_2^2}$	특징: 모집단이 정규분포이고, 모분산(σ^2)을 알 수 없다. 용도: 정규분포를 따르는 두 집단의 분산에 대한 가설 검정으로 분산분석에 이용한다.

더 알아보기 **확률분포 관련 대소문자 표기법**

z 분포와 t 분포의 검정 통계량은 소문자로 표기하고, F 분포의 검정 통계량은 대문자로 표기한다. 따라서 검정통계량 표기법에 맞게 이 책에서는 z 분포와 t 분포는 소문자, F 분포는 대문자로 통일해서 표기한다.

2 z 분포와 검정

정규분포를 따르는 확률변수 X를 **표준화 공식** z를 통해서 정규화하면 평균 0, 표준편차 1인 표준정규분포를 얻는다는 의미에서 표준정규분포를 'z **분포**'라고 하며, z 분포를 이용한 가설 검정을 'z **검정** z-test'이라고 한다.

2.1 z 분포

정규분포의 확률변수 X를 구하기 위해서 표준정규분포로 바꾸는 변수를 표준화 공식 z라고 한다. 정규분포를 표준정규분포로 바꾸는 z의 공식은 다음과 같다

$$z = \frac{X-\mu}{\sigma} \ (X: \text{확률변수}, \mu: \text{평균}, \sigma: \text{표준편차})$$

[그림 9.3]은 정규분포와 표준정규분포의 관계를 나타낸다.

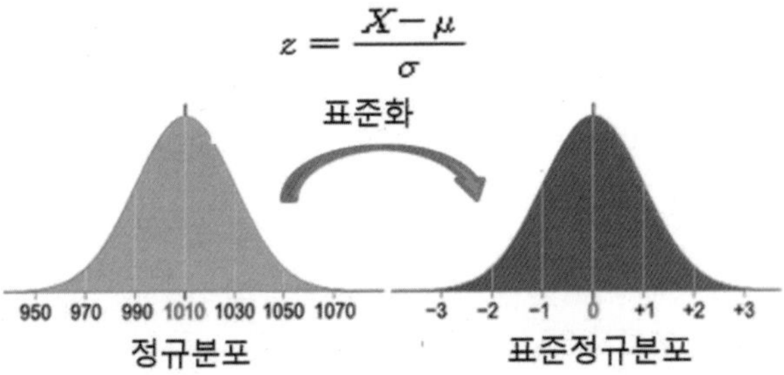

[그림 9.3] 정규분포와 표준정규분포 관계

z 분포는 모집단이 정규분포이고, 모분산 σ^2을 알고 있는 경우 모집단의 평균을 추정하고 검정하는 용도로 사용된다. z 분포는 다음과 같은 특징을 갖는다.

z 분포의 특징

- 검정 통계량 $z = 0$을 중심으로 좌우대칭이다.
- 정규분포 곡선과 같이 전체 면적이 1이고, 각 표준편차 σ만큼의 확률이 동일하다.
- 표본의 크기가 커질수록 정규분포에 근사하다.
- 정규분포 곡선으로 모평균의 확률을 구하는 데 사용한다.

2.2 z 값을 이용한 z 분포

일반적으로 정규분포의 확률변수 X를 대상으로 특정 구간의 확률을 추정하기 위해서 정규분포를 일반화할 수 있는 표준정규분포로 변경한 후 확률분포를 추정한다.

다음과 같은 예를 토대로 z값을 이용하여 정규분포의 특정 구간의 확률을 추정하는 과정에 대해서 알아본다.

예 A고등학교의 B반 학생의 국어 점수가 평균 75점, 표준편차 5점인 정규분포로 나타났다. 이 때 어떤 학생의 점수가 70점 ~ 80점 사이에 있을 확률은?

위 예의 내용을 정규분포로 도식화하면 [그림 9.4]와 같다.

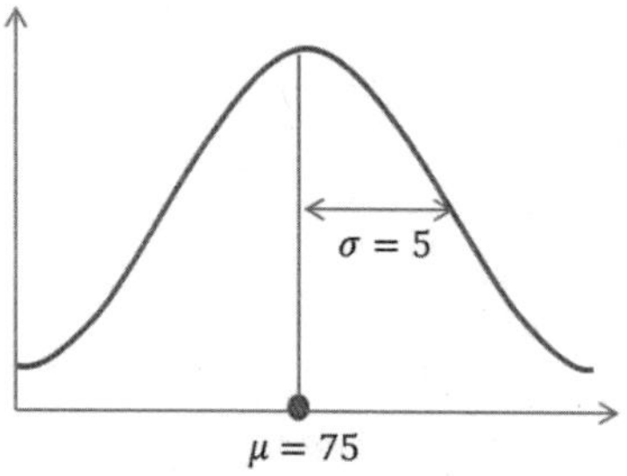

[그림 9.4] 정규분포 N(75, 5^2)

정규분포를 z공식에 적용하면, $z = \frac{70-75}{5}$과 $z = \frac{80-75}{5}$이 된다. 이는 다음과 같은 식으로 표현한다.

$$P(z = \frac{70-75}{5} < Z < z = \frac{80-75}{5}) = P(-1 < z < 1)$$

이를 표준정규분포로 도식화하면 [그림 9.5]의 표준정규분포와 같다.

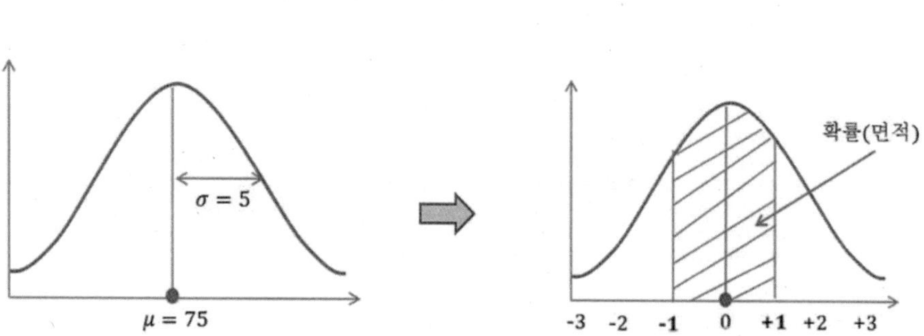

[그림 9.5] z값에 의한 표준정규분포

따라서 예문에서 제시하는 정규분포를 z값에 의해서 평균 0을 기준으로 $\pm 1\sigma$ 표준편차의 표준정규분포로 나타낼 수 있다. 이때 $-1\sigma \sim +1\sigma$ 구간의 확률 면적을 구하기 위해서는 표준정규분포표를 이용한다. 정규분포와 표준정규분포에 관련된 자세한 내용은 8장의 "2. 확률분포"를 참고한다.

2.3 z 값을 이용한 확률추정

표준화 공식 z값으로 z분포에서 특정 구간의 확률을 추정할 수 있다. 실제 정규분포 곡선의 확률을 계산하기 위해서는 적분의 공식을 이용하지만, 복잡한 식 대신에 z값에 해당하는 확률값을 표시해 놓은 표준정규분포표 z 분포표를 이용한다.

Z	0.00	0.01	0.02	0.03	0.04	0.05	0.06	0.07	0.08	0.09
0.0	0.00000	0.00399	0.00798	0.01197	0.01595	0.01994	0.02392	0.02790	0.03188	0.03586
0.1	0.03983	0.04380	0.04776	0.05172	0.05567	0.05962	0.06356	0.06749	0.07142	0.07535
0.2	0.07926	0.08317	0.08706	0.09095	0.09483	0.09871	0.10257	0.10642	0.11026	0.11409
0.3	0.11791	0.12172	0.12552	0.12930	0.13307	0.13683	0.14058	0.14431	0.14803	0.15173
0.4	0.15542	0.15910	0.16276	0.16640	0.17003	0.17364	0.17724	0.18082	0.18439	0.18793
0.5	0.19146	0.19497	0.19847	0.20194	0.20540	0.20884	0.21226	0.21566	0.21904	0.22240
0.6	0.22575	0.22907	0.23237	0.23565	0.23891	0.24215	0.24537	0.24857	0.25175	0.25490
0.7	0.25804	0.26115	0.26424	0.26730	0.27035	0.27337	0.27637	0.27935	0.28230	0.28524
0.8	0.28814	0.29103	0.29389	0.29673	0.29955	0.30234	0.30511	0.30785	0.31057	0.31327
0.9	0.31594	0.31859	0.32121	0.32381	0.32639	0.32894	0.33147	0.33398	0.33646	0.33891
1.0	0.34134	0.34375	0.34614	0.34849	0.35083	0.35314	0.35543	0.35769	0.35993	0.36214
1.1	0.36433	0.36650	0.36864	0.37076	0.37286	0.37493	0.37698	0.37900	0.38100	0.38298
1.2	0.38493	0.38686	0.38877	0.39065	0.39251	0.39435	0.39617	0.39796	0.39973	0.40147
1.3	0.40320	0.40490	0.40658	0.40824	0.40988	0.41149	0.41308	0.41466	0.41621	0.41774
1.4	0.41924	0.42073	0.42220	0.42364	0.42507	0.42647	0.42785	0.42922	0.43056	0.43189
1.5	0.43319	0.43448	0.43574	0.43699	0.43822	0.43943	0.44062	0.44179	0.44295	0.44408
1.6	0.44520	0.44630	0.44738	0.44845	0.44950	0.45053	0.45154	0.45254	0.45352	0.45449
1.7	0.45543	0.45637	0.45728	0.45818	0.45907	0.45994	0.46080	0.46164	0.46246	0.46327
1.8	0.46407	0.46485	0.46562	0.46638	0.46712	0.46784	0.46856	0.46926	0.46995	0.47062
1.9	0.47128	0.47193	0.47257	0.47320	0.47381	0.47441	0.47500	0.47558	0.47615	0.47670
2.0	0.47725	0.47778	0.47831	0.47882	0.47932	0.47982	0.48030	0.48077	0.48124	0.48169
2.1	0.48214	0.48257	0.48300	0.48341	0.48382	0.48422	0.48461	0.48500	0.48537	0.48574
2.2	0.48610	0.48645	0.48679	0.48713	0.48745	0.48778	0.48809	0.48840	0.48870	0.48899
2.3	0.48928	0.48956	0.48983	0.49010	0.49036	0.49061	0.49086	0.49111	0.49134	0.49158
2.4	0.49180	0.49202	0.49224	0.49245	0.49266	0.49286	0.49305	0.49324	0.49343	0.49361
2.5	0.49379	0.49396	0.49413	0.49430	0.49446	0.49461	0.49477	0.49492	0.49506	0.49520
2.6	0.49534	0.49547	0.49560	0.49573	0.49585	0.49598	0.49609	0.49621	0.49632	0.49643
2.7	0.49653	0.49664	0.49674	0.49683	0.49693	0.49702	0.49711	0.49720	0.49728	0.49736
2.8	0.49744	0.49752	0.49760	0.49767	0.49774	0.49781	0.49788	0.49795	0.49801	0.49807
2.9	0.49813	0.49819	0.49825	0.49831	0.49836	0.49841	0.49846	0.49851	0.49856	0.49861
3.0	0.49865	0.49869	0.49874	0.49878	0.49882	0.49886	0.49889	0.49893	0.49896	0.49900
3.1	0.49903	0.49906	0.49910	0.49913	0.49916	0.49918	0.49921	0.49924	0.49926	0.49929
3.2	0.49931	0.49934	0.49936	0.49938	0.49940	0.49942	0.49944	0.49946	0.49948	0.49950
3.3	0.49952	0.49953	0.49955	0.49957	0.49958	0.49960	0.49961	0.49962	0.49964	0.49965
3.4	0.49966	0.49968	0.49969	0.49970	0.49971	0.49972	0.49973	0.49974	0.49975	0.49976
3.5	0.49977	0.49978	0.49978	0.49979	0.49980	0.49981	0.49981	0.49982	0.49983	0.49983
3.6	0.49984	0.49985	0.49985	0.49986	0.49986	0.49987	0.49987	0.49988	0.49988	0.49989
3.7	0.49989	0.49990	0.49990	0.49990	0.49991	0.49991	0.49992	0.49992	0.49992	0.49992
3.8	0.49993	0.49993	0.49993	0.49994	0.49994	0.49994	0.49994	0.49995	0.49995	0.49995
3.9	0.49995	0.49995	0.49996	0.49996	0.49996	0.49996	0.49996	0.49996	0.49997	0.49997
4.0	0.49997	0.49997	0.49997	0.49997	0.49997	0.49997	0.49998	0.49998	0.49998	0.49998

[그림 9.6] 표준정규분포표 z 분포표

[그림 9.6]의 표준정규분포표에서 행은 z값의 소수점 첫째 자리 이상을 나타내고, 열은 소수점 둘째 자리를 나타낸다. 따라서 z값에 해당하는 행과 열의 교차점을 찾아서 해당 확률을 구할 수 있다. 예를 들면 z = 1.65일 때 행에서 1.6을 찾고, 열에서 0.05를 찾으면 해당하는 교차점의 값은 0.45053의 확률값이 나온다.

다시 예로 돌아가서 z값의 확률 구간은 P(-1 〈 z 〈 1)이 된다. 이 구간에 해당하는 확률을 구하기 위해서 먼저 z = 1에 해당하는 값을 표준정규분포표에서 찾으면 0.34134가 된다. 이 값은 0에서 1까지의 확률이 0.34134이라는 의미이다. 또한 정규분포는 좌우대칭이기 때문에 0에서 -1까지의 확률도 0.34134와 같다. 따라서 P(-1 〈 z 〈 1)인 경우 확률은 0.68268이 된다. 다시 말해서 평균이 75점, 표준편차가 5점일 때 어느 학생의 점수가 70 ~ 80점 사이일 확률은 약 68.3%가 된다는 의미이다. [그림 9.7]은 z값의 (-1σ ~ +1σ) 구간의 확률을 그래프로 나타낸 것이다.

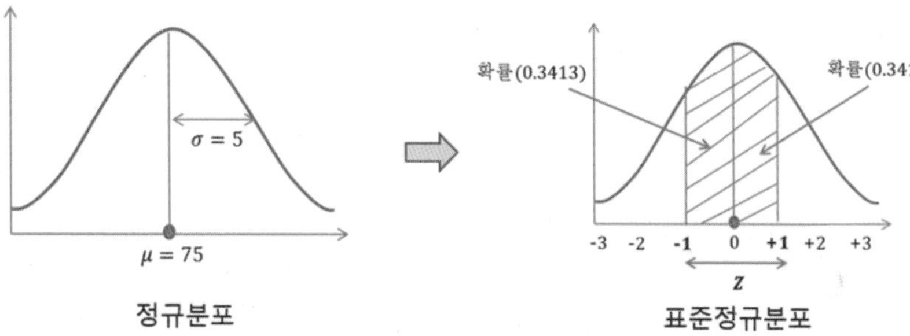

[그림 9.7] z값의 (-1σ ~ +1σ) 구간의 확률

지금까지 살펴본 예 어떤 학생이 70~80점 사이의 확률의 내용을 일반화하면, 특정 자료가 정규분포를 따르는 곡선의 전체 면적 확률은 1이고, 평균으로부터 ±1σ 만큼의 구간 확률은 P(-1 〈 z 〈 1) = 68.3%이다.

어떤 학생이 65~85점 사이의 확률은 다음과 같이 95.4%가 된다.

$$P(z = \frac{65-75}{5} < z < z = \frac{85-75}{5}) = P(-2 < z < 2) = 95.4\%$$

어떤 학생이 60~90점 사이의 확률은 다음과 같이 99.7%가 된다.

$$P(z = \frac{60-75}{5} < z < z = \frac{90-75}{5}) = P(-3 < z < 3) = 99.7\%$$

위와 같은 사례를 통해서 z 값의 범위가 커질수록 확률도 커지는 결과를 확인할 수 있다.

z 값과 확률

모든 정규분포를 대상으로 평균 0과 표준편차 1에 의해서 산출된 z 값과 여기에 해당하는 표준정규분포의 확률을 정리하면, [표 9.2]와 같다. 여기서 확률은 표준정규분포 곡선의 면적을 말한다.

[표 9.2] z 값과 표준정규분포의 확률

z 값	확률	표준정규분포
평균±1σ	68.3%	
평균±2σ	95.4%	
평균±3σ	99.7%	

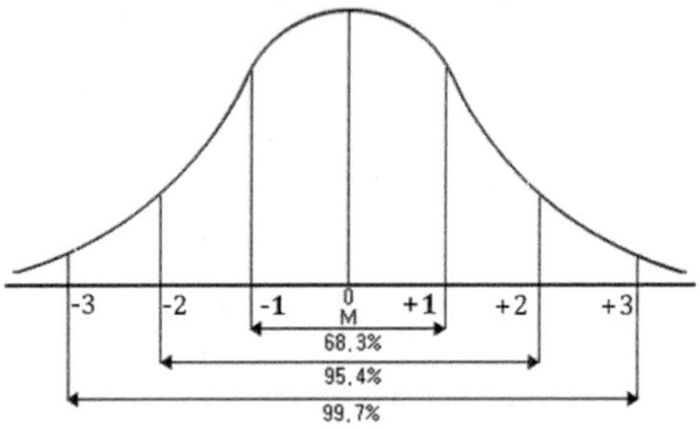

z 값과 신뢰수준

통계에서 일반적으로 사용되는 신뢰수준은 90%, 95%, 99%이다. 이러한 신뢰수준에 해당하는 z 값을 표현하면 [표 9.3]과 같다.

[표 9.3] 신뢰수준과 z 값

신뢰수준(1-α%)	유의수준(α)	z 값	표준정규분포
90%	0.1	1.65	
95%	0.05	1.96	
99%	0.01	2.58	

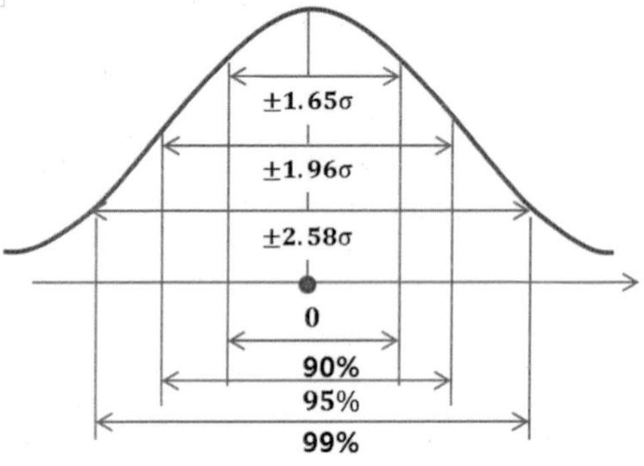

신뢰수준(1- α)은 가설을 신뢰할 수 있는 확률이고, 유의수준(α)은 가설을 신뢰할 수 없는 확률을 의미하므로 유의수준(α)이 크면 신뢰수준은 떨어지고, 유의수준(α)이 낮으면 신뢰수준은 높아진다.

한편 신뢰수준이 90%인 경우 z 값은 평균±1.65σ 형식으로 표현하지만, 평균과 표준편차의 단위를 이용하여 1.65로 간략히 표현한다. 정규분포는 좌우대칭으로 나타나므로 부호는 생략한다.

신뢰수준에 따른 z 값은 신뢰구간을 추정하고 검정하는데 이용된다. 예를 들면 95% 신뢰수준에서 z 검정을 수행하는 경우 z 검정 통계량이 z값의 범위 -1.96 ~ 1.96에 포함되면 귀무가설이 채택된다. 따라서 z 값의 범위는 귀무가설의 채택역에 해당한다.

지금까지 살펴본 z 값을 이용하여 확률을 추정하기 위해서 stats 모듈의 확률분포 객체에서 제공하는 cdf() 메서드를 이용하여 x가 될 때까지의 누적 확률을 계산할 수 있다. [표 9.4]는 cdf() 메서드를 이용하여 누적 확률을 구하는 예이다.

[표 9.4] cdf() 메서드를 이용한 누적 확률 구하기

cdf 형식	의미	누적 확률 그래프
cdf(n)	0~n까지의 누적 확률	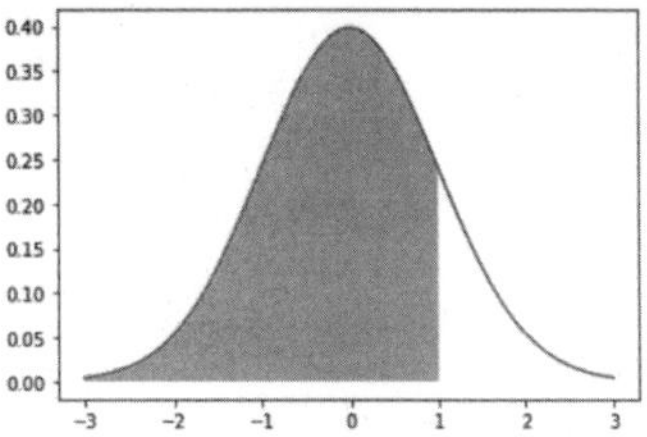
1-cdf(n)	n 이상의 누적 확률	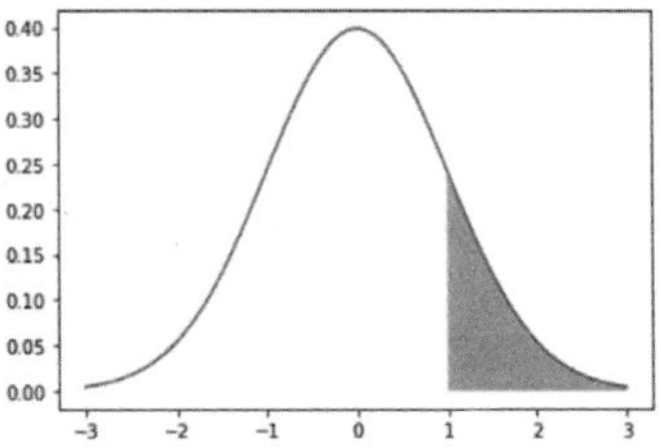
cdf(m)-cdf(n)	m~n 사이의 누적 확률	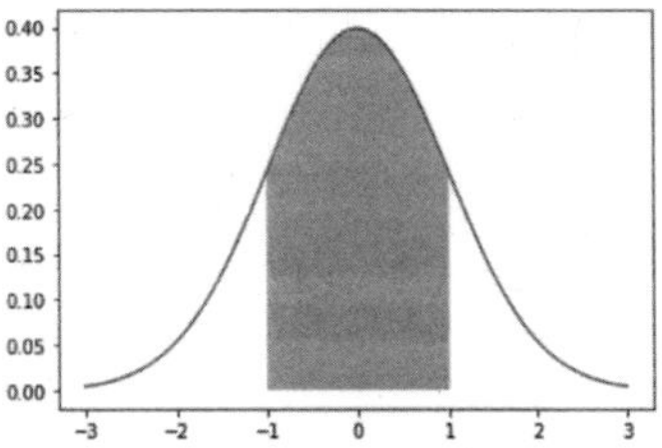

다음 실습은 stats 모듈에서 제공하는 norm 클래스를 이용하여 정규분포의 객체를 생성하고, 누적 확률함수 cdf()를 이용하여 정규분포 N(75, 52)에서 70 ~ 80점 사이의 확률을 구하는 과정이다.

실습 누적 확률함수를 이용한 확률추정

step01_zvalue_estimate.py

❶

```
01 from scipy import stats
02 
03 # 1. 정규분포 이용
04 st_norm = stats.norm(75, 5)            # N(75, 5^2)
05 prob = st_norm.cdf(80) - st_norm.cdf(70)
06 print('정규분포 확률 =', prob)
```

실행결과

```
정규분포 확률 = 0.6826894921370859
```

해설

1. 정규분포 이용

stats 모듈의 norm 클래스를 이용하여 정규분포 N(75, 5^2)의 객체를 생성 [04행]하고, 객체에서 제공하는 cdf() 메서드를 이용 [05행]하여 누적 확률을 계산한다. 즉 70점에서 80점 사이가 될 확률은 68.3%이다

❷

```
07 # 2. Z분포 이용
08 st_norm = stats.norm(0,1)         # N(0, 1)
09 
10 # z값 계산 : z = x_bar - mu / sigma
11 z1 = (70 - 75) / 5                # -1.0
12 z2 = (80 - 75) / 5                # 1.0
13 
14 print('z1 누적 확률 =', st_norm.cdf(z1))
15 print('z2 누적 확률 =', st_norm.cdf(z2))
16 
17 # P(-1 < Z < 1)
18 prob2 = st_norm.cdf(z2) - st_norm.cdf(z1)
19 print('prob2 =', prob2)           # prob2 = 0.6826894921370859
```

실행결과

```
z1 누적 확률 = 0.15865525393145707
z2 누적 확률 = 0.8413447460685429
z분포 확률 = 0.6826894921370859
```

해설

2. Z분포 이용

stats 모듈의 norm 클래스를 이용 하여 표준정규분포 N(0, 1)의 객체를 생성 [08행]하고, 표준화 공식 z를 이용하여 정규분포의 70점과 80점을 각각 표준화하여 z1과 z2를 구한다 [11~12행]. 이때 z1 = -1은 70점에 대한 표준화된 z값이고, z2 = 1은 80점에 대한 표준화된 z값이다. 따라서 평균으로부터 ±1σ 만큼의 구간 확률 $P(-1 < z < 1) = 68.3\%$와 같다.

❸
```
20 # 3. 확률 영역 표현
21
22 # x가 -3 ~ 3일 때 확률밀도함수를 이용하여 분포곡선
23 x = np.linspace(-3, 3, 100)
24 plt.plot(x, st_norm.pdf(x))                    # 확률밀도분포 곡선
25
26 interval = x[np.logical_and(x >= z1, x <= z2)]  # P(-1< z <1)
27 plt.fill_between(interval, y1 = 0, y2 = st_norm.pdf(interval), alpha = 0.5)
28 plt.show()
```

실행결과

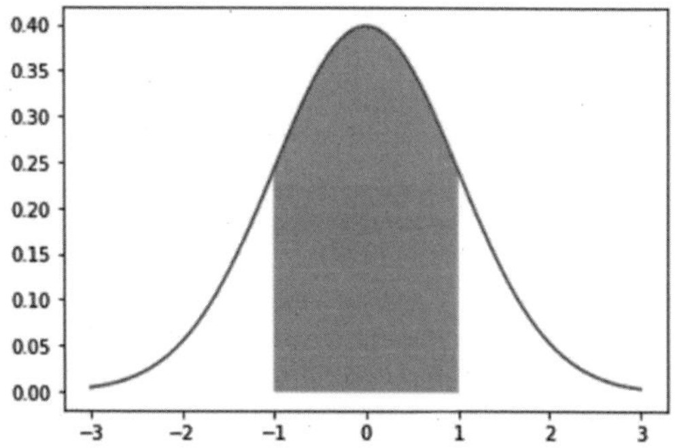

해설

3. 확률 영역 표현

Numpy 패키지에서 제공하는 linspace() 함수를 이용 23행하여 표준정규분포의 ±3σ를 이용하여 100개의 원소를 갖는 벡터 자료 x를 만든다 23행. 그리고 plot() 함수를 이용 24행하여 x축에 x 자료를 지정하고, y축에 ±3σ의 확률밀도함수를 적용 24행하여 표준정규분포의 곡선을 그린다. 한편 pyplot 모듈에서 제공하는 fill_between() 함수 27행는 x축의 범위와 y축의 범위를 지정하여 특정 구간을 색으로 채울 수 있다.

예에서는 $P(-1 < z < 1)$ 구간을 계산하여 interval 생성하고, x축에 interval을 지정하고, y축에 확률밀도함수를 이용하여 구간 확률 $P(-1 < z < 1)$을 영역으로 채운다. alpha = 0.5 27행는 색상의 투명도를 50%로 지정한다는 의미이다.

❹
```
# 4. 기타 확률 영역 표현
# 1) 0 ~ n까지 누적 확률 표현
x = np.linspace(-3, 3, 100)
plt.plot(x, st_norm.pdf(x))          # 확률밀도 분포곡선

interval = x[x <= 1]                 # P(-3 < Z < 1)
plt.fill_between(interval, y1 = 0, y2 = st_norm.pdf(interval), alpha = 0.5)
plt.show()

# 2) n이상 누적 확률 표현
x = np.linspace(-3, 3, 100)
plt.plot(x, st_norm.pdf(x))          # 확률밀도 분포곡선
```

❹
```
41
42 interval = x[x >= 1]                    # P(1 < Z < 3)
43 plt.fill_between(interval, y1 = 0, y2 = st_norm.pdf(interval), alpha = 0.5)
44 plt.show()
```

실행결과

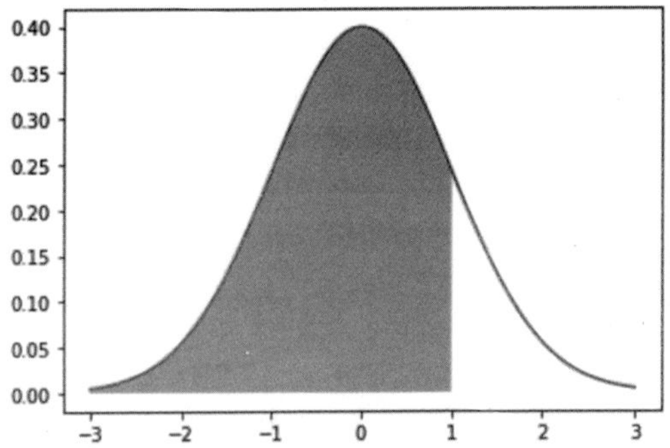

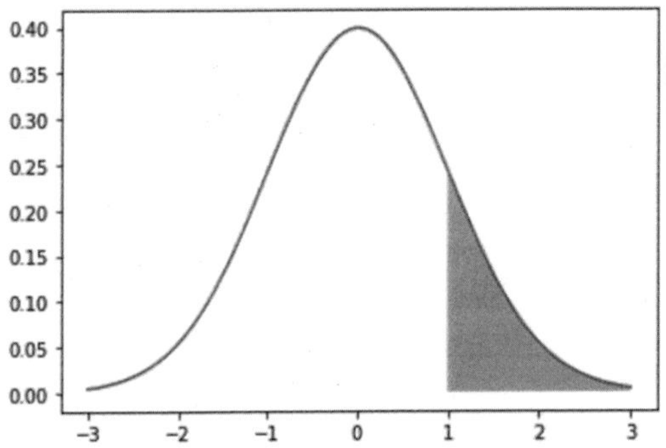

해설

4. 기타 확률 영역 표현

1) 0 ~ n까지 누적 확률 표현

표준정규분포의 +1σ이 될 때까지의 누적 확률을 영역으로 표시하기 위해서 확률 $P(-3 < z < 1)$ 구간을 계산하여 interval 생성 34행하고, x축에 interval을 지정하고, y축에 확률밀도함수를 이용하여 구간 확률 $P(-3 < z < 1)$을 영역으로 채운다.

2) n이상 누적 확률 표현

표준정규분포의 +1σ 이상의 누적 확률을 영역으로 표시하기 위해서 확률 $P(1 < z < 3)$ 구간을 계산하여 interval 생성 42행하고, x축에 interval을 지정하고, y축에 확률밀도함수를 이용하여 구간 확률 $P(1 < z < 3)$을 영역으로 채운다.

2.4 z 값을 이용한 신뢰구간 추정

모집단이 정규분포를 이루고 있다면 다음과 같은 '**모평균의 신뢰구간 추정 식**'에 의해서 신뢰구간을 계산할 수 있다.

$$P(\overline{X} - z\frac{\sigma}{\sqrt{n}} \leq \mu \leq \overline{X} + z\frac{\sigma}{\sqrt{n}}) = 1 - \alpha$$

($\overline{X}$: 평균, z : 표준화 변수, σ : 표준편차, n : 응답자 수, μ : 모평균, α : 유의수준)

모수가 신뢰구간 안에 포함될 확률 P는 신뢰수준$(1 - \alpha)$으로 표현되며, 모수가 신뢰구간에 속하지 않을 확률은 신뢰구간의 하한값과 상한값을 기준으로 양쪽 꼬리 부분에 각각 $\alpha/2$ 만큼씩 표현된다. [그림 9.8]은 신뢰수준과 신뢰구간의 관계를 나타낸다.

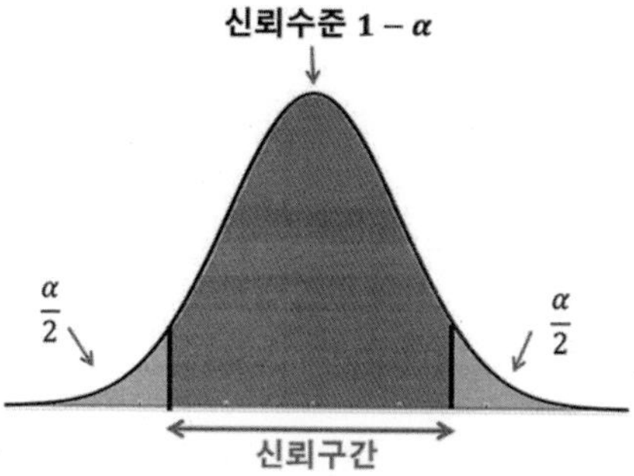

[그림 9.8] 신뢰수준과 신뢰구간의 관계

- **신뢰구간 표현**

신뢰수준이 95%인 경우 z 값이 1.96일 때 신뢰구간 추정 식에 적용하면 다음과 같다.

$$P(\overline{X} - 1.96\frac{\sigma}{\sqrt{n}} \leq \mu \leq \overline{X} + 1.96\frac{\sigma}{\sqrt{n}}) = 0.95$$

신뢰구간의 추정 식을 토대로 신뢰구간은 다음과 같이 [하한값, 상한값]의 형식으로 표현한다.

$$[\overline{X} - z\frac{\sigma}{\sqrt{n}},\ \overline{X} + z\frac{\sigma}{\sqrt{n}}]$$

- **신뢰구간 사례**

전체 응답자의 수 n = 290, 표본의 평균 = 45.11, 표준편차 σ = 13.752, 유의수준 α = 0.05 신뢰수준 95%, 표준화 변수 z = 1.96일 때 신뢰구간 추정 식에 적용하면 다음과 같다.

$$P(45.11 - 1.96\frac{13.752}{\sqrt{290}} \leq \mu \leq 45.11 + 1.96\frac{13.752}{\sqrt{290}}) = 0.95$$

신뢰구간 추정 식을 토대로 신뢰구간을 나타내면 다음과 같다.

$$[45.11 - 1.96 \times \frac{13.752}{\sqrt{290}},\ 45.11 + 1.96 \times \frac{13.752}{\sqrt{290}}] = [43.528,\ 46.692]$$

따라서 평균 $\overline{X}$ = 45.11은 95% 신뢰수준에서 모평균의 신뢰구간은 43.53~46.69로 추정된다.

2.5 z 검정

z검정은 모집단이 정규분포이고, 모분산 σ^2을 알고 있는 경우 모집단의 평균을 추정하고 검정하는 데 사용된다. z검정을 위한 검정 통계량 z값은 다음과 같은 식으로 계산한다.

$$z = \frac{\overline{X} - \mu}{\frac{\sigma}{\sqrt{n}}} \quad (\overline{X}\text{: 표본평균}, \mu\text{ : 모 평균}, \sigma\text{ : 모 표준편차}, n\text{ : 표본수})$$

식에서 $\frac{\sigma}{\sqrt{n}}$는 표준오차를 의미한다. 이는 표본평균이 모평균을 얼마나 잘 측정하는지를 나타내는 측정치를 제공한다. 이때 측정치는 추정량의 오차를 예측하는 역할을 한다.

한편 z 검정을 수행하기 위해서는 모분산 σ^2을 알고 있어야 한다. 여기서 모분산 σ^2을 알고 있다는 의미는 모집단의 모수를 측정할 수 있는 상황이다.

예를 들면 A 집단의 키의 평균, B 학교 3학년 학생들의 국어 점수 평균, C 회사의 특정 시점에서 생산한 제품의 평균 무게 등의 사례들은 z검정을 할 수 있다. 만약 모분산 σ^2을 알 수 없는 경우에는 t 검정 등의 방법으로 검정해야 한다.

다음은 z검정을 위한 연구 환경과 귀무가설 H_0이다. 이를 바탕으로 z검정을 실습한다.

[연구 환경]

A 회사의 불량품의 수가 평균 30개, 표준편차 5개라고 알려진 경우 50개의 제품을 임의 추출하여 95% 신뢰수준에서 z 검정을 수행한다.

[가설]

H_0: $\mu = 30$
H_1: $\mu \neq 30$: 양측검정
H_1: $\mu < 30$: 좌측 단측검정
H_1: $\mu > 30$: 우측 단측검정

귀무가설 H_0은 '모평균 μ의 불량품의 수가 30개와 차이가 없다.'라는 의미이고, 대립가설 H_1은 '모평균 μ의 불량품의 수가 30개와 차이가 있다.'라고 해석한다.

한편 귀무가설의 기각으로 인해서 대립가설이 채택되면 다음과 같은 방향성을 갖는 2개의 대립가설을 세울 수 있다.

- 좌측 단측검정 : 모평균 μ가 특정값 30보다 작은 경우
- 우측 단측검정 : 모평균 μ가 특정값 30보다 큰 경우

양측검정과 단측검정에 관련된 자세한 내용은 6장 "통계분석의 이해"를 참고한다.

실습 z **분포와** z **검정**

step02_z_test.py

```
   01  from scipy import stats              # 확률분포와 검정
   02  import numpy as np                   # 분포곡선을 위한 벡터 생성
   03  import matplotlib.pyplot as plt      # 확률분포의 시각화
   04
   05  # 1. 정규분포에서 표본 추출
❶  06  mu = 30                              # 모평균
   07  sigma = 5                            # 모표준편차
   08  norm_obj = stats.norm(loc = mu, scale = sigma)    # 정규분포 객체
   09  n = 50                               # sample 수(시행 횟수)
   10  X = norm_obj.rvs(n)                  # N번 시뮬레이션으로 확률변수 만들기
   11  print(X)
```

실행결과

```
[32.07042663 29.6553911  27.83407492 30.39056025 32.98550032 28.34797854
 46.05177755 28.04270522 35.87986005 36.23778702 27.36731218 31.69156917
 28.28828799 34.67926159 25.99909989 31.55796733 35.25212349 31.89425981
 43.74035005 27.76886941 21.44558473 31.47553515 18.43719807 17.33517945
 30.11663181 30.65438414 26.93282719 21.79095379 33.89862507 35.85391809
 30.23439271 24.01231115 29.93307395 28.84997988 31.75157844 19.8579875
 33.92790474 30.82675787 36.87849665 34.84928509 26.0833839  22.56385553
 24.70736831 21.9873976  29.2328165  40.0266504  28.37852219 30.98440121
 32.75294906 14.32277335]
```

해설

1) 정규분포에서 표본추출

정규분포를 따르는 확률변수 X를 만들기 위해서 먼저 stats 모듈의 norm 클래스를 이용하여 norm_obj 객체를 생성 08행한다. 객체에서 제공하는 rvs() 메서드를 이용 10행하여 50개의 표본을 추출하여 확률변수 X를 만든다 10행.

❷

```
12  # 2. z 검정 통계량
13  xbar = X.mean()                                # 표본평균
14  z = (xbar - mu ) / (sigma / np.sqrt(len(X)))   # z 검정 통계량
15  print('z =', z)
```

실행결과

```
z = -0.40056507328858393
```

해설

2) z 검정 통계량

다음과 같은 식을 이용하여 z 검정 통계량을 구한다.

$$z = \frac{\overline{X} - \mu}{\frac{\sigma}{\sqrt{n}}} \quad (\overline{X}\text{: 표본평균}, \mu\text{ : 모 평균}, \sigma\text{ : 모 표준편차}, n\text{ : 표본수})$$

❸

```
16  # 3. z 검정
17  alpha = 0.05                유의수준 결정
18
19  # 95% 신뢰수준에 따른 z 값의 채택역
20  interval = stats.norm().interval(1 - alpha)
21  print('z 값의 채택역 : ', interval)
22
23  # z 검정 통계량과 채택역 비교
24  if interval[0] < Z < interval[1] :
25     print('귀무가설(H0) 채택')
26  else :
27     print('대립가설(H1) 채택')
```

실행결과

```
z 값의 채택역 :  (-1.959963984540054, 1.959963984540054)
귀무가설(H0) 채택
```

해설

3. z 검정

z 검정은 95% 신뢰수준에서 표본에 의해서 계산된 z 검정 통계량이 채택역에 해당하면 귀무가설이 채택되고, 그렇지 않으면 귀무가설이 기각되어 대립가설이 채택된다.

한편 95% 신뢰수준에 해당하는 채택역은 stats 모듈에서 제공하는 norm 객체를 만들고 20행, 객체에서 제공하는 interval() 메서드에 1-alpha를 인수로 넣어서 interval 객체를 만든다 20행. interval 객체는 95% 신뢰수준에 해당하는 z 값의 범위는 -1.96 ~ 1.96이며, 이는 채택역으로 사용된다. 따라서 z 검정 통계량이 이 범위에 포함되면 귀무가설이 채택된다. 예문에서 z = -0.40056507328858393 이므로 95% 신뢰수준의 채택역에 해당하므로 귀무가설이 채택된다.

3 t 분포와 검정

모집단이 정규분포이고, 모분산 σ^2을 아는 경우는 표본의 검정 통계량을 이용하여 95% 신뢰수준에 해당하는 범위 추정이 가능하다. 이때 모분산은 모평균을 알고 있어야 구할 수 있는 통계이다. 결론적으로 모집단의 모수 모평균, 모분산, 모표준편차를 알고 있어야만 추정과 검정이 가능하다. 하지만, 모든 확률분포가 모수를 제공하지진 않는다. 이 경우 모집단이 정규분포라고 말할 수 있다면 't **분포**'를 이용할 수 있다. t 분포를 이용한 가설 검정을 't **검정** t-test'이라고 한다.

3.1 t 분포

모집단이 정규분포이고, 모분산을 알 수 없는 경우에 적은 표본 수(n 〈 30)로 모평균을 추정하는 데 t 분포가 이용된다. t 분포는 z 분포처럼 정규분포는 아니지만, 좌우대칭인 정규분포 형태를 갖는다. [그림 9.9]는 t 분포와 정규분포의 관계를 나타낸다.

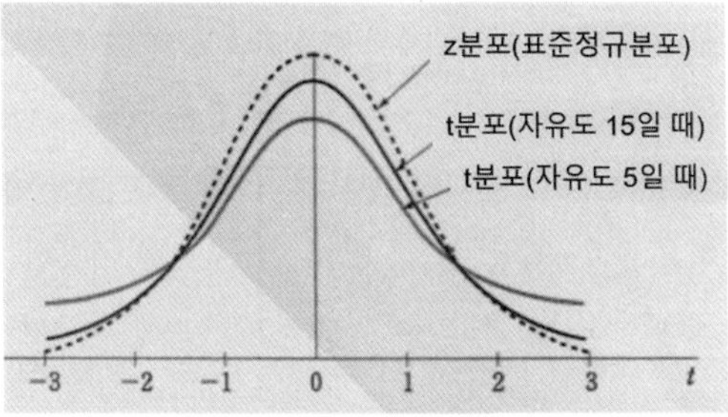

[그림 9.9] t 분포와 정규분포의 관계

t 분포는 모집단이 정규분포이고 모분산 σ^2을 알 수 없는 경우 모집단의 평균을 추정하고 검정하는 용도로 사용된다. 표본을 통해서 모집단의 평균을 추정하는 이유는 모집단으로부터 추출된 표본이 모집단의 특징을 제대로 반영하고 있는지를 확인하기 위함이다. 이러한 측면에서 t 검정은 t 분포를 구성하는 표본의 평균과 모평균의 차이를 통해서 모집단의 특성을 반영하고 있는지를 검정하는 방법이다.

t 분포의 특징

- 검정 통계량 t = 0을 중심으로 좌우대칭이다.
- t 분포의 곡선은 정규분포 곡선보다 낮다.
- 표본의 크기가 커질수록 정규분포에 근사한다(대략 30개 이상).
- 자유도에 따라서 분포 모양이 다르다.
- 모평균의 신뢰구간을 추정하고, 검정하는 데 사용한다.

자유도 Degree of Freedom는 통계적 추정을 할 때 표본자료 중 모집단에 대한 정보를 주는 독립적인 자료의 수를 말한다. 표본의 크기가 n인 관측값의 자유도는 (n - 1)이다.

3.2 검정 통계량과 신뢰구간 추정

t 검정을 위한 검정 통계량 t 값은 다음과 같은 식으로 계산한다.

$$t = \frac{\overline{X} - \mu}{\frac{s}{\sqrt{n}}} \quad (\overline{X}: \text{표본평균}, \mu: \text{모평균}, s: \text{표본표준편차}, n: \text{표본수})$$

모분산을 모르는 경우 모분산의 추정값으로 표본에서 계산된 표본의 표준편차 s를 사용한다. z 분포의 z 값은 모분산을 알고 있기 때문에 모표준편차 를 사용하지만, t 분포는 표본의 표준편차 s를 사용한다.

검정 통계량 t 값과 t 분포표

z 분포는 z 값을 이용하여 정규분포 곡선의 확률을 계산하는데 z 분포표를 이용하는 반면, t 분포에서는 자유도 df와 유의수준 α를 이용하여 t 값을 알 수 있는 t 분포표를 이용한다. [표 9.5]는 z 분포표에서 z 값과 t 분포표에서 t 값을 비교하고 있다.

[표 9.5] z 분포표에서 z 값과 t 분포표에서 t 값 비교

검정 통계량	검정 통계량과 분포표
z 값	(정규분포 확률 추정, Z 분포표 — 아래 참조)

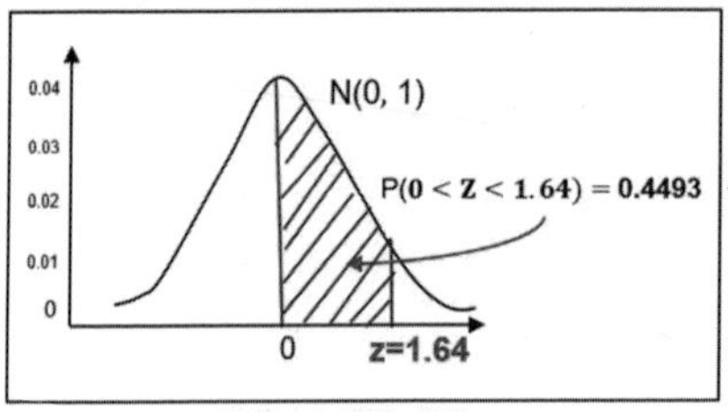

정규분포 확률 추정

Z	0.00	0.01	0.02	0.03	0.04	0.05	0.06
0.0	0.0000	0.0040	0.0080	0.0120	0.0160	0.0199	0.0239
0.1	0.0398	0.0438	0.0478	0.0517	0.0557	0.0596	0.0636
0.2	0.0793	0.0832	0.0871	0.0910	0.0948	0.0987	0.1026
0.3	0.1179	0.1217	0.1255	0.1293	0.1331	0.1368	0.1406
0.4	0.1554	0.1591	0.1628	0.1664	0.1700	0.1736	0.1772
0.5	0.1915	0.1950	0.1985	0.2019	0.2054	0.2088	0.2123
0.6	0.2257	0.2291	0.2324	0.2357	0.2389	0.2422	0.2454
0.7	0.2580	0.2611	0.2642	0.2673	0.2704	0.2734	0.2764
0.8	0.2881	0.2910	0.2939	0.2967	0.2995	0.3023	0.3051
0.9	0.3159	0.3186	0.3212	0.3238	0.3264	0.3289	0.3315
1.0	[illegible]	0.3438	0.3461	0.3485	0.3508	0.3531	0.3554
1.1	0.3643	0.3665	0.3686	0.3708	0.3729	0.3749	0.3770
1.2	0.3849	0.3869	0.3888	0.3907	0.3925	0.3944	0.3962
1.3	0.4032	0.4049	0.4066	0.4082	0.4099	0.4115	0.4131
1.4	0.4192	0.4207	0.4222	0.4236	0.4251	0.4265	0.4279
1.5	0.4332	0.4345	0.4357	0.4370	0.4382	0.4394	0.4406
1.6	0.4452	0.4463	0.4474	0.4484	[illegible]	0.4505	0.4515
1.7	0.4554	0.4564	0.4573	0.4582	0.4591	0.4599	0.4608
1.8	0.4641	0.4649	0.4656	0.4664	0.4671	0.4678	0.4686
1.9	0.4713	0.4719	0.4726	0.4732	0.4738	0.4744	0.4750
2.0	0.4772	0.4778	0.4783	0.4788	0.4793	0.4798	0.4803

Z 분포표

t 값

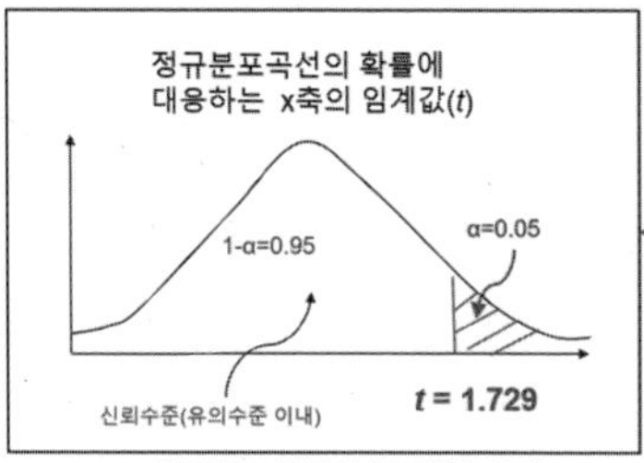

정규분포곡선의 신뢰구간 추정

df \ α	0,4	0,25	0,1	0,05	0,025	0,01	0,005	0,0025	0,001	0,0005
1	0.325	1.000	3.078	6.314	12.706	31.821	63.657	127.32	318.31	636.62
2	0.289	0.816	1.886	2.920	4.303	6.965	9.925	14.089	22.327	31.599
3	0.277	0.765	1.638	2.353	3.182	4.541	5.841	7.453	10.215	12.924
4	0.271	0.741	1.533	2.132	2.776	3.747	4.604	5.598	7.173	8.610
5	0.267	0.727	1.476	2.015	2.571	3.365	4.032	4.773	5.893	6.869
6	0.265	0.718	1.440	1.943	2.447	3.143	3.707	4.317	5.208	5.959
7	0.263	0.711	1.415	1.895	2.365	2.998	3.499	4.029	4.785	5.408
8	0.262	0.706	1.397	1.860	2.306	2.896	3.355	3.833	4.501	5.041
9	0.261	0.703	1.383	1.833	2.262	2.821	3.250	3.690	4.297	4.781
10	0.260	0.700	1.372	1.812	2.228	2.764	3.169	3.581	4.144	4.587
11	0.260	0.697	1.363	1.796	2.201	2.718	3.106	3.497	4.025	4.437
12	0.259	0.695	1.356	1.782	2.179	2.681	3.055	3.428	3.930	4.318
13	0.259	0.694	1.350	1.771	2.160	2.650	3.012	3.372	3.852	4.221
14	0.258	0.692	1.345	1.761	2.145	2.624	2.977	3.326	3.787	4.140
15	0.258	0.691	1.341	1.753	2.131	2.602	2.947	3.286	3.733	4.073
16	0.258	0.690	1.337	1.746	2.120	2.583	2.921	3.252	3.686	4.015
17	0.257	0.689	1.333	1.740	2.110	2.567	2.898	3.222	3.646	3.965
18	0.257	0.688	1.330	1.734	2.101	2.552	2.878	3.197	3.610	3.922
19	0.257	0.688	1.328	1.729	2.093	2.539	2.861	3.174	3.579	3.883
20	0.257	0.687	1.325	1.725	2.086	2.528	2.845	3.153	3.552	3.850
21	0.257	0.686	1.323	1.721	2.080	2.518	2.831	3.135	3.527	3.819
22	0.256	0.686	1.321	1.717	2.074	2.508	2.819	3.119	3.505	3.792
23	0.256	0.685	1.319	1.714	2.069	2.500	2.807	3.104	3.485	3.768
24	0.256	0.685	1.318	1.711	2.064	2.492	2.797	3.091	3.467	3.745
25	0.256	0.684	1.316	1.708	2.060	2.485	2.787	3.078	3.450	3.725
26	0.256	0.684	1.315	1.706	2.056	2.479	2.779	3.067	3.435	3.707
27	0.256	0.684	1.314	1.703	2.052	2.473	2.771	3.057	3.421	3.690
28	0.256	0.683	1.313	1.701	2.048	2.467	2.763	3.047	3.408	3.674
29	0.256	0.683	1.311	1.699	2.045	2.462	2.756	3.038	3.396	3.659
30	0.256	0.683	1.310	1.697	2.042	2.457	2.750	3.030	3.385	3.646

t 분포표

z 분포에서 z 값이 1.64이면 행에서 1.6과 열에서 0.04를 찾아서 교차하는 셀의 값이 정규분포의 확률 0.4493이 된다. 즉 z 분포표는 평균 0에서 x축에 대응되는 z = 1.64까지의 정규분포 곡선의 확률을 제공한다.

한편 t 분포에서 표본 수 n = 20, 유의수준 α = 0.05일 때 t 분포표에서 행의 자유도 ^{df} 19 $^{n-1}$, 열의 유의수준 0.05와 교차되는 셀의 값이 t 값 1.729가 된다. 이때 t 값은 유의수준 5%에 대응하는 값으로 가설을 신뢰할 수 있는 신뢰수준(1- α)의 확률과 가설을 신뢰할 수 없는 유의수준(α)의 임계값으로 이용된다. 만약 표본의 검정 통계량 t가 임계값 이상으로 계산되면 귀무가설이 채택되고, 임계값 이하로 계산되면 귀무가설이 기각되는 기준점이 된다.

■ *t* 분포의 신뢰구간 추정

t 분포에서 자유도와 유의수준을 이용하여 t 값을 제공하는 t 분포표는 [그림 9.10]과 같다. 자유도는 표본의 수에서 1을 뺀 값으로 찾고, 95% 신뢰수준의 신뢰구간을 찾기 위해서 유의수준 α는 0.05를 기준으로 교차점에서 t 값을 찾는다. 이때 유의수준 α는 정규분포에서 신뢰구간을 찾는 임계값 역할을 하므로 $\alpha/2$ 값을 적용하여 0.025 열에서 t 값을 찾는다. 예를 들면 t 분포의 표본수가 n = 26이고 유의수준 α = 0.05일 때 t 분포표에서 행(df = 25)과 열 (α = 0.025)의 교차점을 찾아서 t 값 2.060을 구할 수 있다.

df \ α	0,4	0,25	0,1	0,05	0,025	0,01	0,005	0,0025	0,001	0,0005
1	0.325	1.000	3.078	6.314	12.706	31.821	63.657	127.32	318.31	636.62
2	0.289	0.816	1.886	2.920	4.303	6.965	9.925	14.089	22.327	31.599
3	0.277	0.765	1.638	2.353	3.182	4.541	5.841	7.453	10.215	12.924
4	0.271	0.741	1.533	2.132	2.776	3.747	4.604	5.598	7.173	8.610
5	0.267	0.727	1.476	2.015	2.571	3.365	4.032	4.773	5.893	6.869
6	0.265	0.718	1.440	1.943	2.447	3.143	3.707	4.317	5.208	5.959
7	0.263	0.711	1.415	1.895	2.365	2.998	3.499	4.029	4.785	5.408
8	0.262	0.706	1.397	1.860	2.306	2.896	3.355	3.833	4.501	5.041
9	0.261	0.703	1.383	1.833	2.262	2.821	3.250	3.690	4.297	4.781
10	0.260	0.700	1.372	1.812	2.228	2.764	3.169	3.581	4.144	4.587
11	0.260	0.697	1.363	1.796	2.201	2.718	3.106	3.497	4.025	4.437
12	0.259	0.695	1.356	1.782	2.179	2.681	3.055	3.428	3.930	4.318
13	0.259	0.694	1.350	1.771	2.160	2.650	3.012	3.372	3.852	4.221
14	0.258	0.692	1.345	1.761	2.145	2.624	2.977	3.326	3.787	4.140
15	0.258	0.691	1.341	1.753	2.131	2.602	2.947	3.286	3.733	4.073
16	0.258	0.690	1.337	1.746	2.120	2.583	2.921	3.252	3.686	4.015
17	0.257	0.689	1.333	1.740	2.110	2.567	2.898	3.222	3.646	3.965
18	0.257	0.688	1.330	1.734	2.101	2.552	2.878	3.197	3.610	3.922
19	0.257	0.688	1.328	1.729	2.093	2.539	2.861	3.174	3.579	3.883
20	0.257	0.687	1.325	1.725	2.086	2.528	2.845	3.153	3.552	3.850
21	0.257	0.686	1.323	1.721	2.080	2.518	2.831	3.135	3.527	3.819
22	0.256	0.686	1.321	1.717	2.074	2.508	2.819	3.119	3.505	3.792
23	0.256	0.685	1.319	1.714	2.069	2.500	2.807	3.104	3.485	3.768
24	0.256	0.685	1.318	1.711	2.064	2.492	2.797	3.091	3.467	3.745
25	0.256	0.684	1.316	1.708	2.060	2.485	2.787	3.078	3.450	3.725
26	0.256	0.684	1.315	1.706	2.056	2.479	2.779	3.067	3.435	3.707
27	0.256	0.684	1.314	1.703	2.052	2.473	2.771	3.057	3.421	3.690
28	0.256	0.683	1.313	1.701	2.048	2.467	2.763	3.047	3.408	3.674
29	0.256	0.683	1.311	1.699	2.045	2.462	2.756	3.038	3.396	3.659
30	0.256	0.683	1.310	1.697	2.042	2.457	2.750	3.030	3.385	3.646
40	0.255	0.681	1.303	1.684	2.021	2.423	2.704	2.971	3.307	3.551
60	0.254	0.679	1.296	1.671	2.000	2.390	2.660	2.915	3.232	3.460
120	0.254	0.677	1.289	1.658	1.980	2.358	2.617	2.860	3.160	3.373
∞	0.253	0.674	1.282	1.645	1.960	2.326	2.576	2.807	3.090	3.291

[그림 9.10] t 분포표

예에서 t 값은 95% 신뢰수준에서 신뢰구간은 ±2.060이다. 이때 신뢰구간은 t 검정에서 검정 통계량 t가 해당 영역에 포함된 값이면 귀무가설을 채택하는 채택역으로 이용한다. [그림 9.11]은 t 값을 임계값으로 하여 양측검정에서 사용할 수 있는 채택역과 기각역을 나타내고 있다.

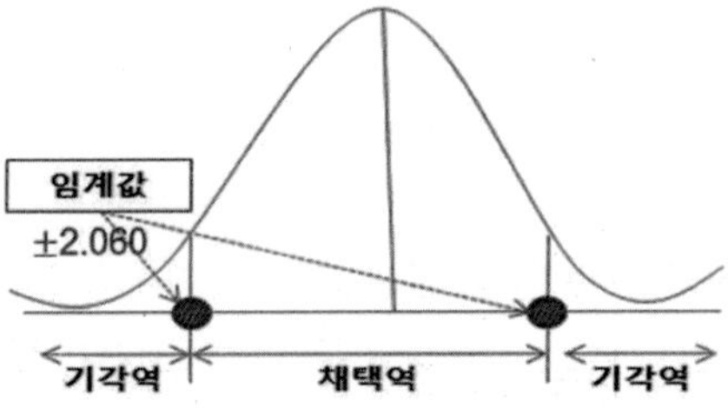

[그림 9.11] 임계값과 채택역

3.3 *t* 검정

t 검정은 일반적으로 표본수가 30 이하인 경우의 정규분포를 따른다는 가정 아래에 모집단이 정규분포이고, 모분산 σ^2이 알려지지 않았을 때 모집단의 평균을 추정하고 검정하는 데 사용된다.

t 검정을 이용하여 평균을 추정하는 방법에는 다음과 같은 3가지 유형이 있다.

- **단일표본 *t* 검정**: 단일집단 평균차이검정
- **독립표본 *t* 검정**: 두 집단 평균차이검정
- **대응 표본 *t* 검정**: 대응 두 집단 평균차이검정

단일표본 *t* 검정: 단일집단 평균 차이 검정

단일집단의 평균이 기존에 알려진 해당 집단의 평균과 차이가 있는지를 검정하는 방법으로 단일표본 *t* 검정의 분석 절차는 다음과 같다.

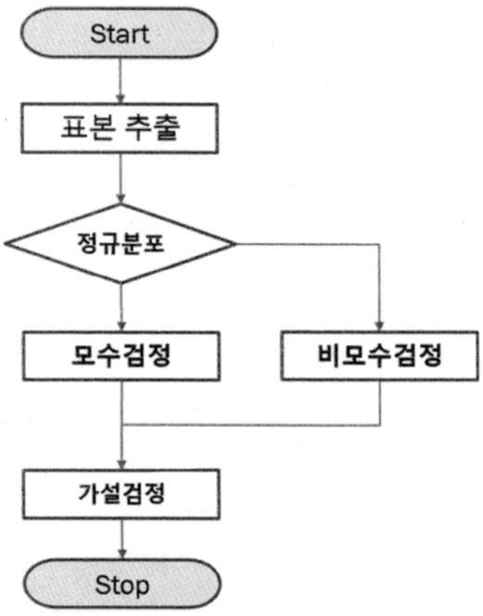

[그림 9.12] 단일표본 *t* 검정

모집단에서 추출된 표본을 대상으로 정규분포 여부를 판정한 후 결과에 따라서 **모수 검정** 또는 **비모수 검정**을 시행한다. 만약 정규분포이면 모수 검정인 *t* 검정을 수행하지만, 정규분포가 아닌 경우는 비모수 검정인 웰콕슨 Wilcoxon 검정으로 평균 차이 검정을 시행하고, 검정 통계량을 이용하여 귀무가설의 채택과 기각을 결정한다.

다음은 단일집단 평균차이검정을 위한 연구 환경과 귀무가설 H_0이다. 이를 바탕으로 단일표본 t 검정을 실습한다.

[연구 환경]

지난 연도에 고등학교 남학생 평균 키가 175.5cm로 알려진 상태에서 올해 29명의 키를 표본으로 추출하여 95% 신뢰수준에서 t 검정을 수행한다.

[가설]

귀무가설 H_0: $\mu = 175.5$
대립가설 H_1: $\mu \neq 175.5$: 양측검정
대립가설 H_1: $\mu < 175.5$: 좌측 단측검정
대립가설 H_1: $\mu > 175.5$: 우측 단측검정

귀무가설 H_0는 '모평균 μ의 평균 키가 175.5cm와 차이가 없다.'라는 의미이고, 대립가설 H_1은 '모평균 μ의 평균 키가 175.5cm와 차이가 있다.'라고 해석한다.

한편 귀무가설의 기각으로 인해서 대립가설이 채택되면 다음과 같은 방향성을 갖는 2개의 대립가설을 세울 수 있다.

- **좌측 단측검정**: 모평균 μ가 특정값 175.5cm보다 작은 경우
- **우측 단측검정**: 모평균 μ가 특정값 175.5cm보다 큰 경우

실습 단일표본 t 검정

step03_t_test1.py

❶
```
from scipy import stats          # 확률분포와 검정을 위한 모듈 가져오기
import numpy as np               # 표본 추출을 위한 모듈 가져오기

# 1. 단일표본 t 검정
# (1) 균등분포에서 29명 표본추출
sample_data = np.random.uniform(172, 179, size = 29)
print(sample_data)
print(len(sample_data), '명')
```

실행결과

```
[176.60636554 173.09391428 174.63249052 176.40977379 174.39940265
 176.50838419 177.13903473 174.50315855 175.183275   176.89295556
 173.06369786 172.68924098 177.09689734 177.92347123 172.68080424
 178.76403445 178.96631299 178.84183914 177.86849981 172.32396225
```

```
176.70744299 178.31467612 176.39145344 174.3061908  175.34616289
 176.91344682 173.61049127 178.67789029 175.26343135]
29 명
```

해설

\# 1. 단일표본 t 검정

\# (1) 균등분포에서 29명 표본추출

균등분포에서 172~179cm 사이에서 29명의 키를 임의 추출하여 표본으로 이용한다.

❷

```
# 2) 정규성 검정 : H0 : 정규분포와 차이가 없다.
statistic, pvalue = stats.shapiro(sample_data)
print('pvalue =', pvalue)
```

실행결과

```
pvalue = 0.12057346105575562
```

해설

\# 2) 정규성 검정

표본을 대상으로 정규성 검정을 통해서 정규분포 유무를 확인한다. 이때 pvalue가 유의수준 (0.05)값 이상이면 정규분포라고 할 수 있다. 따라서 모수검정인 t 검정을 시행할 수 있다.

❸

```
12 # 3) t 검정: 한 집단 평균차이검정
13 statistic, pvalue = stats.ttest_1samp(sample_data, 175.5)
14 print('t 검정 통계량 = %.5f, pvalue = %.5f'%(statistic, pvalue))
15
16 # 유의확률과 유의수준 비교
17 alpha = 0.05
18 if pvalue >=  alpha:
19     print('귀무가설(H0) 채택')
21 else :
21     print('대립가설(H1) 채택')
```

실행결과

```
t 검정 통계량 = 1.04700, pvalue = 0.30420
귀무가설(H0) 채택
```

해설

\# 3) t 검정: 한 집단 평균차이검정

단일표본 t 검정은 stats 모듈에서 제공하는 ttest_1smp() 함수를 이용 13행하며, 함수의 형식은 다음과 같다. t 검정과 관련된 함수는 기본적으로 양측검정을 시행한다.

형식	ttest_1smp() 함수 사용 형식
stats.ttest_1samp(표본집단, 모집단평균)	

함수에서 제공하는 t 검정 통계량 statistic; 13행과 유의확률 pvalue; 13행는 양측검정을 바탕으로 한 결과이다. 95% 신뢰수준에서 표본에 의해서 계산된 t 검정 통계량이 채택역에 해당하면 귀무가설이 채택되고, 그렇지 않으면 귀무가설이 기각되어 대립가설이 채택된다.

따라서 가설검증은 유의수준 alpha = 0.05와 유의확률 pvalue를 비교 18행하여 유의확률이 유의수준 이상이면 t 검정 통계량이 채택역에 해당하므로 귀무가설을 채택한다.

그렇다면 t 검정 통계량이 귀무가설의 채택역에 포함되는지를 살펴보자. 예에서 표본수가 n = 29이고, 유의수준 = 0.05일 때 t 분포표에서 행(df = 28)과 열(α = 0.025)의 교차점을 찾아서 t 값(2.048)을 구할 수 있다. [그림 9.10] t 분포표를 참고한다.

즉 t 값은 95% 신뢰수준에서 신뢰구간은 ± 2.048이다. 이때 t 검정을 통해서 계산된 t 검정 통계량 1.047은 신뢰구간에 해당되므로 귀무가설이 채택된다. [그림 9.13]은 임계값 t 값과 검정 통계량의 관계를 나타내고 있다.

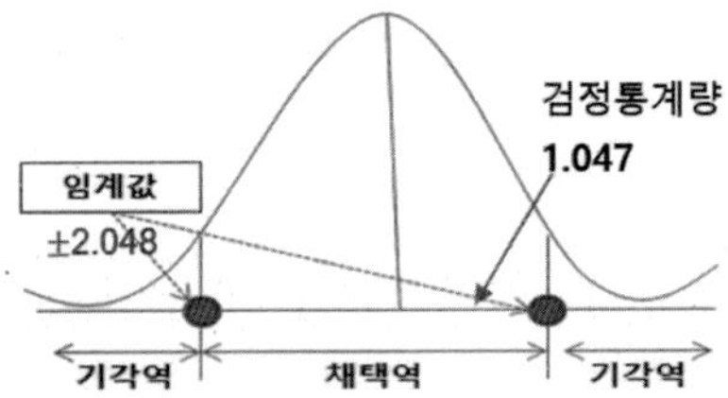

[그림 9.13] 임계값과 검정 통계량

❹
```
19  # 4) 기술통계
20  print('평균 키 =', sample_data.mean())          # 표본 평균
```

실행결과

```
평균 키 = 175.90064486558913
```

해설

\# 4) 기술통계

만약 귀무가설이 기각되면 방향성을 갖는 대립가설을 채택하기 위해서 표본을 대상으로 표본의 평균으로 기술통계를 구한다. 기술통계를 이용하여 좌측 단측검정 또는 우측 단측검정을 시행할 수 있다.

❺
```
21  # 5) 비모수 검정
22  from scipy.stats import wilcoxon                    # 웰콕슨 검정
23
24  statistic, pvalue = wilcoxon(sample_data - 175.5)  # (x-y)
25  print('t 검정 통계량 = %.5f, pvalue = %.5f'%(statistic, pvalue))
```

실행결과

```
t 검정 통계량 = 189.00000, pvalue = 0.53772
```

해설

\# 5) 비모수 검정

❷의 정규성 검정에서 정규분포를 만족하지 않으면 비모수 검정을 수행한다. 웰콕슨 Wilcoxon는 t 검정의 비모수 검정

방법으로 표본 집단과 모평균의 차이의 분포가 대칭인지 여부를 검정한다. stats 모듈에서 제공하는 wilcoxon()함수를 이용하며, 형식은 다음과 같다.

형식	wilcoxon() 함수 사용 형식
stats.wilcoxon(표본집단 - 모평균)	

논문이나 보고서에서 **단일표본 t 검정 결과**를 제시하기 위해서는 [표 9.6]과 같은 형식으로 일목요연하게 기술하는 것이 좋다.

[표 9.6] 단일표본 t 검정 분석 결과 제시

가설 설정	귀무가설 H_0: 전체 고등학교 남학생 평균 키와 표본으로 추출된 평균 키와 차이가 없다.
	대립가설 H_1: 전체 고등학교 남학생 평균 키와 표본으로 추출된 평균 키와 차이가 있다.
연구 환경	지난 연도에 고등학교 남학생 평균 키가 175.5cm로 알려진 상태에서 올해 29명의 키를 표본으로 추출하여 95% 신뢰수준에서 검정을 시행한다.
유의 순준	α = 0.05
분석 방법	단일표본 t 검정
검정 통계량	t = 1.047, d.f = 28
유의확률	p-value = 0.30420
결과 해석	표본의 평균 키는 75.9cm로 95% 신뢰수준에서 모평균과 차이가 없다고 볼 수 있다. 따라서 '지난 연도의 고등학교 남학생 평균 키와 표본으로 추출된 평균 키와 차이가 없다.'는 귀무가설이 채택된다.

독립표본 t 검정: 두 집단 평균 차이 검정

두 집단을 대상으로 평균 차이 검정을 통해서 두 집단의 평균이 같은지 또는 다른지를 검정하는 방법으로 독립표본 t 검정의 분석 절차는 다음과 같다.

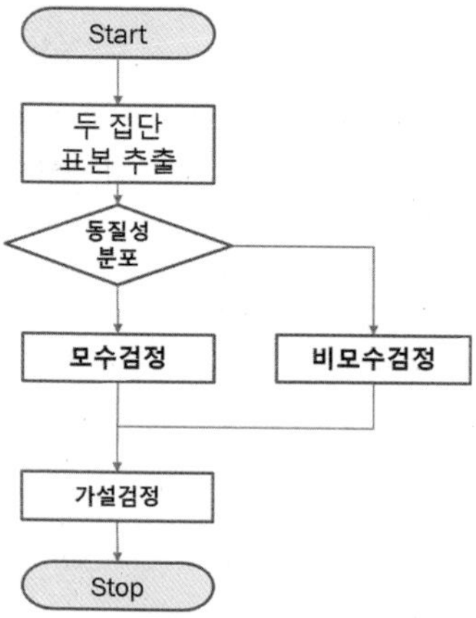

[그림 9.14] 독립표본 t 검정

서로 다른 모집단에서 추출된 표본을 대상으로 두 집단 간 분산의 동질성 검정을 수행한다. 동질성 검정 결과 두 집단이 동질성 하다고 판정되면 모수 검정인 t 검정을 수행하고, 그렇지 않으면 비모수 검정인 윌콕슨 Wilcoxon 검정으로 평균 차이 검정을 시행한다.

더 알아보기 **분산의 동질성 검정**

분산의 동질성 검정은 등분산 가정과 등분산 가정되지 않음 이분산에 따라서 결과가 달라진다. 등분산은 모집단에서 추출된 표본이 균등하게 추출된 경우이고, 이분산은 추출된 표본이 특정 계층으로 편중되어 추출되는 경우이다.

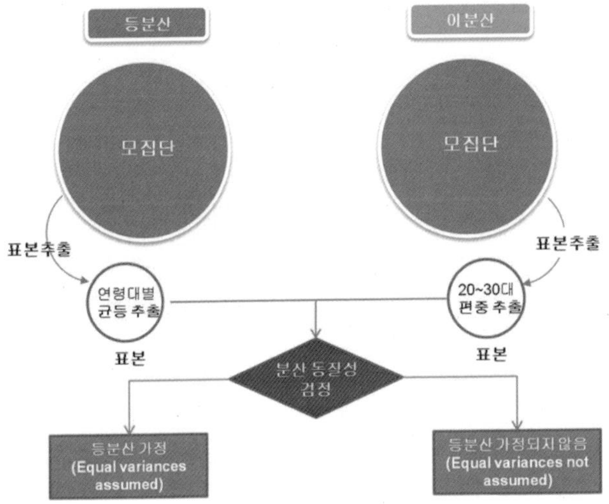

다음은 두 집단 평균차이검정을 위한 연구 환경과 귀무가설 H_0이다. 이를 바탕으로 독립표본 T검정을 실습한다.

[연구 환경]

IT 교육센터에서 PT를 이용한 프레젠테이션 교육 방법과 실시간 코딩 교육 방법을 적용하여 1개월 동안 교육받은 교육생 각 30명을 대상으로 실기시험을 시행하였다. 두 집단 간 실기시험의 평균에 차이가 있는지를 검정한다.

[가설]

귀무가설 H_0: 교육 방법에 따른 두 집단 간 실기시험의 평균에 차이가 없다.

대립가설 H_1: 교육 방법에 따른 두 집단 간 실기시험의 평균에 차이가 있다.

한편 귀무가설의 기각으로 인해서 대립가설이 채택되면, 다음과 같은 방향성을 갖는 2개의 대립가설을 세울 수 있다.

- '교육 방법1'의 평균점수 〉 '교육 방법2'의 평균점수
- '교육 방법1'의 평균점수 〈 '교육 방법2'의 평균점수

실습 **독립표본 t 검정**

step03_t_test2.py

❶

```
01 from scipy import stats         # test
02 import numpy as np              # sampling
03
04 # 2. 독립표본 t 검정
05 # 1) 표본추출
06 method1_score = np.random.uniform(50, 100, size = 30)
07 method2_score = np.random.uniform(45, 95, size = 30)
08
09 print('교육 방법1의 실기점수')
10 print(method1_score)
11 print('교육 방법2의 실기점수')
12 print(method2_score)
```

실행결과

```
교육 방법1의 실기점수
[54.69941239 92.24777539 74.29339898 94.71283738 84.12546687 75.13627856
 92.67481806 67.70208777 72.00716013 77.26572538 69.46316142 56.80393895
 85.5464099  68.46905962 50.19209744 77.20791383 91.79810401 95.64136987
 77.02249782 53.5039142  85.65907054 91.9134542  62.51593053 61.56156422
 65.8652385  78.73735936 83.78640308 76.12008883 86.94386915 79.94327797]
교육 방법2의 실기점수
[46.32446075 86.51507832 68.40955478 91.3268733  89.97562787 61.17211052
 56.4855957  73.27176773 72.88917173 67.52452391 86.53980525 61.07144304
 91.21515186 64.34211265 85.65951269 64.3210219  67.28912447 64.32773474
 67.67724121 58.99276111 80.59797143 85.57025532 77.02447377 57.58586859
 60.74703499 72.67764806 92.28072396 53.39759245 48.48093189 69.36347278]
```

해설

\# 2. 독립표본 t 검정

\# 1) 표본추출

균등분포에서 '교육 방법1'의 실기점수와 '교육 방법2'의 실기점수를 표본으로 추출 06~07행한하고, 추출된 표본 데이터를 확인 09~12행한다.

❷

```
13 # 2) 동질성 검정
14 statistic, pvalue = stats.levene(method1_score, method2_score)
15 print('동질성 검정 통계량 = %.3f, pvalue = %.5f'%(statistic, pvalue))
```

실행결과

```
동질성 검정 통계량 = 0.031, pvalue = 0.85983
```

해설

\# 2) 동질성 검정

두 모집단에서 추출된 표본을 대상으로 분산의 동질성 검정은 stats 패키지에서 제공하는 levene() 함수를 이용 [14]행할 수 있다. 함수에 반환된 검정 통계량은 분산 검정에 사용되는 F 검정 통계량이다. 등분산 검정의 유의확률이 유의수준 0.05보다 큰 경우 두 집단 간 분포의 모양이 동질하다고 할 수 있다. 동질성 검정의 귀무가설은 다음과 같다.

> H_0: 두 집단 간 분포의 모양이 동질적이다.

❸

```
16  # 3) t 검정 : 두 집단 평균차이검정
17  statistic, pvalue = stats.ttest_ind(method1_score, method2_score)
18  print('t 검정 통계량 = %.3f, pvalue = %.5f'%(statistic, pvalue))
19
20  # 유의확률과 유의수준 비교
21  alpha = 0.05
22  if pvalue >= alpha:
23      print('귀무가설(H0) 채택')
24  else :
25      print('대립가설(H1) 채택')
```

실행결과

```
t 검정 통계량 = 0.031, pvalue = 0.85983
귀무가설(H0) 채택
```

해설

\# 3) t 검정 : 두 집단 평균차이검정

독립표본 t 검정은 stats 모듈에서 제공하는 ttest_ind() 함수를 이용 [17]행하며, 함수의 형식은 다음과 같다. t 검정과 관련된 함수는 기본적으로 양측검정을 시행한다.

형식	ttest_ind() 함수 사용 형식
stats.ttest_ind(표본집단1, 표본집단2)	

함수에서 제공하는 statistic t [검정 통계량; 17행]와 pvalue [유의확률; 17행]는 양측검정을 바탕으로 한 결과이다. 95% 신뢰수준에서 표본에 의해서 계산된 t 검정 통계량이 채택역에 해당하면 귀무가설이 채택되고, 그렇지 않으면 귀무가설이 기각되어 대립가설이 채택된다.

가설 검정은 유의확률 pvalue가 유의수준 alpha보다 크기 때문에 귀무가설을 채택한다.

❹

```
# 4) 기술통계
print('교육 방법1의 평균 점수 =', method1_score.mean())
print('교육 방법2의 평균 점수 =', method2_score.mean())
```

실행결과

```
교육 방법1의 평균 점수 = 78.05087119776154
교육 방법2의 평균 점수 = 73.39100302578092
```

해설

4) 기술통계

독립표본의 기술통계로 평균을 구한다. 만약 귀무가설이 기각되면 '교육 방법1'의 평균 점수와 '교육 방법2'의 평균 점수를 비교하여 방향성을 갖는 대립가설을 채택할 수 있다. 기술통계에 의하면 '교육 방법1'이 '교육 방법2'보다 평균 점수가 높은 것으로 나타난다

독립표본 t 검정의 분석 결과는 [표9.7]과 같이 제시할 수 있다.

[표 9.7] 독립표본 t 검정 분석 결과 제시

가설 설정	귀무가설 H_0: 교육 방법에 따른 두 집단 간 실기시험의 평균에 차이가 없다. 대립가설 H_1: 교육 방법에 따른 두 집단 간 실기시험의 평균에 차이가 있다.
연구 환경	IT 교육센터에서 PT를 이용한 프레젠테이션 교육 방법과 실시간 코딩 교육 방법을 적용하여 1개월 동안 교육받은 교육생 각 30명을 대상으로 실기시험을 시행하였다. 두 집단 간 실기시험의 평균에 차이가 있는지를 검정한다.
유의 순준	$\alpha = 0.05$
분석 방법	독립표본 t 검정
검정 통계량	$t = 0.031$, d.f = 29
유의확률	p-value = 0.85983
결과 해석	두 집단의 표본평균 점수는 78.05와 73.39로 95% 신뢰수준에서 두 집단과 평균에 차이가 없다고 볼 수 있다. 따라서 교육 방법에 따른 두 집단 간 실기시험의 평균에 차이가 없다고 볼 수 있다.

대응 표본 t 검정: 대응 두 집단 평균 차이 검정

대응 표본 t 검정 Paired Samples t-test은 동일한 표본을 대상으로 측정된 두 변수의 평균 차이를 검정하는 분석 방법이다. 일반적으로 사전검사와 사후검사의 평균 차이를 검증할 때 많이 이용한다. 예를 들면 교수법 적용 전과 후의 학습력의 변화에 대한 검정, 다이어트 식품의 복용 전과 후의 몸무게 변화에 대한 검정 등을 들 수 있다. 분석절차는 독립표본 t 검정과 동일하다.

다음은 대응 두 집단 평균차이검정을 위한 연구 환경과 귀무가설 H_0이다. 이를 바탕으로 대응 표본 t 검정을 실습한다.

[연구 환경]

A 교육센터에서 교육생 30명을 대상으로 교수법 프로그램 적용 전에 실기시험을 시행한 후 1개월 동안 동일한 교육생에게 교수법 프로그램을 적용한 후 실기시험을 시행한 점수와 평균에 차이가 있는가를 검정한다.

[가설]

귀무가설 H_0: 교수법 프로그램을 적용하기 전 학생들의 학습력과 교수법 프로그램을 적용한 후 학생들의 학습력에 차이가 없다.

대립가설 H_1: 교수법 프로그램을 적용하기 전 학생들의 학습력과 교수법 프로그램을 적용한 후 학생들의 학습력에 차이가 있다.

실습 **대응 표본 *t* 검정**

step03_t_test3.py

❶

```
01 from scipy import stats            # test
02 import numpy as np                 # sampling
03
04 # 3. 대응 표본 T검정
05 # 1) 표본추출
06 before = np.random.randint(69, 74,  size = 30)
07 after = np.random.randint(70, 75, size = 30)
08 print('교수법 적용 전 실기점수')
09 print(before )
10 print('교육법 적용 후 점수')
11 print(after )
```

실행결과

```
교수법 적용 전 실기점수
[73 69 71 70 72 72 72 70 72 71 72 71 72 73 72 70 71 73 70 69 73 70 71 69
 73 73 71 69 72 69]
교육법 적용 후 점수
[73 73 72 71 70 72 74 70 73 74 70 73 71 72 71 71 71 72 73 71 73 73 71 73
 73 71 72 70 74 70]
```

해설

3. 대응표본 *t* 검정

(1) 표본추출

난수 정수를 이용 06~07행하여 교수법 적용 전 실기점수와 교수법 적용 후 실기점수를 표본으로 추출한다.

❷

```
12 # 2) 동질성 검정
13 statistic, pvalue = stats.levene(before, after)
14 print('F 검정 통계량 = %.3f, pvalue = %.5f'%(statistic, pvalue))
```

실행결과

```
F 검정 통계량 = 0.134, pvalue = 0.71570
```

해설

두 모집단에서 추출된 표본을 대상으로 분산의 동질성 검정은 stats 패키지에서 제공하는 levene() 함수를 이용 13행할 수 있다. 함수에서 반환된 검정 통계량은 분산 검정에 사용되는 F 검정 통계량이다. 등분산 검정의 유의확률이 유의수준 0.05보다 큰 경우 두 집단 간 분포의 모양이 동질하다고 할 수 있다.

❸
```
15 # 3) t 검정 : 대응 두 집단 평균차이검정
16 statistic, pvalue = stats.ttest_rel(before, after)
17 print('t 검정 통계량 = %.5f, pvalue = %.5f'%(statistic, pvalue))
18
19 # 유의확률과 유의수준 비교
20 alpha = 0.05
21 if pvalue >= alpha:
22     print('귀무가설(H0) 채택')
23 else :
24     print('대립가설(H1) 채택')
```

실행결과

```
t 검정 통계량 = -2.39060, pvalue = 0.02353
대립가설(H1) 채택
```

해설

3) *t* 검정 : 대응 두 집단 평균차이검정

대응 표본 *t* 검정은 stats 모듈에서 제공하는 ttest_rel() 함수를 이용 [16행]하며, 함수의 형식은 다음과 같다. *t* 검정과 관련된 함수는 기본적으로 양측검정을 시행한다.

형식	ttest_ind() 함수 사용 형식
stats.ttest_ttest_rel(사전검사, 사후검사)	

함수에서 제공하는 statistic [*t* 검정 통계량; 16행]과 pvalue [유의확률; 16행]는 양측검정을 바탕으로 한 결과이다. 95% 신뢰수준에서 표본에 의해서 계산된 *t* 검정 통계량이 채택역에 해당하면 귀무가설이 채택되고, 그렇지 않으면 귀무가설이 기각되어 대립가설이 채택된다.

가설 검정은 유의확률 pvalue가 유의수준 alpha 보다 적기 때문에 귀무가설을 기각할 수 있다.

❹
```
25 # 4) 기술통계
26 print('교수법 적용 전 평균 점수 =', before.mean())
27 print('교수법 적용 후 평균 점수 =', after.mean())
```

실행결과

```
교수법 적용 전 평균 점수 = 71.16666666666667
교수법 적용 후 평균 점수 = 71.9
```

해설

4) 기술통계

대응 두 집단의 기술통계로 평균을 구한다. 유의미한 수준에서 귀무가설이 기각되므로 방향성을 갖는 대립가설을 채택할 수 있다. 기술통계에 의하면 교수법 적용 후 평균 점수가 다소 높게 나타났다. 따라서 교수법 적용으로 인해 학생들의 학습력이 향상되었다고 할 수 있다.

대응 표본 t 검정의 분석 결과는 [표 9.8]과 같이 제시할 수 있다.

[표 9.8] 대응표본 t 검정 분석 결과 제시

가설 설정	귀무가설 H_0: 교수법 프로그램을 적용하기 전 학생들의 학습력과 교수법 프로그램을 적용한 후 학생들의 학습력에 차이가 없다.
	대립가설 H_1: 교수법 프로그램을 적용하기 전 학생들의 학습력과 교수법 프로그램을 적용한 후 학생들의 학습력에 차이가 있다.
연구 환경	A 교육센터에서 교육생 30명을 대상으로 교수법 프로그램 적용 전에 실기시험을 시행한 후 1개월 동안 동일한 교육생에게 교수법 프로그램을 적용한 후 실기시험을 시행한 점수와 평균에 차이가 있는가를 검정한다.
유의 순준	$\alpha = 0.05$
분석 방법	대응 표본 t-검정
검정 통계량	$t = -2.39060$, d.f = 29
유의확률	p-value = 0.02353
결과 해석	유의수준 0.05에서 귀무가설이 기각되었다. 따라서 교수법 프로그램 적용 전과 적용 후의 두 집단 간 학습력의 평균에 차이가 있다. 라고 말할 수 있다. 또한, 단측검정을 실시한 결과 교수법 프로그램 적용 전 학습력이 교수법 프로그램 적용 후 학습력보다 크지 않은 것으로 나타났다. 즉 교수법 프로그램 이 학습력에 효과가 있는 것으로 분석된다.

4 *F* 분포와 검정

모집단이 정규분포이고, 모분산 σ^2을 알 수 없는 두 개 이상의 표본들의 분산 비율을 나타내는 연속 확률분포를 'F 분포'라고 한다. F 분포를 대상으로 모집단의 분산이 같은지 또는 다른지를 검정하는 F 검정 F-test에 이용한다.

4.1 *F* 분포

F 분포는 카이제곱을 자유도로 나눈 결과를 비율로 나타낸 분포를 말한다. 분산이 같은 두 정규모집단으로부터 확률표본을 반복하여 독립적으로 추출한 확률변수 X_1과 X_2가 각각 자유도가 k_1과 k_2인 카이제곱 분포를 따를 때,

$$F = \frac{\frac{X_1}{k_1}}{\frac{X_2}{k_2}} \sim F(k1, k2)$$

의 확률분포를 자유도가 k_1, k_2인 F 분포라고 하며 $F(k_1,\ k_2)$로 표기한다. F 분포는 모수인 분자의 자유도 k_1과 분모의 자유도 k_2에 따라 분포의 모양이 변하는데, 자유도가 작으면 극단값의 형태로 나타나지만, 자유도가 커질수록 정규분포 형태를 갖는다. [그림 9.15]는 자유도에 따른 F 분포의 확률밀도함수를 나타낸다.

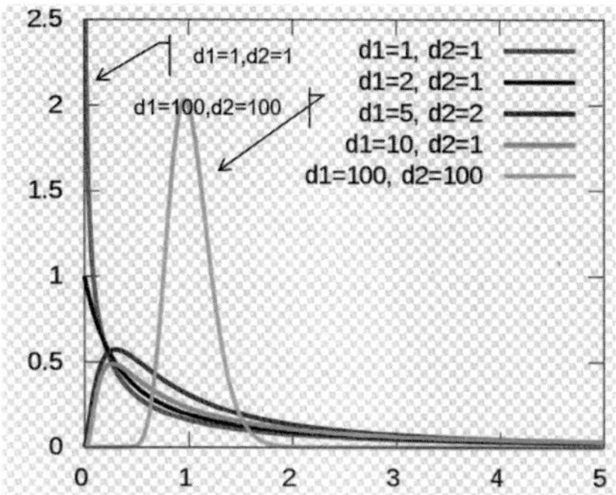

[그림 9.15] 자유도에 따른 F 분포의 확률밀도함수

F 분포의 기본은 극단값을 허용하는 카이제곱 분포이다. 따라서 항상 양의 값을 가지며, 비대칭 오른쪽으로 긴 꼬리적인 분포 모양을 가진다. 또한, F 분포는 다음과 같은 특징을 갖는다.

- F 분포의 기본은 카이제곱 분포이다.
- 자유도에 따라서 분포 모양이 달라진다.
- 자유도가 커질수록 정규분포에 근사하다.
- 표본 집단의 분산 비교 및 모집단의 분산 추정과 검정에 사용한다.

4.2 *F* 검정

F 검정은 모집단이 정규분포이고, 모분산 σ^2을 모르는 경우 모집단의 분산을 추정하고 검정하는 데 사용된다. F 검정을 위한 검정 통계량 F 값은 다음과 같은 식으로 계산한다.

$$F = \frac{S_1^2}{S_2^2} \quad (S_1^2 : \text{표본 평균 간 퍼짐 정도},\ S_2^2 : \text{표본 내 퍼짐 정도})$$

F 분포의 F 값은 '집단 간 분산/집단 내 분산' 식으로 분산의 비율을 척도로 사용한다. 두 집단의 분산을 서로 나눴을 때 1에 가까울수록 두 집단의 분산은 차이가 없다는 의미이고, 반대로 1에서 멀어질수록 두 집단의 분산은 차이가 크다는 의미로 해석한다. 만약 하나의 모집단에서 두 개 이상의 표본 그룹으로 추출해서 F 값을 계산하는 경우 충분히 큰 F 값이 나왔다면 이 표본집단들의 분산 비율이 서로 다를 확률이 높다는 의미이다. 따라서 적어도 한 집단 이상에서 분산의 차이가 있다고 볼 수 있다.

t 검정과 F 검정의 차이점

일반적으로 두 집단의 평균 차이 검정은 t 검정을 이용하지만, 두 집단 이상의 평균 차이 검정은 F 검정을 이용한다. 원래 F 검정은 표본집단 간 분산의 차이를 검정하는 방법이다. 이때 분산은 평균에서 얼마나 분산되었는지를 나타내는 통계를 이용하기 때문에 집단 간의 평균치를 이용한 차이를 검정에서 이용한다. 예를 들면 의학 연구 분야에서 개발된 세 가지 치료제가 있다고 가정할 때, 이 세 가지 치료제의 효과에 차이가 있는지를 검정하는 데 이용된다. 한편 F 검정으로 분석하는 방법을 '**분산분석** ANOVA Analysis'이라고 한다.

분산분석

분산분석은 등분산 여부를 검정하는 분석 방법이다. 등분산 검정 Test of Equal Variances은 두 집단 혹은 세 집단 이상 사이에 분산 산포도의 차이가 있는지를 통계적으로 검정하는 분석 방법으로 두 집단 이상의 분산 차이를 검정할 때 사용할 수 있다.

분산분석은 가설 검정을 위해 F 분포를 따르는 F 검정 통계량을 이용하며, 독립변수와 종속변수의 수에 따라서 [표 9.9]와 같이 분류된다.

[표 9.9] 분산분석의 종류

종류	변수 개수	사례
일원 분산분석 (One-way ANOVA)	독립변수 : 1개 종속변수 : 1개	교육 방법에 따른 성적 비교 독립변수(범주형) : 방법1, 방법2, 방법3 종속변수(연속형) : 성적
이원 분산분석 (Two-way ANOVA)	독립변수 : 2개 종속변수 : 1개	쇼핑몰 고객의 연령대(30,40,50대), 시간대(오전/오후)별 구매현황 분석 독립변수(범주형) : 연령대, 시간대 종속변수(연속형) : 구매현황
다원 변량 분산분석	독립변수 : 1개, 2개 종속변수 : 2개	교육 방법에 따른 국어와 영어 성적 비교 독립변수(범주형) : 방법1, 방법2, 방법3 종속변수(연속형) : 국어성적, 영어성적

분산분석을 시행할 때는 다음과 같은 사항에 주의해야 한다.

- 독립변수 1개와 종속변수 간의 관계를 분석하는 일원 분산분석과 두 개 이상의 독립변수가 종속변수에 미치는 효과를 분석하는 이원 분산분석으로 분류한다.
- 독립변수는 범주형 집단변수, 종속변수는 등간척도나 비율척도로 구성되어야 한다.
- 소비자 집단의 반응 차이와 마케팅전략의 효과 등과 같이 기업의 의사결정에 도움을 주는 비계량적인 독립변수와 계량적인 종속변수 간의 관계를 파악할 때 이용한다.

분산분석에서 가설은 각 집단이 갖는 분산이 같은 것을 귀무가설로 설정하고, 분산의 차이가 있는 것을 대립가설로 설정하여 검정한다. 일반적인 가설 설정은 다음과 같다.

귀무가설 H_0: 모집단 간의 분산은 같다.
대립가설 H_1: 모집단 간의 분산은 다르다.

일원 분산분석

두 집단 이상을 대상으로 집단 간의 평균차이검정을 수행하는 일원 분산분석을 위한 분석 절차는 [그림 9.16]과 같다.

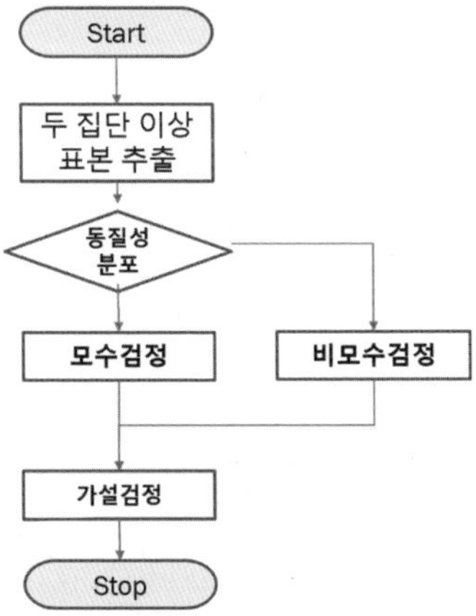

[그림 9.16] 일원 분산분석 절차

분산분석에서 집단 간의 동질성 여부를 검정한 후 집단 간의 분포가 동질한 경우 모수 검정을 수행하고, 그렇지 않은 경우는 비모수 검정 방법인 '**크루스칼** Kruskal **검정**'을 수행한다. 끝으로 집단 간의 분산에 차이가 있는 경우 세부적으로 어떤 차이가 있는지는 분산분석에서 제공되지 않기 때문에 '**사후분석** Post Hoc Analysis'을 통해서 확인해야 한다.

[연구 환경]

세 가지 교육 방법을 적용하여 1개월 동안 교육받은 교육생 각 50명씩을 대상으로 실기시험을 시행하였다. 세 집단 간 실기시험의 평균에 차이가 있는지를 검정한다.

[가설]

귀무가설 H_0: 교육 방법에 따른 실기시험의 평균에 차이가 없다.
대립가설 H_1: 교육 방법에 따른 실기시험의 평균에 차이가 있다.

실습 **일원 분산분석**

step04_f_test1.py

❶
```
from scipy import stats                # levene, f_oneway 함수 제공
import matplotlib.pyplot as plt        # 요약 통계량 시각화
import pandas as pd
import numpy as np

## 1. 일원 분산분석

# 1) 표본추출
method1 = np.random.randint(50, 100, size = 50)
method2 = np.random.randint(52, 95, size = 50)
method3 = np.random.randint(55, 99, size = 50)
```

해설

1. 일원 분산분석

1) 표본추출

세 가지 교육 방법을 적용하여 1개월 동안 교육받은 교육생 각 50명씩을 대상으로 실기시험 점수를 표본으로 추출한다.

❷
```
# 2) 동질성 검정 : H0 : 집단 간의 분포는 동일하다.
statistic, pvalue = stats.levene(method1, method2, method3)
print('동질성 검정 통계량 = %.3f, pvalue = %.5f'%(statistic, pvalue))

# 상자 그래프 시각화 : 요약 통계량
plot_data = [method1, method2, method3]
ax = plt.boxplot(plot_data)
plt.show()
```

실행결과

동질성 검정 통계량 = 0.310, pvalue = 0.73419

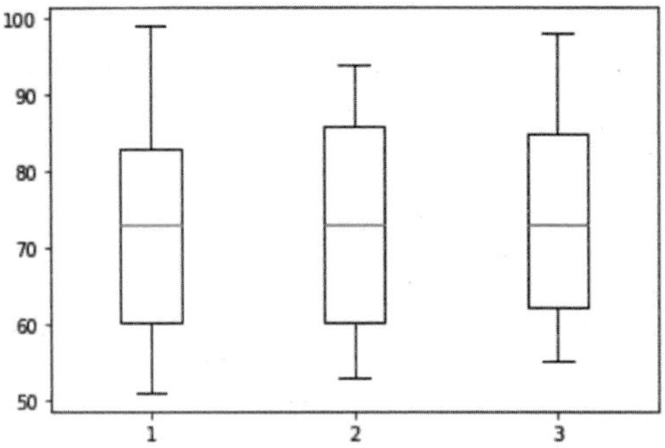

해설

2) 동질성 검정

표본의 집단을 대상으로 분산의 동질성 검정은 stats 패키지에서 제공하는 levene() 함수를 이용 13행할 수 있다. 함수에 반환된 검정 통계량은 분산 검정에 사용되는 F 검정 통계량이다. 등분산 검정의 유의확률이 유의수준 0.05보다 큰 경우 표본 집단 간의 분포 모양이 동질하다고 할 수 있다.

상자 그래프 시각화 : 요약 통계량

상자 그래프를 이용하여 표본 집단의 분포 모양을 확인할 수 있다. 표본 집단별 평균은 큰 차이가 없는 것으로 나타난다.

❸

```
20  # 3) F 검정 : 일원 분산분석
21  statistic, pvalue = stats.f_oneway(method1, method2, method3)
22  print('F 검정 검정 통계량 = %.5f, pvalue = %.5f'%(statistic, pvalue))
23
24  # 유의확률과 유의수준 비교
25  alpha = 0.05
26  if pvalue >=  alpha:
27      print('귀무가설(H0) 채택 : 집단별 평균에 차이가 없음')
28  else :
29      print('대립가설(H1) 채택 : 적어도 한 집단에서 평균에 차이가 있음')
```

실행결과

F 검정 통계량 = 1.52428, pvalue = 0.22120
귀무가설(H0) 채택 : 집단별 평균에 차이가 없음

해설

3) F 검정 : 일원 분산분석

일원 분산분석은 stats 모듈에서 제공하는 f_oneway() 함수를 이용 21행하며, 함수의 형식은 다음과 같다.

형식	stats.f_oneway() 함수 사용 형식
stats.f_oneway(표본집단1, 표본집단2, 표본집단3)	

함수에서 제공하는 statistic F 검정 통계량; 21행과 pvalue 유의확률; 21행는 양측검정을 바탕으로 한 결과이다. 95% 신뢰수준에서 표본에 의해서 계산된 F검정 통계량이 채택역에 해당하면 귀무가설이 채택되고, 그렇지 않으면 귀무가설이 기각되어 대립가설이 채택된다.

가설 검정은 유의확률 pvalue가 유의수준 alpha보다 크기 때문에 귀무가설을 기각할 수 없다. 따라서 표본 집단별 평균에 차이가 없다고 볼 수 있다.

❹

```
# 4) 기술통계
print('교육 방법1의 평균 점수 =', method1.mean())
print('교육 방법2의 평균 점수 =', method2.mean())
print('교육 방법3의 평균 점수 =', method3.mean())
```

실행결과

```
교육 방법1의 평균 점수 = 75.08
교육 방법2의 평균 점수 = 72.94
교육 방법3의 평균 점수 = 77.52
```

해설

4) 기술통계

일원 분산분석의 사후검정으로 기술통계를 이용할 수 있다. 만약 유의미한 수준에서 귀무가설이 기각되면, 적어도 한 집단에서 평균의 차이가 있다고 볼 수 있다. 이때 기술통계를 통해서 표본집단 간 평균의 차이 정도를 확인할 수 있다. 기술통계에 의하면 '교육 방법2'와 '교육 방법3'의 평균 점수 차이가 가장 크고, '교육 방법1'과 '교육 방법3'이 평균 점수 차이가 가장 작다.

❺

```
# 5) 비모수 검정
from scipy.stats import kruskal             # 크루스칼 검정

statistic, pvalue = kruskal(method1, method2, method3)
print('kruskal 검정 통계량 = %.5f, pvalue = %.5f'%(statistic,
 pvalue))
```

실행결과

```
kruskal 검정 통계량 = 0.05147, pvalue = 0.97459
```

해설

5) 비모수 검정

❷의 동질성 검정에서 귀무가설이 기각되는 경우 비모수 검정을 수행한다. 크루스칼은 F 검정의 비모수 검정 방법으로 stats 모듈에서 제공하는 kruscal() 함수를 이용하며, 형식은 다음과 같다.

형식	stats.kruskal() 함수 사용 형식
stats.kruskal(표본집단1, 표본집단2, 표본집단3)	

가설 검정은 유의확률 pvalue가 유의수준 alpha보다 크기 때문에 귀무가설을 기각할 수 있다. 따라서 표본 집단별 평균에 차이가 없다고 볼 수 있다.

일원 분산분석의 결과는 [표 9.10]과 같이 제시할 수 있다.

[표 9.10] 일원 분산분석 결과 제시

가설 설정	귀무가설 H_0: 교육 방법에 따른 실기시험의 평균에 차이가 없다. 대립가설 H_1: 교육 방법에 따른 실기시험의 평균에 차이가 있다.
연구 환경	세 가지 교육 방법을 적용하여 1개월 동안 교육받은 교육생 각 50명씩을 대상으로 실기시험을 시행하였다. 세 집단 간 실기시험의 평균에 차이가 있는지를 검정한다.
유의 순준	α = 0.05
분석 방법	일원 분산분석
검정 통계량	F = 1.52428, df = 49
유의확률	pvalue = 0.22120
결과 해석	유의수준 0.05에서 귀무가설이 채택되었다. 따라서 세 가지 교육 방법에 따른 실기점수에 차이가 없다고 볼 수 있다.

이원 분산분석

두 집단 이상을 대상으로 독립변수 2개를 이용한 이원 분산분석의 절차는 일원 분산분석의 절차와 같다.

[연구 환경]

A 쇼핑몰에서 고객의 연령대(30, 40, 50대)별, 시간대(오전/오후)별 구매현황에 차이가 있는지를 검정한다.

[가설]

귀무가설 H_0: 연령대별 또는 시간대별 구매비용에 차이가 없다.

대립가설 H_1: 연령대별 또는 시간대별 구매비용에 차이가 있다.

실습 이원 분산분석

step04_f_test2.py

❶

```
from scipy import stats            #levene, f_oneway 함수 제공
import matplotlib.pyplot as plt    # 요약 통계량 시각화
import numpy as np
from statsmodels.formula.api import ols           # formula 작성
from statsmodels.stats.anova import anova_lm  # 이원 분산분석
import pandas as pd                # DataFrame 만들기
```

❶
```
07
08 # 1) 표본추출
09 age = np.random.randint(20, 50, size=100)      # 20~49
10 time = np.random.randint(0, 2, size=100)       # 0~1
11 buy = np.random.randint(1, 16, size=100)       # 1~15
12
13 # DataFrame 만들기
14 sample = pd.DataFrame({'age':age, 'time':time, 'buy':buy})
15 print(sample.info())
16
17 # 서브셋(subset) : 연령대별
18 age20 = sample[sample['age'] < 30]
19 age30 = sample[np.logical_and(sample['age'] > 30, sample['age'] < 40)]
20 age40 = sample[sample['age'] > 40]
21
22 # 서브셋(subset) : 시간대별
23 time_am = sample[sample['time'] == 0]
24 time_pm = sample[sample['time'] == 1]
```

실행결과

```
<class 'pandas.core.frame.DataFrame'>
RangeIndex: 100 entries, 0 to 99
Data columns (total 3 columns):
 #  Column  Non-Null Count  Dtype
--- ------  --------------  -----
 0  age     100 non-null    int32
 1  time    100 non-null    int32
 2  buy     100 non-null    int32
dtypes: int32(3)
memory usage: 1.3 KB
```

해설

2. 이원 분산분석

1) 표본추출

독립변수 age 연령대, time 시간대과 종속변수 buy 구매비용를 각 100개씩 표본으로 추출한다 09~11행.

DataFrame 만들기

age, time, buy를 이용하여 데이터프레임 객체를 만든다 14행.

서브셋(subset) : 연령대별

DataFrame을 대상으로 연령대별(20대, 30대, 40대) 서브셋을 만든다 18~20행.

서브셋(subset) : 시간대별

DataFrame을 대상으로 시간대별(오전, 오후) 서브셋을 만든다 23~24행.

❷
```
25 # 2) 동질성 검정 : 연령대별
26 statistic, pvalue = stats.levene(age20.buy, age30.buy, age40.buy)
27 print('동질성 검정 통계량 = %.3f, pvalue = %.5f'%(statistic, pvalue))
```

❷

```
# 상자 그래프 시각화 : 요약 통계량 시각화
plot_data = [age20.buy, age30.buy, age40.buy]
ax = plt.boxplot(plot_data)
plt.show()

# 2) 동질성 검정 : 시간대별
statistic, pvalue = stats.levene(time_am.buy, time_pm.buy)
print('동질성 검정 통계량 = %.3f, pvalue = %.5f'%(statistic, pvalue))

# 상자 그래프 시각화 : 요약 통계량 시각화
plot_data = [time_am.buy, time_pm.buy]
ax = plt.boxplot(plot_data)
plt.show()
```

실행결과

동질성 검정 통계량 = 0.800, pvalue = 0.45236

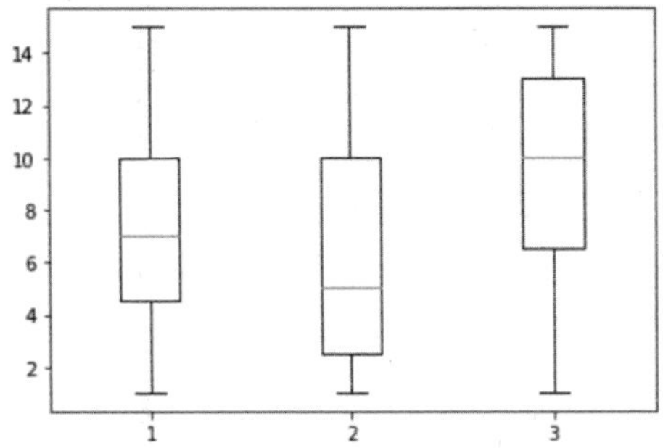

동질성 검정 통계량 = 0.198, pvalue = 0.65698

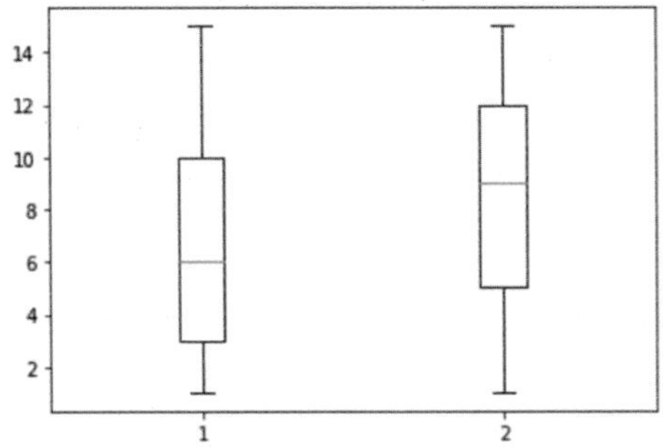

해설

2) 동질성 검정 : 연령대별

연령대별 분산의 동질성 검정은 유의확률이 유의수준 0.05보다 크기 때문에 표본 집단 간의 분포 모양이 동질하다고 할 수 있다.

2) 동질성 검정 : 시간대별

시간대별 분산의 동질성 검정은 유의확률이 유의수준 0.05보다 크기 때문에 표본 집단 간의 분포 모양이 동질하다고 할 수 있다.

❸
```
42 # 3) F 검정 : 이원 분산분석
43 lm = ols(formula = 'buy ~ age + time', data = sample).fit()
44 print(anova_lm(lm))
```

실행결과

```
            df       sum_sq     mean_sq         F    PR(>F)
age        1.0   109.649997  109.649997  6.762797  0.010763
time       1.0    91.330659   91.330659  5.632930  0.019597
Residual  97.0  1572.729344   16.213705       NaN       NaN
```

해설

3) F 검정 : 이원 분산분석

이원 분산분석은 statsmodels 모듈에서 제공하는 ols() 함수를 이용 43행하여 독립변수와 종속변수의 formula 식을 작성한다. 함수의 형식은 다음과 같다.

형식 ols() 함수 사용 형식

```
ols(formula = '종속변수 ~ 독립변수1 + 독립변수2', data = 데이터프레임)
```

ols의 fit() 메서드를 이용하여 lm 객체를 생성 43행하고, anova_lm() 함수을 이용 44행하여 이원 분산분석을 시행한다. 분석 결과에서 독립변수로 사용된 age와 time 모두 PR(>F)의 유의확률이 유의수준 0.05보다 작기 때문에 귀무가설을 기각할 수 있다. 따라서 연령대별, 시간대별 모두 구매비용에 차이가 있다고 볼 수 있다.

❹
```
# 4) 기술통계 : 연령대별
print('20대 평균 구매비용 =', age20['buy'].mean())
print('30대 평균 구매비용 =', age30['buy'].mean())
print('40대 평균 구매비용 =', age40['buy'].mean())

# 4) 기술통계 : 시간대별
print('오전 평균 구매비용 =', time_am['buy'].mean())
print('오후 평균 구매비용 =', time_pm['buy'].mean())
```

실행결과

```
20대 평균 구매비용 = 7.0
30대 평균 구매비용 = 6.225806451612903
40대 평균 구매비용 = 9.628571428571428
오전 평균 구매비용 = 6.431818181818182
오후 평균 구매비용 = 8.75
```

해설

4) 기술통계

이원 분산분석의 사후검정으로 기술통계를 이용할 수 있다. 유의미한 수준에서 귀무가설이 기각되었기 때문에 연령대별, 시간대별 구매비용의 차이를 확인할 필요가 있다. 연령대에서는 40대가 구매비용이 가장 많고, 시간대에서는 오후가 오전에 비해서 구매비용이 많은 것으로 나타난다.

일원 분산분석의 결과는 [표 9.11]과 같이 제시할 수 있다.

[표 9.11] 이원 분산분석 결과 제시

가설 설정	귀무가설 H_0: 연령대별 또는 시간대별 구매비용에 차이가 없다. 대립가설 H_1: 연령대별 또는 시간대별 구매비용에 차이가 있다.
연구 환경	A 쇼핑몰에서 고객의 연령대(30,40,50대)별, 시간대(오전/오후)별 구매현황에 차이가 있는지를 검정한다.
유의 순준	α = 0.05
분석 방법	이원 분산분석
검정 통계량	age : F = 6.762797, df = 99 time : F = 5.632930, df = 99
유의확률	age : pvalue = 0.010763 time : pvalue = 0.019597
결과 해석	유의수준 0.05에서 귀무가설이 기각되었다. 따라서 연령대별, 시간대별 구매현황에 차이가 있다고 볼 수 있다.

연습문제

문제 1 표준화 공식 z에 의해서 구한 값 $z = 0.92$ 일 때 정규분포 곡선의 확률을 답항에서 고르시오.

① 0.32121 ② 0.32381
③ 0.32369 ④ 0.35083.

문제 2 두 집단 혹은 세 집단 이상 사이에 분산의 차이가 있는지를 통계적으로 검정하는 분석 방법을 고르시오.

① z 검정 ② 이항 검정
③ 등분산 검정 ④ 정규성 검정

문제 3 추출될 확률이 동일한 표본추출 방법으로 객관적으로 표본오차의 측정이 가능하며, 표본의 일반화가 가능한 표본추출 방법을 고르시오.

① 단순무작위추출 ② 편의표본추출
③ 할당표본추출 ④ 눈덩이표본추출

문제 4 모집단을 부서, 연령, 성별 등과 같은 일정한 기준에 의하여 동질적인 그룹층으로 분류한 다음 각 그룹으로부터 표본을 단순 무작위로 추출하는 방법을 고르시오.

① 단순 무작위추출 ② 층별추출
③ 체계적(계통적)추출 ④ 군집추출

문제 5 연령별과 시간대별로 구매현황을 분석하기에 적합한 분석모형을 고르시오.

① 단일표본 t 검정 ② 독립표본 t 검정
③ 일원 분산분석 ④ 이원 분산분석

문제 6 정규분포의 확률변수 X를 구하기 위해서 표준정규분포로 바꾸는 변수를 표준화 공식 z라고 한다. 정규분포를 표준정규분포로 바꾸는 z의 공식을 고르시오.

① $z = \frac{X-\mu}{\sigma}$ ② $z = \frac{\overline{X}-\mu}{\frac{\sigma}{\sqrt{n}}}$

③ $z = \frac{\overline{X}-\mu}{\frac{s}{\sqrt{n}}}$ ④ $z = \frac{s_1^2}{s_2^2}$

문제 7 모든 정규분포를 대상으로 평균 0과 표준편차 1에 의해서 산출된 z값에 대한 설명으로 틀린 답 항을 고르시오.

① 95% 신뢰수준에서 z값은 ±1.96이다.
② 신뢰수준에 따른 z값은 신뢰구간을 추정하고 검정하는 데 이용된다.
③ z 값의 범위는 귀무가설의 기각역에 해당한다.
④ z 값을 이용하여 정규분포 곡선의 확률을 계산하는데 z 분포표를 이용한다.

문제 8 다음 중 t 분포의 설명으로 틀린 답 항을 고르시오.

① t 분포의 곡선은 정규분포 곡선보다 항상 높다.
② 표본의 크기가 커질수록 정규분포에 근사한다.
③ 모평균의 신뢰구간을 추정하고, 검정하는 데 이용한다.
④ 자유도에 따라서 분포 모양이 다르다.

문제 9 A 회사는 근무 기간이 평균 10년이고, 표준편차는 4년의 정규분포를 갖는 경우, 100명을 임의 추출하여 다음과 같은 단계로 10년 ~ 15년 사이에 근무한 사원의 비율을 구하시오.
(z 값과 확률추정 문제)

단계 1: 정규분포 생성: $N(10, 4^2)$

단계 2: 히스토그램 + 밀도분포 곡선(PDF) 시각화

단계 3: 10~15년 사이 근무한 사원 비율

[코딩 시작]

```
from scipy import stats              # 확률분포 + 검정
import numpy as np                   # 수치 처리
import matplotlib.pyplot as plt      # 확률분포의 시각화

# 단계 1. 정규분포 : N(10, 4^2)



# 단계 2. 히스토그램 + 밀도분포곡선(PDF) 시각화



# 단계 3. 10~15년 사이 근무산 사원 비율

```

문제 10 우리나라 전체 중학교 2학년 여학생 평균 키가 148.5cm로 알려진 상태에서 A 중학교 2학년 전체 500명을 대상으로 10%인 50명을 표본으로 선정하여 모평균과 차이가 있는지를 단일 표본 t 검정 하시오.
(단일표본 t 검정 문제)

[코딩 시작]

```
import pandas as pd
from scipy import stats

# 단계 1. 실습파일 가져오기
dataset = pd.read_csv('C:/PythonStatistics/data/student_height.csv')
print(dataset.info())                    # height

# 변수 선택
height = dataset.height                  # A 중학교 2학년 50명 표본 키

# 단계 2. 기술 통계량 : 관측치 길이, 표본평균



# 단계 3. 정규성 검정



# 단계 4. 가설 검정 - 양측검정


```

문제 11 교육 방법에 따른 실기점수의 평균에 차이가 있는지를 단계별로 독립표본 t 검정을 수행하시오. (독립표본 t 검정 문제)

[코딩 시작]

```
from scipy import stats          # stats 가져오기
import pandas as pd              # csv file read
```

```
# 단계 1. csv file 자료 가져오기
sample = pd.read_csv('C:/PythonStatistics/data/two_sample.csv')
print(sample.info())

# 단계 2. 변수 선택
two_df = sample[['method', 'score']]

# 교육 방법 기준 빈도수
print(two_df['method'].value_counts())

# 단계 3. 교육 방법 기준 서브셋(subset)
method1 = two_df[two_df.method == 1]
method2 = two_df[two_df.method == 2]

# score 칼럼 추출
score1 = method1.score          # 집단1: 교육 방법1의 실기점수
score2 = method2.score          # 집단2: 교육 방법2의 실기점수

# 단계 4. 결측치 평균 대체
score1 = score1.fillna(score1.mean())     # 집단1
score2 = score2.fillna(score2.mean())     # 집단2

# 단계 5. 두 집단 평균 차이 검정



# 단계 6. 귀무가설 채택 또는 기각 결정



# 단계 7. 기술통계: 두 표본집단 평균

```

Chapter 10 연관성 분석

학습 내용

광고비에 투자할수록 매출액이 증가하는 효과를 보인다면 두 변수는 상관성이 있다고 볼 수 있다. 우리 인간의 자연계에서 이와 같은 관계는 자주 엿볼 수 있다. 추론 통계학에서는 일정한 범주를 갖는 집단변수 간의 연관성을 분석하기 위해서 카이제곱 검정을 이용한다. 또한 매출액과 같은 연속성을 갖는 변수들을 대상으로 상관성을 분석하기 위해서는 상관계수를 이용한다. 특정 변수의 원인으로 인해서 다른 변수에 영향을 미치는 여부를 분석하기 위해서는 회귀분석을 이용한다.

학습 목표

- 양측검정과 단측검정에서 임계값을 기준으로 기각역과 채택역을 설명할 수 있다.
- 연구 환경을 토대로 대립가설과 귀무가설을 진술할 수 있다.
- 한 집단 내에서 두 변인의 관계가 독립인지를 검정할 수 있다.
- 공분산과 상관계수를 구분하여 설명할 수 있다.
- 회귀분석에 대한 모델의 유의성과 설명력 그리고 변수의 유의성을 검정할 수 있다.
- 회귀분석의 기본 가정을 토대로 최적화된 변수를 선택할 수 있다.

이 장의 구성

1 카이제곱 분포와 검정

카이제곱 Chi-Square분포는 집단을 몇 개의 작은 집단으로 나눴을 때 작은 집단에서 보편성이 있는지를 확인할 수 있는 분포이다. 여기서 보편성이란 실제 분포된 값이 예상되는 값과 비슷한 결과로 나타나는 특성을 말한다. 카이제곱 분포는 모분산의 추정과 검정 그리고 범주 Category형 변수 간의 적합성과 독립성 검정 등에 이용한다.

1.1 카이제곱 분포

카이제곱 분포는 정규분포와는 다르게 극단값을 허용하는 멱분포 형태를 갖는다. 좌우대칭의 형태는 아니지만, 자유도에 따라서 분포의 모양이 달라진다. 한편 카이제곱 분포에서 카이 χ는 그리스문자로 평균 0과 표준편차 1을 갖는 표준정규분포를 의미한다. 따라서 χ^2의 식은 표준정규분포의 z 공식에 제곱을 적용한 결과와 같다.

$$\chi^2 = \frac{(X-\mu)^2}{\sigma^2} \ (X\text{: 확률변수}, \mu\text{ : 모평균}, \sigma\text{ : 모표준편차})$$

이때 확률변수 X가 자유도 k의 카이제곱 분포를 따를 때 $X \sim \chi^2(k)$로 표기한다. 카이제곱 분포는 자유도가 작으면 극단값의 형태로 나타나며, 자유도가 커질수록 좌우대칭의 형태를 갖는다. [그림 10.1]은 자유도에 따른 카이제곱 분포의 확률밀도함수를 나타낸다.

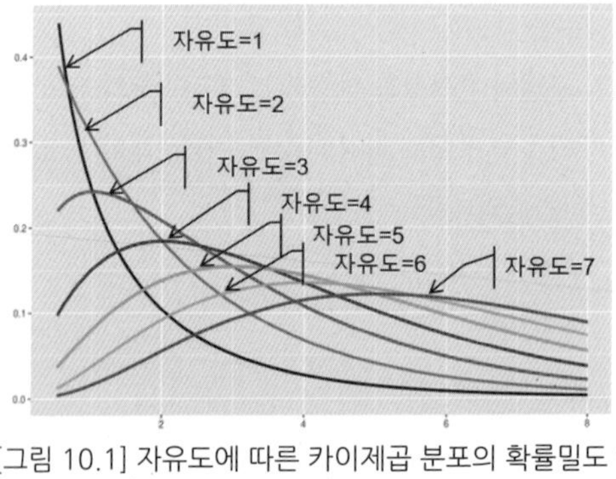

[그림 10.1] 자유도에 따른 카이제곱 분포의 확률밀도 함수

카이제곱 분포는 z 공식에 제곱을 취하기 때문에 항상 양의 값을 가지며, 비대칭 오른쪽으로 긴 꼬리적인 분포 모양을 가진다. 이러한 카이제곱 분포는 다음과 같은 특징을 나타낸다.

카이제곱 분포의 특징

- 카이제곱 분포는 F 분포의 기본 분포로 이용된다.
- 자유도에 따라서 분포 모양이 달라진다.
- 자유도가 커질수록 정규분포에 근사하다.
- 모집단의 분산 추정과 검정, 범주형 변수의 적합성, 독립성 검정 등에 사용한다.

1.2 카이제곱 검정

카이제곱 검정 Chi-Square test은 범주별로 관측도수 관찰된 빈도와 기대도수 기대되는 빈도의 차이를 통해서 확률 모형이 실제 자료를 얼마나 잘 설명하는지를 검정하는 통계적 방법이다. 카이제곱 검정을 위한 검정 통계량 χ^2값은 다음과 같은 식으로 계산한다.

$$\chi^2 = \sum_{i=1}^{k} \frac{(O_i - E_i)^2}{E_i} \quad (O_i : \text{관측도수}, E_i : \text{기대도수})$$

이때 관찰도수는 표본의 실제값을 의미하고, 기대도수는 교차 분할표에서 제공하는 관측도수의 행 합계와 열의 합계 그리고 테이블의 전체 합계를 이용하여 다음과 같은 식으로 구할 수 있다.

$$E_i = (\text{관측도수 행 합계} \times \text{관측도수 열 합계}) \,/\, \text{전체 합계}$$

[표 10.1]은 '학력 수준'과 '합격 여부' 변수를 대상으로 한 교차 분할표이다. 현재 교차 분할표에서는 두 변인을 대상으로 실제 관측된 도수를 나타내고 있다.

[표 10.1] 학력 수준과 합격 여부 변수의 교차 분할표 관측도수

학력 수준 \ 합격 여부	실패	합격	행 합계
고졸	40	49	89
대졸	27	55	82
대학원졸	23	31	54
열 합계	90	135	225

[표 10.2]는 교차 분할표에서 나타난 관측된 도수를 대상으로 기대도수의 식 E_i 에 의해서 구해진 기대도수와 카이제곱 검정 통계량의 식 χ^2에 의해서 구해진 기대비율의 결과이다.

예를 통해서 살펴보면, 학력 수준의 변수가 '고졸'이고, 합격 여부의 변수가 '합격'일 때 관측도수는 49이다. 이때 기대도수와 기대비율을 구해보자. 먼저 기대도수의 식 E_i 을 이용한 기대도수를 구한다.

$$E_i = (89 \times 135) / 225 = 53.4$$

다음은 계산된 기대도수 53.4를 이용하여 카이제곱 검정 통계량의 식 χ^2을 이용하여 기대비율을 구한다.

$$\chi^2 = \frac{(49 - 53.4)^2}{53.4} = 0.363$$

[표 10.2] 관측도수에 따른 기대도수와 기대비율

합격 여부 / 학력 수준	실패	합격	행 합계
고졸	40	49	89
기대도수(기대비율)	35.6(0.544)	53.4(0.363)	
대졸	27	55	82
기대도수(기대비율)	32.8(1.026)	49.2(0.684)	
대학원졸	23	31	54
기대도수(기대비율)	21.6(0.091)	32.4(0.060)	
열 합계	90	135	225

카이제곱 검정의 고려사항

일반적으로 카이제곱 검정은 앞에서 살펴본 것처럼 변수 간의 관련성 여부를 확인하기 위해서 교차분할표를 이용한다. 검정의 유형에는 적합도 검정, 독립성 검정, 동질성 검정 등으로 분류한다. 한편 카이제곱 검정을 수행하기 위해서 다음과 같은 사항을 고려해야한다.

- 카이제곱검정은 범주형 변수를 대상으로 한다.
- 집단별로 비율이 같은지를 검정하여 독립성 여부를 검정한다.
- 유의확률에 의해서 관측도수와 기대도수 간의 '차이가 있는가?' 또는 '차이가 없는가?'로 가설을 검정한다.

카이제곱 검정의 절차와 기본 가정

카이제곱 검정은 유의수준과 유의확률 값에 의해서 가설을 검정해야 한다. 카이제곱 검정의 절차는 다음과 같다.

[단계 1] 가설을 설정한다.

귀무가설 H_0: ~같다. ~다르지 않다. ~차이가 없다. ~효과가 없다.
대립가설 H_1: ~같지 않다. ~다르다. ~차이가 있다. ~효과가 있다.

[단계 2] 유의수준 α를 결정한다.

예 일반 사회과학 분야 : α = 0.05,

[단계 3] 자유도 df와 유의수준 α에 따른 χ^2 분포표에 의해 기각값을 결정한다.

[단계 4] 관측도수에 대한 기대도수를 구한다.

[단계 5] 관측도수와 기대도수를 이용하여 검정 통계량 χ^2 의 값을 구한다.

$$\chi^2 = \sum_{i=1}^{k} \frac{(\text{관측도수} - \text{기대도수})^2}{\text{기대도수}}$$

[단계 6] 검정 통계량 χ^2과 기각값을 비교하여 귀무가설 채택 여부를 판정한다.

[단계 7] 카이제곱 검정 결과를 진술한다.

1.3 카이제곱 검정 유형

카이제곱 검정 유형은 교차 분할표 이용 여부에 따라서 크게 '**일원 카이제곱 검정**'과 '**이원 카이제곱 검정**'으로 분류된다.

일원 카이제곱 검정

일원 카이제곱 검정은 교차 분할표을 이용하지 않는 카이제곱 검정으로 한 개의 변인 집단 또는 범주을 대상으로 검정을 수행한다. 관측도수가 기대도수와 일치하는지를 검정하는 적합도 검정 Test for Goodness of Fit이 여기에 속한다.

이원 카이제곱 검정

이원 카이제곱 검정은 교차 분할표를 이용하는 카이제곱 검정으로 두 개 이상의 변인 집단 또는 범주을 대상으로 검정을 수행한다. 분석 대상의 집단 수에 의해서 **독립성 검정**과 **동질성 검정**으로 나누어진다.

- **독립성 검정** Test of Independence: 한 집단 내에서 두 변인의 관계가 독립인지를 검정하는 방법이다.
  독립성 검정을 위한 귀무가설의 예는 다음과 같다.

귀무가설 H_0: '두 사건은 관련성이 없다.'

- **동질성 검정** Test of Homogeneity: 두 집단 이상에서 각 범주 집단 간의 비율이 서로 동일한지를 검정하는 방법이다. 동질성 검정을 위한 귀무가설의 예는 다음과 같다.

귀무가설 H_0: '모든 표본의 비율은 동일하다.'

1.4 일원 카이제곱 검정

한 개의 변인을 대상으로 검정을 수행하기 때문에 교차 분할표을 이용하지 않는다. 일원 카이제곱 검정에서는 **적합도 검정**과 **선호도 분석**에서 주로 이용한다.

적합도 검정

적합도 검정은 chisq.test() 함수를 이용하여 관측빈도와 기대빈도 일치 여부를 검정한다. 다음은 적합도 검정을 위한 가설의 예시이다.

[연구 환경] 주사위 적합도 검정

60회 주사위를 던져서 나온 관측도수와 기대도수가 [표 10.3]과 같다고 할 때 이 주사위는 게임에 적합한 주사위 인지를 일원 카이제곱 검정방법으로 분석한다.

[표 10.3] 주사위 눈금의 관측도수와 기대도수

주사위 눈금	1	2	3	4	5	6
관측도수	4	6	17	16	8	9
기대도수	10	10	10	10	10	10

[적합도 검정 가설]

귀무가설 H_0: 기대치와 관찰치는 차이가 없다.
예) 주사위는 게임에 적합하다.

대립가설 H_1: 기대치와 관찰치는 차이가 있다.
예) 주사위는 게임에 적합하지 않다.

실습 적합도 검정

step01_chisquare_test1.py

❶
```
from scipy import stats        # 확률분포 검정
import numpy as np             # 기대비율 계산
```

❶
```
03
04  # 1. 일원 카이제곱 검정(1개 변수 이용)
05  # 1) 적합성 검정
06  # 1-1) 관측도수와 기대도수
07  real_data = [4, 6, 17, 16, 8, 9]          # 관측치
08  exp_data = [10,10,10,10,10,10]            # 기대치
09  chis = stats.chisquare(real_data, exp_data)
10  print('statistic = %.3f, pvalue = %.3f'%(chis))
```

실행결과

```
statistic = 14.200, pvalue = 0.014
```

해설

1) 적합성 검정

1-1) 관측도수와 기대도수

실제 주사위를 60번 던져서 얻은 관측도수는 real_data [07행]이고, 기대되는 기대도수는 exp_data [08행]이다. scipy 패키지에서 제공하는 stats 모듈에서 chisquare()함수를 이용 [09행]하여 일원 카이제곱 검정을 수행하면 검정 통계량 statistic와 유의확률 pvalue를 튜플로 반환받을 수 있다. 유의수준 α = 0.05로 결정했다면 유의확률 pvalue = 0.014로 유의수준보다 낮기 때문에 유의미한 수준(α = 0.05)에서 귀무가설을 기각할 수 있다. 따라서 '주사위는 게임에 적합하다.'라는 귀무가설을 기각하고 '주사위는 게임에 적합하지 않다.'는 대립가설을 채택할 수 있다.

❷
```
11  # 1-2) 검정 통계량(기대비율)
12  real_arr = np.array(real_data)            # 관측도수
13  exp_arr = np.array(exp_data)              # 기대도수
14
15  statistic = sum( ((real_arr - exp_arr)**2) / exp_arr)
16  print('검정 통계량 =', statistic)
```

실행결과

```
검정 통계량 = 14.200000000000001
```

해설

1-2) 검정 통계량 기대비율

카이제곱 검정 통계량은 관측도수와 기대도수를 이용하여 다음과 같은 수식으로 계산할 수 있다.

$$\chi^2 = \sum_{i=1}^{k} \frac{(\text{관측도수} - \text{기대도수})^2}{\text{기대도수}}$$

수식에 의해서 계산된 검정 통계량 χ^2과 임계값을 비교하여 귀무가설의 채택 여부를 판정한다. 한편 임계값은 자유도 df와 유의수준 α에 따른 카이제곱 분포표에서 찾을 수 있다.

실제 자유도 df = 5 이고, 유의수준 α = 0.05인 경우 [그림 10.2]의 카이제곱 분포표에서 자유도는 행, 유의수준은 열에 교차되는 임계값 11.071을 찾는다.

CHI-SQUARE TABLE: VALUES OF CHI-SQUARE (ALPHA) OF THE CHI-SQUARE DISTRIBUTION

자유도

유의수준

DF	X2(.995)	X2(.99)	X2(.975)	X2(.95)	X2(.05)	X2(.025)	X2(.01)	X2(.005)
1	0.000	0.000	0.001	0.004	3.841	5.024	6.635	7.879
2	0.010	0.020	0.051	0.103	5.991	7.378	9.210	10.597
3	0.072	0.115	0.216	0.352	7.815	9.348	11.345	12.838
4	0.207	0.297	0.484	0.711	9.488	11.143	13.277	14.860
5	0.412	0.554	0.831	1.145	11.071	12.833	15.086	16.750
6	0.676	0.872	1.237	1.635	12.592	14.449	16.812	18.548
7	0.989	1.239	1.690	2.167	14.067	16.013	18.475	20.278
8	1.344	1.646	2.180	2.733	15.507	17.535	20.090	21.955
9	1.735	2.088	2.700	3.325	16.919	19.023	21.666	23.589
10	2.156	2.558	3.247	3.940	18.307	20.483	23.209	25.188
11	2.603	3.053	3.816	4.575	19.675	21.920	24.725	26.757
12	3.074	3.571	4.404	5.226	21.026	23.337	26.217	28.300
13	3.565	4.107	5.009	5.892	22.362	24.736	27.688	29.819
14	4.075	4.660	5.629	6.571	23.685	26.119	29.141	31.319
15	4.601	5.229	6.262	7.261	24.996	27.488	30.578	32.801
16	5.142	5.812	6.908	7.962	26.296	28.845	32.000	34.267
17	5.697	6.408	7.564	8.672	27.587	30.191	33.409	35.718
18	6.265	7.015	8.231	9.390	28.869	31.526	34.805	37.156
19	6.844	7.633	8.907	10.117	30.144	32.852	36.191	38.582
20	7.434	8.260	9.591	10.851	31.410	34.170	37.566	39.997
21	8.034	8.897	10.283	11.591	32.671	35.479	38.932	41.401
22	8.643	9.542	10.982	12.338	33.924	36.781	40.289	42.796
23	9.260	10.196	11.689	13.091	35.172	38.076	41.638	44.181
24	9.886	10.856	12.401	13.848	36.415	39.364	42.980	45.559
25	10.520	11.524	13.120	14.611	37.652	40.646	44.314	46.928

[그림 10.2] 카이제곱 분포표

이때 카이제곱 검정의 채택역은 'χ^2 <= 임계값'으로 표현한다. 따라서 χ^2 값이 11.071 이하이면 귀무가설을 채택한다는 의미이다. 현재 검정 통계량 χ^2은 14.2 이기 때문에 [그림 10.3]과 같이 채택역을 벗어난 기각역에 해당된다.

정규분포곡선의 확률에 대응하는 x축의 임계값(x^2)

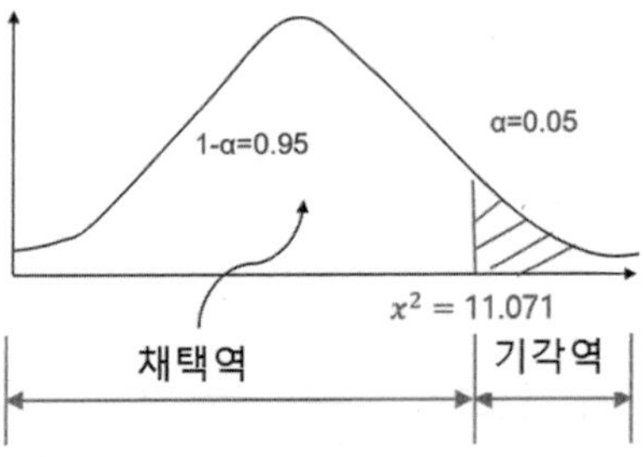

[그림 10.3] 임계값 χ^2에 의한 채택역과 기각역

■ 선호도 분석

선호도 분석은 적합도 검정과 마찬가지로 관측도수와 기대도수의 차이를 통해서 확률 모형이 주어진 자료를 얼마나 잘 설명하는지를 검정하는 통계적 방법이다. 차이점은 분석에 필요한 연구 환경과 자료라고 볼 수 있다.

[연구 환경] 스포츠음료에 따른 선호도 분석

5개 회사의 스포츠음료에 대한 선호도에 차이가 있는지를 검정한다.

[선호도 분석 가설]

귀무가설 H_0: 기대치와 관찰치는 차이가 없다.	
	예 스포츠음료에 대한 선호도에 차이가 없다.
대립가설 H_1: 기대치와 관찰치는 차이가 있다.	
	예 스포츠음료에 대한 선호도에 차이가 있다.

실습 **선호도 분석**

❸

```
17  # 2) 선호도 분석
18
19  # 2-1) 관측도수와 기대도수
20  real_data2 = [41, 49, 51, 71, 61] # 관측치
21  exp_data2 = [51,51,51,51,51] # 기대치
22  chis2 = stats.chisquare(real_data2, exp_data2)
23  print('statistic = %.3f, pvalue = %.3f'%(chis2))
```

실행결과

```
statistic = 11.843, pvalue = 0.019
```

해설

2) 선호도분석

2-1) 관측도수와 기대도수

5개 회사의 스포츠음료에 대한 관측도수는 real_data2이고, 기대되는 기대도수는 exp_data2이다. stats 모듈에서 chisquare() 함수를 이용하여 일원 카이제곱 검정을 수행 22행하면 검정 통계량 statistic = 11.843, 유의확률 pvalue = 0.019를 반환받을 수 있다. 유의수준 α = 0.05로 결정했다면 유의확률 pvalue = 0.019로 유의수준 보다 낮기 때문에 유의미한 수준(α = 0.05)에서 귀무가설을 기각할 수 있다. 따라서 '스포츠음료에 대한 선호도에 차이가 없다.'라는 귀무가설을 기각하고 '스포츠음료에 대한 선호도에 차이가 있다.'는 대립가설을 채택할 수 있다.

❹

```
24  # 2-2) 검정 통계량
25  real_arr = np.array(real_data2)
26  exp_arr = np.array(exp_data2)
27
28  statistic = sum( ((real_arr - exp_arr)**2) / exp_arr)
29  print('검정 통계량 =', statistic)
```

실행결과

```
검정 통계량 = 11.843137254901961
```

해설

2-2) 검정 통계량

카이제곱 검정 통계량은 관측도수와 기대도수를 이용하여 다음과 같은 수식으로 계산할 수 있다.이때 검정 통계량 χ^2을 '기대비율'이라고 한다.

$$\chi^2 = \sum_{i=1}^{k} \frac{(\text{관측도수} - \text{기대도수})^2}{\text{기대도수}}$$

수식에 의해서 계산된 검정 통계량 χ^2과 임계값을 비교하여 귀무가설의 채택 여부를 판정한다. 검정 통계량으로 해석하는 방법은 적합도 검정과 동일하기 때문에 생략한다.

15 이원 카이제곱 검정

이원 카이제곱 검정은 두 개 이상의 변인 범주형 변수을 대상으로 교차 분할표를 이용하는 카이제곱 검정 방법으로 분석 대상의 집단 수에 의해서 **독립성 검정**과 **동질성 검정**으로 나누어진다.

독립성 검정

독립성 검정은 동일한 집단을 대상으로 두 변인 간의 관련성 유무를 검정하는 방법이다. 다음은 독립성 검정의 가설에 대한 예이다.

- 귀무가설 H_0: 경제력과 대학 진학 합격률은 독립성이 없다.(= 관련성이 있다.)
- 대립가설 H_1: 경제력과 대학 진학 합격률은 독립성이 있다.(= 관련성이 없다.)

[연구 환경]

교육 수준과 흡연율 간의 관련성이 있는지를 검정하기 위해서 A 회사의 작업자 355명을 대상으로 설문 조사한 자료를 토대로 독립성 검정을 시행하였다.

[독립성 검정 가설]

귀무가설 H_0: 교육 수준과 흡연율 간에 관련성이 없다.

대립가설 H_1: 교육 수준과 흡연율 간에 관련성이 있다.

실습 독립성 검정

step01_chisquare_test2.py

❶
```
from scipy import stats          # 확률분포 검정
```

❶

```
02 import pandas as pd                    # csv file 가져오기
03
04 # 2. 이원 카이제곱 검정(독립성 검정)
05 # file 불러오기
06 smoke = pd.read_csv("C:/PythonStatistics/data/smoke.csv")
07 print(smoke.info())
```

실행결과

```
<class 'pandas.core.frame.DataFrame'>
RangeIndex: 355 entries, 0 to 354
Data columns (total 2 columns):
 #  Column     Non-Null        Count  Dtype
--- ---------  --------------- ---------------
 0  education  355 non-null    int64
 1  smoking    355 non-null    int64
```

해설

2. 이원 카이제곱 검정(독립성 검정)

독립성 검정을 시행하기 위해서 "smoke.csv" 파일을 읽어온다 06행. 칼럼은 education과 smoking으로 구성되어 있다. education은 사용자의 학력 수준이고, smoking은 흡연율이다.

❷

```
# 단계 1. 변수 선택 및 빈도수 확인
# print(smoke)                  # education, smoking 변수
education = smoke.education
# 교육수준 빈도수
print(education.value_counts())
smoking = smoke.smoking
# 흡연율 빈도수
print(smoking.value_counts())
```

실행결과

```
1  211
3   92
2   52
Name: education, dtype: int64
2  141
1  116
3   98
Name: smoking, dtype: int64
```

해설

단계 1. 변수 선택 및 빈도수 확인

검정에 사용할 첫 번째 칼럼으로 education 교육 수준의 빈도수를 value_counts() 메서드를 이용하여 확인하면 3개의 집단에 대한 빈도수를 확인할 수 있다. 두 번째 칼럼으로 smoking 흡연율의 빈도수를 확인하면 역시 3개의 집단에 대한 빈도수를 확인할 수 있다.

❸

```
16 # 단계 2. 교차 분할표
17 crosstab = pd.crosstab(index = education, columns = smoking)
18 print(crosstab)
```

실행결과

```
smoking    1   2   3
education
1         51  92  68
2         22  21   9
3         43  28  21
```

해설

단계 2. 교차 분할표

두 개 이상의 집단변수를 이용하여 교차 분할표를 작성한다. 교차 분할표는 pandas의 crosstab() 함수를 이용 17행 하여 작성한다. index는 행에 나타낼 칼럼을 지정하고, columns은 열에 나타낼 칼럼을 지정한다. 교차 분할표에서 education과 smoking의 숫자를 다음와 같이 집단의 이름으로 리코딩 하면,

education = 1:` 1.대졸, 2: 2.고졸, 3: 3.중졸
smoking = 1: 1.과다흡연, 2: 2.보통흡연, 3: 3.비흡연

다음과 같은 교차 분할표가 작성된다.

	1.과대흡연	2.보통흡연	3.비흡연
1.대졸	51	92	68
2.고줄	22	21	9
3.중졸	43	28	21

대략적으로 교차 분할표의 내용을 분석하면 교육수준이 높을수록 과대흡연율이 줄어드는 현상을 확인할 수 있다.

❹

```
19 # 단계 3. 카이제곱 검정
20 chis2, pvalue, df, E = stats.chi2_contingency(crosstab)
21 print('chis2 = %.3f, df = %d, pvalue = %.6f'%(chis2, df, pvalue))
```

실행결과

```
chis2 = 18.911, df = 4, pvalue = 0.000818
```

해설

단계 3. 카이제곱 검정

유의수준 α = 0.05일 때 자유도 df = 4, 유의확률 pvalue = 0.000818은 유의수준보다 높은 확률이 나왔기 때문에 유의미한 수준에서 귀무가설을 기각할 수 있다. 따라서 '교육수준과 흡연율 간에 관련성이 있다.'라고 할 수 있다. 이원 카이제곱 검정에서는 chi2_contigency() 함수 21행를 이용한다.

더 알아보기 **독립성 검정과 동질성 검정의 차이점**

독립성 검정과 동질성 검정의 차이점은 변수의 조합이 아닌 표본추출 방법에 따라 결정된다. 독립성 검정은 동일한 모집단에서 표본을 추출한 자료를 이용하고, 동질성 검정은 서로 다른 모집단에서 표본을 추출한 자료를 이용한다.

■ 동질성 검정

동질성 검정은 서로 다른 모집단에서 추출된 표본을 대상으로 두 변인 간의 자료 분포가 동일한가? 또는 동일하지 않은가?를 검정하는 방법이다. 다음은 동질성 검정의 가설에 대한 예이다.

[연구 환경]

IT 교육센터에서 교육 방법에 따른 만족도에 차이 있는지를 확인하기 위해서 교육생 50명씩 그룹을 지정하여 1개월 동안 서로 다른 교육 방법을 적용한 후 만족도를 조사하여 만족도에 차이가 있는지를 검정으로 시행한다.

[동질성 검정 가설]

귀무가설 H_0: 교육 방법에 따라서 만족도에 차이가 없다.
대립가설 H_1: 교육 방법에 따라서 만족도에 차이가 있다.

실습 동질성 검정

step01_chisquare_test3.py

```
01  from scipy import stats              # 확률분포 검정
02  import pandas as pd                  # csv file 가져오기
03
04  3. 이원 카이제곱 검정(동질성 검정)                    ❶
05  # file 불러오기
06  smoke = pd.read_csv("C:/PythonStatistics/data/homogenity.csv")
07  print(smoke.info())
```

실행결과

```
<class 'pandas.core.frame.DataFrame'>
RangeIndex: 150 entries, 0 to 149
Data columns (total 3 columns):
 #  Column   Non-Null        Count  Dtype
--- ---------  ---------------  ---------------
 0  no       150 non-null   int64
 1  method   150 non-null   int64
 2  survey   150 non-null   int64
```

해설

3. 이원 카이제곱 검정(동질성 검정)

동질성 검정을 시행하기 위해서 "homogenity.csv" 파일을 읽어온다 06행. 칼럼은 no, method, survey로 구성되어 있다. no는 학번, method는 교육방법, survey는 만족도이다.

❷

```
08 # 단계 1. 변수 선택 및 빈도수 확인
09 # 교육 방법(method) 빈도수
10 method = dataset.method
11 print(method.value_counts())
12
13 # 만족도(servy) 빈도수
14 survey = dataset.survey
15 print(survey.value_counts())
```

실행결과

```
1   50
2   50
3   50
Name: method, dtype: int64
4   42
3   37
2   29
1   21
5   21
Name: survey, dtype: int64
```

해설

단계 1. 변수 선택 및 빈도수 확인

검정에 사용할 첫 번째 칼럼으로 method 교육 방법의 빈도수를 value_counts() 메서드를 이용 11행하여 확인하면 3개의 집단에 대한 빈도수 각 교육방법에 참여한 교육생은 50명씩를 확인할 수 있다. 두 번째 칼럼으로 survey 만족도의 빈도수를 확인하면 5점 척도로 점수화한 빈도수를 확인할 수 있다.

❸

```
16 # 단계 2. 교차 분할표
17 crosstab = pd.crosstab(index = method, columns = survey)
18 print(crosstab)
```

실행결과

```
survey  1   2   3   4  5
method
1       5   8  15  16  6
2       8  14  11  11  6
3       8   7  11  15  9
```

해설

<단계 2> 교차 분할표

두 개 이상의 집단변수를 이용하여 교차 분할표를 작성한다. 교차 분할표는 pandas의 crosstab() 함수를 이용하여 작성한다. index는 행에 나타낼 칼럼을 지정하고, columns은 열에 나타낼 칼럼을 지정한다. 교차 분할표에서 method와 survey의 숫자를 아래와 같이 집단의 이름으로 리코딩 하면,

method = 1: 방법1, 2: 방법2, 3: 방법3

survey = 1: 1.매우만족, 2: 2.만족, 3: 3.보통, 4: 4.불만족, 5: 5.매우불만족

다음과 같은 교차 분할표가 작성된다.

	1.매우만족	2.만족	3.보통	4.불만족	5.매우불만족
방법1	5	8	15	16	6
방법2	8	14	11	11	6
방법3	8	7	11	15	9

대략적으로 교차 분할표의 관측빈도를 확인하면 각 교육방법에 따른 만족도에 큰 차이가 없는 것으로 확인할 수 있다.

❹
```
# 단계 3. 카이제곱 검정
chis2, pvalue, df, E = stats.chi2_contingency(crosstab)
print('chis2 = %.3f, df = %d, pvalue = %.6f'%(chis2, df, pvalue))
```

실행결과

```
chis2 = 6.545, df = 8, pvalue = 0.586457
```

해설

단계 3. 카이제곱 검정

유의수준 α =0.05일 때 자유도 df = 8, 유의확률 pvalue = 0.586457은 유의수준보다 높은 확률이 나왔기 때문에 귀무가설이 채택된다. 따라서 '교육 방법과 만족도 간에 관련성이 없다.'라고 할 수 있다.

카이제곱 검정 결과 제시

논문이나 보고서에서 카이제곱 검정 결과를 제시하기 위해서는 두 변인 간의 관찰도수와 기대도수 기대비율를 확인할 수 있는 교차 분할표와 카이제곱 검정 통계량 χ^2 그리고 귀무가설을 지지하는 유의확률을 함께 제시한다. [표 10.4]는 교육 수준과 흡연율 간의 관련성이 있는지를 검정하는 독립성 검정의 결과이다.

[표 10.4] 교차 분할표와 카이제곱 검정 결과

교육 수준		1.과대흡연	2.보통흡연	3.비흡연	χ^2	유의확률
1.대졸	관찰도수(%)	51(24%)	92(44%)	68(32%)	18.911	0.000818
	기대비율	4.671	0.801	1.633		
2.고졸	관찰도수(%)	22(42.3%)	21(40.4%)	9(17.3%)		
	기대비율	1.476	1.476	1.998		
3.중졸	관찰도수(%)	43(47%)	28(30%)	21(23%)		
	기대비율	5.568	1.996	0.761		

※ 기대비율은 χ^2의 기대비율 수식에 의해서 계산된 결과이다.

2 상관관계 분석

상관관계 분석 Correlation Analysis은 변수 간의 관련성을 분석하는 방법으로 하나의 변수가 다른 변수와 관련성이 있는지, 있다면 어느 정도의 관련성이 있는지를 개략적으로 볼 수 있는 분석기법이다. 예를 들면 광고량과 브랜드 인지도의 관련성, 광고비와 매출액 사이의 관련성 등을 분석하는 데 이용한다.

상관관계 분석을 수행할 때는 다음과 같은 중요사항을 고려해야 한다.

- 회귀분석에서 변수 간의 인과관계를 분석하기 전에 변수 간의 관련성을 분석하는 선행 자료로 이용한다.
- 변수 간의 관련성은 피어슨 Pearson 상관계수 r을 이용하여 관련성의 유무와 정도를 파악한다.

상관관계 분석의 척도인 피어슨 상관계수 Pearson Correlation Coefficient r과 상관관계의 정도는 [표 10.5]와 같다.

[표 10.5] 피어슨 상관계수와 상관관계 정도

피어슨 상관계수 r	상관관계 정도
±0.9 이상	매우 높은 상관관계
±0.9 ~ ±0.7	높은 상관관계
±0.7 ~ ±0.4	다소 높은 상관관계
±0.7 ~ ±0.4	낮은 상관관계
±0.2 미만	상관관계 없음

상관계수 r은 -1에서 +1까지의 값을 가진다.(±1) 또한, 가장 높은 완전 상관관계의 상관계수는 1이고, 두 변수 간에 전혀 상관관계가 없으면 상관계수는 0이다.

2.1 상관계수 r과 상관관계 정도

특정 변수가 다른 변수와 어느 정도 밀접한 관련성을 가지고 변화하는지를 알아보기 위한 상관관계 분석을 수행한다. [그림 10.4]는 상관계수 r과 상관관계 정도를 나타내고 있다.

- 완전 정(+) 상관관계는 X의 값이 증가하면 Y의 값도 증가하는 형태로 r = 1이며, 완전 부(-) 상관관계는 x의 값이 증가하면 y의 값은 감소하는 형태로 r = -1이다.
- 강한 양의 상관관계는 r = +0.8이고, 약한 양의 상관관계는 r = +0.3이다.
- 강한 음의 상관관계는 r = -0.8이고, 약한 음의 상관관계는 r = -0.3이다.
- x와 y 변수 간의 상관관계가 없는 경우에는 r = 0이 된다.

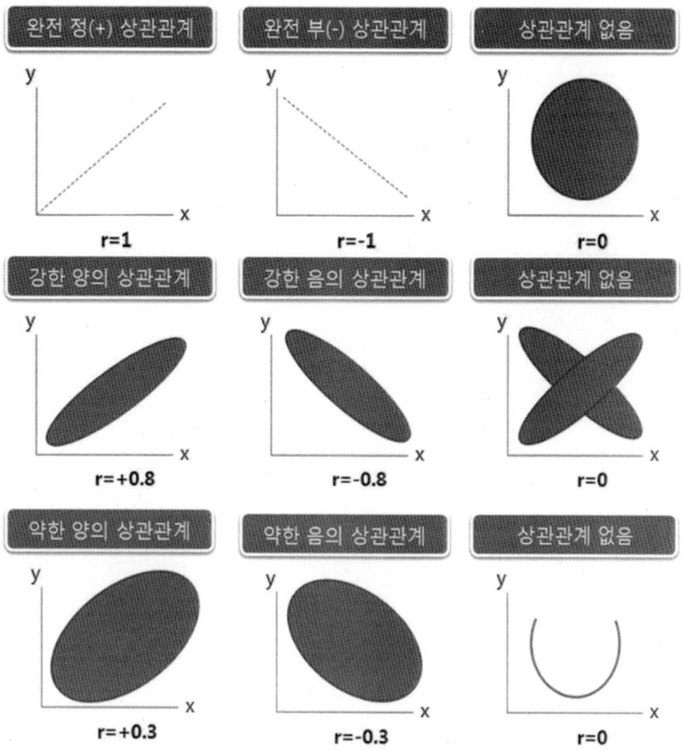

[그림 10.4] 상관계수 *r* 과 상관관계 정도

2.2 공분산과 상관계수

두 확률변수 X과 Y의 상관성을 나타내는 척도로 공분산과 상관계수를 이용한다. 여기서 상관성은 두 변수 간의 선형적인 관계를 의미한다. 예를 들면 X가 증가할 때 Y도 증가하거나 감소하는 경우 두 변수의 선형적 관계를 직선의 형태로 나타낼 수 있다.

공분산

분산은 모집단으로부터 추출한 표본의 편차 제곱의 산술적 평균으로 하나의 변수가 어떻게 분포하고 있느냐를 표본집단을 통해서 모집단의 분포를 추정하는 통계이다. 한편 공분산은 두 변수 간의 분포 관계를 나타내는 통계로 식은 다음과 같다.

$$Cov(x,y) = \frac{\sum_{i=1}^{N}(x_i - \bar{x})(y_i - \bar{y})}{N} \quad (\bar{x} : x \text{ 산술평균}, \bar{y} : y \text{ 산술평균}, N : \text{모집단 수})$$

공분산 식을 통해서 얻은 값으로 두 변수 간의 변동 관계를 다음과 같이 3가지로 나타낼 수 있다.

$Cov(X, Y) > 0$: X가 증가할 때 Y도 증가한다.

$Cov(X, Y) < 0$: X가 증가할 때 Y는 감소한다.

$Cov(X, Y) = 0$: 두 변수 간에는 아무런 선형관계가 없다(서로 독립적인 관계).

상관계수

상관계수는 공분산을 각각의 표준편차로 나누어서 표준화한 통계로 식은 다음과 같다.

$$Corr(x,y) = \frac{Cov}{\sigma_x \times \sigma_y} \quad (Cov : \text{공분산}, \sigma_x : x\text{표준편차}, \sigma_y : y\text{표준편차})$$

두 변수 간의 변동 관계는 공분산과 동일하지만 공분산을 각 변수의 표준편차로 나누어서 표준화했기 때문에 상관계수는 절대값 1을 넘지 않는다. ($-1 \leq Corr(x,y) \leq 1$)

상관계수는 +1에 가까울수록 두 변수 간의 상관성이 비례관계의 성격이 강하고, -1에 가까울수록 두 변수 간의 상관성이 반비례 관계의 성격이 강하다고 볼 수 있다.

한편 공분산과 상관계수 모두 방향성을 통해서 두 변수 간의 상관성을 나타낸다. 하지만 두 변수의 선형적 결합 정도를 나타내는데 공분산보다 상관계수를 주로 이용한다. 공분산은 변수의 값에 영향을 받기 때문이다. 다시 말해서 두 변수 중에서 값이 큰 변수가 더 큰 상관성이 있다고 해석한다. 반면에 상관계수는 공분산을 표준편차로 표준화한 값으로 상관성을 계산하기 때문에 비교적 객관적인 측면으로 상관성을 평가한다.

[연구 환경]

점수와 지능지수, 대학, 게임횟수, TV 시청횟수 등의 변수와 관련성이 있는지를 분석하기 위해서 A 학교 150명을 대상으로 설문을 조사하였다.

실습 상관성 분석

step02_correlation.py

❶
```
01 import pandas as pd          # csv file 읽기
02
03 # 상관성 분석
04 # 1. file 불러오기
05 score_iq = pd.read_csv('C:/PythonStatistics/data/score_iq.csv')
06 print(score_iq.head())
```

실행결과

```
     sid  score   iq  academy  game  tv
0  10001     90  140        2     1   0
1  10002     75  125        1     3   3
2  10003     77  120        1     0   4
3  10004     83  135        2     3   2
4  10005     65  105        0     4   4
```

해설

1. file 불러오기

상관분석을 시행하기 위해서 "score_iq.csv" 파일을 읽어온다. 칼럼은 sid 학번, score 점수, iq 지능지수, academy 대학, game 게임 횟수, tv TV 시청 횟수로 구성되어 있다.

❷
```
07 # 2. 피어슨 상관계수 행렬
08 corr = score_iq.corr(method = 'pearson')
09 print(corr)
```

실행결과

```
              sid     score        iq   academy      game        tv
sid      1.000000 -0.014399 -0.007048 -0.004398  0.018806  0.024565
score   -0.014399  1.000000  0.882220  0.896265 -0.298193 -0.819752
iq      -0.007048  0.882220  1.000000  0.671783 -0.031516 -0.585033
academy -0.004398  0.896265  0.671783  1.000000 -0.351315 -0.948551
game     0.018806 -0.298193 -0.031516 -0.351315  1.000000  0.239217
tv       0.024565 -0.819752 -0.585033 -0.948551  0.239217  1.000000
```

해설

2. 피어슨 상관계수 행렬

Pandas의 DataFrame 객체는 corr() 메서드 08행를 통해서 변수 간의 상관계수 행렬을 제공한다. score 행을 기준으로 iq, academy, game, tv 변수 간의 상관계수를 확인하면 score와 양(+)의 상관계수가 높은 변수는 iq와 academy이고, 음(-)의 상관성을 갖는 변수는 game과 tv이다. 특히 tv는 음의 상관성이 비교적 높은 변수로 확인된다.

❸
```
10 # 3. 특정 칼럼 기준 상관계수 확인
11 print(corr['score'])
```

실행결과

```
sid          -0.014399
score         1.000000
iq            0.882220
academy       0.896265
game         -0.298193
tv           -0.819752
Name: score, dtype: float64
```

해설

3. 특정 칼럼 기준 상관계수 확인

corr 객체를 대상으로 'score'를 행의 색인으로 지정[11행]하면 score 변수를 기준으로 다른 변수 간의 상관계수를 확인할 수 있다.

❹
```
12  # 4. 변수 간의 상관성 시각화
13  import matplotlib.pyplot as plt              # pyplot 시각화
14  import seaborn as sns                        # seaborn 시각화
15  
16  # 시각화 자료준비 : score와 상관계수가 높은 변수 구성
17  cols = ['score', 'iq', 'academy','game', 'tv']   # 변수 선택
18  df = score_iq[cols]                          # 데이터프레임 구성
19  
20  # game 변수 category형 변환
21  df['game'] = df['game'].astype('category')
22  # 산점도 행렬
23  sns.pairplot(data = df, hue = 'game', diag_kind = 'hist')
24  plt.show()
```

실행결과

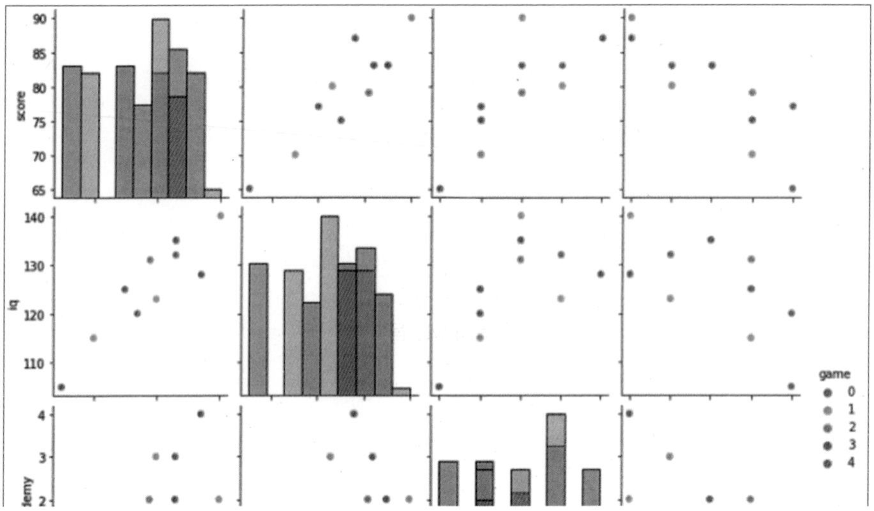

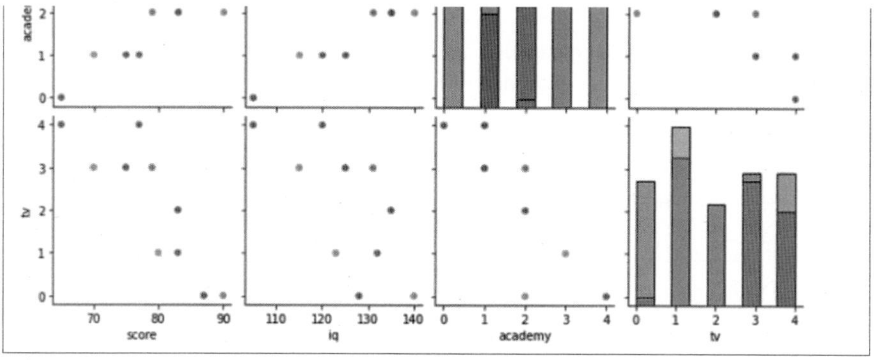

해설

\# 4. 변수 간의 상관성 시각화

'sid' 변수를 제외한 나머지 5개 변수를 이용하여 데이터프레임 df를 구성 18행하고, game 변수를 category형으로 변환 21행하여 변수 간의 상관성을 시각화를 위해서 자료를 준비한다. seaborn 패키지에서 제공하는 pairplot() 함수를 이용 23행하여 산점도 행렬을 시각화한다.

산점도 행렬에서 첫 번째 행을 기준으로 변수 간의 상관성을 살펴보자. 첫 번째 열은 score와 iq 변수 간의 양의 상관성을 나타내는 분포를 갖는다. 두 번째 열은 score와 academy 변수 간의 양의 상관성을 나타내는 분포를 갖는다. 세 번째 열은 score와 tv 변수 간의 음의 상관성을 나타내는 분포를 갖는다. hue 속성으로 사용된 game은 집단의 성격을 갖는 변수로 산점도에서 각 점 pointer을 색상으로 구분해주는 역할을 한다. 대체적으로 game의 숫자가 4에 가까우면 score는 낮고, game의 숫자가 0에 가까우면 score는 상대적으로 높아지는 경향을 보인다. 즉, game과 score 변수는 음의 상관성을 나타낸다.

❺
```
# 5. 공분산 행렬
cov = score_iq.cov()
print(cov)
```

실행결과

	sid	score	iq	academy	game	tv
sid	1887.500000	-4.100671	-2.718121	-0.231544	1.208054	1.432886
score	-4.100671	42.968412	51.337539	7.119911	-2.890201	-7.214586
iq	-2.718121	51.337539	78.807338	7.227293	-0.413691	-6.972975
academy	-0.231544	7.119911	7.227293	1.468680	-0.629530	-1.543400
game	1.208054	-2.890201	-0.413691	-0.629530	2.186309	0.474899
tv	1.432886	-7.214586	-6.972975	-1.543400	0.474899	1.802640

해설

\# 5. 공분산 행렬

DataFrame 객체는 cov() 메서드를 통해서 변수 간의 공분산 행렬을 제공한다. score 행을 기준으로 iq, academy, game, tv 변수 간의 공분산을 확인하면 score와 양(+)의 상관성을 갖는 변수는 iq와 academy이고, 음(-)의 상관성을 갖는 변수는 game과 tv이다.

따라서 공분산은 상관계수와 동일한 부호를 제공한다. 하지만 공분산은 두 변수의 선형적 결합 정도를 나타내는데 상관계수와 차이를 보인다. 상관계수는 iq와 academy의 선형적 상관성이 비슷하게 나타나지만, 공분산은 iq가 academy 변수에 비해서 월등하게 큰 값으로 나타난다.

❻

```
# 6. iq와 academy 평균
print('iq 평균 :', score_iq['iq'].mean())
print('academy 평균 :', score_iq['academy'].mean())
```

실행결과

```
iq 평균 : 123.77333333333333
academy 평균 : 1.9666666666666666
```

해설

6. iq와 academy 평균

score 변수에 양(+)의 영향을 미치는 iq와 academy 변수의 평균을 계산하면 iq가 academy 변수에 비해서 월등하게 큰 평균값을 확인할 수 있다. 공분산의 행렬에서 iq가 academy에 비해서 선형적 결합 정도가 월등하게 큰 값으로 나타나는 이유도 여기에 있다. 즉 공분산은 두 변수 중에서 값이 큰 변수가 더 큰 상관성이 있다고 해석한다.

결론적으로 두 변수 간의 상관성을 나타내는데 변수의 값에 영향을 받지 않고 객관적인 조건에서 변수의 상관관계를 분석하는 방법으로 공분산 보다 피어슨의 상관계수 *r*을 주로 이용하다.

상관계수 분석 결과 제시

일반적으로 상관관계 분석 결과를 논문이나 보고서에 제시하는 경우에는 해당 변수들의 기본적인 기술 통계량 평균과 표준편차과 상관계수 *r*을 함께 제시하는 것이 좋다. [표 10.6]은 상관관계 분석을 통해서 얻은 결과를 제시한 예이다.

[표 10.6] 상관관계 분석 결과

분석 단위	평균 Mean	표준편차 Std. Deviation	분석 단위 간 상관 계 Inter-Analysic Correlations				
			1	2	3	4	5
1. score	77.77	6.555	1				
2. iq	123.77	8.877	0.88***	1			
3. academy	1.967	1.212	0.90***	0.67***	1		
4. game	2.04	1.4789	-0.30***	-0.0032	-0.35***	1	
5. tv	2.20	1.343	-0.82***	-0.59***	-0.95***	0.24***	1

*** p 〈 0.01 : 상관관계는 0.01 수준에서 유의하다.

더 알아보기 **상관관계 분석 유형**

상관관계의 종류에는 X와 Y 변수 간의 상관관계를 나타내는 단순 상관관계, 둘 이상의 변수들이 어느 한 변수와 관계를 갖는 경우 그 정도를 파악하기 위한 다중 Multiple 상관관계, 두 변수 관계의 정도를 파악하고자 할 때 제3의 변수가 두 변수 모두에 영향을 미치고 있는 경우 이를 통제한 다음 분석하는 편 Partial 상관관계, 제3의 변수가 어느 한 변수에만 영향을 미치는 경우 이를 통제한 후 분석하는 부분 Semi Partial 상관관계가 있다.

3 회귀분석

회귀분석 Regression Analysis은 특정 변수가 다른 변수에 어떠한 영향을 미치는가를 통계적으로 분석하는 방법이다. 즉 인과관계가 있는지를 분석하는 방법으로 원인에 해당하는 변수가 결과에 해당하는 변수의 값을 예측하는 분석 방법이다. 이때 인과관계의 원인에 해당하는 변수를 A라 하고, 결과에 해당하는 변수를 B라고 할 때 변수 A를 독립변수, 변수 B를 종속변수라고 지칭한다. 회귀분석은 **'통계분석의 꽃'**으로 불릴 만큼 가장 강력하고 사용 범위도 다양하고 폭넓다.

'회귀' 용어는 생물학적 연구에서 부모의 특이한 형질이 자식에게서는 약해지고 **"평균으로 돌아가려는 경향"** 때문에 **'회귀'**라는 용어가 붙여졌다고 한다.

더 알아보기	회귀 Regression와 회귀선

두 변수 간의 예측 관계에 있어서 한 변수에 의해서 예측되는 다른 변수의 예측치들이 그 변수의 평균치로 회귀하는 경향이 있다고 하여 갈톤 Galton에 의해서 명명되었다. 회귀선은 일반적으로 한 변수의 증감이 다른 변수의 단위 증가에 대해 어느 정도인가를 나타내는 선을 의미한다.

일반적으로 회귀분석을 시행하기 전에 변수들의 상관성을 분석하기 위해서 상관분석을 먼저 시행한다. 상관분석과 회귀분석은 다음과 같은 차이점이 있다.

- **상관분석**: 변수 간의 관련성 분석
- **회귀분석**: 변수 간의 인과관계 분석

회귀분석을 수행할 때는 다음과 같은 중요사항을 고려해야 한다.

- 독립변수와 종속변수가 모두 등간척도나 비율척도와 같은 양적 변수를 이용한다.
- 독립변수를 명목척도나 서열척도와 같은 질적 변수를 사용하는 경우는 0과 1의 더미(dummy)변수로 만들어서 사용한다. 예 남자: 0, 여자: 1
- 독립변수가 종속변수에 영향을 미치는 변수를 규명하고, 이들 변수에 의해서 회귀 방정식($Y = \alpha + \beta X$ → Y: 종속변수, α: 상수, β: 회귀계수, X: 독립변수)을 도출하여 회귀선을 추정한다. 회귀계수(β)는 단위시간에 따라 변하는 양(기울기)이며, 회귀선을 추정함에 있어 최소제곱법을 이용한다.

3.1 회귀 방정식의 이해

선형회귀모형의 회귀 방정식은 독립변수 X에 대해 종속변수 Y값을 예측하는데 최소제곱법 Least Squared Method의 원리를 적용한다. 이때 최소제곱법은 오차제곱합 SSE: Sum of Squares Error이 최소가 되는

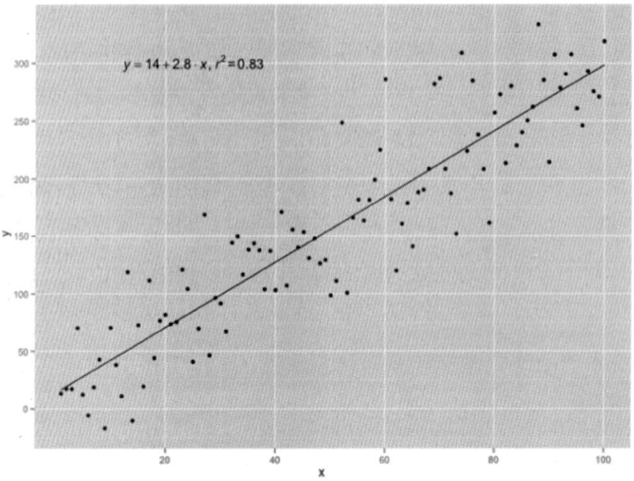

[그림 10.5] 독립변수(x)와 종속변수(y)의 산점도 및 회귀선
(y = 회귀방정식, r^2 = 설명력)

기울기와 절편을 계산하는 방법으로 산점도의 각 점과 직선 간의 오차 Error가 최소가 되는 함수 $f(x)$를 찾는 방법이다. 오차제곱합 SSE의 식은 다음과 같다.

$$Error = Y - \hat{Y}\,(Y\text{: 관측값},\ \hat{Y}\text{: 예측값})$$

$$SSE = \sum_{i=1}^{n}(Error)^2$$

정리하면 최소제곱법은 오차들의 제곱 합이 최소가 되도록 정하는 방법을 의미하며, X-Y 좌표 평면에 있는 각 점의 정중앙을 통과하는 회귀선을 추정하는 데 이용한다.

[그림 10.6]은 독립변수 X와 종속변수 Y에 대한 분포를 산점도로 나타낼 때 최소제곱법에 의해서 가장 적합한 회귀선이 추정된 결과를 나타내고 있다. 이때 회귀선은 회귀방정식에 의해서 예측된 값에 의해서 표현된다.

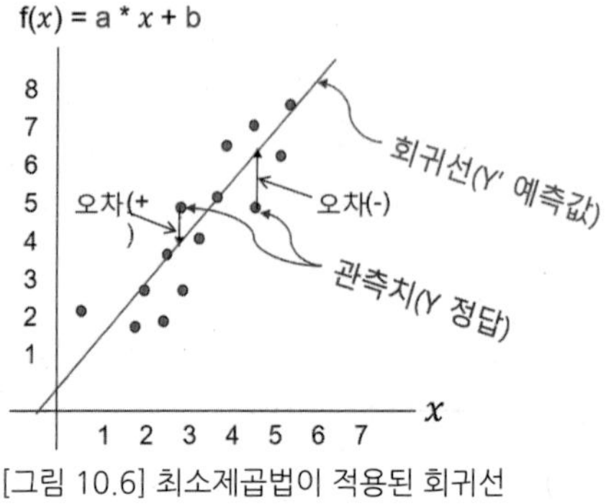

[그림 10.6] 최소제곱법이 적용된 회귀선

3.2 단순 선형회귀분석

독립변수와 종속변수가 각각 한 개일 경우 독립변수가 종속변수에 미치는 인과관계를 분석하고자 할 때 이용하는 분석 방법으로 회귀분석을 수행하기 위해서는 독립변수와 종속변수가 선형적인 기본 가정이 충족되어야 한다.

일반적으로 회귀분석의 결과를 해석하는 절차는 다음과 같다.

[단계 1] 회귀분석의 기본 가정인 **선형성**이 충족되는지 확인한다.
[단계 2] 분산분석의 F 값으로 회귀모형의 유의성 여부를 판단한다.
[단계 3] 독립변수와 종속변수 간의 상관관계와 회귀모형의 **설명력**을 확인한다.
[단계 4] 검정 통계량 t 값에 대한 유의확률을 통해서 가설의 채택 여부를 결정한다.
[단계 5] 회귀방정식을 적용하여 **회귀식**을 수립하고 결과를 해석한다.

다음과 같은 가설을 토대로 단순 선형회귀분석을 시행한다.

귀무가설 H_0: 지능지수 IQ는 점수에 영향을 미친다고 볼 수 없다.
대립가설 H_1: 지능지수 IQ는 점수에 영향을 미친다고 볼 수 있다.

실습 **단순 선형회귀분석**

step03_regression.py

```
from scipy import stats            # 회귀모델
import pandas as pd                # csv file 읽기

# 1. 단순 선형회귀분석
# 1) file 불러오기
score_iq = pd.read_csv('C:/PythonStatistics/data/score_iq.csv')
print(score_iq.head())
```

실행결과

```
     sid  score   iq  academy  game  tv
0  10001     90  140        2     1   0
1  10002     75  125        1     3   3
2  10003     77  120        1     0   4
3  10004     83  135        2     3   2
4  10005     65  105        0     4   4
```

해설

1) file 불러오기

단순 선형회귀분석을 시행하기 위해서 "score_iq.csv" 파일을 읽어온다. 칼림은 sid 학번, score 점수, iq 지능지수, academy 대학, game 게임 횟수, tv TV 시청 횟수로 구성되어 있다

❷
```
08  # 2) 변수 선택
09  X = score_iq['iq']              # 독립변수
10  Y = score_iq['score']           # 종속변수
```

해설

2) 변수 선택

선형회귀분석에서 독립변수와 종속변수는 정량적인 측정이 가능한 등간척도나 비율척도를 이용한다. 따라서iq 지능 지수를 독립변수로 지정하고, score 점수를 종속변수로 선택한다.

❸
```
11  # 3) 변수 간의 선형성 확인
12  import matplotlib.pyplot as plt        # pyplot 시각화
13  import seaborn as sn                   # seaborn 시각화
14  
15  sn.lmplot(x = "score", y = "iq", data = score_iq, ci = 95)
16  plt.show()
```

실행결과

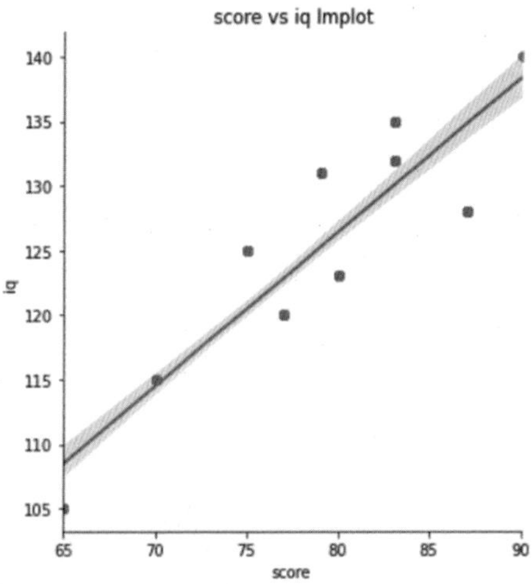

해설

3) 변수 간의 선형성 확인

선형회귀분석은 변수 간의 선형성을 기본 전제로 한다. 따라서 선형성을 확인하기 위해서 seaborn 패키지에서 제공하는 implot() 함수를 이용 15행하여 회귀선의 모양으로 두 변수 간의 상관성을 추론할 수 있다. ci 속성은 회귀선을 추정하는 신뢰구간을 제공한다. 회귀선에서 두 변수 간의 선형성을 확인할 수 있다.

❹
```
17  # 4) model 생성
18  model = stats.linregress(X, Y)
19  print(model)
```

실행결과

```
LinregressResult(
slope=0.6514309527270075, intercept=-2.8564471221974657,
rvalue=0.8822203446134699, pvalue=2.8476895206683644e-50,
stderr=0.028577934409305443)
```

해설

\# 4) model 생성

stats 모듈에서 제공하는 linregress() 함수를 이용 18행하여 X, Y 변수를 대상으로 단순 선형회귀모델을 만들 수 있다. 모델의 검정 통계량은 기울기 slope, 절편 intercept, 설명력 rvalue, 유의확률 pvalue, 표준오차 stderr를 제공한다.

기울기와 절편은 회귀 방정식에서 Y의 예측값을 계산하는 데 이용한다. 설명력은 모델의 예측력을 나타낸다. 1의 수렴 정도에 따라서 설명력이 높고, 낮음을 평가한다. 현재 설명력은 약 88%로 비교적 높은 설명력으로 나타난다.

유의확률은 모델이 통계적으로 유의한지를 나타낸다. 일반적으로 0.05이하의 값으로 나타나면 통계적으로 유의하다고 말한다. 현재 유의확률은 약 2.85e-50으로 0에 가깝기 때문에 모델은 통계적으로 유의하다. 끝으로 표준오차는 표본의 예측값이 실제 관측값과 얼마나 차이가 있는지 나타내는 통계이다. 0의 수렴 정도에 따라서 오차가 크고, 작음으로 평가한다. 현재 표준오차는 약 2.85%로 비교적 낮은 오차로 나타난다.

❺

```
# 5) 적합값과 잔차

# 5-1) 회귀계수 : 기울기와 절편
a = model.slope                    # x 기울기
b = model.intercept                # y 절편
print('기울기 : {0:.5f}, 절편 : {1:.5f}'.format(a, b))

# 5-2) 회귀방정식 : Y 적합값
fitted_values = (X * a) + b        # 적합값

# 5-3) 잔차(오차)
err = Y - fitted_values
print('잔차(error)')
print(err)

# 5-4) 관측값과 적합값
print('관측값 평균 : ', Y.mean())
print('적합값 평균 : ', fitted_values.mean())
```

실행결과

```
기울기 : 0.65143, 절편 : -2.85645
잔차(error)
0     1.656114
1    -3.572422
2     1.684733
3    -2.086731
4    -0.543803
```

생략 ...

```
145  -2.086731
146  -0.543803
147   2.730440
148  -0.543803
149  -2.086731
관측값 평균 : 77.77333333333333
적합값 평균 : 77.77333333333334
```

해설

5) 적합값과 잔차

5-1) 회귀계수: 기울기와 절편

회귀방정식을 구하기 위해서 기울기 slope는 변수 a로, 절편 intercept은 변수 b로 만든다. 예에서 기울기는 0.65143이고, 절편은 -2.85645으로 계산된다.

5-2) 회귀방정식: Y 예측치

회귀 방정식은 $Y = \alpha + \beta X$ (Y: 종속변수, α: 상수, β: 회귀계수, X: 독립변수)으로 나타낸다. 회귀 방정식에서 α는 절편을 의미하고, β는 기울기를 의미한다. 절편은 X가 0일 때 Y값을 의미하고, 기울기는 X값의 변화에 따른 Y값의 변화하는 정도를 의미한다. 절편과 기울기를 회귀방정식에 적용하면 Y = b + a * X와 같다. 따라서 X와 기울기 a가 곱해지고, 절편 b가 더해져서 모델의 적합값 Fitted Values을 구한다. 적합값은 관측치를 이용하여 예측될 수 있는 값을 의미한다. 회귀방정식을 통해서 지능지수가 1씩 증가할 때 마다 점수는 0.66(a: 기울기)씩 증가하는 것을 알 수 있다.

5-3) 잔차 오차

잔차 오차는 실제 관측값 Y에서 적합값을 뺀 값이다. 잔차의 길이는 전체 관측치의 수와 동일하고, 0의 수렴 정도에 따라서 적합값이 Y에 잘 적합 되었다고 할 수 있다.

5-4) 관측값과 적합값

관측값의 평균과 적합값의 평균을 통해서 모델의 예측력을 대략적으로 평가할 수 있다. 현재 두 평균값이 매우 비슷한 수준으로 나타났다. 즉 모델이 관측값에 매우 적합 되었다고 할 수 있다.

❻

```
# 6) 회귀모델 시각화
from pylab import plot, title, legend, show      # 시각화 함수
'''
plot : 산점도,
title, legend : 제목, 범례
show : 차트 보이기
'''
# 산점도
plot(score_iq['iq'], score_iq['score'], 'b.')
# 회귀선
plot(score_iq['iq'], fitted_values, 'r.-')
title('line regression')                          # 제목
legend(['x y scatter', 'line regression'])        # 범례
show()
```

실행결과

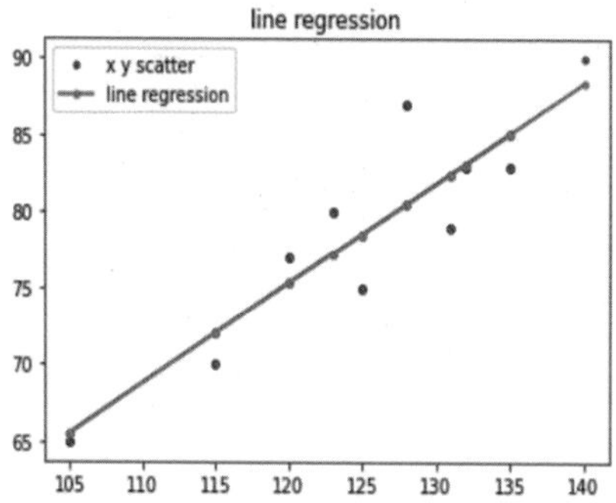

해설

6) 회귀모델 시각화

독립변수 X와 종속변수 Y의 변량을 산점도로 시각화하고, 회귀방정식으로 계산된 모델의 적합값 Fitted Values은 최소제곱법의 원리를 적용하여 가장 적합한 회귀선을 그린다. 회귀선이 오른쪽 대각선 형태로 나타나면 X변수의 증가에 따라서 Y 변수의 단위 증가가 비례관계라고 볼 수 있다. 정확한 해석은 회귀모델의 검정 통계량으로 해석한다.

■ 단순 선형회귀분석의 결과 제시

"지능지수 IQ는 점수에 영향을 미친다고 볼 수 없다."는 귀무가설을 검정한 결과 검정 통계량 t = 22.795와 유의확률 〈2e-50을 바탕으로 유의미한 수준에서 영향을 미치는 것으로 분석된다. 따라서 지능지수는 성적에 영향을 미친다고 볼 수 있다.

회귀모형은 상관계수 R = 0.887로 두 변수 간에 비교적 높은 상관관계를 나타내며, R^2 = .7768에 의해서 iq 지능지수 변수가 종속변수인 점수를 77.7% 설명하고 있다. 또한, 회귀모형의 적합성은 F = 519.6 (p =〈 2.2e-16)으로 회귀선이 모형에 적합하다고 볼 수 있다.

단순 선형회귀분석의 결과를 논문이나 보고서에 제시하는 경우는 [표 10.7]과 같이 종속변수와 독립변수의 표준오차, 베타 기울기, 검정 통계량 그리고 유의확률을 함께 제시하는 것이 좋다. 분석 통계량은 모델의 설명력과 *F* 검정 통계량을 바탕으로 한 모델의 유의확률이다.

[표 10.7] 지능지수에 따른 점수 영향 분석

종속 변수 Dependent Variable	독립 변수 Independent Variable	표준오차 Std. Error	베타 β	검정 통계량 t	유의확률 p
점수 score	상수	3.54621	-	-0.805	0.422
	지능지수 iq	0.02858	0.651	22.795	〈2e-50 ***
분석 통계량	Model Summary R = 0.887, R^2 = 0.7768 F = 519.6, p 〈 2.2e-16 ***				
회귀식	Y(점수) = -2.85645 + 0.65143 × X(지능지수)				

3.3 다중 선형회귀분석

여러 개의 독립변수 X가 동시에 한 개의 종속변수 Y에 미치는 영향을 분석할 때 이용하는 다변량 분석 방법이다. 다중선형회귀분석을 수행하기 위해서는 기본적인 가정 분석을 수행하기에 알맞은 환경이 충족되어야 하며, 이를 확인하는 방법은 [표 10.8]과 같다.

[표 10.8] 회귀석의 기본 가정

기본 가정	의미	확인 방법
선형성	독립변수와 종속변수가 선형적 관계이어야 한다.	상관관계, 회귀선
오차 독립성	오차항들은 서로 독립적이어야 한다.	더빈-왓슨
오차 정규성	오차들은 정규분포를 가져야한다.	정규성 검정
다중공선성	독립변수 간의 상관관계로 인한 문제가 발생하지 않아야 한다.	분산 팽창 요인

선형회귀분석은 1차 방정식인 회귀 방정식에 의해서 종속변수를 예측하기 때문에 독립변수와 종속변수는 선형적 관계를 전제로 한다. 상관관계나 회귀선으로 선형적인 관계를 확인할 수 있다. 오차 독립성은 '오차항들은 서로 상관관계에 있지 않다.'라는 가정으로 더빈-왓슨 Durbin-Watson 값으로 확인할 수 있다. 더빈-왓슨 값은 오차의 자기상관을 나타내는 수치로 2에 가까울수록 자기상관이 없고, 0과 4에 가까울수록 부적합한 모형으로 판단한다. 오차의 자기상관은 귀무가설을 부당하게 기각시킬 가능성이 크다.

다중공선성 Multicollinearity은 한 독립변수의 값이 증가할 때 다른 독립변수의 값이 이와 관련하여 증가하거나 감소하는 현상을 말한다. 다중공선성이 발생하면 회귀분석의 결과를 왜곡시키기 때문에 제거되어야 한다. 다중공선성 확인은 한 독립변수가 다른 독립변수들에 의해서 설명되지 않은 부분을 의미하는 공차한계 Tolerance와 공차한계의 역수로 표시되는 분산 팽창 요인 VIF: Variance Inflation Factor을 이용하여 확인할 수 있다. 일반적으로 VIF가 10보다 크면 다중공선성을 의심해볼 수 있다. 만약 다중공선성이 의심되면 분산 팽창 요인 점수가 높은 변수를 제거하거나 상관관계가 높은 독립변수 중 하나 혹은 일부를 제거하여 해결한다.

위와 같은 기본 가정을 토대로 다음과 같은 단계로 다중선형회귀분석을 수행한다.

[단계 1] 회귀분석의 기본 가정이 충족되는지 확인한다.
[단계 2] 분산분석의 F 값으로 회귀모형의 유의성 여부를 판단한다.
[단계 3] 독립변수와 종속변수 간의 상관관계와 회귀모형의 설명력을 확인한다.
[단계 4] 검정 통계량 t 값에 대한 유의확률을 통해서 독립변수의 유의성을 검정한다.

다음과 같은 가설을 토대로 다중 선형회귀분석을 시행한다.

귀무가설 H_0: 독립변수(지능지수, 대학, TV 시청)가 종속변수(점수)에 영향을 미친다고 볼 수 없다.
대립가설 H_1: 독립변수(지능지수, 대학, TV 시청)가 종속변수(점수)에 영향을 미친다고 볼 수 있다.

실습 **다중 선형회귀분석**

❼

```
from statsmodels.formula.api import ols        # formula 작성

# 2. 다중 선형회귀분석 : formula 형식
# file 불러오기
score_iq = pd.read_csv('c:/PythonStatistics/data/score_iq.csv')

# 1) 종속변수 vs. 독립변수 상관계수
corr = score_iq.corr()
print(corr['score'])
```

실행결과

```
sid       -0.014399
score      1.000000
iq         0.882220
academy    0.896265
game      -0.298193
tv        -0.819752
```

해설

1) 종속변수 vs. 독립변수 상관계수

종속변수 score를 기준으로 나머지 변수들을 대상으로 상관성이 높은 변수를 확인하여 독립변수로 사용한다. 비교적 상관성이 높은 iq 지능지수, academy 대학, tv TV 시청 횟수 변수를 독립변수로 사용한다.

❽

```
# 2) 식(formula) 작성
formula = ols(formula = 'score ~ iq + academy + tv', data = score_iq)
# 3) model 생성
model = formula.fit()
```

해설

2) 식(formula) 작성

statsmodels 모듈에 소속된 ols 함수를 이용하여 종속변수와 독립변수를 대상으로 다음과 같은 형식으로 식을 작성한다.

형식 ols() 함수 사용 형식

```
ols(formula = '종속변수 ~ 독립변수1 + 독립변수2 + ... + 독립변수n', data = dataset)
```

3) model 생성

formula 객체에서 호출되는 fit() 메서드를 이용하여 다중 선형회귀모델을 생성한다.

❾
```
# 4) 회귀 계수값 확인
print('회귀 계수값\n%s'%(model.params))
```

실행결과

```
회귀 계수값
Intercept   24.722251
iq           0.374196
academy      3.208802
tv           0.192573
```

해설

\# 4) 회귀 계수값 확인

회귀모델의 객체에서 호출할 수 있는 params 속성 59행으로 회귀 계수값을 확인할 수 있다. 독립변수가 3개이므로 Intercept 절편과 iq, academy, tv 변수에 해당하는 기울기를 확인할 수 있다. 3개 변수 모두 양(+)의 기울기를 가지며, 그중에서 academy가 가장 큰 값으로 나타난다.

❿
```
# 5) 회귀모델 분석
print(model.summary())
```

실행결과

```
                            OLS Regression Results
==============================================================================
Dep. Variable:                  score   R-squared:                       0.946   [단계 2]
Model:                            OLS   Adj. R-squared:                  0.945
Method:                 Least Squares   F-statistic:                     860.1   [단계 1]
Date:                Mon, 22 Mar 2021   Prob (F-statistic):           1.50e-92
Time:                        15:41:10   Log-Likelihood:                -274.84
No. Observations:                 150   AIC:                             557.7
Df Residuals:                     146   BIC:                             569.7
Df Model:                           3
Covariance Type:            nonrobust
==============================================================================
                 coef    std err          t      P>|t|      [0.025      0.975]   [단계 3]
------------------------------------------------------------------------------
Intercept     24.7223      2.332     10.602      0.000      20.114      29.331
iq             0.3742      0.020     19.109      0.000       0.335       0.413
academy        3.2088      0.367      8.733      0.000       2.483       3.935
tv             0.1926      0.303      0.636      0.526      -0.406       0.791
==============================================================================
Omnibus:                       36.802   Durbin-Watson:                   1.905
Prob(Omnibus):                  0.000   Jarque-Bera (JB):               57.833
Skew:                           1.252   Prob(JB):                     2.77e-13
Kurtosis:                       4.728   Cond. No.                     2.32e+03
==============================================================================
```

해설

\# 5) 회귀모델 분석

회귀모델의 객체에서 호출할 수 있는 summary() 메서드를 호출하면 최소제곱법 OLS을 이용한 회귀분석 결과 OLS Regression Results 테이블을 제공한다. 회귀분석 결과 테이블은 다음과 같은 단계로 해석한다.

[단계 1] F-statistic: 860.1, Prob (F-statistic): 1.50e-92

F 검정 통계량에 의해서 만들어진 유의확률 Prob (F-statistic)이 유의수준 $\alpha = 0.05$ 보다 작으면 회귀모델이 통계적으로 유의하다고 볼 수 있다. 현재 모델은 1.50e-92으로 통계적으로 유의하다.

[단계 2] R-squared: 0.946, Adj. R-squared: 0.945

회귀모델의 설명력은 상관계수 R2의 값을 조정한 Adj. R-squared 값으로 판단한다. 현재 모델의 조정된 설명력은 0.945로 매우 높은 설명력을 제공한다.

[단계 3] :
```
==========================================================
      coef    std err        t      P>|t|     [0.025      0.975]
----------------------------------------------------------
```

독립변수 X의 유의성 검정을 위해서 coef 계수, std err 표준오차, t t 검정 통계량, P>|t| 유의확률을 이용한다. coef 계수는 Y의 절편과 X의 기울기를 제공한다. std err 표준오차는 표본의 평균이 모평균을 얼마나 정확하게 추정하는지 확인할 수 있는 통계이다. 현재 표준오차가 가장 적은 변수는 iq이다. t t 검정 통계량는 평균 차이를 나타내는 통계량이고, P>|t| 유의확률는 t 검정 통계량을 바탕으로 계산된 확률이다. 현재 iq와 academy 변수는 유의수준 $\alpha = 0.05$ 보다 작기 때문에 유의미한 수준에서 점수에 영향을 미친다고 볼 수 있다. 하지만, tv 변수는 0.526으로 유의미하지 않게 나타났다. 따라서 tv 변수는 점수에 영향을 미친다고 볼 수 없다.

⓫
```python
# 6) 다중공선성 확인
from statsmodels.stats.outliers_influence import variance_inflation_factor

x_data = score_iq[['iq', 'academy', 'tv']]        # x변수 데이터프레임
x_data.shape                                      # (150, 3)

vif = pd.DataFrame()                              # 빈 데이터프레임
# VIF 칼럼 추가
vif["VIF Factor"] = [variance_inflation_factor(obj.exog, i + 1)
                for  i  in range(x_data.shape[1])]

# Features 칼럼 추가
vif["features"] = x_data.columns
print(vif)
```

실행결과

```
   VIF Factor   features
0   1.917392         iq
1  12.579732    academy
2  10.494479         tv
```

해설

\# 6) 다중공선성 확인

독립변수 간의 강한 상관관계로 인해서 다중공선성 문제가 있는지를 확인하기 위해서 statsmodels에서 제공하는

variance_inflation_factor() 함수를 import한다 63행. 독립변수 X를 대상으로 데이터프레임을 생성하고, variance_inflation_factor() 함수를 이용 70행하여 변수의 길이만큼 반복하여 VIF Factor 분산팽창요인의 칼럼을 빈 데이터프레임에 추가 70~71행한다. 그리고 변수를 확인하기 위해서 변수의 이름을 features 칼럼으로 추가 73행한다. academy와 tv가 10 이상이므로 다중공선성에 문제가 있는 것으로 보인다. 따라서 academy와 tv 중 하나를 제거하고 회귀모델을 만들면 다중공선성 문제를 해결할 수 있다. 다중공선성은 회귀분석의 결과를 왜곡시키기 때문에 제거되어야 한다.

⑫

```
# 7) 다중공선성 문제 해결 : academy 변수 제거
obj = ols(formula = 'score ~ iq + tv', data = score_iq)
model = obj.fit()

x_data = score_iq[['iq', 'tv']]        # x변수 데이터프레임

vif = pd.DataFrame()                   # 빈 데이터프레임
# VIF 칼럼 추가
vif["VIF Factor"] = [variance_inflation_factor(obj.exog, i + 1) for i in range(2)]

# Features 칼럼 추가
vif["features"] = x_data.columns
print(vif)
```

실행결과

```
   VIF Factor  features
0   1.520366        iq
1   1.520366        tv
```

해설

\# 7) 다중공선성 문제 해결 : academy 제거

분산 팽창요인이 가장 큰 academy 변수를 제거한 후 새로운 회귀모델을 생성하고, 다중공선성을 확인하면 문제가 해결된 것을 확인할 수 있다.

⑬

```
# 8) academy 변수 제거 후 회귀모델 결과
print(model.summary())
```

실행결과

```
                    OLS Regression Results
==============================================================
Dep. Variable:                score   R-squared:              0.918
Model:                          OLS   Adj. R-squared:         0.917
Method:               Least Squares   F-statistic:            828.1
Date:              Tue, 23 Mar 2021   Prob (F-statistic):  9.58e-81
Time:                      16:01:51   Log-Likelihood:       -306.36
No. Observations:               150   AIC:                    618.7
Df Residuals:                   147   BIC:                    627.8
```

```
Df Model:                        2
Covariance Type:         nonrobust
==============================================================================
                 coef    std err          t      P>|t|      [0.025      0.975]
------------------------------------------------------------------------------
Intercept     26.7989      2.852      9.395      0.000      21.162      32.436
iq             0.4520      0.021     21.081      0.000       0.410       0.494
tv            -2.2537      0.142    -15.897      0.000      -2.534      -1.974
==============================================================================
Omnibus:                       43.309   Durbin-Watson:                   2.485
Prob(Omnibus):                  0.000   Jarque-Bera (JB):               70.387
Skew:                           1.493   Prob(JB):                     5.20e-16
Kurtosis:                       4.531   Cond. No.                     2.30e+03
==============================================================================
```

해설

8) academy 변수 제거 후 회귀모델 결과

⑪의 다중공선성 문제가 발생된 결과와 ⑫의 다중공선성 문제가 해결된 후 결과를 비교하면 독립변수 중 tv 변수의 coef 기울기가 음수로 변경되었고, 유의확률이 유의미한 수준에서 점수에 영향을 미치는 것으로 수정되었다.

⑭

```
# 9) 다중공선성 문제 해결 : tv변수 제거
obj = ols(formula='score ~ iq + academy', data = score_iq)
model = obj.fit()

x_data = score_iq[['iq', 'academy']]          # x변수 데이터프레임 객체

vif = pd.DataFrame()                           # 빈 데이터프레임
# VIF 칼럼 추가
vif["VIF Factor"] = [variance_inflation_factor(obj.exog, i+1) for i in range(2)]
# Features 칼럼 추가
vif["features"] = x_data.columns
print(vif)
```

실행결과

```
   VIF Factor  features
0    1.822462        iq
1    1.822462   academy
```

해설

9) 다중공선성 문제 해결 : tv 제거

분산 팽창요인이 두 번째로 큰 tv 변수를 제거한 후 새로운 회귀모델을 생성하고, 다중공선성을 확인하면 문제가 해결된 것을 확인할 수 있다.

⓯
```
# 10) tv 변수 제거 후 회귀모델 결과
print(model.summary())
```

실행결과

```
                    OLS Regression Results
==============================================================================
Dep. Variable:                  score   R-squared:                       0.946
Model:                            OLS   Adj. R-squared:                  0.945
Method:                 Least Squares   F-statistic:                     1295.
Date:                Tue, 23 Mar 2021   Prob (F-statistic):           4.50e-94
Time:                        16:43:30   Log-Likelihood:                -275.05
No. Observations:                 150   AIC:                             556.1
Df Residuals:                     147   BIC:                             565.1
Df Model:                           2
Covariance Type:            nonrobust
==============================================================================
                 coef    std err          t      P>|t|      [0.025      0.975]
------------------------------------------------------------------------------
Intercept     25.2291      2.187     11.537      0.000      20.907      29.551
iq             0.3772      0.019     19.786      0.000       0.339       0.415
academy        2.9928      0.140    v21.444      0.000       2.717       3.269
==============================================================================
Omnibus:                       36.342   Durbin-Watson:                   1.913
Prob(Omnibus):                  0.000   Jarque-Bera (JB):               54.697
Skew:                           1.286   Prob(JB):                     1.33e-12
Kurtosis:                       4.461   Cond. No.                     2.18e+03
==============================================================================
```

해설

10) tv 변수 제거 후 회귀모델 결과

⓫의 다중공선성 문제가 발생한 결과와 ⓮의 다중공선성 문제가 해결된 후 결과를 비교하면 조정된 설명력 (Adj. R-squared: 0.946)에는 큰 변화가 없다. 즉 tv 변수는 독립변수로 필요 없다는 의미이다.

3.4 독립변수 선택 방법

회귀분석의 기본 가정인 독립변수들의 다중공선성 문제와 오차의 자기 상관성을 고려하여 최적의 독립변수를 선택하는 방법에 대해서 알아본다. OLS Regression Results 테이블에서 제공되는 요소 중에서 모델의 설명력 Adj. R-squared, AIC Akaike Information Criterion 지수, 더빈-왓슨 Durbin-Watson 그리고 Cond. No. Condition Nnumber 값들을 이용할 수 있다. 다중공선성 문제를 해결한 후 모델의 설명력은 높고, AIC 지수는 낮으며, 더빈-왓슨 값은 2와 가깝고, Cond. No. 값이 적은 모델에서 사용되는 변수를 독립변수로 선택한다. [표 10.8]은 3개 변수를 모두 사용한 경우 그리고 tv 변수를 제거한 경우와 academy 변수를 제거한 경우의 각 모델에서 제공하는 값을 비교한 결과이다.

[표 10.8] 각 모델의 OLS Regression Results에서 제공하는 값 비교

식 Formula	설명력 Adj. R-squared	AIC	더빈 -왓슨 Durbin-Watson	Cond. No.
score ~ iq+academy+tv	0.945	557.7	1.905	2.32e+03
score ~ iq + academy	0.945	556.1	1.913	2.18e+03
score ~ iq + tv	0.917	618.7	2.485	2.3e+03

- AIC: 통계 모델의 상대적인 품질을 평가하는 지수로 낮을수록 좋은 모델이다.
- 더빈-왓슨 Durbin-Watson: 오차의 자기상관을 나타내는 수치로 2에 가까울수록 자기상관이 없고, 0과 4에 가까울수록 부적합한 모형으로 판단한다.
- Cond. No.: 조건수 Condition Number가 증가하면 일반적으로 모델의 설명력이 감소한다.

결국 3개의 모델에서 'score ~ iq + academy'의 식을 이용한 모델이 가장 최적화된 모델을 생성할 수 있다고 볼 수 있다.

■ 다중 선형회귀분석의 결과 제시

"독립변수 지능지수, 대학, TV 시청가 종속변수 점수에 영향을 미친다고 볼 수 없다."는 가설을 검정하기 위해서 다중선형회귀분석을 실시하였다. 다중공선성 문제와 오차의 자기상관성을 고려하여 최적의 독립변수로 iq 지능지수와 academy 대학을 선택한 모델을 기준으로 분석 결과를 살펴본다.

먼저 F 검정 통계량 F = 1295. (p = 4.50e-94)를 통해서 회귀모형의 적합성을 확인한다. 모델의 설명력은 Adj. R-squared = 0.946로 매우 높은 설명력을 제공한다. 변수의 유의성 검정을 살펴보면 iq 지능지수가 score 점수에 미치는 영향은 t = 19.786, p = 0.000이고, academy 대학가 score 점수에 미치는 영향은 t = 21.444, p = 0.000로 나타났다. 따라서 지능지수와 대학은 모두 유의미한 수준에서 점수에 양(+)의 영향을 미친다고 볼 수 있다.

한편 표준화된 계수의 베타 기울기 값을 토대로 academy 대학가 2.993으로 iq 지능지수보다 높은 수치를 나타냈기 때문에 독립변수 중에서 academy 대학가 가장 큰 영향력을 미친다고 볼 수 있다. [표 10.9]는 다중선형회귀분석 결과를 논문/보고서에 제시한 예이다.

[표 10.9] 지능지수에 따른 점수 영향 분석

종속 변수 Dependent Variable	독립 변수 Independent Variable	표준오차 Std. Error	베타 β	검정 통계량 t	유의확률 p	분산 팽창요인 VIF
점수 score	상수	2.1869	-	11.537	<2e-16 ***	
	iq	0.0191	0.377	19.786	<2e-16 ***	1.822
	academy	0.1396	2.993	21.444	<2e-16 ***	1.822

분석 통계량	Model Summary R = 0.946, R^2 = 0.946, DW = 1.913 ANOVA : F = 1295, p = 4.50e-94 ***
회귀식	Y = 25.229 + 0.377 × 지능지수(iq) + 2.993 × 대학(academy)

*** p 〈 0.01 : 유의확률(p)은 0.01 수준에서 유의하다.

연습문제

문제 1 명목척도나 서열척도와 같이 일정한 값의 범위로 묶일 수 있는 범주형 변수를 이용하여 변수 간의 관련성을 분석하는 통계분석기법을 고르시오.

① 분산분석　　② 상관분석
③ 카이제곱 검정　　④ 회귀분석

문제 2 다음 [보기]는 유의확률(p)과 유의수준(α)의 관계를 나타내고 있다. 빈 칸에 들어갈 단어를 답항에서 고르시오.

[보기]

유의확률(p)이 유의수준(α) 보다 크면 귀무가설이 [　　　] 된다.

① 기각　　② 채택　　③ 무효　　④ 긍정

문제 3 '오차항들은 서로 상관관계에 있지 않다.'라는 오차 독립성의 가정을 확인할 수 있는 값을 고르시오.

① 더빈-왓슨　　② F 검정 통계량의 유의확률
③ 유의수준　　④ T 검정 통계량의 유의확률

문제 4 다음 중 회귀분석의 결과에서 설명력을 제공하는 답 항을 고르시오.

① Adjusted R-squared　　② residuals
③ coefficients　　④ fitted.values

문제 5 카이제곱 검정에서 귀무가설을 기각하거나 채택하는 근본적인 기준으로 가장 올바르게 설명한 답 항을 고르시오..

① 관찰빈도와 기대빈도 간의 오차를 기준으로 귀무가설의 채택 여부가 결정된다.
② 관찰빈도와 기대빈도 간의 등분산성을 기준으로 귀무가설의 채택 여부가 결정된다.
③ 관찰빈도와 기대빈도 간의 평균 차이 검정으로 귀무가설의 채택 여부가 결정된다.
④ 관찰빈도와 기대빈도 간의 차이에 의해서 귀무가설의 채택 여부가 결정된다.

문제 6 다음과 같은 회귀모델의 회귀계수 Coefficients를 보고 회귀방정식을 작성하시오.

```
Coefficients :
    (Intercept)      height      weight
       -87.52          3.45        0.74
```

문제 7 다음 빈칸에 공통으로 들어갈 단어를 쓰시오.

[　　　　　]은(는) 한 독립변수의 값이 증가할 때 다른 독립변수의 값이 이와 관련하여 증가하거나 감소하는 현상을 말한다. [　　　　　]이 발생하면 회귀분석의 결과를 왜곡시키기 때문에 제거되어야 한다.

문제 8 빅데이터 분석을 위해서 수집된 데이터셋을 구성하는 인구 통계적 변수에 대해서 약술하시오.

문제 9 예제 데이터 파일 "descriptive.csv"의 자료를 이용하여 다음 조건에 맞게 카이제곱 검정을 수행하시오.

귀무가설 H_0 : 부모의 학력 수준과 자녀의 대학 진학 여부와 관련성이 없다.

대립가설 H_1 : 부모의 학력 수준과 자녀의 대학 진학 여부와 관련성이 있다.

단계 1: 변수 선택(부모의 학력 수준: level, 대학 진학 여부: pass)
단계 2: 변수의 빈도수 확인
단계 3: 교차 분할표 작성
단계 4: 독립성 검정 및 결과 해석

[코딩 시작]

```
import pandas as pd
from scipy import stats

#  실습 파일 가져오기
dataset = pd.read_csv('C:/PythonStatistics/data/descriptive.csv')
print(dataset.info())
print(dataset.head())              # 변수 확인

# 단계 1. 변수 선택
X = dataset['level']               # 부모 학력 수준(x)
Y = dataset['pass']                # 자녀 대학 진학 여부(y)

# 단계 2. 변수 빈도수 확인



# 단계 3. 교차 분할표 작성



# 단계 4. 독립성 검정 및 결과 해석


```

문제 10 직업 유형에 따른 응답 정도에 차이가 있는가를 단계별로 검정하시오.

귀무가설 H_0 : 직업유형과 응답정도에 차이가 없다.

대립가설 H_1 : 직업유형과 응답정도에 차이가 있다.

단계 1: 변수 선택(직업 유형: job, 응답 정도: response)

단계 2: 변수의 빈도수 확인

단계 3: 교차 분할표 작성

단계 4: 독립성 검정 및 결과 해석

[코딩 시작]

```
import pandas as pd
from scipy import stats

# 실습 파일 가져오기
dataset = pd.read_csv('C:/PythonStatistics/data/response.csv')
print(dataset.info())              # 변수 확인

# 단계 1. 변수 선택
X = dataset['job']                 # 직업 유형
Y = dataset['response']            # 응답 정도

# 단계 2. 변수 빈도수 확인



# 단계 3. 교차 분할표 작성



# 단계 4. 독립성 검정 및 결과 해석


```

문제 11 예제 데이터 파일 "winequality-both.csv"의 자료를 이용하여 다음 조건에 맞게 처리하시오.

단계 1: quality, type 칼럼으로 교차 분할표 작성

단계 2: 교차 분할표를 대상으로 white 와인 내림차순 정렬

단계 3: red 와인과 white 와인의 quality에 대한 두 집단 평균 검정

단계 4: alcohol 칼럼과 다른 칼럼 간의 상관계수 출력

[코딩 시작]

```
import pandas as pd
from scipy import stats

wine = pd.read_csv('C:/PythonStatistics/data/winequality-both.csv')
print(wine.info())

# 단계 1. quality, type 칼럼으로 교차 분할표 작성
wine_tab = pd.crosstab(index=wine['quality'], columns=wine['type'])
print(wine_tab)

# 단계 2. 교차 분할표를 대상으로 white 와인 내림차순 정렬
wine_tab_sort = wine_tab.sort_values('white', ascending=False)
print(wine_tab_sort)

# 단계 3. red 와인과 white 와인의 quality에 대한 두 집단 평균 검정


# 단계 4. alcohol 칼럼과 다른 칼럼 간의 상관계수 출력

```

문제 12 예제 데이터 파일 "score_iq.csv"의 자료를 이용하여 다음 조건에 맞게 단순 선형회귀모델로 가설을 검정하시오.

귀무가설 H_0 : academy는 score에 영향을 미치지 않는다.
대립가설 H_1 : academy는 score에 영향을 미친다.

단계 1: y 변수: score, x 변수: academy
단계 2: 회귀모델 생성과 결과 확인(회귀계수, 설명력, pvalue, 표준오차)
단계 3: 회귀선 적용 시각화

[코딩 시작]

```
from scipy import stats
import pandas as pd

# dataset 가져오기
score = pd.read_csv('C:/PythonStatistics/data/score_iq.csv')
print(score.info())

# 단계 1. 변수 선택



# 단계 2. 단순 선형회귀모델 생성과 결과 확인



# 단계 3. 회귀선 시각화


```

문제 13 예제 데이터 파일 "irsi.csv" 데이터셋을 이용하여 다중 선형회귀모델을 생성하시오.

단계 1: 칼럼명에 포함된 '.' 을 '_'로 수정

힌트 iris.columns = iris.columns.str.replace('.', '_')

단계 2: model의 formula 구성

y 변수: 1번째 칼럼, x 변수: 2~3번째 칼럼

단계 3: 회귀계수 확인

단계 4: 회귀모델 결과 확인 및 해석

힌트 summary() 함수 이용

[코딩 시작]

```
import pandas as pd
import statsmodels.formula.api as sm

# dataset 가져오기
iris = pd.read_csv('C:/PythonStatistics/data/iris.csv')
print(iris.head())

# 단계 1. iris 칼럼명 수정
iris.columns = iris.columns.str.replace('.', '_')
print(iris.info())

# 단계 2. formula 구성 및 다중회귀모델 생성



# 단계 3. 회귀계수 확인



# 단계 3. 회귀모델 결과 확인 및 해석


```

Appendix
연습문제 풀이

연습문제 풀이

Chapter 02

문제 1 다음과 같은 2차 방정식을 파이썬 수식으로 코딩하고, y의 결과를 확인하시오.

[처리조건]

2차 방정식: $y = 2.5 \times x^2 + 3.3 \times x + 6$ (단, $x = 2$ 일 때)

[코딩 시작]

```
x = 2
y = 2.5 * x ** 2 + 3.3 * x + 6
print('2차 방정식 결과 =',  y)     # 2차 함수 = 22.6
```

문제 2 지방 fat, 탄수화물 carbohydrate, 단백질 protein 칼로리의 합계를 계산하는 프로그램을 작성하시오.

[처리조건]

[조건 1] 지방, 탄수화물, 단백질의 그램을 키보드로 입력 받는다.

[조건 2] 총 칼로리 = 지방 * 9 + 단백질 * 4 + 탄수화물 * 4

[출력 결과 예시]

지방의 그램을 입력하세요 : 25

탄수화물의 그램을 입력하세요 : 520

단백질의 그램을 입력 : 45

총칼로리 : 2,485 cal

[코딩 시작]

```
fat = int(input('지방의 그램을 입력하세요: '))                    # 25
carbohydrate = int(input('탄수화물의 그램을 입력하세요: '))  # 520
protein = int(input('단백질의 그램을 입력하세요: '))            # 45
```

```

totCalorie = fat * 9 + carbohydrate * 4 + protein * 4

# 문자열과 함께 출력
print('총 칼로리 : ', format( totCalorie, '3,d'), ' cal')   # 총 칼로리 : 2,485 cal
```

문제 3 항공사에서는 수화물을 보낼 때, 무게 10kg 이상부터는 수수료를 내야 한다. 수수료는 10kg을 초과하는 무게의 10의 배수 단위로 10,000원씩 증가한다. 만약 10kg 미만이면 수수료는 없다. 사용자의 수화물 무게를 키보드로 입력하여 사용자가 지급해야 할 금액을 계산하는 프로그램을 작성하시오.

[출력 결과 예시]

수하물의 무게는 얼마입니까? 8
수수료는 없습니다.

수하물의 무게는 얼마입니까? 15
수수료는 10,000원 입니다.

수하물의 무게는 얼마입니까? 21
수수료는 20,000원입니다.

[코딩 시작]

```
w = int(input('짐의 무게는 얼마입니까? '))

if w >= 10 :
    price = int(w / 10) * 10000           # = (w // 10) * 10000
    print('수수료는 {0:3,d} 입니다.'.format(price))
else :
    print('수수료는 없습니다.')
```

문제 4 for 반복문을 이용하여 1~100 사이의 수 중에서 3의 배수이면서 2의 배수가 아닌 수를 한 줄에 출력하고, 누적 합계를 출력하시오.

[출력 결과 예시]

수열 = 3 9 15 21 27 33 39 45 51 57 63 69 75 81 87 93 99
누적합 = 867

[코딩 시작]

```
lst = list(range(1, 101))          # 1 ~ 100

# for 반복문 이용
tot = 0
for i in lst:                      # 100회 반복
    if i % 3 == 0 and i % 2 != 0 :
        print(i, end = ' ')
        tot += i
# 5 10 15 20 25 30 35 40 45 50 55 60 65 70 75 80 85 90 95 100
print()
print('누적합 =', tot)
```

Chapter 03

문제 1 리스트 객체인 lst 변수를 대상으로 출력 결과와 같이 단계별로 연산하시오.

[처리조건]

lst = [10, 1, 5, 2]   # list 생성
단계 1: lst 원소를 2회 반복하도록 확장하여 result 변수에 저장/출력
단계 2: lst의 첫 번째 원소에 2를 곱하여 result 변수에 추가/출력
단계 3: result의 홀수 번째 원소만 result2 변수에 추가/출력

[출력 결과 예시]

단계 1: [10, 1, 5, 2, 10, 1, 5, 2]
단계 2: [10, 1, 5, 2, 10, 1, 5, 2, 20]
단계 3: [1, 2, 1, 2]

[코딩 시작]

```
lst = [10, 1, 5, 2]           # list 생성

# 단계 1. lst 원소를 2개 생성하여 result 변수에 저장/출력
result = lst * 2
print(‘단계 1: ’, result)      # [10, 1, 5, 2, 10, 1, 5, 2]

# 단계 2. lst의 첫번째 원소에 2를 곱하여 result 변수에 추가/출력
first = result[0] * 2
result.append(first)
print(‘단계 2:’, result)       # [10, 1, 5, 2, 10, 1, 5, 2, 20]

# 단계 3. result의 홀수 번째 원소만 result2 변수에 추가/출력
result2 = result[1::2]
print(result2)                # [1, 2, 1, 2]

result2 = []                  # 빈 list
i = 0
for n in result :
    if (i % 2) != 0 :
        result2.append(n)
    i += 1

print(‘단계 3:’, result2)
```

문제 2 리스트 객체 list의 크기를 키보드로 입력받은 후, 입력받은 크기만큼 임의 숫자를 list에 추가하고, list의 크기를 출력하시오.

[출력 결과 예시]

```
vector 수 : 3      ← list의 크기를 키보드에서 입력
4
2
5
vector 크기 : 3
```

[코딩 시작]

```
size = int(input('vector 수 : '))        # vector 크기 입력

lst = []                                 # 빈 list
for i in range(size) :
    lst.append(int(input()))             # list에 숫자 입력(prompt 없음)

print('vector 크기 : ', len(lst))
```

문제 3 리스트 객체 list 크기를 키보드로 입력받은 후, 입력받은 크기만큼 임의 숫자를 list에 추가하고, 이후 list에서 찾을 값을 키보드로 입력한 후 해당 값이 list에 있으면 "YES", 없으면 "NO"를 출력하시오.

[출력 결과 예시]

```
vector 수 : 5      ← list의 크기를 키보드에서 입력
1
2
3
4
5
3                  ← list에서 찾을 값 입력
YES
```

[코딩 시작]

```
size = int(input('vector 수 : '))          # vector 크기 입력

lst = []                                   # 빈 list
for i in range(size) :
    lst.append(int(input()))               # list에 숫자 입력(prompt 없음)

if int(input()) in lst :                   # 찾을 값 입력(prompt 없음)
    print('YES')
else :
    print('NO')
```

문제 4 리스트 내포 List Comprehension를 이용하여 리스트 객체인 message 변수를 대상으로 'spam' 원소만 추출하여 리스트 객체 spam_list에 추가하고, spam_list의 값을 출력하시오.

[처리조건]

message = ['spam', 'ham', 'spam', 'ham', 'spam']

[출력 결과 예시]

['spam', 'spam', 'spam']

[코딩 시작]

```
message = ['spam', 'ham', 'spam', 'ham', 'spam']

spam_list = [ msg for  msg in message  if msg == 'spam']
print(spam_list)                    # ['spam', 'spam', 'spam']
```

문제 5 리스트 내포 List Comprehension를 이용하여 리스트 객체인 message 변수를 대상으로 'spam' 원소는 1, 'han' 원소는 0으로 dummy 값을 만들어 출력하시오.

[처리조건]

message = ['spam', 'ham', 'spam', 'ham', 'spam']

[출력 결과 예시]

[1, 0, 1, 0, 1]

[코딩 시작]

```
message = ['spam', 'ham', 'spam', 'ham', 'spam']

dummy = [ 1 if msg == 'spam' else 0 for msg in message]
# 실행문 : if문 3항 연산자 이용
print(dummy)                    # [1, 0, 1, 0, 1]
```

문제 6 리스트 객체인 position 변수를 대상으로 중복되지 않은 직위와 직위별 빈도수를 출력하시오.

[처리조건]

position = ['과장', '부장', '대리', '사장', '대리', '과장']

[출력 결과 예시]

중복되지 않은 직위 : ['사장', '과장', '대리', '부장']
각 직위별 빈도수 : {'과장': 2, '부장': 1, '대리': 2, '사장': 1}

[코딩 시작]

```
position = ['과장', '부장', '대리', '사장', '대리', '과장']

uni_position = list(set(position)) # random
print('중복되지 않은 직위 : ', uni_position)

position_cnt = {}
```

```
for p in position :
    position_cnt[p] = position_cnt.get(p, 0) + 1

print('각 직위별 빈도수 :', position_cnt)
```

Chapter 04

문제 1 다음의 출력 결과 예시에서와 같이 height 변수에 별 star의 층수를 입력하면 층마다 별의 개수가 한 개씩 증가하여 출력하고, 마지막 줄에 별의 개수를 출력하도록 함수의 빈칸을 채우시오.

[출력 결과 예시]

```
height : 3
*
**
***
start 개수 : 6
```

[코딩 시작]

```
def StarCount(height)
    # 층수, 별수 변수 선언
    h_cnt = s_cnt = 0

    while h_cnt < height :
        h_cnt += 1              # 층수 카운터(1, 2, 3)
        print('*' * h_cnt)      # 별 출력
        s_cnt += h_cnt          # 별수 카운터

    return s_cnt

# 키보드 입력
height = int(input('height : '))

```

```
# start 개수 출력
print('star 개수 : %d'%StarCount(height))
```

문제 2 중첩함수를 적용하여 다음 조건에 맞게 은행계좌 함수의 빈 칸을 채우시오.

[처리조건]

조건 1: 외부 함수: bank_account() : 잔액(balance) outer변수

조건 2: 내부 함수: getBalance() : 잔액확인

deposit(money) : 입금하기

withdraw(money) : 출금하기

조건 3: 출금액이 잔액보다 많은 경우 '잔액이 부족합니다.' 메시지 출력

조건 4: 기타 나머지는 출력 예시 참조

[출력 결과 예시]

최초 계좌의 잔액을 입력하세요 : 1000
현재 계좌 잔액은 1000원 입니다.
입금액을 입력하세요 : 15000
15000원 입금 후 잔액은 16000원 입니다.
출금액을 입력하세요 : 3000
3000원 출금 후 잔액은 13000원 입니다.

[코딩 시작]

```
def bank_account(bal) :
   balance = bal               # 잔액 초기화(1000)

   def getBalance():           # 잔액 확인(getter)
      return balance

   def deposit(money) :        # 입금하기(setter)
      nonlocal balance
      balance += money
```

```python

    def withdraw(money) :   # 출금하기(setter)
        nonlocal balance
        if balance  < money :
            print('잔액이 부족합니다.')
        else :
            balance -= money

    return getBalance, deposit, withdraw        # 내부함수 리턴
```

문제 3 패토리얼 Factorial을 계산하는 재귀함수의 빈 칸을 채우시오.

예 5!(5*4*3*2*1) = 120

[코딩 시작]

```python
# 재귀 함수 정의
def Factorial(n):
    if n == 1 : 종료 조건
        return 1
    else :
        # 재귀호출
        result = n * Factorial(n-1)

        print(n, end = ' ')          # 2 3 4 5
        return result                # 120

# 함수 호출
result_fact = Factorial(5)
print('패토리얼 결과:', result_fact)
```

문제 4 다음과 같은 조건에 맞게 Rectangle 클래스를 작성하시오.

[처리조건]

조건 1: 멤버변수 : 가로(width), 세로(height)

조건 2: 생성자 : 가로(width), 세로(height) 멤버 변수 초기화

조건 3: 메서드(area_calc) : 사각형의 넓이를 구하는 함수

사각형 넓이 = 가로 * 세로

조건 4: 메서드(circum_calc) : 사각형의 둘레를 구하는 함수

사각형 둘레 = (가로 + 세로) * 2

조건 5: 기타 세부 내용은 [출력 결과 예시] 참조

[출력 결과 예시]

```
사각형의 넓이와 둘레를 계산합니다.
사각형의 가로 입력 : 10
사각형의 세로 입력 : 5
----------------------------------------
사각형의 넓이 : 50
사각형의 둘레 : 30
----------------------------------------
```

[코딩 시작]

```
class Rectangle :
    # 클래스 변수
        width = height = 0

        # 생성자
        def __init__(self, width, height):
            self.width  = width        # 전역변수
            self.height = height

        # 넓이 계산
        def area_calc(self):
            area = self.width * self.height
            return area
```

```
print("사각형의 넓이와 둘레를 계산합니다.")
w = int(input('사각형의 가로 입력 : '))
h = int(input('사각형의 세로 입력 : '))

print('-' * 30)
rec = Rectangle(w, h)          # x 초기화
area = rec.area_calc()         # 분산 함수 호출
print('사각형의 넓이 :', area)

circum = rec.circum_calc()
print('사각형의 둘레 :', circum)
print('-' * 30)
```

Chapter 05

문제 1 CSV 형식의 파일 "emp.csv"의 자료를 이용하여 다음 출력 예시와 같이 출력하시오.

[출력 결과 예시]

관측치 길이 : 5
전체 평균 급여 : 370.0
최저 급여 : 150, 이름 : 홍길동
최고 급여 : 500, 이름 : 강감찬

[코딩 시작]

```
import pandas as pd

# 단계 1: File 읽기
emp = pd.read_csv('C:/PythonStatistics/data/emp.csv', encoding='utf-8')
print(emp.info())

# 단계 2: 관측치 길이
    print(emp)
    print('관측치 길이 : ', len(emp))
```

```
# 단계 3: 전체 평균 급여
    pay = emp.Pay
    name = emp.Name

    print('전체 급여 평균 : ', pay.mean())

# 단계 4: 최저급여와 최고급여 및 수령자 이름 출력
    max_pay = max(pay)    # 최고 급여
    min_pay = min(pay)    # 최저 급여

    for idx in range(len(pay)) :
        if pay[idx] == min_pay :
            print('최저 급여 : %d, 이름 : %s'%(min_pay, name[idx]))
        if pay[idx] == max_pay :
```

문제 2 정규분포를 따르는 난수를 이용하여 5행 4열 구조의 다차원 배열 객체를 생성하고, 각 행 단위로 합계, 최대값 max, 최소값 min을 구하시오. (array 관련 문제)

[출력 결과 예시]

1 행 합계 : -1.2126122901
1 행 최대값 : 1.13798453455
1 행 최소값 : -1.5068942376
2 행 합계 : 1.54051825695
2 행 최대값 : 2.29973856355
2 행 최소값 : -1.29798198518
3 행 합계 : -2.7021834762
3 행 최대값 : 0.914392834242
3 행 최소값 : -2.1954633708
4 행 합계 : 2.35515059667
4 행 최대값 : 3.01882725644
4 행 최소값 : -0.420709089935
5 행 합계 : 1.14825745061

5 행 최대값 : 1.81204331436
5 행 최소값 : -1.5605324754

[코딩 시작]

```
import numpy as np
    rarr = np.random.randn(5, 4)
    print(rarr)

    # for문 이용
    cnt = 0
    for row in rarr :
        cnt += 1
        print(cnt, '행 합계 :', row.sum()) # 전체 합계
        print(cnt, '행 최대값 :', row.max())
        print(cnt, '행 최소값 :', row.min())

    # 축(axis) 이용
    print('행 합계:', rarr.sum(axis = 1))
    print('행 최대값 :',rarr.max(axis = 1))
    print('행 최소값 :',rarr.min(axis = 1))
```

문제 3 6행 6열의 다차원 zero 행렬 객체를 생성한 후 다음 처리 조건과 같이 단계별로 indexing 하시오. (indexing 관련 문제)

[처리조건]

단계 1: 36개의 셀에 1~36까지 정수 채우기
단계 2: 2번째 행 전체 원소 출력하기
단계 3: 5번째 열 전체 원소 출력하기
단계 4: 15~29까지 블록으로 처리하기

[출력 결과 예시]

단계 1: 36개의 셀에 1~36까지 정수 채우기

[[1. 2. 3. 4. 5. 6.]
 [7. 8. 9. 10. 11. 12.]
 [13. 14. 15. 16. 17. 18.]
 [19. 20. 21. 22. 23. 24.]
 [25. 26. 27. 28. 29. 30.]
 [31. 32. 33. 34. 35. 36.]]

단계 2: 첫번째 행 전체 원소 출력하기
[1. 2. 3. 4. 5. 6.]

단계 3: 5번째 열 전체 원소 출력하기
[5. 11. 17. 23. 29. 35.]

단계 4: 15~29까지 블록으로 출력하기
[[15. 16. 17.]
 [21. 22. 23.]
 [27. 28. 29.]]

[코딩 시작]

```
import numpy as np
zarr = np.zeros( (6, 6) )
    print(zarr)

    cnt = 0
    for i in np.arange(6) :
        for j in np.arange(6) :
            cnt += 1
            zarr[i,j] = cnt

    # 단계1
    print("단계 1: 36개의 셀에 1~36까지 정수 채우기")
    print(zarr)

    # 단계2
    print("\n단계 2: 첫번째 행 전체 원소 출력하기")
    print(zarr[0])
```

```
# 단계3
orint("\n단계 3: 5번째 열 전체 원소 출력하기")
print(zarr[:,4])

# 단계4
print("\n단계 4: 15~29까지 블록으로 출력하기")
print(zarr[2:5,2:5])
```

Chapter 06

1	2	3	4	5	6
4	2	2	4	4	2

7	8	9	10	11	12
2	1	4	2	1	3

13	14	15	16
4	중심극한정리	중앙값 median	표본오차 Sampling Error

Chapter 07

1	2	3	4	5
1	2	1	2	3

문제 6 iris 데이터셋을 이용하여 다음 조건에 따라 차트를 그리시오.

[처리조건]

조건 1: seaborn에서 iris 데이터셋 가져오기

조건 2: 1번 칼럼과 3번 칼럼을 대상으로 산점도 그래프 그리기

조건 3: species 칼럼으로 더미변수 만들기

'setosa' = 1, 'versicolor' = 2, 'virginica' = 3

조건 4: 1번 칼럼과 3번 칼럼으로 산점도 그래프를 그린 후 5번 칼럼으로 색상 적용하기

Hint: plt.scatter(x, y, c)

[코딩 시작]

```
import seaborn as sn        # dataset을 로드하기 위한 모듈 가져오기
import matplotlib.pyplot as plt

# 조건 1: seaborn에서 iris 데이터셋 가져오기
iris = sn.load_dataset('iris')
print(iris.info())
print(iris.head())

# 조건 2: 1번 칼럼과 3번 칼럼을 대상으로 산점도 그래프 그리기
    plt.scatter(iris['sepal_length'], iris['petal_length'])
    plt.show()

# 조건 3: species 칼럼으로 더미변수 만들기
# 꽃의 종별 더미변수 만들기: 'setosa' = 1, 'versicolor' = 2, 'virginica' = 3
    species = []
    for s in iris['species'] :
        if s == 'setosa' :
            species.append(1)
        elif s == 'versicolor' :
            species.append(2)
        else :
            species.append(3)

```

```
# 조건 4: species 칼럼으로 색상 적용하기
    plt.scatter(iris['sepal_length'], iris['petal_length'],  c = species)
    plt.xlabel('Sepal.Length')
    plt.ylabel('Petal.Length')
    plt.title('Sepal.Length vs Petal.Length scatter plotting')
    plt.show()
```

문제 7 "dataset.csv" 자료를 이용하여 다음 조건에 맞게 산점도를 시각화하고, 이상치를 발견하시오.

[처리조건]

조건 1: 산점도 시각화: 성별과 만족도 칼럼 이용

조건 2: X축: 성별 gender, Y축: 만족도 survey

조건 3: 성별(남자: 1, 여자: 2)을 제외한 나머지는 이상치 극단치

[코딩 시작]

```
import pandas as pd
import matplotlib.pyplot as plt

# 단계 1: 파일 불러오기
dataset = pd.read_csv('C:/PythonStatistics/data/dataset.csv')
print(dataset.head())

# 단계 2: 성별 gender과 만족도 survey 변수 선택
    gender = dataset['gender']
    survey = dataset['survey']

# 단계 3: 산점도 시각화
    plt.scatter(gender, survey, c = 'r')
    plt.title('gender vs survey plotting')
    plt.show()

# 단계 4: 이상치 발견 결과
    # - 0인 경우 2개와 5인 경우 1개 발견됨
```

Chapter 08

문제 1 두 사건 A, B에 대해서 A가 일어날 확률 $P(A)=\frac{5}{10}$, $P(B)=\frac{3}{5}$, $P(A\cap B)=\frac{2}{10}$ 일 때 다음을 구하시오.

① $P(B \mid A) = \dfrac{\frac{2}{10}}{\frac{5}{10}} = \dfrac{20}{50} = \dfrac{2}{5}$

② $P(A \mid B) = \dfrac{\frac{2}{10}}{\frac{3}{5}} = \dfrac{10}{30} = \dfrac{1}{3}$

문제 2 A 회사의 사원 중에서 남·여 사원 각각 15명씩 30명을 대상으로 출근 수단을 조사한 결과는 다음 표와 같다. 이 중에서 임의로 한 명을 선택 경우 여자 사원이면서 버스로 출근하는 사원일 확률을 구하시오.

$P(A)=P(\text{여자사원})=\dfrac{15}{30}=\dfrac{1}{2}$

$P(B)=P(\text{버스})=\dfrac{10}{30}=\dfrac{1}{3}$

$P(A\cap B)=P(\text{여자사원}\cap\text{버스})=\dfrac{6}{30}=\dfrac{2}{10}=\dfrac{1}{5}$

결합확률을 이용한 경우

$$P(B|A)=\frac{P(B).P(AvertB)}{P(A)}=\frac{P(\text{버스}).P(AvertB)}{P(\text{여자사원})}=\frac{\frac{1}{3}.\frac{6}{10}}{\frac{1}{2}}=\frac{\frac{6}{30}}{\frac{1}{2}}=\frac{\frac{1}{5}}{\frac{1}{2}}=\frac{2}{5}=0.4$$

확률의 곱셈정리를 이용한 경우

$$P(B|A)=\frac{P(A\cap B)}{P(A)}=\frac{P(\text{여자사원}\cap\text{버스})}{P(\text{여자사원})}=\frac{\frac{1}{5}}{\frac{1}{2}}=\frac{2}{5}=0.4$$

3	4	5	6	7	8
2	4	3	4	2	1

문제 9 다음과 같은 연구 환경을 바탕으로 이항검정을 수행하시오.

[연구환경]

- 150명의 합격자 중에서 남자 합격자가 62명일 때 남여 합격률에 차이가 있는지를 검정한다.

[조건]

- 95% 신뢰수준에서 양측검정

[가설]

- 귀무가설 H_0 : 남자 합격률에 차이가 없다.(P = 0.5)
- 대립가설 H_1 : 남자 합격률에 차이가 있다.(P = 0.5)

[코딩 시작]

```
from scipy import stats          # 확률분포와 검정

# 단계 1. 이항검정  Hint: stats.binom_test() 함수 이용
x = 62                    # 성공 횟수
pvalue = stats.binom_test(x = x, n = 150, p = 0.5, alternative = 'two-sided')
print('n = %d, pvalue= %.5f'%(x, pvalue))    # n = 62, pvalue = 0.04087

# 유의확률 vs 유의수준
print('## 이항 검정 ##')
if pvalue > 0.05 :     # 유의확률 > 유의수준
    print(f"p-value({pvalue}) >= 0.05 : 남여 합격률에 차이가 없다.")
else:
    print(f"p-value({pvalue}) < 0.05 : 남여 합격률에 차이가 있다.")
```

```

# 단계 2. 이항검정 결과 해석: 귀무가설 채택 또는 기각
"
[해설] 시행 횟수=150, 성공 횟수=62 일때 유의확률 : 0.04087%로 유의확률이
유의수준 0.05보다 작기 때문에 남여 합격률에 차이가 있다.
"
```

문제 10 A 회사는 근무 기간이 평균 10년이고, 표준편차 4년의 정규분포를 갖는 경우, 500명을 임의 추출하여 히스토그램과 확률밀도함수를 이용하여 확률분포를 시각화하시오.

[코딩 시작]

```
import numpy as np
import matplotlib.pyplot as plt

# 단계 1. 정규분포 생성 Hint: np.random.normal() 함수 이용
emp_period = np.random.normal(10, 4, 500)   # 정규분포 : N(10, 4 ^ 2))
print(emp_period)

# 단계 2. 히스토그램 + 확률밀도함수(밀도함수): 확률밀도 분포곡선 시각화
# 분포곡선 vector data
# 분포곡선을 위한 line 벡터
line = np.linspace(min(emp_period), max(emp_period), 100)
print('벡터 길이 =', len(line))          # 100

pdf = emp_period.pdf(line)          # 확률밀도함수
# 확률밀도함수 : 확률변수 X가 x가 될 때의 확률을 반환하는 함수

# 히스토그램 + 확률밀도분포 곡선
plt.hist(emp_period, bins = 'auto', density = True, label = "N(0, 1)")
plt.plot(line, pdf, color='red')          # 확률밀도분포 곡선
plt.title("확률밀도함수 ")
plt.xlabel("표준편차")
plt.ylabel("밀도(density)")
```

```
plt.legend(loc='upper right')
plt.grid(True)                          # 격자
plt.show()
```

Chapter 09

1	2	3	4	5	6	7	8
1	3	1	2	4	1	3	1

문제 9 A 회사는 근무 기간이 평균 10년이고, 표준편차는 4년의 정규분포를 갖는 경우, 100명을 임의 추출하여 다음과 같은 단계로 10년 ~ 15년 사이에 근무한 사원의 비율을 구하시오. (z값과 확률추정 문제)

단계 1: 정규분포 생성: N(10, 4 ^ 2)

단계 2: 히스토그램 + 밀도분포 곡선(PDF) 시각화

단계 3: 10~15년 사이 근무한 사원 비율

[코딩 시작]

```
from scipy import stats                 # 확률분포 + 검정
import numpy as np                      # 수치 처리
import matplotlib.pyplot as plt         # 확률분포의 시각화

# 단계 1. 정규분포 : N(10, 4²)
mu, sigma = 10, 4
st_norm = stats.norm(mu, sigma)        # N(10, 4^2)

# 100명 대상으로 표본 추출
X = st_norm.rvs(size = 100)            # 확률변수 X

# 단계 2. 히스토그램 + 밀도분포곡선(PDF) 시각화
x = np.linspace(min(X), max(X), 100)
```

```
plt.hist(x=X, bins='auto', density=True)
plt.plot(x, st_norm.pdf(x), color='red')     # 확률밀도분포 곡선
plt.show()

# 단계 3. 10~15년 사이 근무한 사원 비율
# 10년 이하 근무한 사원 비율
st_norm.cdf(10)          # 0 ~ 10 까지의 누적 확률분포

# 10년 이상 근무한 사원 비율
1-st_norm.cdf(10)       # 10 ~ 까지의 누적 확률분포

# 15년 이상 근무한 사원 비율
1-st_norm.cdf(15)
# 0.10564977366685535

# 10~15년 사이 근무한 사원 비율
rate = st_norm.cdf(15) - st_norm.cdf(10)
print(rate)
```

문제 10 우리나라 전체 중학교 2학년 여학생 평균 키가 148.5cm로 알려진 상태에서 A 중학교 2학년 전체 500명을 대상으로 10%인 50명을 표본으로 선정하여 모평균과 차이가 있는지를 단일 표본 t 검정 하시오.
(단일표본 t 검정 문제)

[코딩 시작]

```
import pandas as pd
from scipy import stats

# 단계 1. 실습 파일 가져오기
dataset = pd.read_csv('C:/PythonStatistics/data/student_height.csv')
print(dataset.info())                    # height

# 변수 선택
height = dataset.height              # A 중학교 2학년 50명 표본 키
print(height)
```

```

# 단계 2. 기술 통계량 : 관측치 길이, 표본평균
print(len(height))                          # 50
print(height.describe())                    # 요약 통계량
print('표본평균 신장 =', height.mean())    # 표본평균 신장 = 149.4

# 단계 3. 정규성 검정
statistic, pvalue = stats.shapiro(height)
print('pvalue =', pvalue)      # pvalue = 0.00018528640794102103

# 단계 4. 가설 검정 - 양측검정
statistic, pvalue = stats.wilcoxon(height - 148.5)      # (x-y)
print('wilcoxon 검정 통계량 = %.5f, pvalue = %.5f'%(statistic, pvalue))
```

문제 11 교육 방법에 따른 실기점수의 평균에 차이가 있는지를 단계별로 독립표본 t 검정을 수행하시오. (독립표본 t 검정 문제)

[코딩 시작]

```
from scipy import stats          # test
import pandas as pd              # csv file read

# 단계 1. csv file 자료 가져오기
sample = pd.read_csv('C:/PythonStatistics/data/two_sample.csv')
print(sample.info())

# 단계 2. 변수 선택
two_df = sample[['method', 'score']]

# 교육 방법 기준 빈도수
print(two_df['method'].value_counts())

# 단계 3. 교육 방법 기준 서브셋(subset)
method1 = two_df[two_df.method == 1]
method2 = two_df[two_df.method == 2]

```

```
# score 칼럼 추출
score1 = method1.score              # 집단1: 교육 방법1의 실기점수
score2 = method2.score              # 집단2: 교육 방법2의 실기점수

# 단계 4. 결측치 평균 대체
score1 = score1.fillna(score1.mean())       # 집단1
score2 = score2.fillna(score2.mean())       # 집단2

# 단계 5. 두 집단 평균 차이 검정
statistic, pvalue = stats.ttest_ind(score1, score2)
print(statistic, pvalue)
# statistic = -0.9468624993102985, pvalue = 0.34466920341921115

# [해설] 두 집단 간 평균차이 없음

# 단계 6. 귀무가설 채택 또는 기각 결정
alpha = 0.05
if pvalue >=  alpha:
    print('귀무가설(H0) 채택')
else :
    print('대립가설(H1) 채택')

# 단계 7. 기술통계: 두 표본집단 평균
score1.mean()          # 5.496590909090908
score2.mean()          # 5.591304347826086
```

Chapter 10

1	2	3	4	5
3	2	1	1	4

6	7
Y = height * 3.45 + weight * 0.74 - 87.52	다중공선성

8
인간이 성장하면서 결정되는 성별, 연령, 교육수준 등의 변수를 의미한다.

문제 9 예제 데이터 파일 “descriptive.csv”의 자료를 이용하여 다음 조건에 맞게 카이제곱 검정을 수행하시오.

> 귀무가설 H_0 : 부모의 학력 수준과 자녀의 대학 진학 여부와 관련성이 없다.
> 대립가설 H_1 : 부모의 학력 수준과 자녀의 대학 진학 여부와 관련성이 있다.

단계 1: 변수 선택(부모의 학력 수준: level, 대학 진학 여부: pass)
단계 2: 변수의 빈도수 확인
단계 3: 교차 분할표 작성
단계 4: 독립성 검정 및 결과 해석

[코딩 시작]

```
import pandas as pd
from scipy import stats

# 실습 파일 가져오기
dataset = pd.read_csv('C:/PythonStatistics/data/descriptive.csv')
print(dataset.info())
print(dataset.head())             # 변수 확인

# 단계 1. 변수 선택
X = dataset['level']              # 부모 학력 수준(x)
Y = dataset['pass']               # 자녀 대학 진학 여부(y)

# 단계 2. 변수 빈도수 확인
print(X.value_counts())           # X 변수
print(Y.value_counts())           # Y 변수

# 단계 3. 교차 분할표 작성
crosstab = pd.crosstab(index = X, columns = Y)
print(crosstab)

```

```
# 단계 4. 독립성 검정 및 결과 해석
chis2, pvalue, dof, E = stats.chi2_contingency(crosstab)
print('chis2 = %.3f, pvalue = %.6f'%(chis2, pvalue))
# chis2 = 0.644, pvalue = 0.724876
'''
[결과 해석]
'부모의 학력수준과 자녀의 대학진학 여부와 관련성이 없다.'는 귀무가설
을 기각할 수 없다. 따라서 부모의 학력수준은 자녀의 대학진학에 관련
이 없다고 볼 수 있다.
'''
```

문제 10 직업 유형에 따른 응답 정도에 차이가 있는가를 단계별로 검정하시오.

> 귀무가설 H_0 : 직업 유형과 응답 정도에 차이가 없다.
> 대립가설 H_1 : 직업 유형과 응답 정도에 차이가 있다.

단계 1: 변수 선택(직업 유형: job, 응답 정도: response)
단계 2: 변수의 빈도수 확인
단계 3: 교차 분할표 작성
단계 4: 독립성 검정 및 결과 해석

[코딩 시작]

```
import pandas as pd
from scipy import stats

# 실습 파일 가져오기
dataset = pd.read_csv('C:/PythonStatistics/data/response.csv')
print(dataset.info())            # 변수 확인

# 단계 1. 변수 선택
X = dataset['job']               # 직업 유형
Y = dataset['response']          # 응답 정도

```

```
# 단계 2. 변수 빈도수 확인
print(X.value_counts())
print(Y.value_counts())

# 단계 3. 교차 분할표 작성
crosstab = pd.crosstab(index = X, columns = Y)
print(crosstab)

# 단계 4. 독립성 검정 및 결과 해석
chis2, pvalue, df, E = stats.chi2_contingency(crosstab)
print('chis2 = %.3f, df=%d, pvalue = %.15f'%(chis2, df, pvalue))
# chis2 = 58.208, df=4, pvalue = 0.000000000006901

'''
[결과 해석]
'직업유형과 응답정도에 차이가 없다.'는 귀무가설을 유의미한 수준에서
기각할 수 있다. 따라서 직업유형에 따른 응답정도에 차이가 있다고 볼
수 있다.
'''
```

문제 11 예제 데이터 파일 "winequality-both.csv"의 자료를 이용하여 다음 조건에 맞게 처리하시오.

단계 1: quality, type 칼럼으로 교차 분할표 작성

단계 2: 교차 분할표를 대상으로 white 와인 내림차순 정렬

단계 3: red 와인과 white 와인의 quality에 대한 두 집단 평균 검정

단계 4: alcohol 칼럼과 다른 칼럼 간의 상관계수 출력

[코딩 시작]

```
import pandas as pd
from scipy import stats

wine = pd.read_csv('C:/PythonStatistics/data/winequality-both.csv')
print(wine.info())

```

```
# 단계 1. quality, type 칼럼으로 교차 분할표 작성
wine_tab = pd.crosstab(index = wine['quality'], columns = wine['type'])
print(wine_tab)

# 단계 2. 교차 분할표를 대상으로 white 와인 내림차순 정렬
wine_tab_sort = wine_tab.sort_values('white', ascending=False)
print(wine_tab_sort)

# 단계 3. red 와인과 white 와인의 quality에 대한 두 집단 평균 검정
red_wine = wine.loc[wine['type']=='red', 'quality']
white_wine = wine.loc[wine['type']=='white', 'quality']
two_sample = stats.ttest_ind(red_wine, white_wine)

print(two_sample)
print('t검정 통계량 = %.3f, pvalue = %.5f'%(two_sample))
# t검정 통계량 = -9.686, pvalue = 0.00000 < 0.05

# 단계 4. alcohol 칼럼과 다른 칼럼 간의 상관계수 출력
corr = wine.corr()
print(corr)
print(corr['alcohol'])
```

문제 12 예제 데이터 파일 "score_iq.csv"의 자료를 이용하여 다음 조건에 맞게 단순 선형회귀모델로 가설을 검정하시오.

> 귀무가설 H_0 : academy는 score에 영향을 미치지 않는다.
> 대립가설 H_1 : academy는 score에 영향을 미친다.

단계 1: y 변수: score, x 변수: academy
단계 2: 회귀모델 생성과 결과 확인(회귀계수, 설명력, pvalue, 표준오차)
단계 3: 회귀선 적용 시각화

[코딩 시작]

```
from scipy import stats
import pandas as pd

# dataset 가져오기
score = pd.read_csv('C:/PythonStatistics/data/score_iq.csv')
print(score.info())

# 단계 1. 변수 선택
x = score.academy                               # 독립변수
y = score.score                                 # 종속변수

# 단계 2. 단순 선형회귀모델 생성과 결과 확인
model = stats.linregress(x, y)
print(model)
print('x 기울기 : ', model.slope)
print('y 절편 :', model.intercept)
print('설명력 : ', model.rvalue)
print('p값 : ', model.pvalue)                    # F검정 통계량
print('x 표준오차 :' , model.stderr)

# 단계 3. 회귀선 시각화
from pylab import plot, title, legend, show  # 회귀모델 관련 시각화

a = model.slope
b = model.intercept
y_pred = (x*a) + b                              # 예측치

# 산점도
plot(score['academy'], score['score'], 'b.')   # 파랑색
plot(score['academy'], y_pred, 'r.-')          # 빨강색
title('regression plotting')                   # 제목
legend(['x y scatter', 'regression line'])     # 범례
show()
```

문제 13 예제 데이터 파일 "irsi.csv" 데이터셋을 이용하여 다중 선형회귀모델을 생성하시오.

단계 1: 칼럼명에 포함된 '.' 을 '_'로 수정

힌트 iris.columns = iris.columns.str.replace('.', '_')

단계 2: model의 formula 구성

y 변수: 1번째 칼럼, x 변수: 2~3번째 칼럼

단계 3: 회귀계수 확인

단계 4: 회귀모델 결과 확인 및 해석

힌트 summary() 함수 이용

[코딩 시작]

```
import pandas as pd
import statsmodels.formula.api as sm

# dataset 가져오기
iris = pd.read_csv('C:/PythonStatistics/data/iris.csv')
print(iris.head())

# 단계 1. iris 칼럼명 수정
iris.columns = iris.columns.str.replace('.', '_')
print(iris.info())

# 단계 2. formula 구성 및 다중회귀모델 생성
iris_model = sm.ols(formula =
   "Sepal_Length ~ Sepal_Width+Petal_Length", data = iris).fit()

# 단계 3. 회귀계수 확인
print(iris_model.params)
'''
Intercept      2.249140
Sepal_Width     0.595525
Petal_Length    0.471920
'''

# 단계 4. 회귀모델 결과 확인 및 해석
print(iris_model.summary())
```